城乡规划新思维

王爱华　夏有才　主编

中国建筑工业出版社

本书包括的主要内容有：城市发展战略和城市总体规划、城镇化和城镇体系规划、城乡规划管理、小城镇和新农村规划建设、城市基础设施和住区规划、城市生态规划、城市景观设计等内容，详细地介绍了城乡规划理论的最新成果。

本书可供从事城乡规划设计、管理、研究人员使用，也可供大专院校及相关专业人员参考应用。

本书编审委员会

主任委员： 王爱华
委　　员： 潘国泰　樊劲平　董　扬　李博平
　　　　　　　金　刚　姜长征　宁　波　姚荣华
　　　　　　　葛余祥　胡明安　高国忠　姚本伦
　　　　　　　夏有才　冯　卫　黄　农　李　祥

前　言

当前，我国正深入进行改革开放和社会主义现代化建设，全面建设小康社会，积极构建社会主义和谐社会，开创中国特色社会主义事业新局面，为把我国建设成为富强民主文明和谐的社会主义现代化国家而进行新的伟大长征。因此，在城乡规划工作中树立和落实科学发展观，坚持城乡统筹、持续发展、和谐创新、与时俱进，显得尤为必要。

本书作者单位为合肥市规划学会，在新世纪和新形势的推动下，结合城乡规划案例、融入国内外城乡规划观念，以新的思维推介城乡规划新的理念和实践，作为城乡规划理论的总结。

本书包括的主要内容有：城市发展战略和城市总体规划、城镇化和城镇体系规划、城乡规划管理、小城镇和新农村规划建设、城市基础设施和住区规划、城市生态规划、城市景观设计等，并详细介绍了城乡规划理论的最新成果。本书作者都是从事城乡规划工作多年的学者、专家、教授和主管领导，他们对城乡规划有独特的理论见解。

本书可供从事城乡规划设计、管理、研究人员使用，也可供大专院校及相关专业人员参考使用。

王爱华

目 录

一、城市发展战略和城市总体规划

合肥城市发展战略规划的思考 ……………………… 孙金龙（3）
（美国）新城市主义起源及实践 …………………… 侯家泽（13）
用国际化视角建设一个滨水宜居城市 ……………… 陈海潮（20）
魅力与效益的共享
　　——谈滨水城市的建设 …………………… 陈秉钊（24）
合肥市在长三角城市群区内的成长与发展 ………… 姚士谋（29）
城市规划可持续发展原则的探讨 …………………… 姜长征（41）
明确方略　增创优势　逐步融入
　　——浅论合肥融入长三角 ………………… 汪德满（48）
论合肥创新型城市建设的总体框架设计 …………… 司胜平（54）
环巢湖地区的发展
　　——时代与空间的选择 …………… 张　敏　张　烨（63）
合肥融入长三角经济圈的初步设想 ………………… 宋雪鸿（72）
区域性交通走廊沿线地区城乡空间保护与利用规划的探讨
　　——以安徽省宁国市104省道沿线地区发展规划为例
………………………………………………… 胡厚国（76）
城市副中心的空间演变分析 ………………………… 贺静峰（87）

二、城镇化和城镇体系规划

安徽省区域城镇协调发展若干问题的探讨 ……… 成祖德（97）
安徽省城镇化发展趋势及其用地需求研究
　　………………… 曹发义　刘复友　汪树群（106）
城镇群规划编制体系探讨 ………………………… 曹发义（124）
论中小城市和小城镇协调发展观 ………………… 刘贵利（135）
强化集聚、组合发展

——安徽省城镇区域空间发展战略探讨
.... 刘复友　汪树群（143）

三、城乡规划管理

论合肥滨湖新区规划建设思路 .... 吴存荣（153）
论合肥城乡规划的效能建设 .... 王爱华（159）
新区开发的引导和管理国际、国内的经验 .... 朱介鸣（166）
新城模式及市场运作 .... 陈劲松（172）
北京规划管理模式研究与借鉴 .... 金　刚（177）
城市保护与老城区更新改造 .... 高璐璐（189）
信息时代的城市规划 .... 李大超（194）
老城区空间生产的审视、评价及其治理思路
.... 魏　成　乔　森　贺静峰（201）
用"类比法"思考合肥市的城市发展问题
.... 朱玲松　梅江涛（214）
试论城市规划的经济效应
——以合肥市为例 .... 刘翠红　宋海峰（219）
城市规划管理与相关权保护 .... 程静芳（227）

四、小城镇和新农村规划建设

完善我国新农村规划编制体系相关问题的探讨
.... 倪　虹（241）
论我国新时期农村人居环境建设的长效机制 ...... 李兵弟（251）
我国不同地区、类型小城镇发展的动力机制初探
.... 王士兰　汤铭潭（257）
长江三角洲地区小城镇村镇空间布局的影响因素及其
作用机制 .... 彭震伟　高　璟（278）
关于城乡统筹战略的思考与实践
——以河北Z县为例 .... 晏　群（288）
以小城镇建设为基点促进新农村建设发展
——以武汉市汉南区新农村建设规划为例

.... 耿 虹 罗 毅（299）
因地制宜，务实推进村庄整治规划的编制
　　——浅析《广东省村庄整治规划编制指引》
.... 宋劲松 张小金（315）
风景名胜区小城镇规划问题思考 .... 黄嘉颖 肖大威（324）
城乡统筹　科学发展
　　——探析快速城镇化过程中的小城镇规划工作
.... 宁 波（336）
重庆市新农村村级规划编制方法研究
.... 苏自立 林立勇（341）
构建新农村环境景观体系的探索 .... 李 静 张 浪（347）
规划先行　努力推进新农村规划建设
　　——安徽省肥西县新农村规划实践的探讨
.... 徐 俊（353）
立足集中发展，致力合理布局
　　——苏南经济发达地区村镇工业用地规划的思考
.... 张莘植 陶特立 诸心荣（359）
拓展安徽小城镇景观特色的思考 .... 叶小群（366）
基于生态安全的工业小城镇规划初探 ...... 瞿 雷 肖大威（373）
水乡古镇
　　——三河更新保护规划的联想 .... 程华昭 张 阳（385）

五、城市基础设施和住区规划

城市交通与土地利用互动关系定性研究 .... 冯四清（395）
合肥市老城区交通改善策略研究
.... 高国忠 梁碧宇（402）
城市基础设施规划与建设的可持续性问题思考
.... 张永梅（407）
北京市交通对合肥城市交通发展的启示 .... 宋冬芳（411）
城市公交优先发展的政策保障措施研究
.... 柏海舰 张卫华（422）

城市停车场车辆短时到达与离去分布规律的研究
　　……………………………………………董瑞娟　杨　帆（432）
对中国居住文化的思考…………………………张永梅（442）
对住宅建设和消费标准的思考…………………李慧秋（452）

六、城市生态规划

试论以科学发展观引领合肥生态园林城市建设
　　……………………………………………李博平　朱来喜（461）
打造巢湖国家公园　呼应合肥滨湖新城
　　——探索湖泊与人类和谐共存的新模式
　　……………………………………………郭　茂　王新华（469）
浅论高压走廊景观绿化规划理念
　　——以合肥市为例…………………张　晋　陈中文（479）
城市滨水区的保护开发与设计创新
　　——关于合肥环城公园包河景区设计的思考
　　…………………………………………………陈达丽（490）
以生态恢复为基础的湿地景观设计
　　——以巢湖湖滨带湿地生态恢复景观设计
　　（孙村保护区段）为例……………张路红　王开明（498）
关于合肥市建设生态城市的几点思考……………张　泉（506）

七、城市景观设计

浅论合肥市道路景观建设………………………李向阳（513）
历史·文脉·传承·更新
　　——合肥的城市特色………………冯　卫　张以俊（517）
当代住区环境设计初探……………………………张　泉（522）
对合肥城市广场建设的评析与思考………顾大治　徐　震（528）
试论我国传统街区的空间形态……………………张　泉（536）
探析合肥市边缘区景园环境空间的网络构建
　　…………………………………………………张华如（543）

一、城市发展战略和城市总体规划

合肥城市发展战略规划的思考

孙金龙

摘 要：从合肥城市发展战略规划的高度审视和谋划把合肥建成独具魅力的现代滨湖城市。

关键词：合肥城市 发展战略 滨湖时代

城市是经济社会发展的重要载体。为加快建设现代化滨湖城市，实现可持续发展，构建和谐合肥，近一年多来，合肥市站在城市发展和时代要求的高度，从城市发展战略规划建设的高度出发，探索一系列加强城乡规划的新思维、新观点。认真学习、深刻领会和准确把握这些新思维、新理念，对于推进城乡规划工作创新发展，提升现代化滨湖城市规划建设水平，具有重要的现实意义和深远的历史意义。

1. 坚持与时俱进，探索现代大城市发展中的规划重点、难点问题

城市规划要坚持与时俱进，人们的观念也要与时俱进，千万不能固步自封，闭关自守。

城市是经济社会发展的重要载体。合肥作为发展中我国的中部省会城市，要加快发展、构建和谐，就必须树立"大城市"的概念，进一步提升对外形象，创造良好的投资环境和宜居环境。目前，合肥城市发展中还存在一些问题和不足之处。

1.1 缺乏战略规划的引导，城市规划结构不够合理

合肥城市规划在 20 世纪 50 年代曾有过"教科书"式的经典手笔和良好的规划传统，随着时代的变迁，虽然城市规划历来被各级政府所重视，但由于受到的干扰太多，实践起来效果不太好。

以现在的合肥城市空间规划结构与20世纪城市发展比较，虽然大的"风扇"结构勉强维持，但"摊大饼"的趋势却日趋明显。原来引以为自豪的绿地楔入城区，现在已被大量蚕食。城市规划缺乏战略规划的引导，影响城市规划结构的合理性，出现"马后炮"现象。

1.2 城市形象和品位不高

前些年，合肥城市已是超过百万人口的大城市，但城市建设的品位和形象还处在中小城市建设的阶段，具体表现在：合肥城市形象没有特色，缺乏标志性建筑；建筑退让道路红线不足，制约城市干道的拓宽，不能适应城市现代交通发展；缺乏商业布点规划，沿街开店，裙房和小商业门面过多，缺少高品质的现代服务业，如特色商品一条街，度假休闲系列的高档娱乐、休闲场所；沿街建筑、阳台、空调、广告、招牌乱搭、乱摆影响城市市容、市貌；缺少公共及公益性建筑和城市开放性空间；城市绿化不成体系，城市绿化量不足，影响园林城市的品质提升。

1.3 城市交通发展规划不够清晰

主要表现在城市道路网级配不够合理，缺少快速路系统，支路网络也不配套；组团间的交通组织不够流畅；对静态交通设施问题研究得不够，老城区停车泊位严重不足；没有体现"公交优先"战略，公交线路重复设置，造成交通资源浪费，公交车堵塞交通问题，反映出城市交通管理方法滞后；城市对外交通的几条干道路幅宽度、沿街绿化和建筑街景处理与相邻省会城市相比，差距较大。

1.4 市民公众参与不够充分

笔者认为多一个人提意见，就多一份免费的资源。规划是一种公共政策，公众参与广泛与否，将直接影响到规划的民主性和科学性。合肥的城市规划在公众参与方面做了一定的工作，但还要进一步深入和完善。要加大城市规划的透明度，把合肥从内陆城市走向滨临全国五大淡水湖之一的巢湖成为现代滨湖城市的总体规划告知全体市民，以此来增强合肥城市的凝聚力。积极倡导人民城市人民规划，人民城市人民建。否则，随意的城市规划有可能会带来巨大的人力、物力、财力及资源的浪费。

2. 把握城市时代脉搏，统领城市科学协调发展

合肥市在第九次党代会上明确提出"坚持科学发展，奋力率先崛起，加快建设现代化滨湖城市"的奋斗目标，得到安徽省委、省政府的高度重视和支持。省委书记郭金龙同志多次要求合肥加快现代化滨湖城市的规划建设，为安徽省的城市发展战略作出积极的贡献。为此，合肥城市发展战略规划的重点，就是要聚焦城市发展，扩展区域空间，合理战略布局，统领现代化滨湖城市发展。

2.1 确立城市规划的"龙头"地位，增强城市规划的权威性

在城市建设中，政府最大的责任是规划，最大的资源是规划，最大的浪费也是规划。一个好的城市规划，不仅是城市建设的纲领，也是城市管理的依据，更是城市竞争的资本。形象地说，城市规划是龙头，是推进城乡建设的"牛鼻子"。因此，城市规划是一部宏伟的城市建设蓝图，可以使广大市民群众振奋精神，增强信心。我们要把城市规划作为一把尺子，使广大市民群众知道干什么、怎么干。只有科学合理地搞好城市规划，才能解决好城市规划和城市建设两张"皮"的问题，确保城市建设不走弯路，避免浪费，健康有序进行。

2.2 立足城市规划的核心职能，提高城市规划的科学性

城市规划的核心是城市土地利用和城市空间布局。城市规划是一项综合性、全局性、战略性的工作，是政治、经济、文化、社会全面发展的综合体现，必须与党的基本路线相一致，保持科学合理的可持续发展。要围绕服务社会经济发展，谋大局、统全盘、管长远，按照"五个统筹"的要求，坚持把全面落实科学发展观、构建社会主义和谐社会贯穿于城乡规划管理工作的全过程，体现在城市规划的各个方面和各个环节，不断增强规划的科学性、长期性和稳定性，增强规划在合理配置资源方面的作用，提升城市的形象和品位。

2.3 发挥城市规划的先导作用，注重城市规划的前瞻性

"三分规划，七分研究"。规划不仅是技术问题，更是理念问

题，是一个动态发展的问题，一定要坚持与时俱进。合理的城市规划，要在过去良好发展的基础上，不断拓展城市规划的研究领域，大气度的定位，高起点的规划，从"秦砖汉瓦"逐步走向现代城市，更好地体现"世界眼光、国内一流、合肥特色"。具体地说，就是从"立足全省，着眼中部，面向长三角"的战略全局出发，以贯彻"141"城市空间发展战略为统揽，以老城区改造升级为主线，以滨湖新区开发建设为关键，以"四大组团"全面拓展为动力，开发开放，整体推进，早日把合肥建设成为一个辐射全省、崛起中部、承东启西，促进我国东中西部互动协调发展的重要的区域性中心城市。要避免"木桶效应"，在规划启动前起码要有30年眼光，为子孙后代预留空间，相信子孙后代比我们有能力，解决我们不能解决的问题，保持城市规划的可持续发展。

2.4 推动城市规划的超越突破，体现城市规划创新性

现代化滨湖城市的规划建设要在继承中发展，在创新中实现。要防止和克服"恐大症"、"恐快症"、"恐新症"。在城市规划中发扬敢创、敢试、敢为人先的创新精神，把创新作为城市规划工作的常态，作为破解城市规划工作难题的着力点。要善于突破城市发展现状和专业技术禁锢，不断提出新思路，创造新方法。合肥的城市规划要有"拿来主义"的精神，广泛学习、吸收和"模仿"国内外城市规划的先进理念和最新成果，择其善者而从之，降低城市规划建设的"成本"。总之，只要符合科学发展观的要求，只要符合国家宏观调控政策，只要有质量、有效益，就要打破常规，求新求为，进一步推动和引领城市规划事业发展。

3. 加强城市统筹协调，引导城市健康有序发展

加快合肥发展，重在城市统筹协调。要全面落实科学发展观，按照"五个统筹"（统筹城乡发展、统筹区域发展、统筹经济社会发展、统筹人与自然和谐发展、统筹国内发展和对外开放）的要求，坚持"四位一体"（推动社会建设与经济建设、政治建设、文化建设的协调发展），整体、健康、有序地推进城市各项工作。

3.1 历行集约、节约用地原则

城市规划的节约是最大的节约，城市规划的浪费是最大的浪

费。应树立全面、协调和可持续发展的规划理念，珍惜城市建设用地，鼓励建设高层，降低建筑密度，为市民提供户外活动空间。新批土地容积率一般不应低于2.5，新批拆迁恢复楼一律按中高层、高层考虑。

3.2 突出"交通先行"原则

要加大基础设施建设力度，以建设区域性综合交通枢纽为目标，按照优化布局、配套成网、提升功能、适度超前的要求，进一步完善城市道路网和公共交通系统。要集中力量加强城市快速通道建设，构筑辐射店埠、上派、双墩等城市近郊地区的"一刻钟快速交通网"，着力解决主城区交通拥堵问题；加紧把城市道路向滨湖方向延伸，展现打造滨湖城市的态势；加快合宁（南京）、合武（汉）高速铁路、沪汉蓉高速铁路客运站、新桥机场、合肥新港以及高速公路等重大项目建设，使全肥与上海、武汉、郑州等城市以及与安徽省内其他城市的时空距离更近，联系更加紧密。

3.3 把握"成片开发"原则

新城区开发、旧城区改建应做到成片规划，成片开发，成片建设。在新区建设的同时，城市旧区改造也要稳步推进。城市各开发区每年要改造一条旧路，提升形象。老城区改造要与城市路网相结合，适当安排原地回迁的居住建筑，但建筑设计水平要高，重视沿街立面景观的处理。应扩大改造区域，危旧房改造尽可能异地安置，净地出让。争取在五年内完成280万 m^2，惠及20万人的危旧房改造任务。

要按照落实科学发展观、构建和谐社会的要求，坚持以人为本，走好、走活"旧城改造"这盘棋，让广大市民享受到城市改革发展的成果。

3.4 遵循"以人为本"，群众利益为重的原则

城市规划必须坚持"以人为本"，把实现好，维护好人民群众的长远利益、根本利益作为城市规划工作的出发点和落脚点，切实解决好"规划为谁"和"怎么规划"的根本问题。一要着力解决民生问题，加快修订城市社会事业发展规划，加强教育、科技、文化、卫生、体育和社会福利等公共设施的规划布局，促进社会

和谐发展；二要高度关注中小学教育用地问题，教育设施严禁挪作他用，占用的应逐步退还，给广大学生留下充分的学习、活动空间，让广大学生充分享受大自然的乐趣；三要做好全市的商业服务设施规划布局，做到既有良好的居住环境，又有方便居民的公共服务设施，坚决杜绝在居住区沿路开店扰民的现象，鼓励建设综合性商业设施和商业内街，严格限制商住楼的底层商店形式，以创造良好的人居环境；四要加快城中村、危旧房改造，抓好廉租房、经济适用房的建设规划；五要加强停车场地建设，对新批的建设项目一律按《技术规定》要求配足停车位，努力保证每户一个车位；六要在居住区规划中明确保障社区医疗、卫生用房和社居委管理用房建设；七要在规划中明确建设时序，建设项目规划一旦批准，应督促建设单位先行开工学校等公共服务设施，首先开工沿路的建筑物，尽快形成城市街道景观。

3.5 坚持生态城市的规划原则

在城市规划中要坚持现代化、生态城市的定性定位，最大限度地做好、用活巢湖这篇"水文章"，规划建设一个生态、健康、文明的滨湖新城，创造出独具魅力的城市风貌。建设项目的规划设计一定要研究地形地貌、场地条件，充分利用江淮丘陵地带自然条件，不搞大填大挖，注重生态环境的营造。应尽量保留现有的水系、水面，合肥远期沟通环城水系，改造生态河岸岸线，注重城市雨水渗透、涵养，构建生态园林绿化体系。今后，新编制的绿地系统规划必须按照国家生态园林城市的要求提高绿化标准，使规划既有前瞻性、战略性、综合性，又切实增强绿化建设的系统性、计划性和操作性，确保合肥城市生态建设和绿化工作实现可持续发展，环境质量和绿化功能得到有效发挥，生态文化和园林特色得到更好的凸现，进一步展现合肥"山水城林"的景观风貌。

3.6 开拓城市公共开放空间的原则

要结合"查处纠正违法建设"活动，加强高层建筑群、沿街建筑、城市广场、公共绿地、南淝河生态廊道，以及城市主要出入口等公共开放空间的规划设计和实施，进一步开拓城市公共开放空间。应制定城市景观导则，明确主要景观轴线和城市主要节点的城市设计，居住区绿地率不能少于40%，合肥的城市公共开放空间要有自己的特色。

4. 提升城市规划效能，促进城市加快发展

要高度重视城市工作的效能建设，做任何事情，都要"效"字为本，"快"字为先，"实"字当头，努力把合肥打造成我国中部地区乃至全国审批环节最少、办事效率最高的省会城市之一。

4.1 要有"商鞅变法"的改革精神

要进一步革新城市规划理念、创新效能建设制度，牢记"按部就班加快不了发展、慢条斯理实现不了跨越"的道理，在简政放权、精简审批、政务公开等方面大胆突破，使行政效能有一个"脱胎换骨"的变化。去年以来，合肥市规划局积极创新实施"并联审批"、"缺席默认"和"超时默认"等规划审批管理制度，办批时限缩短一半以上，是值得赞许的。今后要进一步完善城市规划体系，完善规划管理运行机制。在符合法律法规的前提下，特事特办，急事急办，确保城市规划的高效实施。经城市规划委员会审批的项目应保证在两个月内做到实质性的开工，并在网站上公布。

4.2 保持"精耕细作"的工作作风

合肥的城市建设，过去从规划到施工，在一定程度上积习甚深，一些干部有"将就"的心态，做事情喜欢"凑合"，只要做得"差不多"就行了。如今的城市规划工作，必须有精确、精细的精神，从事前、到事中、再到事后，都必须认真细致，甚至还要事必躬亲。我们的城市规划工作者应基于对城市未来可持续发展的责任感，要有认真负责的态度和职业道德的敬畏感，对手中握有城市规划审批权的领导同志要有下笔如千钧的观念，更要有如履薄冰、谦虚谨慎的态度。

4.3 坚持"阳光规划"的公众参与

一座城市建设得好不好，不能由自己说了算，关键要看城市社会的评价、群众的认可。要不断扩大公众参与的范围，增加公

众参与和办事透明度的环节。鼓励城市规划人员为了公众利益敢于坚持原则，敢于同建设单位据理力争，坚决杜绝"猫鼠同谋"腐败现象的发生。

4.4 发挥规划人才的智慧经验

城市规划事业的发展，关键在于党的领导和人才的培养使用。城市规划工作者在编制城市规划、描绘城市发展蓝图时，要赋予理想主义的激情，把智慧和力量凝聚到推进城市跨越式发展、构建和谐合肥的实践中去。城市规划是一门集自然科学、社会科学、建筑园林、综合交通、文化艺术等学科于一体的综合性科学。党的十六大以来，党中央提出了一系列新的执政理念，即科学发展观、五个统筹、可持续发展、构建社会主义和谐社会、建设节约型社会等等，这些都与城市规划工作紧密相关，给城市规划工作指明了方向，赋予了新的内涵。因此，城市规划工作者要抛弃纯技术的观念，注重调查研究，注重学习思考，始终保持对新事物的敏锐，不断汲取新知识新经验，要树立经济的观念学会算账，用现代管理理念开展工作，尤其要有成本效益观念，使有限的城市资源发挥最大的城市效益。在工作落实和操作中，树立数字观念，学会用数字说话，用数字规划。

5. 率先城市崛起，开拓滨湖新区发展

建设现代化滨湖城市，为新时期的合肥城市规划建设提供了难得的发展机遇。我们一定要乘势而上，锐意进取，真抓实干，创造性地扎实做好合肥滨湖新区概念性规划和启动区规划设计工作，开拓城市新区的发展。

5.1 坚持高起点、大手笔规划

当前，我们最重要的任务，就是要高起点、大手笔地修编好新一轮城市总体规划。通过规划，进一步明晰城市格局定位。未来的合肥，要按照"新区开发、老城提升、组团展开、整体推进"的思路，向"141"城市用地组团布局扩展，也就是要改造提升老城区，在主城的东、西南、西、北四个方向各建一个城市副中心，滨临巢湖兴建一个生态型、现代化的滨湖新区。从而把合肥的每

一寸土地、每一个要建的项目都纳入到城市规划之中，不因规划疏漏留下管理盲点，不因规划滞后留下历史遗憾。今年，我们要围绕建设独具魅力的现代化滨湖城市和提高城市核心竞争力，启动滨湖新区规划建设，进一步深化完善中国合肥科学城规划。新区规划将着眼于构建省会城市经济圈，着眼于开启合肥"临江时代"，即便目前不具备条件的建设项目，也将通过规划留足空间。

5.2 坚持高标准、快节奏推进

滨湖新区启动区规划要大气、建设要精细，决不将就。要按照现代化、生态型的定位，积极培育商务、会展、旅游、休闲等产业。道路规划要加宽，留有余地，建设不一定一次到位，但规划宽度要留足，地下管线要按规划宽度和断面实施，以免今后扩建造成浪费。政府投资建设的道路不应低于50m，不低于双向六车道。建设单位实施的地段，应保证200~300m留有供公众使用空间的道路宽度，展示出亮丽的滨湖新区形象。要加快推进滨湖新区的规划建设，做到"四个优先"，即基础设施优先、社会事业优先、拆迁安置优先、营造人气优先，力争五年内使核心区初具规模、展示形象，成为繁荣兴旺、城湖辉映的城市新亮点。

6. 联系城市实际，推进新农村建设发展

推进合肥市新农村建设，必须贯彻统筹城乡发展战略，坚持规划先行。同时，结合推进社会主义新农村建设，认真做好村镇总体规划和详细规划。

6.1 新农村规划要统筹城乡、体现特色

新农村建设一定要围绕发展做规划，着眼长远，面向未来，不断改善农民的生产、生活环境。合肥市政府要以更大的力度来统筹城乡规划，认真落实"多予、少取、放活"的政策，坚持用发展的观念指导村镇规划，在产业布局、基础设施、社会事业等方面，城乡规划要体现统一融合，合力共建。针对目前市、县城乡规划体制不顺的实际情况，我们要花更多的精力来研究城市和农村的交通、燃气等基础设施对接问题，尽快理顺城乡管理等体制，把党中央提出的基础设施向农村延伸的要求落到实处。各县

区、各乡镇、各村庄在区位、自然、历史、文化、经济等方面既有共性，又存在着差异，所以，新农村规划不能搞一个模式，不能千村一面，近郊与远郊、岗区与圩区都要有所区别，力求彰显个性，各具特色。

6.2 新农村规划要配套编制、量力而行

新农村规划要按照"一次规划、分期实施"的原则，对村镇基础设施和服务功能统筹考虑，使规划与农村社区建设相结合，与调整教育、卫生、文化、体育、商业网点及电力、水利、交通、电信等配套设施相结合，实现生活服务设施与功能的配套。新农村规划建设要充分体现农民意愿，让群众接受，不能把农村规划当作城市规划来做，在工作中不加选择、不加分析、不加区分，用一个模式套所有的情况。要注意整合农村资源，充分利用各种规划资源，服务于新农村建设。

作者简介： 中共安徽省委常委、合肥市委书记

(美国) 新城市主义起源及实践

侯家泽

摘 要：通过美国新城市主义产生的社会背景与崛起，产生的郊区化问题和制定新城市主义的宪章，说明新城市主义的核心理念和局限性，提出对新城规划建设的建议。

关键词：新城市主义　核心理念　新城规划建设

1. 城市主义产生的社会背景

1987年，是美国新城市主义刚形成的时候，经过十几年，新城市主义运动到了成熟的地步。

新城市主义在20世纪90年代末到本世纪初的时候达到了顶峰，新城市主义活动由美国新闻媒体作了大量报道。

新城市主义本意是探讨解决城市规划综合性的问题，并不仅仅是新城，应该是整个城市规划学科的探讨。现在新城市主义做的大部分和新城建设有关系。新城市主义产生的背景，第一个使用新城市主义这个名词是在1993年，美国加州房地产商，顾问兼策划员，叫Peterkas，他在新城市主义运动中起了关键的作用。他写了一本书，叫"新城市主义走向设计建筑"。这本书对新城市主义发展探索一种有史以来人类一直都在寻求聚集的生活方式，演变成城市的形态，不断发展的新的理想模式。

2. 城市主义的形成与崛起

2.1　新城市主义的形成

在工业革命之前，人们实际上已经有了相对稳定的居住方式,城市也有了比较固定的发展模式,有人称之为老的城市主义。工业革命之后西方国家生活方式发生了变化,在探索理想集体模式上也变得空前活跃,先后出现了许多新的城市规划思想、理论和实际方法。由于这一时期处于积累和上升阶段,为了尽快舒缓城市各种压力,从城市周围建了很多新城,通过铁路等公共交通与城市保持联系,这个时期汽车没有出现,城市基本形态和老城市主义没有什么差别,城市发展基本原理没有改变,人们向往城市中心。在汽车出现,二战以后,城市发生了变化,人们不再认为要到城市中心去聚集。所以,城市中心的发展动力发生了根本变化。二战以后,欧州各国因为战争的创伤,加上工业革命以后的锐气也逐渐下滑,城市发展基本停顿在战前,城市形态没有发生太大的变化。美国在战争中获得了暴利,在这种暴利的支持下,在西方独树一帜,经济发展也非常快,政府倡导并提出一家一房一车的所谓美国梦,对美国的郊区化城市形态变化发生根本的改变,小汽车在家庭中普及了,让美国人原本就厌恶城市环境向往乡村生活方式,注重个人私密空间理想模式创造必要条件,表明美国人觉得乡村生活才是人类生活的理想模式。1949年,出现了第一个城市郊区化的例子,郊区独门独户的住宅,提供中青年的新生活,成为一种新的、先进的理念。城市郊区化,在历史上标志着人类有史以来第一次对聚集为主的理想生活模式提出了挑战,城市现代化从此以后发生根本的变化。随后出现所谓的整体的郊区化现象,人们除了工作以外,宁肯放弃城市的一些其他游乐条件和机会,也要搬到郊区去住,通过高速公路每天通行于家庭与城市之间。到 20 世纪 60 年代,城市就出现了城市居民、工作单位外移,出现边界城市,就是这些工作单位和居民移到郊区以后,郊区形成了比较完整的城市功能。这种从外城变成一个带有一定城市综合功能的地区就叫边界城市。从 20 世纪 90 年代以后,出现了大量的远郊,出现了跳跃式的城市远郊,就是从城市外围出现了很多小城市,这些城市都是自发出现的,不是有人专门去规划的,就是有规划的话,也是一个开发商做一小片然后逐渐吸引很多人过来,出现了外城郊区化的现象,郊区化没有得到控制。

2.2 新城市主义的崛起

新城市主义的做法是大片的城市郊外自然森林，把人的居住和自然地带结合在一起。郊区化虽然满足人们接近自然和乡村以及改善私密性，但实际上出现了很多新的矛盾，人与人之间、家庭与家庭之间距离拉得很大，很少接触，对于邻里相互交往、关照的社区联系降低到最低程度，体现社区文化特征的历史建筑被私人住宅代替了，在郊区都是一样的小房子，没有太大差别。所以，人们在社区很难找到归宿感，或者自己个性的东西。大面积的开发造成大量的森林砍伐、土地滥用，生态环境遭到破坏，同时人们每天在路上来回要花三四个小时上下班，回来以后就到了吃饭、跟孩子逗一逗就睡觉了。所以，整个生活都跟过去不一样了，大部分人特别是一些思想比较活跃的人觉得这种生活状态不对，从 20 世纪 70 年代开始对城市郊区化现象进行反思，开始了新城市更新运动，注重城市中心衰落趋势的扭转。存在各种各样社会矛盾的人们开始聚集起来表达对郊区化的整个设计、规划、生活状况和社会结构的看法，探讨一些新的路子，到 20 世纪 80 年代，美国有很多人在尝试人的尺度，以人的活动能力，走 5～10min 的距离作为一个半径来规划项目，以人能走的距离作为规划城市组团的基本依据，有人专门研究街道，研究商业区怎么做，目标都是改善郊区化的状况，并不是真的要建立一个城市，是为了改善郊区。在 20 世纪 80 年代末期时，美国加州有一批年青人发表一些言论和写一些理论文章代表新的思维方式。1993 年，大家聚在一起召开了所谓的新城市主义第一次全国代表大会。大会开得很成功，把总部定在芝加哥，确定每年的六月份在一个合适的城市召开一次全体大会，每次讨论一个主题，特别是 1994 年在洛杉矶，发表了著名的纲领性文件，也就是新城市主义宪章，主张恢复现有城市中心和城镇，强调都市区内协调发展，改变现有的郊区外貌，保证自然环境，尊重历史岁月，这是总的原则，还要强调城市应该建造合理的有效的空间结构，道路骨架、布局比较合理有效的城市空间，保持长期的经济活力、社会稳定和环境健康。规划遵循的原则还包括人口和功能的多样化。美国新城市主义曾经最反对的一件事情，就是分区规划，城市发展有了分区，把各种功能分开来布置。本来可以在一起的，大家都分开，造成交通堵塞，环境污染，形态上的失控。所以，发表新城市主义文件后，提倡多样化和混合布局，遵循步行、公交同等对待的原则，公共空间和公共设施的形态要合理。郊区化是逐步形成的，没有统一的规划，规划相互关联的城市空间用建筑和景观来围合，创造一些特色；用建筑来烘托城市的社区文化特征。现在，还要强调城市规划需要有责任地引导公众参与，重新建立建筑艺术和社区创建之间的关系，新城市主义作为一个概念来谈，它的主要特点是以人的尺度和可步行的环境作为目标。另外，就是注重历史与传统和地方文化相结合，保护和利用自然的生态环境，人类和自然和睦共处，还有就是强调轻轨交通为主导的区域规划。城市的发展是沿着公共交通线走的，是用公共交通来主导城市的构架。所以，以轻轨交通为主导的区域规划比较注重强调城市的形态，应该是以形态为主导的设计方法。

2.3 郊区化的问题

城市化郊区带来城市中心区的投资流失、城市的无序蔓延、中心区的衰落、种族及贫富间的日益分化、环境恶化、农田减少、自然生态破坏、传统丧失等等，彼此相互联系，共同构成了对城市社会遗产的巨大挑战。

2.4 新城市主义宪章

主张恢复现有城市中心和城镇，强调都市区内的协调发展，改变郊区面貌，保护自然环境，尊重历史风貌。宪章强调城市应建造合理有效的空间构架，保持城市经济活力、社会稳定和环境健康。

因此，在城市规划中要遵循：人口及功能多样性原则；步行、公交、汽车等同对待原则；公共空间与公共设施形态合理和可达性原则；重要城市空间要有建筑与景观围合的特色性原则。

宪章还强调规划师有责任引导公众参与城市规划和设计，重新建立建筑艺术与社区创建之间的联系，并致力于改善各种尺度的空间环境，包括家园、街区、街道、公园、邻里、地区、城镇、城市及区域。

3. 新城市主义的核心理念与局限性

3.1 新城市主义的核心理念

核心的基本理念认为最重要的是实体，而不是功能。我们现在留下了几十年、上百年、上千年的建筑物，因为形态做得好，所以成为人类文化的经典，特别是经过多年的历史筛选以后，它们仍然存在，这说明实体本身重要，而功能可以随时变化。所以，对新城市主义的理解，要控制形态，把形态控制好，这个城市的特点永远存在，对大家有吸引力。大家都认可的话，这个功能走了，下个功能又来了，所以这个城市永远可以有活力。对建筑设计强调适用性，不强调建筑每一个非常强的特征。所以，强调经过历史检验的东西，是最主要的特点。

3.2 新城市主义的基本特征

强调以人为本、人的尺度和可步行的社区环境；注重与历史传统和地方文化的结合；强调保护和利用自然生态环境；强调以轻轨交通为主导的区域规划；注重形态为主导的设计方法，强调设计的合适和时间价值。

3.3 新城市主义的局限性

新城市主义在解决真正意义上的城市问题方面缺乏有说服力的实践经验。

对城市中占大多数的普通和低收入居民的住房则关注不够，尽管其倡导人口和收入多样化的和混合布局的设计原则，但所建成的项目中大多仅提供多样化的住房类型，很少看到人口和收入方面的差别，批评者称为"趋同"（homogenous）。

新城市主义不新，倒更像"老城市主义"，新瓶老酒，无论形象还是规划设计方法，均缺乏新意。不过，也许正是这种

"老"的东西，经受住了历史的筛选，重新捕捉到现代人的想象力，得到现代人的青睐，也成就了新城市主义者们驾驭市场的雄心。

4. 对新城规划建设的建议

4.1 区域规划与新城定位

区域着眼，看准形势，抓住机遇，明确目的，准确确定新城的定性定位。

4.2 市场战略与投资环境

做好市场实施战略研究和规划，根据市场变化，分阶段、有目的、有目标、有计划、有针对性地抓好具有战略意义的城市基础设施建设，不断地改善、完善投资环境。

4.3 空间构架与协调发展

要妥善处理好新城和主城之间的关系，建造合理有效的空间构架，既要支持新城的快速发展，使其尽快超越临界点（Critical Mass），又要确保主城的经济活力，有计划地实现经济重点的转移，确保整体的协调发展。

4.4 区域交通与公交战略

全面、切实地做好区域交通规划，重点发展公共交通，特别应深入研究轻轨等当今快速发展的各种公交设施的可行性，确保新城与主城之间紧密的交通联系。

4.5 生态保护与滨水景观

做好新城建设的环境质量评价、环境影响研究和环境保护规划，特别应重视生态环境的研究和保护，对于以水资源景观为主导的滨水城市，应特别注意水质和湿地的研究和保护，在规划设计中应注意生态环境的多样化和自然特点，按照可持续发展的原则，做好滨水新城规划。

4.6 尊重、保护、扶持、发展有特色的本土文化和建筑风貌，认真研究和挖掘历史留下的各种文化遗产，使新城风貌既能体现时代精神，又能表达本土文化特色。

作者简介：环境与城市设计专业硕士，美国 CA 规划设计师事务所副总裁，首席规划师，中美城市协会会长

（根据2006年4月12日中国（合肥）滨湖新区国际论坛演讲和幻灯片整理，未经本人审阅）

用国际化视角建设一个滨水宜居城市

陈海潮

摘　要：作者从可持续的城市形态，城市的大型交通枢纽、旧城改造、城市意象等方面，用国际化的视角，提出如何规划建设一个滨水宜居的城市。

关键词：城市形态　交通枢纽　旧城改造　滨水宜居城市

　　怎样从一个国际化的视角，宏观的角度看滨水城市的发展，应从四个方面探讨：即可持续的城市形态、大型交通枢纽、旧城改造、城市意象方面提出宜居城市的规划理念。合肥滨湖新区在规划中提出了四个目标：明确是现代化的滨临巢湖的新城区，是滨水宜居形象的城区，是滨湖新区和老城区的有机结合，代表合肥现代城市的未来。在滨湖新城区的规划空间环境上还提出具备四个功能，即办公、会务、居住、旅游，涵盖100多平方公里新区规划开发建设容量。在这个滨临巢湖的新区规划建设中，应解决好四个方面的问题：一是城市的经济水平，有了经济实力，应明确支柱产业，因为人口是跟着产业走的，人们要去上班。有了经济活动，政府才会承诺做基础设施的投入，会对资源有所要求，需要土地、供水、供电……；二是外商投资；三是城市化，这是城市向区域发展的重要的因素。未来的10年全国将有1.5亿人进入城镇，与合肥最近的一个经济区域就是长江三角洲，长三角已经形成两个强势的经济走廊，一个是沿上海、南京至合肥互联的北走廊，另外一个是沿上海、杭州至宁波的南走廊，这两个走廊占整个长三角地区经济总量的85%~90%左右。和合肥联系的还有沿延长江的城市带，合肥将融入长三角，得到较快的经济发展，同时还要依靠长江经济带，依靠安徽省、市的经济产业区，实现大合肥城市圈产业角色；四是资源的保护将是对未来合肥城市开发的一个重大的机会。应该去认识滨湖宜水城市的特点，向滨水宜居城市的规划理念去发展。

通常，一个城市都是从历史的城市开始的，一个历史小城扩大了，在它边上就形成了一个新的城市，剩下大片的都是农田，有一片水和港口。城市开发的初期因为经济需要得到发展，当城市发展到一定规模的时候，需要增强城市的综合功能，对交通构筑了许多的城市基础设施。到城市发展到很大规模的时候就会发现我们的城市比过去复杂多了。古老的老城区将成为旅游胜地，扩展的新区成为行政中心，需要开辟国际机场，建设大学城、产业园区，增加体育城、文化中心等，城市变成一个非常复杂的状态。用一个现代交通网络把各个城区联系起来，就成了现代的中心城市状况。这样的城市能否成为一个宜居的城市应值得我们反思，找出一些教训。我们在这样一个城市里面寻找蓝色和绿色，所谓的蓝色就是水，绿色就是公共绿色空间，发现仅存的已经很少了，想去吸引新的投资已经很困难了。因为能够开发的土地也很少了。

中国的哲学家早就提出：人法地、地法天、天法道、道法自然，这就是说人应该和自然在一起。用英文讲有个好词叫：mall，意思就是跟着自然走，这就是所谓的宜居。一个宜居的城市，应该是对历史的认同，对多元文化的认同，将环境作为城市经济发展的基础。因此，规划建设一个滨水宜居的城市，将从以下几个方面探讨。

1. 可持续性的城市形态

一个城市要成为可持续性的城市形态，就应考虑在可持续发展下的环境、资源、社会平等的生活质量，也就是宜人的城市居住环境，城市持续发展应与区域自然资源相互匹配，特别强调绿色 GDP。土地的占用越少将会留给我们未来开发的机会越大。信息时代的到来，使经济活动变得更加活跃，城市的质量已经成为城市竞争力一个重要的标准或是一个重要的基础。城市缺乏了环境质量，这个城市也就缺乏了投资的吸引力。

2. 大型交通枢纽

城市和道路交通网络的密度有着非常重要的关联。美国一些城市属于道路交通网络低密度，而香港是属于道路交通网络高密度的使用城市空间。从宜人的城市角度看，应该考虑大型交通枢纽对城市发挥综合功能的作用，因为大型交通枢纽能够解决城市各个区域的换乘问题，有利于城市经济的聚集。例如巴黎、伦敦、上海、韩国都以机场为中心，成为大型交通枢纽。因此，交通是城市空间的重要组成部分，集约化的交通用一个 TOD 的模式，是最能够把公共的更多的空间留在我们城市土地上。

3. 旧城改造

不要忽视旧城的改造对一个城市魅力的提升，旧城改造的本身将是一个有效解决城市环境的经济转型。旧城改造重要的是解决好建筑密度和人口迁移问题，旧城改造在集约化竞争中，因为市场不能够最大限度满足旧城的需求，城市经济成本非常的高，需要政府从土地、基础设施、品质上给予很大的支持，旧城改造仍然是支撑城市功能的重要手段。

4. 城市意象

4.1 集聚促进城市发展

通过城市的集聚、公共服务设施的投资使城市具有标致性的意象，城市景观风貌很有特色。城市意象的深入人心，利用一些节日活动促进旧城和新城的发展是现代城市经常使用的手段。上海市最为经典不仅是利用了世博会，同时利用了一些国际上的事件，比如说网球、Fl 的赛车等，它的目的在于丰富城市的风采，提高投资的效益，使人们更加集约化的投资。同时，也把未来城市意象融合在城市的功能里面。

4.2 环境保护

环境保护，是一个可持续发展的事。环境的保护重点一个是水资源，一个是农田，这两个是城市赖以生存或者城市赖以发展的基础，没有它们，一个城市就失去了发展的基础，应该说留住更多的空间给市民，不仅是增加他们的休闲娱乐，同时也增加了对环境景观、视觉效果的隔离。

4.3 前瞻性理念带来长期的利益

如何用一些前瞻性的理念来指导城市的工作，认识到这些理念将带来城市长期性的综合效益，应该从这三个方面去努力：首先就是以可持续性发展为基础考虑城市未来的发展；其次，是和区域基础设施进行全面整合，成为城市经济活动的一个源泉；第三是从经济的角度来确立支柱产业在未来城市里聚集。

作者简介： 美国阿特金斯中国地区董事，城市发展高级顾问，资源城市发展战略专家

（根据2006年4月12日中国（合肥）滨湖新区国际论坛演讲和幻灯片整理，未经本人审阅）

魅力与效益的共享
——谈滨水城市的建设

陈秉钊

摘 要：作者通过列举世界许多滨水城市的规划建设类型，揭示滨水地区的魅力与开发效益的共享，提出把城市滨水岸线更多地留给公众的规划概念。

关键词：城市　滨水　魅力　效益

古代，人们逐水而居；而今，人们获取水源的科学技术手段可就多了。但水给人以精神文化与生态环境的价值将与日俱增。正如美国规划师查尔斯·摩尔所说："滨水区域是一个城市非常珍贵的资源，也是对城市发展富有挑战性的一个机会，它是人们逃离拥挤的压力锅式的城市生活的机会，也是人们在城市生活中获得呼吸清新空气的机会。"仁人乐山，智者乐水，水给人以灵性，亲水是永恒的追求。

1. 世界的滨水城市

世界上222个首都中，有176个滨水，占79.28%。而美国有75个大城市，其中69个在滨水的地理位置上，这69个城市在过去的几十年中都有对滨水地区的重建和开发活动（1989年美国的一项统计数据表明，有90个滨水项目在实施）。

中国在省会城市中滨水的城市占67.65%。

从世界主要国家（美、加、英、法、德、意、日、澳）中前三位共24座城市（纽约、洛杉矶、芝加哥、多伦多、蒙特利尔、温哥华、伦敦、伯明翰、曼彻斯特、巴黎、里昂、马赛、柏林、汉堡、慕尼黑、罗马、米兰、威尼斯、东京、横滨、大阪、悉尼、墨尔本、布里斯本）中，除了伯明翰、曼彻斯特、柏林、慕尼黑、米兰5座城市外，19座城市都滨水，占79%。而这些滨水的城市中的中心区，只有洛杉矶不滨水。此外东京的市中心也不滨水，但20世纪90年代也建了滨海副都心，即19个滨水城市中只有1.5个城市的城市中心区不滨水，即中心区滨水的占92%。城市滨水情况统计，见表1。

城市滨水情况统计　　　　表1

	类别	数目	所占比例（%）		备注
全球各国首都	滨海城市	112	50.45	79.28	
	滨河（湖）城市	64	28.83		
	不滨水城市	46	20.72		
	总　计	222	100.00		
中国省会城市	滨海城市	4	11.76	67.65	
	滨河（湖）城市	19	55.88		
	不滨水城市	11	32.35		
	总　计	34	100.00		

美、加、英、法、德、意、日、澳8个西方最主要国家人口前三位共24座城市滨水及其中心区滨水情况统计，见表2。

表2

国序	国家	市序号	城市	城市滨水否	城市中心区滨水否
1	美国	1	纽约	滨海	滨海
		2	洛杉矶	滨海	否
		3	芝加哥	滨湖	滨湖
2	加拿大	4	多伦多	滨湖	滨湖
		5	蒙特利尔	滨河	滨河
		6	温哥华	滨海	滨海

续表

国序	国家	市序号	城市	城市滨水否	城市中心区滨水否
3	英国	7	伦敦	滨河	滨河
		8	伯明翰	否	否
		9	曼彻斯特	否	否
4	法国	10	巴黎	滨河	滨河
		11	里昂	滨河	滨河
		12	马赛	滨海	滨海
5	德国	13	柏林	否	否
		14	汉堡	滨海	滨河
		15	慕尼黑	否	否
6	意大利	16	罗马	滨海	滨河
		17	米兰	否	否
		18	威尼斯	滨海	滨海
7	日本	19	东京	滨海	副都心滨海
		20	大阪	滨海	滨河
		21	横滨	滨海	滨海
8	澳大利亚	22	悉尼	滨海	滨海
		23	墨尔本	滨海	滨河
		24	布里斯本	滨海	滨河

2. 城市不同滨水地区类型

（1）滨水大片公共活动空间。
（2）滨水居住生活。
（3）旅游度假。
（4）商务办公。
（5）公共综合功能。

应当根据城市整体的功能布局，发展的需要进行抉择。举些滨水公共活动空间的案例，美国芝加哥市面临比斯刚湖，这个湖滨一大片地都在公共使用,有号称北美最大的喷泉,还有科技馆、博物馆、天文馆等,公众可以参与公共活动,有大片的绿地,一边是城市,一边是公共的滨水,有保持世界第一高楼——谢斯塔楼,伸到湖滨里面;澳大利亚的悉尼市海滨是以商务办公为主的开发,建了一批金融办公楼,而悉尼达林港则是多功能的公共综合功能的开发,交通线穿过港湾,周边有很大的会展中心,还有博物馆、商业购物中心等。

3. 滨水地区魅力与效益的共享

滨水城市对滨水地区的开发,首先应从城市的性质,区位条件等合理定位。或公共活动或居住生活或娱乐游憩或商务办公或多功能的综合。但共同的一点是,不仅要考虑环境、生态,更要注意滨水地区的魅力和效益的价值能得到全社会最大限度的共享。实现和谐和社会可持续发展的目标。

政府在开发资金的压力下,以滨水地段优良的景观环境招徕开发商,以获取开发起步资金。开发商又以滨水景观房打开市场获取高额回报。自古名山僧占多,而今美景多富人。"熟悉无美景",这是资源的浪费。房地产开发是一锤子买卖,是公共经济效益的不可持续。

在滨水地区建造豪华型景观住宅的现象在各地蔓延,滨水地区公共环境资源私有化,这种以优质的公共空间资源为代价从事房地产开发,密集高大的"混凝土森林",使人们不但视线受阻,破坏了滨水景观带给公众的愉悦感。

沿滨水岸线修建滨水交通大道也是当前普遍现象。交通把城市居民与亲水活动阻断,滨水大道应充分体现以人为本的规划理念。

加拿大的多伦多市,座落在安大略湖(Lake Ontario)的西北面,是加拿大最大的城市和金融中心。原中心区不滨湖,由于城市的不断发展,城区逐步扩大到湖滨。在 20 世纪 90 年代,多伦多在居住和工作环境两个方面都被列为世界十佳城市之一,成为世界上最具有都市风格的滨水地区。

1972年，多伦多市就制订了一个滨水地区的发展战略规划。从20世纪80年代中期开始，私人开发资金进入滨水地区的一系列开发项目，主要建造高层住宅和商业办公楼，并已建成住宅1200套，商业办公楼25万m^2。由于多伦多公众认为高层建筑影响滨水地区的环境，因此整个项目于90年代终止，原计划中的高层地区仍然改为绿地。2002年，多伦多将中央滨水地区重新作为开发重点，由市政当局和滨水开发公司发起，邀请了6组从本国、美国及欧洲来的设计小组对中央滨水地区进行设计，以塑造该地区独特的滨水空间，从而为该地区的成功开发打下良好基础。

4. 把城市滨水岸线更多地留给公众

以澳大利亚布列斯本中心区滨水地区为例，布列斯本中心是紧毗湖滨的，将湖滨一带几乎全部出来给公众使用，市民很乐意到滨水地带亲水，整个滨水地区都是公共使用的空间，有浓密的绿化带，市民可沿滨水步道行走、游览。所以，把城市滨水岸的开发更多地留给公众，是一个值得重视的规划理念。

作者简介： 同济大学城市规划学院教授，博士生导师，原院长

（根据2006年4月12日中国（合肥）滨湖新区国际论坛演讲稿改稿，未经本人审阅）

合肥市在长三角城市群区内的成长与发展

姚士谋

摘　要：在全球经济一体化、工业化、城市化与信息化，实现巨型城市与组合城市发展的客观背景下，结合安徽省合肥市历史发展与当前建设的条件及其综合因素分析，充分论述合肥城市在长三角城市群区内的成长与发展中的新战略。

关键词：全球化　合肥　长三角城市群　发展战略

合肥犹如一部近代中国城市发展的荡气回肠的史诗：从安徽省省会的中心地位的确立，到全国重要的长江三角洲经济区内次中心城市的构建。在这里，不仅有全国著名的科教基地，还有国家级的经济技术开发区、高科技的软件园与生态农高区以及四通八达的综合交通网将安徽省的皖江城市带、皖中、皖北城市发展紧紧地连接在一起，自北而南的工业地带，城市现代发展空间与开发区贯穿其间。全球化、信息化、城市化和长三角重要的发展基地长远战略，赋予合肥市诸多的城市发展机遇与挑战。

2005年，合肥市人民政府完成了大合肥的科学规划，即合肥市城市空间发展战略构想，研究了合肥全市空间结构将形成"141"（一个主城、四个组团、一个滨湖新区）的多中心发展态势，正在激励着合肥300多万人的热情与实干精神。

这次有关合肥城市发展新的策略，试图在理想与现实之间把握分寸，既高瞻远瞩审视全球化背景下城市发展导向性的思维，

注：本地区属于国家自然科学基金项目研究范围（批准号：40535026）
张雷、姚士谋等负责（2005～2008年）

又冲破现实中条条框框的桎梏去构筑宏伟的城市发展战略，同时也脚踏实地探索城市近期发展可操作的方案。诚然，这种战略性的研究，对于合肥正在发展中的特大城市、长三角重要的增长极，肯定还有很多问题一时不能解决，目的是通过富有实际价值的探索，构建研究合肥城市发展的策略平台。

1. 城市发展的客观背景

1.1 全球经济一体化

全球经济一体化是一种以国际市场为导向，以金融投资与贸易自由化为基础，按照国际惯例与国际劳动分工为原则，在全球范围内有效配置生产力要素，发挥最大的经济效益，使我国产品走向国际市场；也是在全球经济一体化的趋势下，加快我国各地区尤其是长三角地区经济快速发展的必由之路。

改革开放近30年来，在全球经济一体化的新形势下，中国城市化发展极为迅速，城镇人口比重由1978年的18.6%提升到2004年的42%，2005年已达到43.3%预计到2010年达50%，接近中等发达国家水平。尤其是在沿海地区的长三角、珠三角和京津冀等大城市群区域，工业化、城市化、信息化的迅速发展，集聚了中国大量的财富、劳力和科学技术，这些地区将率先实现小康社会，成为我国社会主义现代化的前进基地。安徽省会城市合肥，邻近长三角，已经融入长三角的发展之中，全省的城镇化率由2000年的28%提高到2005年的35.5%，新增城镇人口近500万。全省的GDP由2000年的2787亿元增加到2005年的5376亿元，增长很快。这里将成为长三角地区又一个重要的增长极。

1.2 工业化、城市化与信息化

1978年以来，我国国民经济持续快速发展，其中工业经济增长更为迅速。根据发达国家工业化、城市化发展的规律，工业化是推动城市化的主要动力，而城市化带动了国民经济各个部门的迅速发展。工业化与城市化的相关系数达到0.997，几乎是两条平行上升的曲线。

目前，合肥与全国许多城市一样（特别是我国的东部与中部），正处在工业化发展的中期阶段（沿海城市密集区为工业化的中后期阶段）。今后，经济增长的主要动力还是工业，而工业化的发展需要城市空间的支撑。从长三角诸多城市发展过程分析，呈现三大特点：一是在国际环境的影响下，长三角的城市化进程已经进入快速发展的轨道。城市空间不断扩大，建成区日益拓展，城市人口急剧增多（表1）。二是与经济发展模式转变相对应，适应人们不断提高的生活需求，城市发展模式逐步从量的扩张到质的提高。生态城市、园林城市、最佳人居环境等成为发展潮流，城市自然生态空间越来越大，要求越来越高。三是城市的经济辐射力，影响范围越来越大，而且形成网络化动态发展的格局，不断扩大自己的空间腹地与物流网络。

我国若干个特大城市用地（建成区）扩展情况（1952~2003年）　　表1

（单位：km^2）

	1952	1978	1997	2002~2003年	50年内扩大倍数
上海	78.5	125.6	412.0	610.0	6.77
北京	65.4	190.4	488.0	580.0	7.87
广州	16.9	68.5	266.7	410.0	23.26
天津	37.7	90.8	380.0	420.0	10.14
南京	32.6	78.4	198.9	260.0	6.98
杭州	8.5	28.3	105.0	196.0	20.06
重庆	12.5	58.3	190.0	280.0	21.40
西安	16.4	83.9	162.0	245.0	13.94
合肥	3.5		120.0		

注：资料来源：姚士谋　经济地理，2005年（2期）。

1.3　巨型城市与组合城市的发展

当今，世界的全球化进程集中表现在城市化以及城市扩展的焦点上。吴良镛院士认为，21世纪是城市发展的时代。全球化的进程增强了各国之间的经济、贸易、文化与政治的联系，城市间各种要素流动迅速增加,使得城市在全球范围内更加紧密地联系在一起。这种全球化的城市竞争与区域性的城市合作共同塑造了新的城市景观(城市地带、城镇密集地、城市群现象)。在很多地区,城市间的经济要素与人员等流动频繁。城市之间以前所未有的速度、尺度结合起来,形成为"全球城市地区"或"区域城市网络",在空间结构上,可能包括一个中心城市及其组合城市,也可能成为一个巨型城市如长三角的上海、珠三角的广州、深圳等,也可能包括数个地理上相对独立但又相互邻近的组合城市(如南京与扬州、镇江、马鞍山、芜湖、合肥)。(图1)

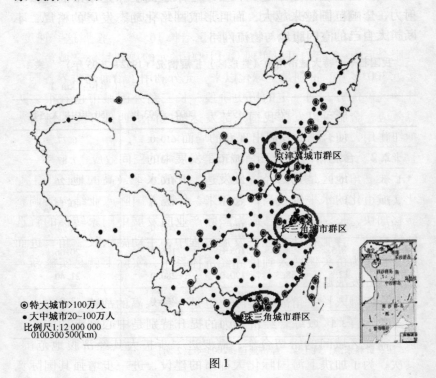

图1

总之,从系统观点看,城市群地区结构是一种耗散结构,其子系统之间相互协同与合作,在一定条件下能自发产生在时间、空间和功能上的稳定有序结构,系统本身自动趋向稳定有序结构。

因此，我们用综合集成的方法，发挥系统的协同和"自组织"作用，积极支持腹地区域的经济发展，增强城市实力，推进城乡一体化的进程。

2. 合肥城市发展的新战略

2.1 合肥在全国与华东沿海地区的区位

由于历史的原因，合肥市的社会经济发展一直比较滞后，过去在全国、华东沿海地区经济实力较为薄弱，地位作用不明显。经济改革开放后，合肥的工业生产力，社会经济实力有很大的改善，在全国与华东沿海地区的地位作用不断提升。2005年合肥地区国民生产总值达到853亿元，同比增长16.9%，按照这一速度，合肥今后4~5年内可以实现GDP1000亿元的规划目标，城市人口接近300多万。特别是全球化以来，充分利用了沿海与世界各国交往的区位优势，到一定的历史阶段，长三角外围城市也有很多边缘效应，合肥可以发挥我国东部发达地区向中西部开发的桥梁与枢纽作用，使合肥的发展出现新的局面。

2.2 合肥市融入长三角城市群发展中的空间效应

长三角地区是我国经济最发达、开放水平最高的地区，工业化、城市化的水平也很高。近年来，伴随着国际产业结构的调整转移加快，长三角地区已成为国际产业向发展中国家转移的首选地区之一。合肥在社会经济发展过程中，主动融入长三角，进而以长三角为桥头堡融入到世界经济体系中，实际上就是实施新一轮的大开发战略。

合肥融入长三角战略实际上也是一种双赢的战略。首先，从长三角而言，区域综合经济实力的提升特别是中心城市功能的增强，需要区域间的密切合作，需要进一步扩大其经济腹地范围；其次，为了加快上海国际化大都市的建设，进一步增强其国际竞争力，客观上要求上海加快与周边地区的城市进行合作，整合与优化长三角地区的多种资源，提升长三角的整体竞争能力，不仅成为上海、南京发展的需要，而且也成为周边省份各个城市发展的需要。

合肥与上海、南京、杭州对接,相互融合,不仅具有对接的历史文化渊源与人文基础,而且安徽许多城市与长三角具有较好的产业链接关系和交通物流互补的关系。合肥、芜湖的电子电气、汽车、纺织、服装、机械、建材、农产品加工等已经融入了长三角地区的产业体系和市场体系,随着皖江高速公路、合杭高速、宁合高速的建成,合肥与长三角主要城市上海、南京、杭州、苏锡常及宁波地区的合作,将明显加快安徽的皖江、皖中地区与长三角的资金、人才、物资、信息的紧密交流,合肥融入长三角城市群的发展将起到更大的空间效应和社会经济的作用。(图2)

图2 空间结构

2.3 合肥在安徽省内的战略地位与历史史命

合肥在改革开放前,是安徽省的行政中心、工业经济中心和文化教育中心等,起到省会城市一定的历史作用。随着改革开放,特别是到了21世纪的知识经济时代(城市世纪),合肥作为全省的中心城市和长三角地区的次中心城市,城市的功能作用应当更多地表现为现代服务中心、金融贸易中心、信息中心、创新中心和物流中心。

从合肥今后的发展分析，处于长三角边缘地区的次中心，但又是我国东部向中西部战略转移的桥梁，合肥这个中心城市的功能作用主要通过其特有的功能予以体现和实现的，主要包括五个方面去认识，表现在历史传统职能与现代城市职能的相互结合方面：

（1）生产中心的功能　在原有的工业生产的基础上实现产业转型走新型工业化的新路，完善以及提高工业生产职能，提供区域生产、生活必需的产品，同时向区外输出优势产品，提升合肥的名气。

（2）集散中心的功能　一般体现在中心城市在其经济活动中能够表现商品和要素的集聚与扩散，成为一定区域内的资金、商品、技术、人才和信息的活动中心，主要通过完善现代市场体系来实现的。

（3）管理中心功能　中心城市是一定层次的政府所在地，具有相关的行政管理职能，同时又是区域性公司、金融债券企业的总部等管理机构的汇集地，通过其决策系统发挥投资融资作用，产业配置和生产组织的功能作用。

（4）现代服务中心的功能　主要表现在中心城市为各类生产要素的流动和优化配置提供必需的服务，包括交通运输、通信信息、中介咨询、会展休闲娱乐等等服务，促进城市现代第三产业的发展。

（5）创新中心的功能　中心城市具有更强的综合创造能力，是各种新观念、新思路的诞生地和传播源，是新体制、新机制的发挥地和示范地，其创新功能主要包括观念创新、制度创新、体制创新等方面。

我们认为，合肥作为安徽省内最大的城市，目前，合肥市区人口已达到160多万人，而芜湖仅有95万人，蚌埠仅有90多万人。所以，合肥应当担负起全省实现现代化前进基地的历史史命。不断完善合肥中心城市的综合功能，其中集聚功能是先导、服务功能是条件、生产与管理功能是基础，创新功能是动力，促进合肥大城市的发展更上一层楼，与世界接轨。使合肥成为长三角国际化地区重要组成部分。

3. 21世纪合肥城市的功能再造

3.1 长三角城市群区内次中心重要城市

沪、苏、浙、皖为我国华东片的经济与资源的核心地区,当然最紧密的核心,区别以上海为中心城市的150km辐射圈层内,实质上包括了江苏的苏锡常地区以及浙江的杭嘉湖地区。长三角为我国最大的城市群区域,约9.8万km^2,总人口达到7500万人,外来人口1500多万人,GDP总量占全国的1/4,财政收入占全国的1/4,进出口贸易数占全国的30%,是全国工业化、城市化水平最高的地区。

合肥由于历史上远离我国京沪交通干线以及长江航运出海口,长期以农业社会为主的经济形态,工业基础薄弱,文化技术比较落后,信息不畅达,这样便形成了合肥在较长时间内不能发展成为一个有影响的特大城市。现在,党中央与国务院考虑到安徽省经济的振兴,承接东部与中西部发展的桥梁,合肥必需融入长三角,从城市化过程分析,中心城市上海也要有其他重要城市相匹配,形成相得益彰的城市群体。像南京、杭州、合肥这些重要的省会城市,完全可以成为长三角国际化区域的次中心重要城市。

3.2 全省经济发展中的核心城市（产业新战略空间营造）

具有优越区位、发展潜力的合肥,处于"全省居中"的地位,合肥向来是全省经济发展中的核心城市,将在全省经济发展中起带头作用。合肥地处皖中与皖江城市带,又对皖北地区经济发展起着推动带领的巨大作用。因此,合肥作为省会城市,又是全省城乡经济发展的增长点,也是实现安徽省现代化社会的基础。合肥市正在落实"141"发展战略,一个主城人口要达到300万人,四个组团,城市向东、西南、西、北四个方向扩展,形成与中心城区紧密相连的合肥大都市圈,形成经济发达,交通方便,具有较高生活质量的现代化城市。

核心城市在城市化过程中,经历了从绝对分散、相对分散以及又以绝对集中到有机集中的发展演变。有机集中体现了核心城市的吸引力、辐射力和牵引力。合肥作为全省经济发展的核心，其重要作用表现在：(1)具有全省最重要，最齐全的工业部门和现代第三产业；(2)具有多数指挥全省经济问题的管理机关与制定各项优惠政策的政府部门；(3)具有强大的吸引力以及组织全省经济活动的领导力量；(4)具有经济发展的潜力与条件，在全省未来发展中将起到决策作用及带动作用。

3.3 全省综合交通枢纽与物流中心

合肥要成为全省重要的综合性交通枢纽与物流中心，促进全省经济快速、健康发展，重要的要在五个方面进行规划与建设。

(1)区域交通一体化的规划建设，拓展交通空间领域，在市区内外形成相互衔接、畅通无阻的综合交通体系，增强合肥的交通枢纽地位，以及作为区域中心城市加强与长三角重要城市的紧密联系。

(2)阶段推进战略规则，统一规划，有序建设，在不同发展阶段有不同的发展重点，保持交通建设的适度规模，增加交通流量与货流密度。

(3)多层次的网络化交通体系，适应现代运输业的全面发展与集约化要求，公路、铁路、水运、航空协调发展，国道、省道、县乡道纵横交错，形成四通八达的网络化交通体系。

(4)交通物流互动战略，以交通促物流，以物流带交通，通过便捷畅流的交通基础设施，建立完善的物流网络，充分发挥物流和交通联动效应与乘数效应。使合肥市成为全省的物流中心，同时也是长三角的物流中心之一。

(5)现代化的交通管理战略，以信息化、网络化为基础，加快智能型交通的发展，实现各种交通运输的信息资源共享，促进运输资源的合理分配，使合肥建设成综合性交通枢纽。

3.4 具有江淮文化特色的历史名城与生态旅游城市

合肥是安徽省的历史文化名城，具有2000多年建城历史。在悠久的城市建设过程中，已经形成了具有江淮文化特色的著名园林城市。不仅城市建筑景观以及许多历史文化古迹，而且还有江淮特色的古城及其护城河道，绿色走廊以及绿色网架点缀了合肥许多人文景观，在全国历史文化名城中是一个典型的园林、生态城市。今后10年内，合肥将打造两条城市主景观轴线，一条是董铺水库—南淝河—巢湖；另一条是紫蓬山—大蜀山—马鞍山路—包河大道—巢湖，塑造魅力合肥、生态旅游合肥。

4. 提升合肥战略地位的关键性措施与策略

4.1 建立城市经营与投融资体系的策略

要努力提升合肥市在长三角的战略地位。首先，要建立多元化、多渠道的城市经营以及融资体系的长期策略。积极探索企业技术开发与研制项目资金的运营方式，疏通金融渠道，吸纳社会资金。合肥在"十一五"规划中，GDP要达到1000亿元，就要加大投资项目与投资总量，至少要有700亿元。金融机构要充分发挥信贷的支持作用，扩大科技信贷投入，建立和完善多元化的资金融通体制，激励企业（单位）不断创新，获得更大的社会和经济效益，提升合肥城市综合竞争力与知名度。

4.2 区域统筹发展策略

结合合肥都市圈的实际情况和未来发展趋势，可提出"联带入圈、区域协调"的空间协调，区域统筹发展策略。合肥应该以融入长三角超大城市群为切入点，通过交通、产业、资源利用和市场贸易及其他基础设施共建共享，尽快发展成为沪苏浙皖城市地带紧密圈后的城市化区域，并以上海为龙头，在全球经济一体化的带动下，走上国际化，调动城市各种有利因素，促进区域发展一体化的大格局。

4.3 工业化、城市化策略

目前，我国正处于城市化高速发展的重要阶段，长三角地区已经成为我国城镇化水平最高、产业布局（工业化水平）最发达、人口最密集的区域之一。但是，在工业化、城市化过程中，长三角区域的产业间，重大基础设施的无序竞争、耕地资源过度占用、大量的人口流动等问题成为城市化发展中需要解决的突出问题。因此，在长三角区域一体化的协同发展中，如何从提高区域整体竞争力和增强可持续发展能力出发,进一步构建长三角区域的特大城市、大城市、中等城市和小城市的城市群体系,包括合肥、马芜铜城市带的长三角区域城市体系,用工业化推动城市化,用城市化促进现代化,走可持续发展道路,就是本区域工业化、城市化发展中的重大策略。

4.4 极化发展策略

极化发展战略是由增长极的核心联想的理念。在任何一个城市化区域,区域经济的增长必需有一个最大最主要的核心城市带动,也称为城市群区的第一增长城市。第一增长城市一般是指城市群体内的核心首位城市,也称为区域性的中心城市。

合肥作为安徽省的中心城市,也是全省第一增长的核心。对全省的城市化以及城市一体化将起到重要作用。合肥今后的发展应实施极化发展,一方面增强经济实力,发展工业企业集团,加大开发区的产业集聚,形成动力,推动全省产业链在合肥的集约化、专业化,争取更多的名牌产品与长三角其他城市协作,走向国际化;另一方面,扩展城市规模,使之成为武汉、南京、郑州之间的重要增长核心以及地区中心城市。

4.5 可持续发展战略

我国目前的经济增长模式,大部分依赖高投入、高消耗、低效益的粗放型工业化路子,沿海一些大中城市如北京、天津、沈阳、上海、南京、济南、唐山、淄博、宁波、广州等等,都成为我国重化工、重型机械、钢铁、建材、汽车等工业的集中地,不仅浪费了大量的人力、物力、财力,而且对城市的生态环境产生了极大的负面影响。因此,健康城市化,可持续的指导思想适合我国所有城市长远发展的战略。合肥是我国第一批国务院公布的园林城市,其建设生态城市最具有条件和基础;今后合肥需要增强城市竞争力、提高工业化、城市化水平,但也不能忽视合肥市城市生态的建设与保护,努力不懈、长期坚持实现城市的永续发展。

参 考 文 献

1. 安徽省统计年鉴(2000~2004年)合肥

2. 孙金龙，合肥市政府工作报告（2005年）
3. 合肥市人民政府发改委：合肥市十一·五规划纲要（2006~2010年）
4. 姚士谋、夏有才等《中国大都市空间扩展》（有关合肥部分），中国科大出版社，1998年
5. 姚士谋、夏有才等，合肥市城镇体系规划报告（1996~2000年）
6. 姚士谋、陈振光等，中国城市群（第三版）中国科大出版社．2006年8月

作者简介：中国科学院南京地理研究所城市发展研究中心研究员

（该文是作者在合肥市作学术报告的讲稿，经本人审阅）

城市规划可持续发展原则的探讨

姜长征

摘 要：本文从可持续发展内涵理解入手，分析当前城市规划在可持续发展方面存在的问题，总结出可持续发展的城市规划设计原则。

关键词：可持续发展 内涵 问题 设计原则

自从工业社会以来，人类社会经过一百多年的飞速发展，创造了巨大的物质文明。城市的数量及规模都在呈指数状增长，随着城市化水平不断提高，这种增长趋势将持续 30～50 年，甚至更长的时期。

城市的发展已凝聚和产生了巨大的物质与财富，给人类社会带来了空前的繁荣。但由于人类对高速城市化缺乏足够的理论与技术准备，城市的管理者及规划师们在这种汹涌的城市化浪潮面前显得有些手足无措，导致城市发展出于一种无绪的状态。城市的自然环境、社会环境以及人文环境都面临困境，拥挤的人群、堵塞的交通、喧闹的环境、污浊的水体、灰暗的天空、贫困问题、犯罪问题等，这些几乎成为城市的代名词，城市发展与人类社会发展一样处于十分茫然的阶段。

直到 1987 年，联合国环境与发展委员会在其《我们共同的未来》的报告中，明确地提出了"可持续发展"的新思维，为人类社会发展指明了正确的方向。"可持续发展"已经成为我们这个社会的行动准则，城市规划遵循可持续发展的原则也已经成为共识，几乎所有的城市规划设计文本的说明中都把可持续发展的原则作为普遍的原则，列到显著位置。这是十分可喜的现象，也是社会进步与发展的表现。"可持续发展"在某种程度上正在演变成一句空泛的口号,一个时髦的用语,一种招摇的噱头,甚至成为做秀的手段。究其原因,还是我们的城市决策者与规划设计师对"可持续发展"的内涵缺乏深刻的理解。

1. 可持续发展的内涵理解

"可持续发展"这个词是由挪威前总理哈莱姆首先提出的。其核心思想是:既满足当代人的发展要求,又不对后代人的需要构成危害。其实在农业文明时代,我们的祖先就有着朴素的可持续发展理念。孔子的"钓而不纲,弋不射宿"、"山林非时,不升斤斧,以成草木之长;川泽非时,不升网罟,以成鱼鳖之长",孟子的"斧斤以时入山林"等古训都是反映这种思想,只不过是工业文明巨大的成就冲昏了我们人类的头脑。

"可持续发展"的本质特征主要体现以下三个方面:

1.1 发展是硬道理

人是生命的奇迹。人这种有灵性的动物之所以经过几十万年的进化,成为蓝色地球上的万物之尊,劳动与创造是先决条件。劳动与创造的目的就是发展,如果人类社会放弃了这个目标,最终的结果必然是灭亡,而且还是更快的灭亡。20世纪60年代"罗马俱乐部"的人们,在发现人类生存发展危机之后,提出的"零增长"、"冻结繁荣"与"禁欲主义"等观念,之所以没有得到社会的广泛认可,其核心问题就是他们放弃了人类社会发展这个永恒的目标。

"可持续发展"观念的可贵之处就在于人类在检讨过去盲目发展的历史进程中,谋求一种能实现人口、社会、经济、环境与资源协调发展的新模式。其出发点与落脚点都是发展,是在寻找一条更好、更健康、更和谐的人类发展之路。

1.2 代际公平

当代人的发展不能以牺牲后代人的利益为代价。人类社会持续繁衍与健康发展,自然物质条件是基础。地球的物质承载力与自我调节的功能是有限度的,超过了其限域,将给地球环境造成不可持续的危害。因此,当代人的发展就不能以自身利益最大化为前提。正确的发展思路是：在谋求当代人发展的同时，为后代人的发展创造良好的条件，从人类社会发展的时间纵轴方面规划好资源与环境的利用，实现有节制的适度发展目标，真正体现代际公平的原则。

1.3 代内公平

发达地区的发展不能以牺牲发展中地区和贫穷落后地区的利益为代价。地球是我们人类共同的家园，也是地球上所有生命体共同的家园。从这个意义上来说，人无贵贱之分，生命也无贵贱之分，我们在善待他人与其人生命同时，也就是善待自己和我们人类。对这个问题我们必须有清醒地认识。事实已经证明任何一个物种的消亡，任何一个地区的环境破坏都构成对整个地球生态环境负面影响。正确的发展思路是：在谋求本地区发展的同时，应为其他地区发展创造良好的条件，整体规整与利用好资源与环境，实现有节制的适度的发展目标，真正体现代内公平的原则。

2. 可持续发展视野下的城市规划问题

2.1 城市的规模问题

城市规模是城市规划考虑的首要问题之一，确定合适的规模对城市建设发展影响很大。其实，一个城市的发展规模与其城市的性质、城市经济发展状况以及城市的自然条件密切相关，应该有一个很理想的结果，然而现实情况是，城市规模不是经过科学合理的测算得出的，而是由官员决定的，这其中有一定的科学依据，但也不乏有主观臆断的成分，并且有规模越大就越显示发展能力与决心的倾向。

现在若有可能把全国建制镇以上所有的城镇十年后发展规模统计出来，可能超过全国人口。这种城市人口规模测算的失控状态，导致城市规划在城市规划区控制范围的确定，城市物质空间的布局、城市基础设置的安排以及自然资源统筹等各方面造成巨大的浪费，也为城市良性发展留下很多遗憾。

合理的城市发展规模一定是建立在对城市性质明确定位，对城市经济发展状态有一个理性和科学的思路和对承载城市发展自然资源合理测算的基础上。

2.2 城市的形态问题

城市形态是城市空间布局的主要形式，一种良好的城市形态不仅有利于城市各种功能空间的布局，同时也有利于城市健康稳定的发展。如合肥市扇页状城市空间形态对合肥市城市建设的发展起到十分有益的作用。

城市形态的形成由很多要素决定的，如城市的性质、城市的规模、城市的地理环境以及城市所处地区的气候特征等。城市形态的形成是一个很自然又很客观的结果。我们现今不少的城市规划对城市形态的考虑有失偏颇，大到一个城市的总体规划，小到一个单位的总图设计，设计师总希望在形态上有所突破、有所寓意。什么"龙凤呈祥"、"二龙戏珠"、"九龙戏水"、"吉祥如意"等，牵强附会的创意，追求一种纯粹的图面效果去迎合一些社会追求，使城市状态的创造走入一种误区。

其实，城市形态的创造，除充分考虑城市的性质特征与规模特征之外，更重要的是要结合好城市的地理环境特征与城市的气候特征，使城市的物质环境更好的与城市的自然环境相融合，创造各具特色的城市形态空间，这才是城市空间形态创造的根本。

2.3 城市的生态问题

生态城市建设是当今很多城市管理者与规划师追求的主要目标之一，都非常重视。但从规划的实践来看，我们很多同志对生态城市的概念理解仅仅留在水体与绿化系统的布置安排这种浅层次的认识水平上，难见真正的生态城市规划实例。

生态城市是一个经济发达、社会繁荣、生态保护三者保持高度和谐，技术与自然达到充分融合，城市环境清洁、优美、舒适，从而最大限度的发挥人的创造力与生产力，并有利于提高城市文明程度的稳定、协调、持续发展的人工复合系统。研究的问题很复杂也很全面。城市规划作为一个纲，要综合分析各种要素，系统考虑各方面问题，集合各学科的研究成果。确定城市人口适宜容量，研究土地利用适宜性强度，产生结构演进模式，市区与郊区复合生态系统，防止城市污染，保护城市生物以及提高资源利用效率。

3. 可持续发展的城市规划设计原则

3.1 尊重自然的原则

城市的自然环境是城市赖以生存的基础，又往往是城市发展的制约因素。城市的地形地貌、城市的水源容量、城市的地质分布状态、城市的植被条件以及城市的气候特征等因素，都是影响城市规划非常重要的限制性条件。可持续发展的城市规划，在综合考虑城市功能的前提下，必须慎重考虑这些自然条件。宜山则山，宜水则水，宜建则筑，宜林则植。

设计结合自然应该是城市规划设计的最高境界，也是彰显城市特色的主要设计手段之一。对于这点，规划师与城市管理者必须有清醒的认识。山地城市、湖畔城市、海滨城市、沿江城市、水乡城市、平原城市、高原城市等等都是自然环境与城市建设有机结合的结果。设计结合自然也是城市建设最经济方法，更是对自然生态环境影响最小的方法，是可持续发展的城市规划首要的原则。

3.2 以人为本的原则

认识城市的主体，营造城市的目的在于有利于人的工作、方便人的生活。因此，城市规划一定是以人的需求为最终目标。在人与城市的关系问题上，是努力营造适宜人类生活的城市，还是改变人的意志去适应机器般的城市，这是我们城市规划设计师考虑城市问题的原点。可持续发展的城市规划一定是建立在以人为本思想基础之上的城市规划。

城市规划中以人为本的思想应该客观的反映在规划设计的各个层面上。在区域规划中，应该统筹安排好各类自然、环境、物质、财富、社会资源和空间领域，为城市发展创造尽可能好的外部环境和互动系统。在城市总体规划中，在安排各种功能区域、城市基础设施布局以及城市公共设施的布局方面，要以方便人的活动为前提。在控制性详细规划中，各种颜色的控制线、容积率、建筑密度、绿化率以及各种技术指标，也一定是以最大限度的创

45

造适宜人的工作与生活环境为目标的。在修建性详细规划中，应当组织好各种流线，安排好各类场地，解决各类功能问题，充分体现环境对人的关怀。在城市设计中，更应该以人的尺度为基础，对城市形体环境进行艺术创造。

3.3 适度高效的原则

"适度"的概念是针对"过度"概念而提出来的，凡事都应该有个度，超过了一定的限度，事物就发生了变化。城市规划由于前瞻性的要求，对很多问题的考虑都应该有一定的超前性。为适应机动车不断发展的需求，马路适当宽一些或为未来发展留有余地是应该的，但无原则的"大马路"却是不应该的；为满足市民活动安排一定的广场与休闲活动场地是应该的，但为彰显政绩的"大广场"则是不应该的；为改善城市生态环境、结合自然安排适当的水体与绿色是应该的，但不顾地形地貌及气候状况搞"大水面"、"大草坪"那是不应该的。这种"度"的把握，充分反映规划师的专业素质。

"高效"是一个经济的概念。城市各部门的经济活动和代谢过程是城市生存与发展的活力与命脉，也是搞好城市可持续发展规划的物质基础。因此，城市的各种物质空间的布局应充分考虑好他们之间的联系与互动，使城市各种活动高效运作。高效的城市交通系统，高效的能源供应系统，高效的城市废弃物的处理系统，高效的城市公共服务系统，高效的城市生活保障系统等等，这一系列高效率系统形成高效率的城市。

3.4 社会和谐的原则

社会和谐原则又称社会生态原则。这一原则存在的理论前提在于城市是人类集聚的产物，是人性的产物，人的社会行为及观念是城市进化与发展的原动力。一个城市和谐美好，城市才有可能不断发展。城市规划应在创造社会和谐城市中发挥它应有的作用。具体体现在如下两个方面：其一，城市面前人人平等。城市是全体人的城市，生活在城市里的居民无论贫富贵贱，不论正常人还是残疾人，在人格上是平等的。我们的城市建设中"高尚社区"、"贵族家园"、"经济适用房"、"拆迁安置区"等这类人为的按经济条件划分城市阶级的做法值得商榷。对无障碍设施设计管理以及社会弱势群体服务设施建设的冷漠也应该反思。

3.5 复合共生的原则

由于城市乃至某个区域是一个非常复杂而又庞大的系统，系统的优化是系统良性运转的基础。城市系统包括城市的生态系统、城市的经济系统、城市的文化系统、城市的物质循环系统等等。创造一个有利于各种系统良性运转、互相促进的环境，是城市稳定、健康、快速发展的必要条件。按系统论的原理，任何一个子系统出现问题都会导致整个系统的失灵。因此，城市规划有必要综合考虑和研究各种系统的特点与他们之间的互动关系，努力在城市物质形态空间的布局方面为城市各系统复合共生创造条件，营造一个和谐、美好、可持续发展的城市。

作者简介： 安徽建工学院建筑系主任、副教授

明确方略 增创优势 逐步融入
——浅论合肥融入长三角

汪德满

摘 要：作者以"强崛起，全面对接，逐步深入"的方针，提出合肥面临的全面融入长三角经济区的战略性课题。

关键词：合肥 融入长三角 战略

长三角地区因其地域相邻、经济相近、文化相融，经济一体化进程明显较快，现已成为我国经济最发达、人口和产业最密集、发展最具活力的地区，也是未来我国最具有国际竞争力和重要影响力的城市群，被视为全球第六大都市圈。全面审视面临的机遇和挑战，充分发挥自身的优势，找准发展突破口，在差距中查找问题，在优势中寻求突破，在错位竞争和产业互补中增创新优势，谋求新发展，是合肥面临的一个重要的战略性课题。怎样融入，我们认为应遵循"自强崛起、全面对接、优势先行、逐步渗入"的方略。

1. 全面融入长三角经济区，首先要实施"自强崛起"战略

造成合肥经济规模不大、实力不强最重要的原因之一就是合肥的城市规模相对较小，特别是市区面积较小和人口较少，导致消费需求规模不大，产业集聚和辐射能力不强。作为省会城市和区域性中心城市，在新一轮经济快速发展的形势下，合肥应当依据经济发展的内在规律和城市发展的辐射影响范围"自强崛起"。一是扩大现有城市规模。借助"十一五"行政区划调整的有利时机，对合肥的行政区划作进一步的调整，将上派、店埠等中心镇

纳入市区作为城市划中心，统一规划建设，这也是提高城市竞争力的重要途径和有效手段。二是加快构建环巢湖经济带。充分利用全国第五大淡水湖的资源优势和现有的产业基础，分工协作，优势互补，联合建设，协调发展，从而进一步拓展发展空间，实现合肥滨湖沿江近海的定位发展。三是规划建设一个平等、务实、合作、高效的合肥经济区。从现实发展基础来看，合肥与周边的巢湖市、六安市等皖中城市及沿江沿淮城市距离较近、体制相似、产业相关，完全可以发展成为一个位于江淮大地之上的经济圈，从而使这一经济圈发展成为武汉、南京经济圈的互补区域，长三角地区向西部辐射的门户，长三角都市连绵区的重要组成部分。四是要根据地域资源禀赋和资源比较优势，调整区域产业布局，夯实工业脊梁，做大强势产业。重点围绕优势产业建设一批特色产业园，大力发展区域特色经济、特色产业。培育壮大若干具有强大市场竞争力的区域性产业群，促进区域产业布局合理，提高产业分工协作水平，提升区域产业竞争力和整体竞争力。

2. 全面融入长三角经济区，必须实施"全面对接"战略

向东看，融入长三角，就是要变地理的"无缝对接"为发展的"全面对接"，就是要树立并强化大开放的意识，让一切生产要素顺畅流动，有效配置。

2.1 实现基础设施对接

努力将基础设施的规划建设纳入"长三角"基础设施规划体系，谋求与长三角地区的全面快捷对接。争取省里支持，完善以合肥为中心的省内公路网建设，改造拓宽合肥至南京到上海、合肥至芜湖到杭州、合肥至铜陵经黄山到宁波的高速公路；支持马鞍山长江公路大桥的建设，沟通合肥与泛长三角高速公路网。加快合肥至南京到上海的快速铁路建设，改造提升合肥经宣城至杭州到宁波的铁路，努力争取规划建设合肥经黄山至温州的快速铁路。同时，应加快构建合肥到长三角的水上通道，扩建合肥到裕溪口航道，配合"引江济淮"工程，打通合肥到长三角第二条水上通道。此外，增加与长三角地区的航空线路，进一步缩小与长

三角地区的空间距离。以"数字合肥"建设为契机,实现与长三角地区的数字接轨。加快信息的合作共享,参与开发建设综合公共信息平台,发展电子政务与电子商务。发挥现代信息技术在推进经济发展、加快城市建设以及促进与长三角地区沟通交流中的重要作用。积极参与长三角地区的数字认证和信用体系建设,建设信用共同体。

2.2 实现体制机制对接

一要以更加开明的意识建立诚信效率的服务环境。维持规范有序的市场秩序,创造公平、公正、公开的市场环境,是政府的责任。政府必须诚信做事,通过务实、高效、勤政、廉政的工作,创造一个稳定高效的社会环境。要切实强化"亲商、扶商、和商、富商"的意识,要让外来投资者有家的感觉,享受创业的乐趣。增强外来投资者的投资信心。二要以更加务实的作风增强政策支持和落实的力度。在政策上必须不断增强创新意识,在重大的政策上应该积极与长三角地区接轨,减少政策落差,形成与长三角一致乃至更好的政策环境。三要以更加宽广的胸怀强化大开放的意识。在人力资源上,既要充分利用长三角地区的高层次人才,吸引或借用一批专家学者、高级管理人才来肥挂职、兼职、任职和创业,也要鼓励本地人才合理流动,通过在长三角地区的锻炼,增强能力水平。要鼓励资本在企业的合理流动,鼓励企业间相互兼并、参股、控股等。革除阻碍发展的规章制度,营造资源合理流动、信息沟通便捷、产业分工协作、市场统一规范的良好区域环境。

2.3 产业对接

一要坚定不移地发展比较优势产业,利用比较优势,吸引长三角地区生产成本较高的产业向合肥转移。特别是电子信息、成套机械设备、仪表仪器、电气机械、生物工程制药、化工产品等资本装备程度比较高的产业,与合肥优势产业和产品承接,力争在产业转移的过程中做大做强合肥的优势产业。二要积极开展与长三角地区大企业的协作配套,利用合肥的生产能力和高技能、低成本的劳动力资源,在汽车制造业、IT产业、新材料产业、精细化工等产业与长三角的大企业开展配套协作，深入进长三角产业发展链条中，赢得机会，壮大自己。三要更好地发展服务贸易领域。物流体系建设对我市融入长三角具有重要的意义。建立和完善我市的物流体系，吸引各类企业在合肥设立物流配送中心，使之既有产品运输的功能，又有仓储、货运，甚至第三方进出口的职能，既可密切联系，又能提升水平。旅游、会展、金融等现代产业更是如此。四要积极吸引长三角地区私营资本转移。目前长三角地区尤其是浙江民间资本实力雄厚，急需寻找好的投资项目，可以开展有针对性的招商活动，吸引这部分资金向我市转移。支持各类投资公司和上市公司对我市企业的并购。五要以积极的态度谋求对长三角地区的渗入。积极向长三角地区渗透产业、产品、人才和科技，鼓励更多的企业进入长三角地区，学习先进管理经验，增强整体竞争能力。

3. 全面融入长三角积极区，必须实施"优势先行"战略

融入长三角关键是要谋求找准定位，错位快速发展。从目前来看，我们认为主要是把合肥培育成为三个基地。

3.1 将合肥培育成为长三角地区产业转移和配套的制造加工基地

一要利用比较优势，做强加工制造业。长三角地区有些产品，在当地生产的成本很高，可以利用我们的比较优势吸引其转移。特别是要积极承接长三角的精密仪器和成套机械设备以及电子、生物工程制药、化工产品等产业和产品，进一步做大做强合肥的汽车与工程机械、家用电器、化工及新型建材三大支柱产业，力争在若干领域取得新突破。二要发挥比较优势，壮大高新技术研究和产业化基地。长三角地区IT产业及高新技术产业技术领先，规模较大，很多都已经形成产业链，而且产业链逐渐延伸，形成产业效应。合肥要发挥自己的科技优势、研发能力，特别是利用好我们的低成本高技能劳动者队伍，配套相应的产业政策，在引进中发展，在合作中壮大，把基础较好的电子信息、生物过程、新医药、机电一体化和新材料产业培育壮大。三要利用合肥的区

位优势和腹地优势,培育发展现代物流业和会展业。

3.2 将合肥培育成为长三角地区科技创新和人力资源基地

合肥市劳动力资源供给充分,由于教育事业蓬勃发展,素质教育工程稳步推进,人口质量在中部地区居于前列。就人力资源的生产来说,合肥市的高校和科研机构众多,而且部分高校和科研机构全国一流,世界知名,人力资源生产能力很强。合肥可以根据长三角地区需要,发展定单培训,引导人力资源双向流动,成为长三角地区优质人力资源的供应基地。另一方面更多地通过扩大开发的手段,开展与长三角地区科教的合作,鼓励和支持区内以及国内外著名高校、科研机构、知名中介机构来肥设立分院、分所、分支机构,以进一步壮大我市作为科教基地的实力,为我市乃至长三角地区培养更多的人才。

3.3 将合肥培育成长三角地区优质农副产品输出和旅游休闲基地

一要大力发展面向长三角地区的优质农副产品。结合农业示范基地建设,打好生态牌,大力发展绿色食品、有机食品和无公害食品,发展农副产品加工、包装、保鲜、储运业务,围绕长三角地区需求,做大做强农副产品生产、加工产业链。

二要坚持打园林牌、科教牌、包公牌、巢湖牌,营造小家碧玉型的旅游城市,利用便捷的交通条件,吸引长三角地区的旅游者。加强旅游产品和市场促销。不断扩大旅游客源市场。积极与长三角地区开展旅游合作,共同开拓海内外市场。

4. 全面融入长三角经济区,必须实施"逐步渗入"战略

一要实行与南京的战略联盟,打造长江中下游经济带。合肥与南京是相距最近的两个省会城市,并且同处于长江中下游经济带,正在建设的快速铁路将使两地间距离进一步拉近。两地间互相辐射已经很强,互相依存度逐渐提高,企业与政府间沟通日益通畅。通过南京、合肥等中心城市的进一步发展壮大,可以使长三角的东部效应传递更远、更通畅,进而带动皖江地区乃至整个

安徽的发展壮大。

二要积极开展与长三角城市的产业协作和战略联盟。合肥目前将制造业和高新技术产业列为主导产业，以带动相关产业的发展，做到这一点无疑需要充分利用长三角地区的资源，广泛开展区域合作，与长三角地区大中企业实现强强联合、互补协作。同时，加快发展载体建设，加强两大国家级开发区以及科技园区、留学人员创业园区、民营科技企业园区、县区工业园区建设，使之成为高层次、高技能人才的创业基地。加强科技创业服务中心和企业技术研发中心等各类科技创业孵化器建设，使之成为高层次创新人才的培养基地。鼓励并帮助有条件的企事业单位建立博士后工作站和流动站。

三要合作与竞争并举，实现双赢。积极争取早日加入长三角，争取政府间的合作，沟通信息，增进友谊，扩大交流。加强与友好城区、联盟城市的联系。邀请对方到我市考察交流，就区域发展规划以及重大合作事项进行沟通协调。增强竞合多赢的意识。所谓竞合，就是以彼此间资源共享、整合配置、价值链接的合作来共同参与更大规模的竞争。通过竞合的方式，增强整体的竞争力。通过合作促进企业间相互渗透，增强抗风险的能力。鼓励企业与大企业和知名品牌企业实行联动发展，实施产业联合战略，在融合中提升自身竞争力。

作者简介：合肥市发展计划委员会副主任、高级经济师

论合肥创新型城市建设的总体框架设计

司胜平

摘　要：创新型城市建设是创新型国家建设的基础和重要组成部分，合肥特色的创新型城市建设的总体框架设计包括：总体思路、具体目标、运行机制、基本原则、评价体系和主要着力点。

关键词：创新　创新型城市建设　框架设计　合肥

创新型城市建设是创新型国家建设的基础和重要组成部分，合肥特色的创新型城市建设的总体框架设计包括：总体思路、具体目标、运行机制、基本原则、评价体系和主要着力点。

1. 总体思路

以邓小平理论和"三个代表"重要思想为指导，坚持科学发展观，着力构建和谐社会。以改革和创新为动力，以技术创新为核心，以体制机制创新为保障，以融入长三角和中部崛起为平台，充分发挥合肥比较优势和后发优势，走新型工业化道路，努力转变经济增长方式，建设系统开放、功能完善、内外协调、运作有效、特色突出、官产学研资介相结合的区域创新体系和运行机制，建成区域性创新城市，为全面建设小康社会，实现跨越式发展提供强大支撑和动力。

2. 具体目标

合肥创新型城市建设具体目标是：构筑由创新主体系统、创新服务系统、创新支撑系统和创新环境系统构成的开放式、互动式城市创新体系。

创新主体系统包括企业、高等院校、科研机构、政府部门等；创新服务系统包括各类中介服务机构和政府相关部门；创新支撑系统包括全社会资金投入（政府、企业、金融、风险和民间资金）、人才队伍、基础设施、教育培训设施、信息资源建设等；创新环境系统包括软环境和硬环境，软环境包括服务环境、政策环境、市场环境、法制环境和人文环境等，硬环境包括技术基础设施、公共基础设施和生态环境。

合肥城市创新体系总体框架如图1所示：

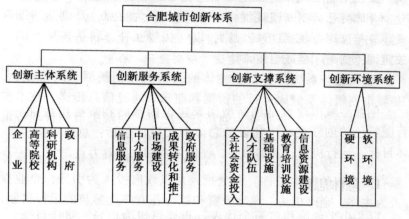

图1　合肥城市创新体系

3. 运行机制

3.1 城市创新体系的总体运行机制

城市创新体系的总体运行机制是各系统内部既自行运行，又协调互动的方式。合肥建设创新型城市是以满足经济社会发展为根本出发点，以创新支撑系统为基础，以创新主体系统为核心，以创新服务系统为纽带，以创新环境系统为保障的四位一体的网络互动机制。合肥建设创新型城市，要充分发挥比较优势和后发优势，以技术创新为核心，服务体系、支撑体系、环境体系与创新主体融合互动，形成一种整合性的集成创新能力。合肥建设创新型城市，要加大创新系统的开放度，大力推进东向发展战略，主动融入长三角区域协作创新体系，形成区域创新联盟，积极接受长三角辐射，加速与长三角知识、技术、产业及资源的流动，吸纳国内外各类有效资源，大力提高合肥城市创新能力，提升合肥城市综合竞争力。

3.2 各系统内部运行机制

创新主体系统是在市场机制的框架下，各创新机构紧密结合的互动过程。在创新主体系统中，大学和科研机构以知识创新为重点，是创新的基础和源泉；企业以技术创新为重点，是创新的主体和核心；政府以制度创新和环境创新为重点，是创新的助推器。各创新主体按照市场规则，以"优势互补、利益共享"的方式形成创新协作与分工机制。

创新服务系统是各创新主体的胶粘剂和创新活动的催化剂，是城市创新体系健康运行的桥梁和纽带，通过信息传递、技术扩散、成果转化、中介服务、创新资源配置、创新决策和管理咨询等功能，保证创新主体间信息与资源的通畅流动。

创新支撑体系是各创新主体进行创新活动的基础，是创新体系有效运转的基本条件。资金投入是以政府投入为引导，企业投入为主体，金融机构、风险投资和社会各方广泛参与的运行机制，通过多元化、多渠道运作，保障创新活动运行。人才队伍是第一资源，是创新的决定性要素，要形成培养、开发、引进、流动、集成的新机制。基础设施是创新的平台，要建设和完善包括科技基础设施、教育培训设施、信息资源建设、城市公共设施等为主的创新基础子系统，为城市创新提供重要支撑。

创新环境系统是区域创新体系良性运行的根本保障。通过政策推动、体制改革、法制完善、市场规范、人文环境优化、硬件完备，使区域外创新资源在合肥广泛积聚与扩散，形成城市创新的良好社会环境和氛围。

3.3 政府在创新型城市建设中的作用

建设创新型城市必须首先塑造一个敢于创新的政府形象。政府应在自主创新中担当"场地维护员"的角色，在营造创新环境上重点发挥出三个方面的作用：第一，重塑创新主体，培育一大批创新型企业作为区域创新活动的载体。对于合肥而言，能否尽快培育一大批具备现代企业制度和市场竞争力的企业，关系到是否拥有真正意义上的创新主体，是决定企业创新能力的关键。第二，建立企业创新活动激励机制。政府要通过财税政策和金融政策加大对企业创新活动的支持力度。如在财税政策上，建立一整套财税政策，对企业用于增加 R&D 的投入、企业与社会公共研究机构合作的 R&D 投入、技术交易投入予以较大幅度的税收减免，加速 R&D 设备折旧等等。第三，要根据创新型城市建设的需要，健全制度框架，防止制度缺口导致系统失灵，并通过制度建设，促进市场发育，使各种政策之间互相协调。创新制度和政策体系既包括与创新直接相关的技术创新制度体系、科技咨询和服务体系、税收制度以及间接相关的金融制度、政府补贴体系、分配制度、政府采购制度等，又包括直接促进创新的政策，如教育政策、收入分配政策、社会保障政策、就业政策等，为创新型城市建设创造良好的政策环境。

合肥创新型城市建设运行机制如图 2 所示：

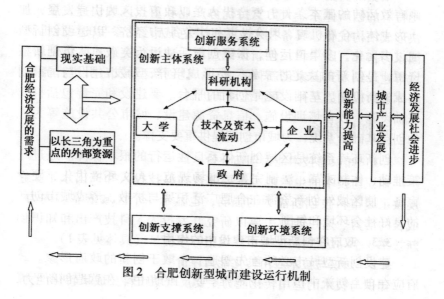

图 2　合肥创新型城市建设运行机制

4. 基本原则

4.1 坚持内部资源与外部力量相结合

通过观念更新和体制创新，充分挖掘城市科技资源潜力，进一步凸显科技资源优势。同时，多渠道、多途径、多方式利用国内外，尤其是长三角的经济资源和产业资源，提高全方位吸纳知识与技术的能力，建设开放的、内外互补的、完善的城市创新体系。

4.2 坚持市场配置资源与政府推动相结合

充分发挥市场的基础性调节作用，积极发挥政府的引导、推动作用，实现城市资源合理流动、优化配置。

4.3 坚持增量与存量相结合

进一步加大全社会科技投入，让知识与技术生产能力成为创新型城市建设的强有力支撑；优化配置现有资源，促进全市各类资源合理流动与整合，形成快速发展合力。

4.4 坚持合肥特色与国家需要相结合

根据现实基础、经济社会发展客观需求和资源特点，建设合肥特有的创新体系。大力支持优势产业和重点区域快速发展，加快形成结构优化、具备技术支撑的特色城市经济。以建设创新型国家为指导，以"科技创新型试点市"建设为突破口，将创新型城市建设纳入到国家创新体系之中，让创新型城市建设与国家创新体系形成优势互补、双向流动的机制。

5. 评价体系

5.1 知识与技术能力创造评价

知识与技术的生产能力主要体现在科技投入和产出水平。它反映了城市科技创新能力的强弱，也显示一个区域依靠"内力"成长的潜力。这一能力主要以研究开发投入、科技产出和知识创新效率3个一级指标和11个二级指标来衡量（具体见表1）。

5.2 知识与技术应用转化能力评价

知识与技术的应用转化能力主要反映城市科技成果转化能力，

新产业培养与成长能力是城市创新体系功效的突出表现，也是衡量城市创新体系功能的重要指标之一。这一能力主要体现为企业技术创新能力、产学研互动水平和高新技术产业成长等3个一级指标和10个二级指标（具体见表2）。

知识与技术生产能力指标体系 表1

一级指标	二级指标	权重
研究开发投入	R&D占GDP比重（%）	10
	地方财政科技投入占财政支出的比重（%）	10
	企业R&D经费占销售收入比重（%）	10
	百人科技活动人员（人/百人）	10
	百人科技活动经费支出（人/百人）	10
	科研与综合技术服务业新增固定资产占全社会新增固定资产比重（%）	10
科技产出	在国内外发表科技论文数占全国比重（%）	5
	专利申请数占全国比重（%）	5
	国家成果奖占全国比重（%）	10
知识创新效率	人均R&D活动人员科技论文数（篇/人）	10
	万名就业人员发明专利授权量（件/万人）	10

知识与技术应用转化能力指标体系 表2

一级指标	二级指标	权重
企业技术创新能力	新产品销售收入占全部销售收入比重（%）	10
	企业科研设备支出占科技经费支出比重（%）	10
	微电子控制设备占生产检验设备比重（%）	10
	大中型企业科技活动经费占销售收入比重（%）	10
产学研互动水平	高校与科研机构研究资金来源于企业份额（%）	10
	企业R&D外部支出比重（%）	10
高新技术产业成长	获国家创新基金支持资金全国比重（%）	10
	高新技术产业增加值占GDP比重（%）	10
	万元GDP综合能耗（吨标煤）	10
	高新技术产品出口占商品出口比重（%）	10

5.3 开放吸纳能力评价

开放吸纳能力主要反映城市吸引外部科技、经济等资源的多少和吸纳外部资源能力的强弱，提升开放吸纳能力是实现跨越式发展的一条"捷径"。但由于多方面因素的影响，合肥城市发展的"捷径之门"始终未能开启。该能力主要以城市技术转移、国际直接投资、比较利益导向、引进技术投资、基础设施等5个一级指标和9个二级指标来衡量（具体见表3）。

开放吸纳指标体系　　　　　　　　　　　　表3

一级指标	二级指标	权重
区域技术转移	技术市场交易额占全国比重（%）	10
	百人吸纳技术成果金额（元/百人）	10
国际投资	外商及港澳台投资占固定资产投资比重（%）	15
劳动力比较优势	人均工资额与全国平均水平对比（%）	10
	大专以上人口比例（%）	10
消化技术投资	技术改造经费支出占全国比重（%）	12.5
	用于消化吸收再创新投入占技术引进投入比重(%)	12.5
基础条件	交通密度（公里/平方公里）	10
	社会信息化指数	10

5.4 合肥城市创新能力的综合评价

上述三大能力与市场化（产业化）程度呈正相关性，是城市创新能力的最直接体现，即知识与技术的生产能力是城市发展的前提（动力），知识与技术应用转化能力作为一种结果存在，而开放吸纳能力则是城市发展的决定因素。

可见，加快提高知识与技术的应用与转化能力、开放吸纳能力已成为合肥创新型城市建设的当务之急。以浙江省、广东省为例，两省科技资源并不丰富，但其区域创新能力排名却位居全国前列，究其原因，就是两省对国内外先进知识、技术和各种资源的吸纳、转化能力很强。因此，合肥建设创新型城市，必须坚持"开放"的观念，既要发挥城市自身科技资源的实力与潜力，又要面向全国、面向世界,将培育城市对外界资源的吸纳应用能力作为合肥建设创新型城市的重要目标。

6. 主要着力点

6.1 市场化-解决创新资源、创新能量释放和流动问题

创新型城市建设要推动改革向纵深发展,通过深化市场取向改革,从根本上破除束缚生产力发展的体制性障碍。当前,要继续重点在调整所有制结构、消除所有制歧视、营造平等的发展环境上下功夫,逐步形成与社会主义市场经济相适应的所有制结构,尤其要积极加快个体私营经济健康发展。同时,还要加快政府职能转变,推进政府管理体制创新,加强公共服务职能,保障公共产品供给,维护公众利益和社会公平。

6.2 经济国际化-解决创新能力提升问题

创新型城市建设要全方位推进开放型经济发展。目前我国对外开放已经进入到一个新的阶段。新一轮利用外资要着眼于形成产业链和产业基地,以开发区和工业园区建设为主要载体,突出重点产业,建设产业集聚地和科技"孵化器",构筑产业链延伸的较高平台;要进一步增强开拓国际市场的能力,扩大对外贸易,积极参与国际竞争和分工,特别是要注重引导实力和竞争力较强的企业不失时机地"走出去",拓展发展空间。

6.3 结构升级-解决创新内在动力问题

以规模企业为主,增强企业市场竞争力,做强做大重点企业集团,提高产业集中度。以信息化为先导,加快推进技术创新、产业创新,大力发展高新技术产业,加快以信息技术改造提升传统产业,强化企业科技创新主体地位,促进科研成果产业化。以农民增收为目标,大力调整农业结构,发展高效农业、创汇农业、观光农业和生态农业,引导民间资本、工商资本和外商资本开发农业,通过扶持农业产业化来发展农业,通过扶持龙头企业致富农民,着力建设社会主义新农村。以增强城市综合服务功能为目标,不断拓展现代服务业发展领域,提升其发展速度和水平。

6.4 城市化-解决创新区域网络问题

城市是先进生产力的载体,也是先进文化的载体,没有城市

化就没有现代化。合肥建设创新型城市,应注意把握好两个问题:一是城市的发展要坚持个性化原则,定位明确,形成特色,并以产业布局调整为切入点,着力优化城市资源配置。二是要处理好城市自身发展与周边城市发展的关系。城市发展正呈现集群效应,任何一个城市的发展都不是孤立的,都不能忽视周边城市的影响。合肥要充分发挥自身的比较优势和潜力,在错位发展中抢抓机遇,在协作竞争中谋求共赢,实现区域协调发展。

作者简介:合肥市政府研究室副主任、高级经济师

环巢湖地区的发展
——时代与空间的选择

张 敏 张 烨

摘 要：通过对合肥市环巢湖地区概念规划的介绍，对合肥市城市发展战略，城市资源的整合开发，滨湖风景名胜区的开发建设进行了详细的分析探讨。希望通过理论的深入研究对合肥市城市建设发展起到积极的指引作用。

关键词：巢湖 滨水设计 规划 区域发展战略观

近年来，作为安徽省会的合肥市正处于一个高速发展时期。伴随着经济的高速发展，城市化速度的加快，城市建设与土地资源、生态环境、城市交通等方面的矛盾日益彰显。寻找新的发展点和发展方向已经变得越来越重要。

回顾历史，合肥市从20世纪50年代初期开始规划城市建设，到20世纪90年代就已经从建国初的5万人发展成为人口超过50万人的大城市。同时，形成了东南、北、西南三翼伸展的"风扇"型城市形态。由于这段时期合肥城市规模较小，与巢湖缺乏联系要素，巢湖以及巢湖沿岸地区一直未能纳入城市规划建设的范围中来。直到最近几年，政府开始更加关注合肥市与环巢湖地区的统筹协调发展。同济大学编制的《义城镇总体规划》正是代表着巢湖与其沿岸地区"苏醒"的一个信号。随即由合肥市政府、合肥市规划局组织编制了《合肥市环巢湖地区概念规划》将合肥市域范围内巢湖沿岸地区定义为"合肥市环巢湖地区"。包括巢湖的西半部，面积约634km², 其中陆地面积347km²、水面面积287km²，岸线总长约为75km。包括肥东县（六家畈镇、长临河镇)、包河区 (义城镇、大圩乡) 和肥西县 (烟墩乡、刘河乡、清平乡、严店乡、三河镇) 二县一区中 9 个乡镇。相比而言合肥市市区面积只有 210km^2，可见环巢湖地区在区域规划、合肥战略发展规划中的意义非同一般。

由于整个环巢湖地区地域广漠，同质性 (Homogeneity) 低，各个区段的地形地貌，建设现状，都有较大的差异。因此需要统筹规划，因地制宜，深入研究。这种研究过程的意义不言而喻。正如艾森豪威尔所说的："Plans is nothing and that planning is everything."（规划的研究过程是最重要的）。

1. 地区概况

1.1 环境因素

1.1.1 环境优势

巢湖是我国第五大淡水湖，湖呈鸟巢状，故名"巢湖"。湖泊面积 780km^2 左右，巢湖闸以上流域面积 9130km^2。巢湖多年平均水位 8.03m，湖底平坦，高程一般在 5~5.5m，平均水深 2.3~2.8m，是典型的潜水湖泊。湖区年均拦蓄地面径流 27.8 亿 m^3。

巢湖闸建成后，巢湖成为一个半封闭型湖泊，控制正常蓄水位 7.5m，不低于 7m。在水量不足时，可通过凤凰颈排灌站抽引长江水通过西河、兆河进入巢湖，保证率是比较高的。

合肥提出了建设"山水园林城市"的口号，山为城市西北方向的大蜀山，水为大蜀山旁的董铺水库、大房郢水库，以及城市东南方向的巢湖。巢湖作为城市大景观格局的重要组成部分，同时也是作为区域内大斑块 (patch) 的存在，其生态优越性在涵养水源，保持物种的多样性上都有所体现。

为了方便深入研究环巢湖地区，我们按照地理区位结合地域特征将环巢湖地区分为三部分。

环巢湖东部地区——合肥市东南方，西隔南淝河与合肥市区相望，南临巢湖，东与巢湖市接壤。以山岭、岗地、圩区地形为主。拥有整个环巢湖地区水质最优良的岸线；拥有极为丰富的山水风光资源和生态农业基础；建设开发较为缓慢，基本保持着农业生态景观风貌。

环巢湖中部地区——包括合肥市义城镇和大圩乡，处于整个环巢湖地区地理中心，同时也是与合肥市联系最紧密，建设强度最大的地段。特别是义城镇，是连接合肥市区与环巢湖地区的节点，本身是地区的中心镇，规划中也作为城市滨水空间的方向发展。

环巢湖西部地区——位于合肥市的南面，肥西县的西部，北部与合肥市的经济技术开发区、机场和义城镇相邻，东面是烟墩浩渺的巢湖，南面与庐江县接壤，西南面与舒城县相连，是合肥市行政管辖范围内濒临巢湖的西部地区。地形主要以岗地和圩区为主，是巢湖水上运输的重要节点，同时地区还包括千年古镇——三河镇。由于地形、河道等方面限制，西部地区大部分为不可建设用地，同时也需要涵养水源，保护航道。

1.1.2 现状问题

近年来由于工业的高速发展，巢湖的水环境破坏严重，已使巢湖魅力大大降低。

城市化的加快，城市用地扩张速度增加，加上管理和规划滞后，该地区内已有部分地段无序建设，生态环境脆弱。

巢湖目前主要是以农业供水为主，是巢湖灌区的主要水源。合肥市巢湖水源厂位于巢湖西北岸的义城镇，设计能力为日取水52.5万 m^3，向四五水厂输送源水。由于巢湖水质不稳定，取水量变化较大，仅作为补充水源使用。

作为滨水地区环巢湖地区拥有广阔的水域形成开敞的水域空间，但受其地形以及路网结构影响于水滨水区的可达性与通视性都较弱。

1.2 社会因素

1.2.1 资源优势

着眼于环巢湖地区对与合肥市乃至安徽省的社会文化价值，环巢湖地区拥有极为可观的潜在可开采资源。

主要包括历史文化资源、山水风光资源和生态农业资源。其中人文资源和古建筑资源更是合肥市最富饶的地区。从千年忠庙到拥有大量明清古建筑，秀丽水环境的三河镇。合肥与巢湖地区的历史尽收眼底。

1.2.2 现状问题

开发力度不够。景区建设方面没能形成互补，导致巢湖的优质资源没能发挥其作用。

1.3 生态因素

（1）生态优势

巢湖是构建合肥市生态体系中极为重要的一环，整个地区水系交错包括了巢湖主体，东部地区的六家畈河，西部地区的十五里河、塘西河、派河、杭埠河、丰乐河、蒋口河，中部地区的南淝河。一些地方乡土化生态系统保存完好。

巢湖岸边及圩区有野生鸟类栖息，有一定的水生物资源。地区内生态农业、水产养殖及经济果林的培育发展势头良好，既是城市景观的背景，也为生态农业旅游项目的开展提供广阔的天地。

（2）现状问题

由于基础设施建设与管理的滞后，环巢湖地区生态环境也不同程度的受到了污染，特别是人口周围水体污染及蔓延，已经严重影响到巢湖的生态功能。而开山造田、开山采石及对资源的大量掠夺，致使自然山体植被遭受破坏，生态系统再生过程损害，生态环境退化。

2. 发展概念

2.1 区域发展观

合肥市环巢湖地区规划应与安徽省的旅游规划相协调，将其作为"两山一湖"的重要部分，使区域旅游网络形成一个整体空间。与合肥城市规划相协调，使其成为大合肥的重要部分。

2.2 可持续发展——生态与环境

强调城乡协调共同发展，建立融合一体的发展，城乡经济共同繁荣和生态系统互补。

2.3 规划的综合观

环巢湖发展从战略上打破行政体制，在具体实施上又结合行政体制，使规划具有可操性，有助于各方面的发展，促进社会的稳定和进步。

3. 研究理论

3.1 战略方针——由环城公园时代迈向环巢湖时代

城市需要发展，城市的发展需要动力。在如今市场经济的环境下，政府行政职能对于经济发展的干预越来越弱。行政中心城市的发展优势明显减弱。合肥迫切需要加强其自身辐射能力与区域竞争力的发展因子——巢湖的纳入。

合肥的城市形象，"三片绿叶嵌入，翡翠项链环城"是中国城市规划的经典之作。如何让经典成为永恒，让"绿叶"焕发新生，是我们每个合肥人应该考虑的问题。

巢湖在今年以前一直作为合肥市的饮用水源之一，其作为合肥城市生态边缘地区，一直没有得到很好的开发利用，加上日趋严重的环境问题，使得这一面宝镜也逐渐失去了光泽。

环巢湖地区自身具有的丰富的自然资源，良好的地域区位，又与江淮运河疏浚工程紧密联系，与合肥经济技术开发区、合肥大学城不可分割。不难看出，环巢湖地区有着潜在的巨大发展动力。环巢湖地区如果利用自身优势，自我裂变自我繁殖，在成长速度上快于主城，成为主城的反磁力中心，从而超越"摊大饼"式的城市发展模式。

合肥受到自身条件和经济力量的限制，其作为省会中心城市的带动与辐射作用明显乏力，市场与腹地不断缩小。环巢湖地区的引入可以拓展合肥市发展空间，从地域上增强合肥市的中心辐射能力，并在区域空间形成"合肥——巢湖——芜湖"城市发展轴线。同时联动皖中沿江巢湖、铜陵、马鞍山、芜湖发展，从而建设形成皖中长江沿线都市圈，以整体的形态融入长江经济带，以群力的方式应对南京经济圈的辐射。

3.2 滨水旅游区的开发建设——人与自然的和谐发展，可持续发展原则的体现

水是万物之源，是文明的载体，所有人类文明的发源地几乎都与水离不开关系。随着时代的不断迈进，水与城市的关系已经越来越多样化，除了日常作为生活用水、生产用水以外，水体的

景观功能和环境调节功能已经越来越被人们所重视。临水而居是人类历史的选择同时也是每个都市人的梦想。"仁者乐山，知者乐水"，是故写意山水之间更是新合肥科学城市、绿色城市的完美体现。

环巢湖地区由于其面积广袤，覆盖整个巢湖西半部和合肥市一区两县8个乡镇。沿巢湖岸线各段，由于其历史、人文、自然条件、发展现状的不同，决定了本次概念规划不能整体用同一个手法或理念对整个区域进行规划研究，因此我们将整个区域划为"一带三片"即"环巢湖旅游带"，"环巢湖东部地区"，"环巢湖中部地区"，"环巢湖西部地区"，并沿巢湖岸线，按照各个区域的重点保护控制、建设发展方向进行了细致的划分。

各功能区相互支持，相互依托，互为补充。

我们提出了三个"结合"：

（1）城市间的结合。有限城市空间对城市功能提升的制约，加强与长三角的联系，提升城市区域服务功能。

（2）主城与新城的结合。将环巢湖地区与合肥市建设成一个相互依存、相互促进的统一体，互为资源、互为市场、互相服务，空间上互为环境，生态上协调相融。

（3）历史与未来的结合。我们不能脱离历史（经典的"三叶"规划），我们更要放眼未来。

对于如何协调环巢湖东部、中部、西部地区分片的规划，使之成为一个综合的整体，我们认为重点在于景观风貌的控制，强调景观的认同性，突出不同区位的不同特色景观。主要方法：从普通人的认知周围环境的方式出发，使得人文景观建设结合自然景观意境，使得某一具体景观具有更可让人理解并产生共鸣的意象，同时让这一景观可辐射到的地段范围内的设施建设具有更明晰的结构使之可以更好引导环境氛围。同时利用不同的节点创造景观兴奋点，强化地段内的整体景观意象。

3.3 环巢湖风景旅游名胜区的建设指引

我们提出了"观四顶朝霞，赏巢湖夜色，游三河古镇"的整体规划思路。

3.3.1 "观四顶朝霞"——抛砖引玉

四顶朝霞——庐阳八景之一,作为环巢湖东部地区的主打品牌。

明朝熊敬有诗《四顶朝霞》:
绝顶云林景最佳,奇峰盘叠绕仙家。
芙蓉伏火丹砂老,宝气千年结彩霞。
清朝徐汉苍赋诗《四顶山》
朝霞山顶看朝霞,五色霞明帝女家。
湖上儿女十五六,一时照水学盘鸦。

东部地区包括长临河、六家畈2个镇,东部地区岸线拥有巢湖最好水源,同时姥山岛与四顶山隔岸相望,交相辉映。登山远眺,碧波万顷,沿湖山峦耸立,湖中孤岛突兀,湖光山色,交相辉映。有王勃"秋水共长天一色,落霞与孤鹜齐飞"的意境。

东部地区拥有丰富的人文资源,振湖塔、蔡永祥纪念馆、革命烈士纪念碑、吴邦国旧居、六家畈古民居、四顶山佛光寺遗址及白衣庵、忠庙等。不乏千年古庙,百年古建。

东部地区有优质的生态环境,圩区、农田稍做开发便可成为观光农业基地,同时也符合城市生态调控中"开拓边缘"原理。(开拓边缘原理——尽可能抓住一切可以利用的机会,占领一切可以利用的边缘生态位,用现有的力量控制引导系统中一切可被开发利用的力量和能源)

由此我们可以看出,我们要通过"观四顶朝霞"来带动整个东部地区的旅游发展,为尚待开发的历史人文,生态景观提供一个展示的舞台。

在开发优美自然景观的同时更应注重人文资源与历史资源的开发保护,要让世人看到历史的痕迹,感悟文明的脉动。文脉需要延续,历史不能湮灭在我们手中;生态需要保护,物种不能灭绝在我们手中。

3.3.2 "观巢湖夜色"——提纲挈领

巢湖夜色——庐阳八景之一,环巢湖中部地区的建设目标。

清朝徐汉苍有诗云:

刀籁无声海宇秋，青天漠漠夜悠悠。

冰轮飞上琼瑶阙，散作金波水面浮。

环巢湖中部地区，主要包括义城镇和大圩乡。我们对东部地区的定位是中心城区形象感知区域。

由《义城镇总体规划》（同济大学）所提出的"适居城镇、功能多样的旅游城镇、和谐的生态环境、整体的区域景观"我们可以看出，环巢湖中部地区建设应该更立足于区域中心城镇、城市居住组团的建设，力求开发"花园郊区"，更强调人与环境的协调发展。

"然宜春、宜秋、宜霜夜，总不敌宜水"由于本段巢湖岸线水质很差，"观巢湖夜色"是建设目标而不是现阶段的旅游资源。因此环巢湖东部地区的建设发展应该是开发与治理并进，整治引领开发。我们应该朝着创造优良人居环境，树立合肥市城市空间形象的目标迈进。

环巢湖东部地区是联系整个环巢湖地区与合肥主城区的空间节点，同时与合肥经济技术开发区，包河产业园区，大学城唇齿相依，建设力度较大。包括：完善的污水处理系统，污染监控系统；与主城的快速交通连线；天然气输送节点；优良的人居环境；优质的服务体系。

3.3.3 "游三河古镇"——突出重点

三河古镇——古镇千年，留下了多少名人足迹，古建河道，吸引了多少游人寻访历史。

环巢湖西部地区，主要包括刘河乡、清平乡、三河镇、烟墩乡和严店乡。

由于整个西部地区较为狭长，规划范围内，北与合肥市的经济技术开发区、机场和义城镇相邻，南为三河镇，中间拟建的江淮运河从中穿过，初显新城头、古城尾、生态腹之势。

整个西部地区规划的突出矛盾集中在了三河古镇的保护与发展上。三河古镇现有面积 $4.7km^2$，人口 2.5 万，镇区内河道密布，地质条件较差，且地面高程较低，防洪防涝负担十分严重。三河作为千年古镇若要加大其在众多徽州古镇中的知名度和影响力，发展是惟一选择。

对于三河古镇，我们提出了"二元式规划结构，脱离旧城，另辟新区"发展的规划思路，这样不但可以有效地为旧城提供发展空间，合理调整新城、旧城的功能和用地布局，从总体布局上为保护旧城文物古迹和整体空间环境营造创造了先决条件。三河城镇用地条件较差，建设新镇区更适宜于城镇呈组团式发展。

"新区—旧城"的二元规划结构既相对独立又相互联系成一个整体。旧城以发展传统旅游业、商贸业为主，通过功能调整和环境整治充分发掘古镇的历史人文价值。新区发展以产业为主，为城镇发展积极提供空间用地，为城镇注入新的活力，保证古镇的可持续发展。

参 考 文 献

1. 金广君. 日本城市滨水区规划设计概述. 城市规划，1994（4）
2. 王绍增，李敏. 城市开敞空间规划的生态肌理研究［J］. 中国园林，2001（4）
3. 崔功豪，张京祥. 区域与城市研究领域的拓展：城镇群体空间组合. 城市规划，1999（6）
4. 城市近郊风景区规划分析与控制方法研究. 城市规划，2004（10）

作者简介：合肥市规划设计研究院、高级规划师

合肥融入长三角经济圈的初步设想

宋雪鸿

摘 要: 本文从外部条件及内部条件分析了合肥目前所面临的发展机遇,指出融入长三角经济圈是二十一世纪合肥城市发展的战略选择,也是历史的延续,符合可持续发展的规律。并通过对合肥未来发展方向及对外交通现状的分析,指出开凿江淮运河合肥段、建合肥港是合肥城市发展融入长三角经济圈的关键。
关键词: 合肥　长三角经济圈　江淮运河　对策

融入长三角经济圈是合肥市未来发展的必然选择。当前,合肥市总体规划正在修订中,在合肥城市总体规划中如何体现这一点是本文所研究的内容。而这一问题如果能找到正确答案,将为二十一世纪合肥市城市发展明确方向。

1. 合肥发展机遇

1.1 外部条件分析

目前,合肥发展遇到了十分难得的机遇:首先,党中央提出了"促进中部崛起"的战略部署。合肥位于我国中部紧邻东部沿海地区,具有承东启西的区位条件。其次,早在1991安徽省就提出了"开发皖江,呼应浦东"的安徽东向发展战略。合肥是安徽省的省会,东向呼应"长三角经济圈"是理所当然的。总之,从外部条件来看,融入以上海为龙头的长三角经济圈是21世纪合肥市城市发展的战略选择。

1.2 从内部条件看

合肥正处在新一轮发展的时期。合肥市在"十五"期间已经积蓄了力量，年国民生产总值已达700亿人民币左右；第三产业取得了长足的进步；一批现代化大工业已在国家级经济技术开发区建立起来；高科技产业基地——高技术开发区已步入良性循环，科学城、滨湖新区建设已拉开序幕，各项城市基础设施建设正如火如荼地开展；合肥正"蓄势待发"。在这一关键时刻，合肥开始进一步修订城市总体规划，为"十一五"期间城市发展提供有力的空间支持。

2. 合肥城市发展方向

从地理位置上讲，合肥位于江淮分水岭的南侧，属于长江流域范畴，合肥是长江流域重要的中心城市之一。据规划战线的老同志介绍，"一五"期间，合肥经济特别是工业经济是在上海市的帮助下发展起来的。早在上世纪五十年代初，不少工业、服务业的单位如安纺总厂、针织厂、公私合营长江饭店等单位从上海内迁到合肥，支援合肥建设，以联合建厂的方式开辟了地处和平路一带的东郊工业区，为合肥的工业发展作出了重大的贡献。使合肥从一个仅有五万人口，建成区不足 $2km^2$，几乎没有什么工业，基础设施非常简陋的消费型小城镇，发展成为初具规模的以轻纺工业为主的中等城市。所以，合肥融入长三角经济圈也是历史的延续，是符合可持续发展的规律的。

3. 融入长三角经济圈的关键点

当然，我们所说的融入长三角经济圈并不是简单地将城市布局向东延伸，而是通过基础设施的建设，真正地把合肥建设成为能通江达海的长江流域的中心城市之一。

合肥对外交通现状是：合肥是全国铁路网的地区枢纽，合肥通过正在修建的宁西铁路通往上海非常便捷；同时合肥也是全国公路网主枢纽之一，合宁高速连接沪宁高速通上海更为方便。但是要从合肥经水路到长江抵上海却没有一条有一定规模的航道。因此，航运是合肥对外交通最薄弱的环节。航运业在合肥经济中的地位是微不足道的，这大大制约了东方大港——上海通过长江黄金水道，带动合肥外向经济发展的能力。去年，上海提出重振长江"黄金水道"建立长江经济带的区域合作与联动发展机制，这给合肥融入长三角经济带迎来了机遇和希望。

因此，开凿江淮运河合肥段，建合肥港是合肥城市发展融入长三角经济圈的关键。

开凿江淮运河合肥段，修建合肥港，建立合肥东向发展的新平台，使合肥从水路直接与长江黄金水道沟通。

建议合肥"十一五"国民经济发展计划有关城市基础设施建设除了道路网建设外，应以江淮运河合肥段、合肥港的建设为重点，来迎接来自长三角经济圈的辐射，为合肥在安徽率先崛起打下基础。

4. 合肥为融入长三角经济圈城市总体规划应采取的对策

当前合肥正在修订城市总体规划，除了要在城市布局上对城市产业结构进行整合外，必须在城市地域空间的层面上与融入长三角经济圈战略目标相呼应。

从合肥地域环境分析，合肥城市最佳发展方向是向西南、南、东发展，其他方向都受某些条件的制约，可以发展，但不宜大发展。向西南可扩展到上派河，向东南可扩展到上派河、巢湖滨。显然，现在正在讨论的合肥市总体规划，合肥滨湖新区概念性规划是符合合肥最佳发展方向的。

在安徽省水利史上曾提出过"江淮运河"、"引江济淮"等工程设想。据说其中一个方案是从长江经裕溪河——巢湖——上派河建设江淮运河合肥段，在上派河入巢湖处建设现代化的合肥新港。合肥新港经江淮运河合肥段直达长江，向东与上海港连接起来。这样，合肥的工农业产品就可以通过江淮运河合肥段，经长江直达上海港。当然，我们所说的融入长三角经济圈并不是简单地将城市布局向东延伸，而是通过基础设施的建设，真正地把合肥建设成为能通江达海的长江流域的中心城市之一。

合肥新港的建设，合肥滨河新区的开发无疑是推动合肥发展的强大动力。江淮运河合肥段的建成将使合肥与长江沟通,使合肥融入以上海为龙头的长三角经济区的战略目标成为现实。同时,合肥也可通江出海走向世界。

作者简介: 合肥市规划局瑶海分局长、国家注册城市规划师

区域性交通走廊沿线地区城乡空间保护与利用规划的探讨
——以安徽省宁国市104省道沿线地区发展规划为例

胡厚国

摘 要： 区域性交通走廊承担着沿线地区的外部联系，是区域发展的重要支撑，沿线地区是实现城乡统筹发展的重要空间载体。针对新形式下如何关注和加强区域交通走廊沿线城乡空间保护与利用，本文以安徽省宁国市104省道沿线发展规划为例，探讨和研究区域交通走廊沿线地区城乡空间保护与利用规划中的以下问题：交通走廊沿线区域的定位，城乡空间保护与利用的总体战略，空间资源保护措施，空间资源利用等。

关键词： 区域性交通走廊 沿线地区 空间资源 保护与利用

宁国市位于安徽省东南部，市域面积2447km^2，总人口38万人。104省道是目前宁国市域东部贯通南北的一条主通道，经过宁国市域约58km，北至宣城市及安徽省内腹地，南由浙江入长三角地区，已初步成为宁国市乡镇工业走廊，是宁国市实施省委省政府东向战略的重要抓手。按照区域统筹发展的要求，本文研究的交通走廊沿线地区范围包括宁国整个东部区域行政区划范围总面积1193.9km^2，总人口20.97万人。为了突出重点，分类指导，按照地理环境、发展条件等因素，将沿线地区划分为协调发展区、引导发展区两个层次。协调发展区358.5km^2；引导发展区835.4km^2，总人口14.67万人，其中以沿线两侧山脊线为界，约纵深两公里（局部地区约5km），划定为重点发展区，面积约200km^2。

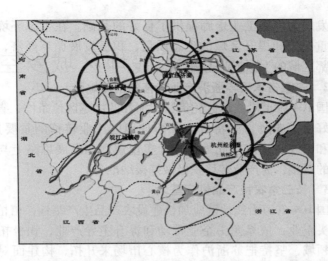

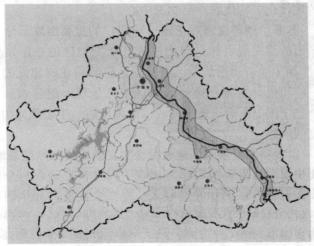

1. 交通走廊沿线地区区域功能定位

1.1 安徽省独具特色的生态工业走廊

宁国104省道沿线地区已有相当的乡镇工业基础,104省道也是目前宁国进入苏浙地区的主通道,区域内森林覆盖率高,生态环境条件良好,如百里竹径、水系廊道等,这些条件为宁国104省道沿线发展为生态工业走廊提供了良好的基础。在生态环境建设上应注重保护和提升区域的生态质量，积极发展循环经济，建设宁国东部区域的生态工业走廊。

1.2 安徽省承接苏浙沪产业转移的前沿地带

宁国104省道沿线地区凭借紧邻浙江的优越区位条件，省道连接的良好交通条件，必将成为苏浙沪地区产业转移的重要选择。宁国市和沿线乡镇应以此为目标，实现观念和发展思路上与苏浙沪地区的对接，为产业转移积极做好接纳准备。

1.3 长三角农特产品供应基地

宁国104省道沿线地区应加快建设农产品生产基地，培植壮大规模龙头企业，依靠龙头企业带动和提升主导产业，积极拓展市场营销领域，坚持把苏浙沪作为核心市场来开拓，构建面对苏浙沪市场的现代化名特优农产品物流中心。

1.4 苏浙沪旅游度假后花园（宁国）的重要组成部分

宁国市旅游发展目标是努力建成苏浙沪地区的旅游度假"后花园"，宁国104省道沿线地区是宁国是旅游后花园建设的重要组成部分，应积极开发夏林师桥风景区生态景观，配合森林旅游开发，力争把宁国104沿线地区建成以休闲度假、生态观光为主的森林旅游度假胜地。

1.5 落实科学发展观，建设社会主义新农村的示范基地

落实统筹城乡发展的科学发展观，以加快推进农村全面小康建设步伐为目标，以增加农民收入、提高农民素质和生活质量为根本，把新农村建设作为解决"三农"问题的新的突破口和加强村级组织建设新的载体，科学规划、整合资源、分类指导、整体推进，使宁国市104省道沿线地区成为安徽省及山地丘陵地区建设社会主义新农村的示范基地。

2. 交通走廊沿线地区空间资源保护与利用总体战略

2.1 以融入苏浙沪为主要方向的经济发展策略

2.1.1 建设工业集中区，加速产业结构优化升级

坚持走工业化带动城镇化道路，沿线建设若干个生态型工业

集中区，牢牢把握经济结构战略性调整这条主线，以企业、项目建设为核心，促进企业在空间上集聚，提升产业层次，加快形成以基础产业和加工制造业为支撑、新技术产业新兴发展的格局。

2.1.2 突出比较优势，建设面向苏浙沪的"两个基地、一个后花园"

一是建设面向苏浙沪地区的工业协作配套基地；二是建设面向苏浙沪的农副产品生产、加工和供应基地；三是建设面向苏浙沪的旅游度假后花园。

2.2 以城乡统筹发展为目标的城镇化战略

大力调整城乡结构，坚持统筹城乡发展。加快城镇化进程，是发展城镇、带动农村、服务城镇、富裕农村的重要途径。整个宁国104省道沿线地区要促进人口从乡村向城镇和集中建设的乡村居民点转移，以协调人口城乡结构；引导人口向重点发展区、地带集聚，优化人口空间结构，加强城乡统筹，推进地区城乡一体化。

2.3 以集聚、集约为目的的空间发展战略

以强化宁国104省道沿线地区优势为目的，综合分析区域城镇现状空间布局、区域差异，进一步优化区域城镇空间结构，加强产业布局与城镇布局的协调，合理安排区域的生产力布局与各工业集中区建设，全面提升区域城镇群体与企业集群整体竞争力。

2.4 以提高整体竞争力为核心的区域协调发展战略

调整区域结构，坚持突出重点，分类指导，促进区域经济快速发展、协调发展、共同发展。发展区域经济，既要充分发挥市场机制的作用，提高资源配置的效率，又要充分发挥政府的调控作用，促进区域经济协调发展。重点引导和扶持一部分优势明显、条件较好的城镇和工业集中区率先发展，带动整个区域经济快速发展。

2.5 以生态建设和资源环境保护为目标的可持续发展战略

城镇与产业发展要加强生态建设和环境保护，建立协调发展的生态经济体系，建立可持续利用的资源保障体系，建立舒适优美的人居环境体系，建立稳定可靠的保障支持体系。要切实保护好各类重要生态用地，推进绿色社区建设。要以生态经济理论指导经济结构调整，促进城镇生态经济的大发展。沿线地区城乡空间保护与利用规划中首先明确非建设用地，满足区域生态环境需要，再合理安排建设用地，将沿线地区的整体保护与开发利用有机结合起来。

3. 交通走廊沿线地区城乡空间资源保护

3.1 非建设用地内容的确定与管制要求

从区域的生态安全、生物和文化的多样性、区域粮食安全、区域环境安全的角度出发，非建设用地可以分为两大类，一类是必须保护以满足特殊用途的各类保护区，包括各种自然和文化保护区、水源保护区、水源涵养区、基本农田保护区等；另外一类是无法利用的空间，主要是不良地质地段、环境和地质灾害区域等，经用地评价和测算引导发展区范围内非建设用地 $646km^2$，可供建设用地 $189.4km^2$。

3.1.1 以生态价值为导向的自然生态保护系统

宁国104省道沿线区域不仅具有建设生态区域的自然条件，也具有一定的经济条件和社会环境。因此，必须抓住历史机遇，树立科学的发展观，注重生态旅游区、生态林地、湿地和水面的保护，努力把宁国104省道沿线区域建设成为新型生态工业走廊。

3.1.1.1 生态旅游区

生态旅游区是指以山、水、林等自然景观和人文景观为主体，为观光、娱乐、度假需要而划定的区域，是林业用地区的复合区。宁国104省道沿线引导发展区内生态旅游区主要是中溪镇域内的夏林生态旅游区，保护面积约 $11.25km^2$，占总面积的 1.35%。

3.1.1.2 生态林地

宁国104省道沿线引导发展区内生态林地 $524.95km^2$，占总面积的 60.20%。

3.1.1.3 湿地和水面

在规划期内，应该严格限制对104省道沿线区域水面的侵占和破坏，基本保持湿地水面面积的稳定，以有效保持本区域的水乡特色风貌和行洪安全、生态环境以及水资源需求。

3.1.2 以保护文化价值为核心的文化文物保护区

保护本区域悠久的历史文化文物及其相关联的特定地域环境，成为延续区域文明、体现区域价值、进行历史文化教育和相应的旅游开发的重要载体。

3.1.3 以保障安全为目的的基本农田保护区

认真贯彻"十分珍惜、合理利用土地和切实保护耕地"的基本国策，保护粮食生产基地，按照土地法和基本农田保护的相关法律法规要求。

3.1.4 不宜利用的地质灾害区

主要目的在于保障区域的环境安全，避免自然灾害对人类建设的破坏，建设适宜人类居住和生活的安全宁国。宁国104省道沿线区域主要地质灾害类型为崩塌、滑坡、泥石流和地面塌陷等。

3.2 区域生态空间格局

在对区域生态环境、生态环境敏感性、生态服务功能的重要性等进行评价的基础上，结合安徽省生态功能区划，通过自上而下的方法对宁国104省道沿线区域在空间上进行生态功能区划，形成区域生态空间格局，并针对不同功能分区提出相应的控制引导措施。宁国104省道沿线地区生态空间分区，见表1。

宁国104省道沿线地区生态空间分区表　　　　　表1

一级区	二级区	范围	存在问题	主要功能与发展方向	分区性控制
1 中北部丘陵台畈城镇与农业生态功能区 314.1 km²	I-1 河沥—港口城镇与城郊农业生态功能区	河沥溪至港口镇一带	人口压力大，工业发展强度高，部分行业完全依赖外界原材料，环境基础设施有待于加强	工业发展用地、基础设施建设、景观保护、人居环境建设、短期商品林地建设	建设开发区
	I-2 中北部高丘生态建设与保护行态功能区	汪溪等乡镇	易发生洪涝、干旱灾害，农业基础设施建设较为薄弱，生态系统外投入依赖较强	生态型农林业、发展经果林、水土保持、公益林建设、商品用材竹林基地建设	引导性开发区

续表

一级区	二级区	范围	存在问题	主要功能与发展方向	分区性控制
2 东南部山地丘陵森林与水土保护生态区 879.8km²	Ⅱ-1 天目山北麓低山森林保育生态功能区	仙霞、云梯、万家、南极等乡镇	完整的森林生态系统功能尚在恢复，水土流失等较为敏感，生态脆弱性明显	森林保育、高附加值经果林、水土保持、水源涵养	重要生态功能保护区
	Ⅱ-2 东津河高丘水土保持与特色农业生态功能区	梅林、中溪、宁墩等乡镇	耕地面积小，生产条件不良，林业经济的规模化和深加工不够，地质灾害、水土流失较为敏感	生态林业、改造中低产田、水土流失及地质灾害治理、高效竹林基地建设	保护性利用区

4. 交通走廊沿线地区城乡空间资源利用

4.1 总体空间利用导向

土地集约，环境优先的总体空间利用导向：这是贯彻科学发展观、促进社会经济全面协调可持续发展的必然要求，也是宁国104省道沿线区域合理利用相对的后发优势，在更高层次发展经济的必然选择。在经济快速发展的同时，及时吸取其他地区的土地浪费、环境质量下降的教训，通过提高科学合理的规划和集约型的土地开发，提高土地的利用效益，及时控制目前已经出现的土地粗放利用、工业用地随意布局势头。

4.2 空间开发利用基本格局

4.2.1 功能分区

根据宁国104省道沿线区域不同地域间自然条件、生态功能和社会经济基础的差异性、传统经济联系、发展状态与发展趋势，结合宁国市城镇体系规划，按照因地制宜、合理分工、各展所长、优势互补、共同发展的思路，调整生产力布局，规划通过加强城镇、地区间的职能联系和分工协作，更好地发挥区域中心和重点城镇的作用，培育经济发展的区域特色与竞争优势，根据经济分区的基本原则，形成北部和东南部两大经济协作区。

北部"大宁国"城市地区：沿线区域北部的港口镇、汪溪镇距离宁国市区较近，其空间发展趋势是与河沥溪办事处及宁国市区形成连片的城市地区，"一核两区"的组合发展形态。一核指宁国市主城区（含河沥溪片区），两区指汪溪片区和港口片区，总面积314.1km^2。本区将依托宁国市主城区发展成为宁国市经济、政治、文化主中心，总的发展思路是以宁国市主城区为龙头，形成各自的区域特色；通过组合发展，增强区域整体竞争力，参与区域分工，承接苏浙沪地区产业转移。

东南部经济区：包括中溪、梅林、宁墩、仙霞镇（含云梯乡）、南极乡和万家乡等四镇二乡，总面积879.8km^2。

1）中—宁—梅组合城镇区（工业－城镇集中区）

包括中溪、梅林、宁墩三个镇，总面积431.4km^2，将发展空间相对狭小，且产业基础和区位与中溪、宁墩相似的梅林镇纳入中—宁—梅组合城镇区。本区乡镇工业基础相对较好，用地条件良好，总的思路是强调乡镇组合发展，加强乡镇间的协调和合作，在空间上相对集中，也可通过行政撤并增强区域总体竞争力，努力建设成为宁国市东部区域次中心。

2）仙霞商贸区

仙霞商贸区周边区域总面积448.4km^2，本区属于天目山北麓低山区，地处皖浙交界处，林特资源丰富，山核桃、笋用竹、毛竹、茶叶、花卉苗木等种植业品种有特色优势。本区总体发展思路是发挥地处皖浙交界、林特产品集中生产区的区位优势，加快建设林特产品生产基地和专业性大市场，搞好配套服务，努力建成以林特产品生产和集散为主要功能的南部生态商贸区。

4.2.2 区域空间格局

宁国市发展的成功经验之一是：极化发展——重点发展中心城市，在经济发展到一定阶段，必将升级为点—轴发展模式，由点依托轴线带动纵深发展。落实到宁国104省道沿线区域，其空间格局将是区域内城镇、工业集中区与空间支撑体系及至整个区域空间点轴的系统组织。分析区域空间格局现状和未来发展趋势的引导，规划期内以极核（各级中心城镇）发展为主。因此，城镇空间结构组织以点——轴开发模式、增长级理论和为指导，形成"一轴、两区、多极、数点"的空间格局：

一轴：104 省道，区域发展的主要支撑轴线；

两区：北部"大宁国"城市地区组成部分，东南部经济区；

多极：中—宁—梅组合城镇区及沿线各乡镇建成区，镇（乡）域经济中心；

数点：工业集中区和其他工业小区，乡镇工业发展的主要空间载体。

4.3 沿线产业空间布局

宁国 104 省道沿线区域必须着眼于现有内部空间，顺应经济发展趋势，把目前区域拥有的潜在主导优势迅速转化为经济发展的现实主导优势。并积极推进工业向节约型经济和循环经济发展的模式转变，引导工业向专业化、规模化、集群化方向发展，以工业化带动城镇化，工业化与城镇化协调发展，主导产业的形成必须培育企业聚群，企业聚群的区域生长和发展空间是各种产业聚集区，产业聚集区的核心是综合实力强劲的重点企业，沿线规划产业集中区总面积 13.69 km^2。工业集中区概况，见表2。

附表：工业集中区概况一览表　　　表2

序号	集中区名称	规模（公顷）	产业发展方向
1	港口工业集中区	245	化肥、耐磨材料
2	汪溪工业集中区	272	汽车零部件、耐磨材料
3	河沥工业集中区	112	汽车零部件、电容器
4	梅林工业集中区	350	耐磨材料、电容器
5	中—宁工业集中区	390	汽车零部件、耐磨材料、电容器

4.4 沿线地区村庄规划

为实现农村经济和社会的可持续发展，促进城乡统筹，改善农村人居环境，结合城镇和工业集中区建设，加强对104省道沿线的村庄建设规划指导，在镇（乡）总体规划所确定的村庄规划原则的基础上，进一步依据村庄布点规划确定行政村域内村庄的规模、范围和界限，对村庄进行综合布局与规划协调，统筹安排各类基础设施和公共设施，为村民提供符合当地特点、与规划期内当地经济社会发展水平相适应的良好人居环境。村庄规划应坚持以下原则：

（1）政府主导，群众参与。规划编制在政府主导下，突出农民主体地位，充分尊重农民意愿。

（2）整合资源，集约用地。布点规划要着眼于盘活农村资源，提高土地利用率，完善公益基础设施配套。

（3）因地制宜，分类指导。从实际出发，结合现状条件及近远期发展目标，科学村庄布点。

（4）注重保护，突出特色。结合村庄自然条件和人文特色，加强生态建设，注重保护富有特色的村庄。

根据上述原则，宁国市104省道沿线地区重点发展区2020年规划行政村包括小汪村、落果村、联合村等15个，中心村总人口9450人。

5. 结论

面对21世纪前20年重要战略机遇期，党和国家提出全面建设小康社会的奋斗目标和科学的发展观，赋予区域发展新的要求，即：新形势下如何强化对区域交通走廊城乡空间资源的管治协调、优化配置、开发利用等活动的统筹和综合调控职能，从而促进经济社会的可持续健康发展。因此，新时期的区域规划既是发展规划，又是保护规划。在规划研究中，加强区域交通走廊城乡空间保护利用研究是非常必要和有意义的，应重点探讨以下问题：

（1）分析研究确定交通走廊沿线地区区域功能定位，制定科学的空间保护和利用战略；

（2）加强沿线城乡空间资源分析，制定保护对策；

(3) 根据区域发展的要求确定沿线空间资源利用的方法与实施途径，确定空间利用格局，培育若干个工业集中区，打造沿线产业集群带；

(4) 按照城乡统筹的发展要求，注重新农村规划建设的研究。

参 考 文 献

1. 安徽省建设厅，《安徽省城镇体系规划》（2003—2020），2005.10
2. 安徽省城乡规划设计研究院、宁国市建设委员会，《宁国市城市总体规划》（2003—2020）
3. 安徽省城乡规划设计研究院、宁国市建设委员会，《宁国市104省道沿线发展规划》（2005—2020）
4. 宁国市人民政府，宁国市国民经济与社会发展"十一五"规划纲要，2006.2
5. 中共宁国市委文件，《中共宁国市委、宁国市人民政府关于乡镇工业集中区建设与发展的意见》，宁发【2005】31号

作者简介：安徽省城乡规划设计研究院副院长、高级工程师

城市副中心的空间演变分析

贺静峰

摘 要：城市副中心的建设现状存在很多问题，并不断有空间上的转移。通过原因分析，结合战略规划，对城市副中心重新进行部署，强调城市多中心体系的构成。
关键词：城市副中心 市中心 片区中心

本文拟对合肥市城市副中心的空间演变原因、布局过程和结果进行分析，试图通过构建城市多中心体系，来诠释城市副中心空间转移和职能演变的现实意义。

1. 城市副中心空间演变的原因

1.1 战略规划的调整

城市总体规划的修编一般以5年为一周期，基本上与国民经济五年计划（规划）相适应。"十五"期间，我国城市建设高速发展，很多地方都出现了建设超前的现象，原有的规划目标往往被突破。就合肥市而言，城市总体规划于1995年修编，1999年经国务院批准。至2000年，全市人口与用地规模均已突破《合肥市城市总体规划（1995~2010年）》确定的近期发展目标。2001年，为适应城市发展需要，合肥市在全国率先编制了《合肥市城市近期建设规划（2001~2005）》，扩大和调整了近期建设用地。

2005年下半年，合肥市"大发展、大建设、大环境"的新思路出台，新的"141"战略布局成为城市空间构成的主导模式，即一个主城区，东、西南、西和北四个城市组团，一个滨湖新城。城市空间结构继承了"组团式、多中心"的合肥特色布局形态，与之相适应的新的城市副中心的布局也随之外延到各组团中心。之前,合肥市在建设城市副中心的过程中也有选址上的变化,如东区由原规划的八百户附近移至花冲公园附近地区,北区也由原万小店附近移至合瓦路与临泉路交口附近等,这些都是城市副中心附近的土地置换,主要原因是考虑实施上的可操作性,并不是战略规划调整导致。

1.2 城市副中心的建设现状

城市副中心的选址一般受制于城市总体规划确定的城市规模。传统布局遵循均衡发展的思维模式,选址之初往往基于几个小有规模的商业网点或交通便利处,位置基本上位于服务区的几何中心。由于缺乏战略规划的指导,往往规划的城市副中心大多并没有形成理想的规模,更没有发挥应有的作用,而一些并不位于城市副中心附近的地区,其商业和商务作用却正在显现。

合肥市上一轮规划的五个城市副中心建设现状存在一个共性问题,就是规模不足,建设上大多呈自发状态。西七、南七两副中心有一定的商业基础,但分布较为零乱,土地空间利用不经济;东、北两个副中心的建设基础较差,目前看还不具备形成副中心的条件;只有明珠广场土地控制较好,商业和商务活动日趋明显,但也存在新城建设上的"养地"现象[1]。造成合肥城市副中心难以形成规模的原因主要有以下四个方面:

(1) 选址不合理。除明珠广场外,其他四个副中心的选址距离市中心太近,最远的5km,最近的只有3km,其商业和商务活动必然受到中心区的强烈影响,难以形成自身的中心辐射作用。

(2) 商业建设零乱。目前合肥市几乎每条道路都有沿街的门面房,其规模不大,但往往沿路拉开,距离很长。这种沿路的带状商业模式,看似方便居民购物,实则恰恰相反,由于这种商业模式的不集中,加上商品质量档次不高,难以形成规模和品牌效应,令消费者无所适从。事实上一般的消费习惯也在趋向于集中的综合性或专业性市场。

(3) 受政策的影响。1998年的城市住房制度改革,使居民对改善住房的需求释放出来。开发商从眼前利益出发,大量建设商品住宅,而忽视对公共建设的投资,加上规划管理上的疏漏,导致了公共空间被不断地挤占,造成公共服务配套的缺失。

(4)"洼地"街区现象。1990年代初,合肥市位于城市南面成立了国家级经济技术开发区,批准建设面积9.8km^2,实际建成了30多平方公里。这座新城的中心即为城市副中心明珠广场,该中心规划以高层建筑围合形成中心广场,政府和公众对此规划均有较高的期望,但由于投资不足和投机观望气氛限制了该中心的发展,土地的所有人为取得一些回报,于是建设一些临时性的低层商业建筑(如大型超市、建材市场、欧洲风情街等),而周边的一些用地则逐渐被开发为高层的商品住宅(如东海花园、繁华世家等)。这种空间演化过程就形成了"洼地"街区现象[2]。"洼地"街区现象会带来一系列的城市问题[3],需要政府积极控制引导。

究其原因,首先要反省的是规划编制上的思维局限,应正确认识城市副中心在城市中的地位和作用,以及它的形成和发展的一般规律;其次要加强城市规划管理的控制和引导作用。

2. 城市副中心的空间布局

2.1 城市副中心在城市中的地位和作用

城市副中心与城市中心同属市级的中央商务区,两者相辅相成地共处于同一个城市商务区系统中[4]。因此,我们应当认识到,城市副中心的服务范围不仅局限在所处的城市分区,也同时服务于全市。具有疏解和补充市中心的功能。分析国内外城市副中心在城市中的功能和作用,主要体现在以下几个方面:

(1)促进经济发展。城市用地规模的扩展受到自然地理条件、城市结构和城市技术设施条件等方面的限制,当城市扩张遇到上述限制时,即形成了城市建设的"门槛"。城市在进入快速发展的初期,往往资金实力并不雄厚,这时候采取分散建设(如建设副中心、开辟新区等),则可以绕开"门槛",加快建设,从而对城市经济的发展起到促进作用。

(2)疏解老城区。随着城市规模日益增大,单中心城市的中心地区居住人口和流动人口高度集中，随之而来的交通问题、环境问题以及一系列的社会问题令政府头痛。从世界各地的大城市发展经验来看，在城市边缘建设具有商业和商务功能的城市副中心，能够起到有效地疏解老城区人口的功能。

（3）承接中心区的功能转移。随着住宅的郊区化，很多城市活动也有向边缘地区转移的客观要求。同时，随着传统中心商务区向新阶段的发展转型，其商业零售、公共活动、人员交往、交通核心等功能将逐步削弱和转移，建设新的副中心可以有效地承接这一功能转移。

2.2 城市副中心的空间分布过程

通过对城市副中心地位和作用的再认识，发现和预测其建设发展的一般规律，可以有效地指导我们的城市副中心选址和建设，使之在空间分布上更具有科学性、合理性，建设发展上更具有生命力。

合肥新的战略发展规划已经打破了城市原有的三翼（东、北、西南）结构形态，指出合肥未来的发展方向是东、西南和西方向。随着"141"战略布局的正式颁布，东南滨湖方向也将成为城市发展的主导方向之一。城市副中心的选址结合"141"战略进行布局，将有助于拉动各组团的发展，同时减轻中心区的压力[5]。根据合肥市的城市规模以及土地资源和用地特点，我们认为在距离中心区 10~15km 位置建设城市副中心较为适宜。城市东、西南两翼面向皖江经济带，这一地区经济受到长江三角洲的辐射，正处于快速增长期，应当给予积极的响应[6]，从而促进合肥走向长江时代。

2.2.1 首先是明珠广场和新站区

明珠广场距市中心约 10km，自 1995 年总体规划以来，一直规划为城市副中心，现已建成五星级明珠大酒店、安徽省国际会展中心、主题公园徽园、购物中心以及周边中高档住宅小区。随着南部新城的不断壮大，国家级的经济技术开发区自身的配套需求日益迫切，周边大学城和政务新区的建设也在不断强化该区的综合性地位和作用。

新站区位于城市东北两翼之间，影响地区范围较大，是全市的铁路、公路、轻轨、市内客运交通枢纽。其市场建设也颇具规模，现已形成了全市的商品批发和物流中心。沿胜利路正在建设的有高级酒店、文化广场、休息娱乐设施以及中高档住宅小区，预示该区建设正在走向成熟。当然，由于距离市中心太近，该中心亦可并入主城范围，作为构成城市多中心体系的一个部分。

2.2.2 其次是井岗镇、店埠镇和上派镇

井岗镇位于城市西组团中心，距市中心约10km，是合肥通向皖西腹地的门户。该镇区位优势明显，位于国家级高新技术产业园区、中国科学城、中国科学院合肥分院、新老蜀山产业园区、大蜀山森林公园、董铺水库的中心位置，城镇经济发达，但中心镇区建设不集中，定位不高。通过新的总体规划修编，应尽快明确该地区的副中心城镇地位，树立服务大区域的建设思路，营造优良的城市环境，形成综合性的公共服务区，重点为高新技术人才信息交流、商务活动及生活休闲提供配套服务。

店埠镇位于城市东组团，距市中心约15km，是合肥通向长三角以及向北通向蚌埠、徐州方向的重要门户，对外交通发达，312国道、京福高速(合徐、合巢芜段)、沪汉蓉高速(合宁段)均汇聚于此地。该镇系肥东县城，现状基础设施较为完善，现状人口约13万人，规划城市人口25~35万人，是合肥营造300万人口大城市的组成部分，随着城市的东扩，该镇极有可能被划入市区范围。

上派镇作为肥西县城，位于合肥市西南组团，距市中心约17km，是合肥通向皖南、九江、武汉等地区的重要门户，公路(合铜高速、沪汉蓉高速等)、铁路(合九线)，运河(江淮大运河)等对外交通便捷，现状基础设施较为完善，人口约12万人，规划城市人口20~30万人。随着合肥新城建设的不断充实，该镇实际已与合肥新城相连，成为继明珠广场向南的又一个城市连绵区。

2.2.3 远期有可能形成的副中心城镇

义城镇位于城市东南方向，滨临巢湖，距市中心约15km，由于受上一轮规划"东南方向作为城市通风口"的影响，该方向城市建设长期处于受限状态。随着"141"战略的出台，合肥向滨湖

城市发展，该地区将可能在政府的推动下建成以行政、商贸、旅游及居住等综合性新城区。

双墩镇位于城市北组团，距市中心约16km，该方向曾经是合肥三翼之一的北翼的发展方向，双墩镇的城市建设也有一定基础，长丰县一度还准备将县城迁至此地。近年来，由于大房郢水库的水源保护等多种原因，合肥城市发展战略规划认为该方向为城市限制发展的方向，该地区的城市发展将受到极大的制约。但由于这一方向主要面向长丰县，而长丰县又是合肥所属三县中经济最弱的一个，随着"141"战略的出台，该地区不排除成为政策扶持的副中心城镇的可能性。

2.3 注重城市副中心个性功能的培育

城市副中心是城市一个区域的灵魂，在多中心城市中，应避免规划思路和建设规模上的雷同，在建设其综合性服务区的同时，应重视对个性特点的培育。如东京新宿副中心除承担都心地区的部分功能外，逐渐定位为行政中心；涩谷副中心则以信息情报和时装为主要功能；池袋副中心倾向于文化、娱乐业。

合肥市在新的战略规划指导下，对城市副中心的选址和定位重新部署，如新站副中心依托其交通枢纽的重要地位，充分发挥了自身在商品批发、物流市场的优势功能，将影响范围辐射全市及全省；井岗镇副中心则结合科学城、中科院、高新区、风景区定位于文化科技内涵，这种科技服务的特性在全国都具有独特性，它的服务范围可以是全国乃至国际。

如果说城市副中心的共性建设是服务于所处城市分区，那么这种个性功能正是它服务于全市乃至更大区域的资源特性。通过这种个性功能的培育，可以赋予城市副中心独特的经济增长点。

3. 原规划城市副中心的职能演变

通过对城市副中心现状存在的共性问题分析，可以帮助我们重新定位这些用地的功能和作用。

合肥市原规划东、北及南七、西七四个城市副中心虽然不适合再作为市级副中心，但它们也有自身的区位优势，可以纳入次一级中心区布点规划中[7]，转变为片区公共服务中心。如果说市级副中心的选址是站在市域甚至区域经济的高度，具有战略意义，那么片区中心的建设就是从微观上落实城市公共服务配套设施。它的建设形成对完善城市功能，改善居住环境，集中住区商业，做强城市经济，做精城市品质等具有重要意义。从市级副中心到片区中心的定位转换，并不是该地区经济的衰落，而是随着现代化大城市的不断建设壮大，其职能角色的自然演变。片区中心同样是城市多中心结构的组成部分，不可忽视对这些地区的建设控制。

4. 促进城市多中心体系建设

随着城市副中心个体功能作用的发挥，其在城市发展战略中的地位需要得到有效的强化，我们不能孤立地去看待每个城市副中心，而应把它放在城市"多中心"体系中，这些中心由市中心、副中心和片区中心三级组成。值得注意的是，要实现城市各组团的相互连接，充分发挥多中心的资源互补优势，我们的快速交通体系规划就应当结合城市多中心体系的布局，按等级匹配相应的交通设施。它们之间应当有快速交通系统、高速公路或铁路相通，编织成完整的"中心"网络，高效服务于整个城市。

城市由单中心向多中心的转换不是自发形成的，城市规划和政策推动才是主导力量。而许多在上一规划期内还未形成的城市副中心，就被下一轮的规划否定了，这种政策的跳跃性，往往造成规划管理上的失效和不公正。当前社会经济在高速发展，城市规划编制和管理的方法和理念也要适应性创新。

通过对合肥市城市副中心现状评价和空间演变分析，强调城市多中心的构成，以及多中心的战略分布。希望能为前后轮规划衔接矛盾提供解决思路，为新一轮的城市总体规划修编及规划管理工作提供参考。

注　释

[1] 是开发商的一种经营策略，就是等待，等待未来的机会．

[2] Jyue-Huey Chen,台湾省台中市新市中心发展的两种空间现象,城市规划,2002(4)
[3] "洼地"街区的临时性建筑,由于地处中心区,它很容易到达,也很容易找到停车位,所以这里会集中各种流行的娱乐活动,在夜间尤为繁华.然而这一地区也最容易滋生犯罪,带来社会治安问题.临时性建筑的消防隐患、环境污染及景观风貌也给城市管理带来问题.
[4] 陈瑛,汤建中,国际大都市 Sub-CBD 建设刍议,世界地理研究,2001.6
[5] 大都市的新城建设主要是以疏解中心区的人口为目的,而像合肥这样正在成长的大城市,建设新城具有做大城市规模和疏解老城的双重功能.
[6] 贺静峰,秉承传统优势 促进新城发展,合肥城市规划,2003.1.
[7] 合肥市规划局于 2003 年 5 月率先在蜀山区进行试点,对城区划分片区进行公共服务设施分解配套,并注重片区中心的集中形成.受到建设部有关领导高度认可,随后在全市推广,各区分别编写了城市公共服务设施规划调研报告,成为规划管理的重要依据.

作者简介: 合肥市规划局,注册城市规划师

二、城镇化和城镇体系规划

安徽省区域城镇协调发展若干问题的探讨

成祖德

摘 要：本文从区域城镇协调发展的内涵出发，分析了安徽省区域城镇群体协调发展的现状以及存在的问题，提出安徽省区域城镇协调发展的战略目标以及重点战略任务，并对安徽省实现区域城镇协调发展的相应保障措施作了较深入的探讨以及思路的创新。

关键词：区域　协调发展　战略　保障措施

1. 区域城镇协调发展的内涵

区域城镇协调是指区域内部城镇的和谐及与区域外部城镇群的协调共生。区域城镇协调发展是通过内在性、整体性和综合性的发展聚合，在区域内部城镇形成一个有机整体，相互促进、相互协同的关系，通过良性竞争与紧密合作，与区域外部城镇协调经济社会关系，创造最佳总体效益，形成优势互补、整体联动的经济、社会、文化和生态可持续发展格局，从而达到一种区域内外城镇群体高度和谐的协调发展高级阶段。从空间地域结构的角度来看区域城镇协调发展包含区域内部城镇和区域之外城镇群体的协调发展。此外，它还包括区域城镇之间的产业结构的协调发展、区域基础设施的协调发展、区域环境保护和资源开发的协调发展，以及区域各种行政关系的协调发展。区域城镇协调发展的根本目标就是实现区域整体和谐发展。

2. 安徽省城镇协调发展的现状特征与问题

2.1 全省城镇化水平地域差异明显

根据安徽省 2004 年统计年鉴计算得到，用非农人口占总人口的比重来分析安徽省各地的城镇化水平，可以看出全省城镇化水平地域差异明显，城镇化水平呈现较明显的东高西低的差异。马芜铜地区是本省城镇化水平较高区域，是皖江城镇带的领跑者。皖中城镇群和皖南旅游城镇群中仅中心城镇合肥市和黄山市城镇化水平较高。以阜阳、亳州市为重点的皖西北城镇群城镇化水平较低，急需重点培育中心城市，提高区域城镇化水平。

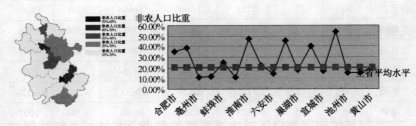

图1 全省各市非农人口比重地域图

2.2 城镇行政区与经济区不一致

根据场强辐射力模型和断裂点计算公式，分析安徽省 17 个地级以上城市的经济强和弱的辐射半径、强和弱的辐射范围（见表1）。在这 17 个城市中，其强辐射范围有合肥、芜湖、马鞍山、铜陵、蚌埠、黄山、淮南、淮北、巢湖等 9 个城市大于行政范围，其余 8 个城市的强辐射范围小于行政范围。从弱辐射范围来看，大多数城市的辐射范围大于其行政范围，只有阜阳、六安等 2 个城市辐射范围小于其行政范围，说明这 2 个城市尚不能起到市域中心的作用。比较计算出的辐射范围与行政区范围可见，安徽省城市的辐射范围与其行政范围不一致。安徽省各城市的辐射半径和辐射范围，见表1。

安徽省各城市的辐射半径和辐射范围　　　　　　表1

市名	强辐射半径(km)	弱辐射半径(km)	行政范围(S)(km²)	强辐射范围(Q)(km²)	弱辐射范围(R)(km²)	Q-S(km²)	R-S(km²)
合肥	88	106	7266	24316	35404	17050	28138
芜湖	84	102	3317	22248	32392	18931	29075
马鞍山	80	96	1686	20033	29167	18347	27481
铜陵	72	87	1113	16254	23666	15141	22553
蚌埠	69	83	5917	14951	21769	9034	15852
安庆	67	81	15400	14104	20536	-1296	5136
黄山	65	78	9807	13192	19208	3385	9401
滁州	64	77	13987	12915	18805	-1072	4818
淮南	63	76	2121	12590	18330	10469	16209
淮北	60	73	2725	11466	16694	8741	13969
巢湖	59	71	9423	10977	15983	1554	6560
宣城	57	69	12340	10261	14939	-2079	2599
宿州	55	66	9787	9446	13754	-341	3967
阜阳	46	55	9775	6629	9651	-3146	-124
亳州	46	55	8523	6580	9580	-1943	1057
池州	45	54	8272	6222	9058	-2050	786
六安	44	53	17976	6108	8892	-11868	-9084

2.3 中心城市的核心作用不突出，难以成为区域经济发展的核心

从安徽省域来看，省域的中心城市—合肥市人口仅150万人左右，规模偏小，很难带动全省区域经济的发展，加上我省省域城镇体系结构不尽合理，缺乏特大城市，使区域经济缺乏核心，难以有效地推动区域经济的发展。因此我省在推动城镇化发展时，要注重中心城市的战略突破。

2.4 省内区域城镇协调机制不健全

安徽省近年来编制了不同等级层次区域的城镇体系规划以及合肥都市圈、皖江城镇带、京沪铁路安徽段沿线城镇带、马芜铜城镇群等城镇协调规划，但由于没有专门的区域城镇协调规划管理机构和区域城镇协调发展法规来保障规划的实施，仅由省有关部门使用有限的权力去协调城镇间错综复杂的各方面问题，规划实施效果不够显著。

2.5 区域一体化过程中存在行政管理体制分割的问题

近年来，安徽省与长江三角洲地区的经济联系越来越密切。同时，安徽省与周边其他省份也形成了一定的经济联系网络。但由于受行政管理体制的分割，区域合作缺乏政府的有力推动和区域城镇协调机制的引导。因此，通过制度创新，促进区域一体化协同发展，整合市场与资源，提升区域整体竞争力，是确保安徽省跨越式发展的必由之路。

3. 安徽省区域城镇协调发展战略

3.1 战略目标

以科学发展观为指引，坚持五个统筹发展，重点加强省内城镇协调，优化城镇等级规模结构，完善城镇职能结构，调整城镇地域空间组织，划分经济协作区；加强与省外相邻、相关地区的协调发展，核心在与长三角地区的协调发展；坚持城乡协调发展，重视城乡空间发展的协调，加强对区域性基础设施统筹安排，构建区域"无地界"基础设施体系；划分用地分区，防止城镇无序蔓延，保护城乡生态环境。最终实现安徽省区域内部城镇的和谐及与区域外部城镇群的协调共生，从而达到区域内外城镇群体高度和谐的协调发展高级阶段。

3.2 重点战略任务

3.2.1 重视省内区域空间结构的协调

经济协作区是以大中城市为核心，与其紧密相连的广大地区共同组成的经济上紧密联系、生产上互相协作、在社会地域分工过程中形成的城市地域综合体。区域空间结构的协调发展表现为通过不同的城市经济协作区的协调发展，实现区域整体和谐发展。

充分考虑安徽省现状中心城市及其影响范围和各级中心城市的发展潜力，将安徽省划分为皖北经济协作区、皖中经济协作区、皖江经济协作区、皖南经济协作区四个经济协作区。皖江经济协作区以长江为纽带，由马鞍山、芜湖、铜陵、池州、安庆、宣城、宁国等城市和当涂、和县、无为、芜湖（湾址）、繁昌、铜陵、青阳、枞阳、东至、怀宁、望江、宿松等县的城镇组成。皖北经济协作区包括宿州、淮北、阜阳、亳州、蚌埠、淮南各市和凤阳、寿县等县的城镇组成。皖中经济协作区由合肥市、六安、巢湖市、滁州市为次中心，以及肥东、肥西、舒城、庐江、长丰等县的城镇组成。皖南经济协作区由黄山市徽州区、黄山区、休宁、歙县等区、县的城镇组成。四个经济协作区在经济上要加强彼此协作，又要加强自身的协调发展。安徽省各经济协作区之间的城镇群，特别是合肥都市圈、马芜铜城镇群、合巢芜城镇群应加强与长三角基础设施的一体化建设。而在安徽省的区域城镇群（带）内部，以及城镇密集区内部的城镇间要强化区域性大型基础共建共享的思想，构建区域"无地界"基础设施体系，对区域内的大型基础设施合理布局，共同投资、共同受益，实现多赢。

3.2.2 加强与相邻相关区域的协调

（1）东向发展、全面融入长三角，与长三角地区的协调发展

随着长三角连绵带的外扩，东向发展、全面融入长三角，与长三角协调发展，是提高安徽省城市竞争力和实现经济腾飞的重要战略。

1）实行梯度融入战略，塑造新的城市经济增长极。以近临长三角和交通优势明显的合肥经济圈和马芜铜城市群为重点，实施东向发展战略，加强跨省区域合作，逐步推进梯度融入长三角步伐。

2）突出比较优势，建设面向长三角的"四大基地"。建设面向长三角地区的能源、原材料和化工产业基地；农副产品生产、加工和供应基地；劳务输出基地；旅游休闲基地。

3）打造与长三角接轨的基础平台。一要着重搞好与长三角接轨的交通基础设施建设。尽快着手进行长三角轻轨线的延伸规划，力争实现与长三角的无障碍流动。二要以信用建设和接轨为重点，形成吸引长三角地区要素流入的良好发展环境。三要着力数字并轨。加快数字安徽建设，尽快缩小安徽同长三角间的数字鸿沟。

(2) 加强区域协作，与周边省份的协调发展

随着我国经济发展重心由沿海逐步向内地推移，长江流域经济带的开发开放，以及"中部崛起"战略的提出与实施，给位居长江中下游地区的由安徽省和豫、鄂、赣、湘构成的中部五省地区带来难得的发展机遇和强劲的推动。中部五省应按照"合理分工、相互协作、共同发展"的原则，打破区内各省之间的封锁和利益局限，集分力为合力，加强横向联系，建立统一规范的大市场，促进生产要素合理流动和组合，共谋进步。

3.2.3 关注城乡协调发展

(1) 协调城乡空间，实现城乡空间和谐发展

城乡空间协调发展的是统筹城乡经济社会发展和改变城乡二元经济结构问题的重要空间战略，重点在保持城镇和乡村各自特色，建立城乡协调、城乡一体的新型关系，促进城乡空间和谐发展。首先要建立跨城乡、跨地区的城乡统一市场，促进城乡生产要素的有序流动与城乡劳动力就业协调。其次，要统一考虑城乡两个层次产业结构和地域结构，强化产业发展的协调，建构分工协作、组合有序的城乡地域分工和经济体系。再次重视生态环境的协调，统筹安排污染性工业布局，对基本农田、自然湿地、野生物种及其生活环境、大型水库、湖泊、水源地和其他禁止建设区统一划定保护范围，制定保护措施。此外，要兼顾城乡各方利益，加强规划建设的协调，把城乡居民点、工业布局、区域基础设施作为整体进行统一规划和建设。

(2) 加强城乡用地的空间管治，保护城乡生态环境

实现安徽省城镇间的整体协调发展，要形成良好的城乡生活空间，走可持续城乡协调发展的道路。可将安徽省划分为城镇建设发展区、区域绿地、乡村发展区三种用地分区进行分类指导：第一，城镇建设发展区应根据城镇规划留足发展建设用地，高效利用土地，积极引导企业向园区集中，严格控制城镇对长江和淮河水系等的污染。同时，在城镇密集区应为各城镇规划设置环城绿带。第二，对区域绿地进行管制，把对区域生态环境会产生重大影响的的各自然保护区、风景名胜区、森林公园、大型水体等

划为区域绿地,实施严格保护。第三,乡村发展区应适度控制工业企业布点,通过撤村并点,减少分散的自然村落数量,促进农业产业化、规模化经营,并对山、水、田、林、路进行综合规划。

4. 实现区域城镇协调发展保障措施的探讨

4.1 设立"城镇协调规划管理办公室",健全区域城镇协调机构

区域城镇协调发展涉及到各城镇之间的关系和矛盾的协调,在现有体制下只有建立超越省内各城镇的从长期稳定的协调机构才能胜任这一工作。建议安徽省政府设立"城镇协调规划管理办公室"这一实体性执行机构,受省政府直接领导,与省城镇化工作领导小组合署办公,受省政府直接领导,业务上可由省建设厅、省发展改革委员会指导。

4.2 探索构建安徽省城镇群体发展地区的城市管治体系

城镇群体发展地区城市管治体系的组织形式可以是自上而下的,也可以是自下而上的,这种协调组织与一般的行政组织在性质、目标和组织结构上有着本质的区别。

在现阶段,安徽省城镇群体发展地区的城市管治比较可行的策略是:垂直职能重新分配和管治体系的组织重构,两方面结合,形成以"城镇协调规划管理办公室"为龙头,半官方的城市联合协调组织为补充的比较完整的管治组织体系。

4.3 完善区域城镇协调发展法规

国外一般都有相应法律、法规来保证区域协调机构的权威性和协调规划的实施。要构建完善的区域城镇协调机制,应在国家及安徽省现有法规的框架下,建议由安徽省人民代表大会制定并颁布省域城镇体系规划、各城镇群(带)协调发展规划的条例,确立区域城镇协调发展的执行机构,确定区域城镇协调发展规划在区域协调中的法律地位,以及规划的审批与实施主体,使区域城镇协调工作既有机构保障,又有规划依据。

4.4 建立和完善区域城镇协调机制

综合运用政策手段、规划手段、经济手段、科技手段等,建

立和完善区域城镇协调发展机制。

4.4.1 政策手段

要从区域协调整体出发，逐步制定省域城镇体系、城镇群（带）、都市圈、都市区等的产业、土地、人口、环境、投融资等方面的区域性政策，为地方层次的规划和发展调控提供战略性政策框架。

4.4.2 规划手段

一方面，除了制定省域城镇体系规划外，还要针对重点区域，如开展城镇群（带）、都市圈、都市区等的区域城镇协调发展规划。另一方面，区域城镇协调发展的专项规划和下一层次规划应充分落实上一层次的区域城镇体系规划、城镇群（带）规划、都市圈规划、都市区规划等城镇协调发展规划。在具体建设政策和决策上要突出落实区域城镇协调规划，规定凡跨区域项目，必须纳入所在区域的城镇协调发展规划或不违反规划所确定的原则，否则不予核发各类许可证，重大项目选址一定要通过"城镇协调规划管理办公室"。

4.4.3 经济手段

充分发挥市场机制的作用，在地方与地方之间建立基础设施的共建共享机制，以提高资源配置效率，充分发挥规模经济效益。在有条件的区域，可以试行通过区域内城镇参股的形式设置区域内城镇间交通基础设施建设协调基金，用来引导跨境交通设施的规划和建设投资。

4.5 推行区域城镇共同制度

制定产业、土地、人口、环境、投融资等方面区域共同遵守的制度，为地方层次的规划和发展调控提供战略性政策框架，为生产要素在区域内的自由流动与合理配置提供制度保障。

4.5.1 建立跨区域协调用地的新机制

为了保证土地的合理开发和有效保护，建立跨区域协调用地的新机制，建立以土地用途管治为核心的规划管理制度，根据各区域土地资源分布不均和区域经济发展不平衡的现状，实行跨地区调剂建设用地指标和占补平衡的政策，在更大的区域范围内实现用地平衡，既有效保护耕地总量，又能满足城镇建设发展用地的需要。

4.5.2 实施环境保护考核制度

为了避免区域内城镇群之间的恶性竞争,遏制区域内生态环境的恶化,应推行在城镇密集区(带)实施绿色 GDP 核算和环境保护考核制度。

4.5.3 建立区域交通设施建设和管理一体化制度

为了提高区域交通体系的整体效率,对于不同投资主体建设的交通设施,应加紧制定统一收费和管理政策。特别是在城镇密集区(带)推行公共交通跨境经营政策、公共交通统一定价政策、区域公交一卡通政策、机动车异地处理政策、多方式联运政策、高速公路统一收费政策。

4.6 建立区域城镇协调发展规划和实施的监督机制

为了确保区域城镇协调规划对城镇协调发展发挥综合调控作用,规划的审批、实施和调整都必须通过法定程序。实行规划公示制度和听证制度,大力提倡公众参与规划编制、审批、实施和调整的全过程,加大全社会对规划的监督力度。强化规划行政主管部门的监督职能,增强区域城镇协调规划的监察力量,对强制性指标和指导性指标实行动态监控与督查。此外,应从经济、社会、环境、基础设施及城镇间的合作等方面设定规划目标和监测变量,建立规划实施考评办法,以便对规划的实施效果进行评估。

参 考 文 献

1. 刘斌、张兆刚、霍功编著 中国三农问题报告 [J],中国发展出版社,2004年
2. 傅崇兰、陈光庭、董黎明等著 中国城市发展问题报告 [J],中国社会科学出版社,2003 年
3. 《理论动态》编辑部编 树立和落实科学发展观 [J],中共中央党校出版社,2004 年
4. 连玉明主编 中国城市蓝皮书 [J] 中国时代经济出版社,2003 年

作者简介: 安徽省城乡规划设计研究院院长、教授级高级工程师

安徽省城镇化发展趋势及其用地需求研究

曹发义 刘复友 汪树群

摘　要：作者在历史回顾与现状分析基础上，论述了安徽省城镇化发展水平，城镇建设用地规模预测和用地利用策略。
关键词：安徽省　城镇化　发展　用地需求

21世纪是城镇的世纪，"只有当城镇成功的时候，整个地域和国家才会成功"。"十一五"时期，迎来了三次席卷全球的潮流，其一知识经济时代的到来，从生产、生活方式到社会变革，人们均受到信息社会和知识经济的影响；其二，经济全球化的势头不可阻挡，在全球范围内配置生产力要素，并且从结构到功能进行优化重组；其三，可持续发展的理念和行动深入人心，并且将发展与环境的平衡，作为包括城镇在内的各类区域发展的中心要点，贯穿于"人口、资源、环境、发展"的整体协调中。在三大潮流中，城镇在经济社会发展中的地位和作用更加突出。一方面为社会财富的积累和生活质量的提高，带来了新的动力和源泉；另一方面生产、生活和文化方式将发生巨大变革，这种既存在机遇也存在挑战的城镇发展过程，就是城镇化的过程。

党的十六届三中全会提出以人为本，树立全面、协调、可持续发展和统筹城乡发展、统筹区域发展、统筹经济城镇社会发展、统筹人与自然和谐发展、统筹国内发展和对外开放等"五个统筹"的科学发展观。城镇化战略是科学发展观，实现城乡、区域统筹发展的重要途径。

城镇化战略是安徽省"十一五"四大发展战略之一，省委、省政府在《安徽省全面建设小康社会的战略目标、战略步骤及起步阶段的重点建设任务》明确提出加快城镇化进程，统筹城乡经济发展。加快城镇化发展是全面推进我省经济结构调整和加快现代化建设，实现"加快发展、奋力崛起、富民强省"目标的重要途径。城镇化水平的提高带来人口的大量转移和集聚，必然导致城镇建设用地的需求和扩张。正确认识城镇化发展是合理配置土地、节约土地的最重要途径，把握好城镇建设与耕地保护的关系。本文立足安徽省城镇化发展趋势及其用地需求的研究，提出促进城镇化健康发展，加强城镇建设用地利用的若干策略，从而实现城镇建设用地的合理供应和集约利用。

1. 历史回顾与现状分析

1.1 发展历程

1952~2003年全省非农人口由179万人增加到1318.54万人，非农业人口比重从6.03%提高到20.57%，上升了14.45个百分点。从城镇化进程来看，安徽省城镇化进程比较稳定，城镇化水平不断提高，大致分为三个阶段。

（1）1949~1977年，城镇化水平呈现先增加后下降的局势，为缓慢和不正常时期。建国后经过三年的艰苦奋斗，城市经济得到了迅速恢复，大规模经济建设（稳定发展的"一五"和波动最大的"二五"）的开展，外流人员陆续返城，由于这段时期的城镇人口自然增长率较快，再加之农村人口迁入城镇的人口也多，因此城镇化发展较快，1959年非农业人口比重达到17.68%。1960年以来至"文化大革命"，经济濒临崩溃，城镇化进程基本停滞；这一时期城镇化的一个重要特点就是城镇人口在总人口中的比重不是随经济增长而增加，相反在多数年份城市人口增长率低于总人口增长率，机械增长率多年为负值，非农业人口比重不断下降，1970年降到了10.61%，1977年降到10.44%。随后，国家调整了社会经济发展方针，城市经济逐渐复兴，以1978年十一届三中全会的召开为标志，城镇化进入一个新的发展时期。

（2）1978年~1984年，是城镇化复苏时期。非农业人口比重从1978年的10.69%增加到了1984年的12.87%。在此期间，有计划地发展商品经济，经济逐步走上了健康发展的轨道，工农业迅速增长，直接带来了就业岗位的扩张，吸纳了不少的农业人口，同时大批的知青和专业干部返城，城镇人口增长较快。

（3）1985年~现在，是城镇化正常发展的时期。分为稳步增长和快速增长两个阶段。1985~2000年是城镇化稳步增长时期。1986年国家实施新的市镇标准及相关的配套措施，有力地推动了城镇化进程，使城市迅速发展，尤其是小城镇数量迅速增加，大批农村居民进入城市，非农业人口比重从1985年的14.04%，增加到2000年的20.57%。2000年后由于实施积极的城镇化政策，城镇化进入一个快速发展时期，2005年全省城镇化水平达到35.5%。

1.2 现状特点

（1）城镇人口增长较快，城镇化水平不断提高，但低于全国同期平均水平。1952~2003年，全省城镇非农业人口从181.6万人增长到1318.54万人，增长了7.26倍，年均递增3.96%；非农业人口比重从6.12%上升到20.57%，上升了14.45个百分点。但与全国同期城镇化水平相比，始终存在6~8个百分点的落差，2005年全省城镇化水平（35.5%）与全国平均水平（43%）相比，处于较落后水平。

（2）城镇体系逐步完善，奠定了进一步发展的基础。全省城镇体系逐步完善，城镇规模序列由以小城镇为主的结构逐步演变为大、中、小城市、小城镇兼有的较为完善的结构；城镇职能由以行政、商贸为主体演变为以经济职能为主体的多样化结构；城镇空间分布趋于合理，初步形成"两线三片"的基本格局，奠定了进一步发展的基础。

（3）城市数量逐步增长，在社会经济发展中的中心作用日益突出。2004年底，全省共有城镇1048个，其中设市城市22个（包括县级市5个），县城56个，县属镇935个。城市个数由1952年的6个发展到2004年22个，新增16个；地级市非农业人口由1952年的63.2万人发展到2004年的740.32万人，年递增4.87%，超过城镇人口年均递增率1.32%；大中城市城镇人口占城镇人口总数的比重由 1952 年的 35% 上升到 2004 年 62%。城镇产出 GDP 比重不断增长，经济社会效益逐步提高，城市在社会经济发展中的中心作用日益突出。

(4) 县城稳步发展，县辖镇进入整合发展阶段。建国以来全省县城基本上是稳步发展，县（市）属镇则经历"二起三落"的发展历程：1949～1957 年繁荣兴旺，1958～1961 年第一次衰落；1962～1966 年短暂复苏，1967～1976 年第二次衰落；党的十一届三中全会以后第三次蓬勃发展。2000 年以后年进入整合发展阶段，更加注重城镇发展质量。

(5) 马芜铜城镇群已初现雏形。马芜铜地区是工业化和城镇化水平接近长三角经济区平均水平，2004 年马芜铜地区国内生产总值占全省比重 15.5%，已表现出较强的经济空间联系和增长趋势。

1.3 存在的主要问题

(1) 中心城市集聚辐射功能弱，难以担当区域发展的核心。城市是区域的核心，中心城市对区域的发展具有重要的意义。在我国经济较发达地区，均形成有一定规模，中心作用突出的大城市，如以上海为中心的长三角地区，以沈阳、大连为中心的辽宁中南部地区。从我省来看，人口 2005 年达 6516 万人，资源丰富，而省域的中心城市——合肥市区人口仅 163 万人左右，规模偏小，很难带动全省区域经济的发展。加上我省省域城镇体系结构不尽合理，缺乏特大城市，各区域中心城市在资本集聚、人口集聚、规模效应、辐射带动效应等方面没能发挥较强的带动作用，难以有效地推动区域经济的发展。

(2) 城镇化滞后于工业化。城镇化与工业化实践表明，通常在工业化阶段，人口城镇化水平超过工业化水平。利用工业化率与城镇化率之比（IU）来反映我省城镇化的进展情况，2005 年工业化率与城镇化率的比值 1.11，而根据钱纳里的"发展模型"总结的工业化与城镇化的关系，合理范围为 0.4～0.71，由此可见，安徽省的城镇化水平滞后于工业化水平。尽快改变城镇化滞后于工业化的局面，才能进一步适应并融入经济和社会进步的潮流，为经济持续快速健康发展提供强有力的空间依托，逐步缩小城乡差距。

（3）城镇规模小、数量多、用地不足，城镇化质量不高。全省现有935个建制镇，2014个集镇。数量不少，但规模小。除中心镇人口规模较大外，一般城镇普遍在5000人左右。城镇规模过小难以发挥集聚效益，文化、教育、医疗、卫生等城镇公共设施难以配置，城镇化质量不高。

（4）区域经济发展水平偏低，城镇建设投入严重不足。由于安徽省经济基础比较薄弱，加上连续多年遭受自然灾害，地方财政困难，城镇建设投入严重不足国家和省的一些优惠政策不能落实到位，一些本该返给城镇建设资金不能完全返还，如建设维护税以及一些地方的土地出让金和市场管理费均没有足额用于城镇建设。

（5）各城市亟待提高城市综合竞争力。《中国城市竞争力报告NO.2》对我国200个主要城市进行了竞争力排名。我省有15个城市进入到排名榜。受东部地区产业转移等因素的影响，我省芜湖、马鞍山、合肥等城市发展较快。其中，芜湖市已经成为我省最有竞争力的城市，跃升到31位，合肥市排名上升至38位，马鞍山列第52位。其他12座城市在排名榜上的名次是：铜陵（78位）、蚌埠（108位）、黄山（156位）、滁州（162位）、淮南（166位）、淮北（168位）、安庆（181位）、宿州（192位）、巢湖（194位）、宣城（195位）、亳州（198位）、池州（200位）。通过这份竞争力排行榜可以看出，尽管我省的合芜马三市已经处于起飞状态，但全省城市总体实力不容乐观。在前50强中，我省只有芜湖、合肥进入，而在后50名中，我省却集聚了10座城市，而且有5个城市位列倒数前10位。可见，城镇化步伐偏慢，城市规模以及城市发展速度等在全国尚处于后列。

1.4 经验总结

分析城镇化经历的过程，为我省未来的城市发展提供有益的借鉴。迈入21世纪，城镇化无论从它的发展思路和发展目标，还是从它的发展内涵和发展动力，都注入了与过去很不相同的新内容。

（1）加快城镇化，是解决农业、农民和农村问题的迫切需要。解决好"三农"问题，对我省经济和社会发展具有特殊重要的意义。"三农"问题的解决固然需要强化农业，加速农业结构调整和农业现代化，更需要通过加速工业化、城镇化来实现，使更多的农业劳动力转移出去，农业规模经营才能发展，农产品市场才能扩大，农产品商品率才能提高，农业产业化和结构调整才能获得城市在资金、技术、信息、人才等方面的有力支持。实践表明，围绕城市特别是大中城市发展城郊型农业，是促进农业现代化的重要途径。因此，从解决"三农"问题这一高度出发，积极地推进城镇化进程，是促进农村经济繁荣和社会稳定的迫切需要。

（2）加快城镇化，是适应新形势、把握发展主动权的必然选择。随着工业化进程和新技术革命的加快，随着社会主义市场经济体制的不断完善，随着国内经济融入国际经济趋势的加快，生产力布局更加追求集聚效益，人才、科技和管理在经济增长中的作用显著上升，服务业进入了大发展的阶段，大城市超前发展的趋势日益明显，城市特别是大城市正成为经济快速发展的主要支撑。适应这一变化，以现代经济的眼光审视城市特别是大城市的地位和作用。城市特别是大城市是先进生产力特别是科技人才的聚集地，是先进文化的创造和传播中心，是现代服务业发展的源头和载体，是最具成长性的消费和投资市场。只有加速培育具有综合优势的城市特别是大城市，才能有效地配置周边地区的生产要素，从沿海和境外引进更多的资金、技术，留住并吸引更多的人才，形成具有竞争力的企业和产业；才能把更多的产品打出去，开拓更大的国际国内市场；才能提供高效的科技、教育、信息和金融等服务，带动周边地区科技创新和产业升级；才能加速先进文化的传播，带动社会主义精神文明建设。离开了城市特别是大城市的快速发展，区域经济就失去了有力的牵引，参与国际国内竞争就失去了坚强的依托。只有加速培育壮大城市增长极，才能增强安徽省的综合竞争力。

（3）加快城镇化，是全面建设小康社会、加速社会主义现代化建设的重要途径。城镇化是农民向城镇迁移的过程，是城市文明扩散的过程，是人民生活水平提高的过程，这与全面建设小康社会本质上是一致的。我省全面建设小康社会的任务十分繁重，2005年，我省农村人口尚占64.5%，总数达4203万人，农村居民家庭人均纯收入仅2499元。我省多数城镇特别是小城镇基础设施和公共服务水平低，就业和创业空间狭小，居民生活质量不高。城镇化滞后，工业布局分散，还加大了资源和环境压力，影响到人民生活质量和可持续发展。全面建设小康社会，必须通过加速推进城镇化来解决这些问题。

2. 动力机制分析与发展水平预测

2.1 动力机制分析

（1）工业的发展是城镇化的根本动力。一般发展规律研究表明农业发展是城镇化的基础和重要前提条件，而工业化则是城镇化的根本动力。随着我国东部沿海地区工业结构升级和产业转移及工业强省战略的实施，我省工业化步入现代化阶段，第三产业开始崛起，逐渐替代工业成为大城市的后续动力，三大产业的协调发展所形成的合力，将推动城镇化的进程。

（2）城乡发展差距是城镇化发展的原生机制。安徽省的城乡间居民收入差距一直保持在较高的水平，城乡间的这种巨大差距形成了"引力"与"推力"，两者共同作用造成乡村人口不断地流向城镇，促进城镇化的发展。

（3）技术进步是城镇化的源动力。技术进步对社会生产力发展的影响深厚而久远，是城镇化发展的源动力。在当今世界，科技技术进步尤其是交通运输和通信技术的进步，对经济增长和城镇化的作用越来越显著。主要表现在以下几个方面：影响经济的空间转移和扩散；促进产业结构转换与演进；改变了劳动力就业结构；促进城市的经济增长。安徽省经济结构要逐渐现代化，要致力于提高各产业中的科技含量，促进工业企业及第三产业水平的提高，从而吸引更多的就业人口，促进城镇化水平的提高。

2.2 安徽省城镇化水平预测

（1）省域总人口预测。改革开放后，我省人口发展是渐进型，具有一定的规律性。假定在未来的时期内，社会经济发展将保持平稳发展态势，即省域人口增长也将保持平稳增长，由此利用趋势外推法对省域总人口进行预测。根据安徽省人口控制目标，以户籍人口进行预测，再以2000年的第五次人口普查数据进行修正。2010年全省常住总人口发展到6550万人左右，2020年控制在7100万人以内。

（2）城镇化水平预测。采用劳动力需求模型、乡村剩余劳动力转移模型、趋势外推法、目标法、城镇人口时间序列相关分析法、经济相关分析法6种方法进行预测，通过对各方案预测结果的对比分析，2010年、2020年全省建制镇及重点乡集镇以上城镇实际居住的人口分别达到2650万～2850万人、3550万～3900万人，占全省总人口的比重分别为40%～43%、50%～55%。

2.3 城镇化发展目标

（1）城镇化水平目标。到2010年末，全省总人口控制在6550万人左右，城镇化率42%以上；2020年末，全省总人口控制在7100万人以内，城镇化率50%～55%。

（2）城镇体系目标。到2020年，逐步建立以县城（含县级市）为纽带，中心建制镇为基础，规模等级有序、空间结构合理、功能优势互补、城乡协调发展的"两线三片多极"省域城镇体系。"两线"指沿江、合徐—合芜—芜宣高速公路城镇发展轴；"三片"指合肥城市群、沿江城市群、"两淮一蚌"城市群；"多极"指各地级市。

（3）城镇经济集聚目标。城镇经济实力明显增强，进一步发挥省会城市和区域中心城市的集散、辐射、管理、服务和创新等功能。到2020年，城镇居民人均可支配收入1.8万元，城镇居民的恩格尔系数为25%以上；城市要素集聚功能、生产功能、管理功能、服务功能和创新功能得到进一步强化。城镇人均住房面积30m^2以上，社会就业比较充分，城镇社会保障体系较为完善。

（4）城镇功能和管理目标。建立完备的交通、通信、供电、供水、供气、污染处理、防灾减灾等现代化城镇基础设施体系，增强城市功能，努力改善城镇居民生活质量。城镇管理体系不断完善，应用现代化管理手段，加强城镇社区管理；不断建立适应社会主义市场经济和经济全球化发展要求的法规体系和运行机制，努力促进城镇管理逐步走向法制化、信息化、科学化的轨道。

（5）实现人的全面发展目标。教育、科技、文卫、体育等社会发展主要指标达到同期全国平均水平；城镇居民的文化素质和文明程度明显提高，文明城镇创建全面步入良性循环；城镇普及高中阶段教育，高等教育毛入学率达30%；人人享有卫生保健服务。

（6）城镇化质量目标。

3. 城镇建设用地规模预测

3.1 城镇建设用地规模增长因素分析

城镇的用地规模是指到规划期末城镇建设用地总量的大小。在对城镇人口规模进行预测的基础上，按照国家的《城镇用地分类与城镇规划用地标准》和《镇规划标准》，科学确定人均城镇建设用地指标，计算出城镇用地总规模。城镇建设用地规模不仅受到经济发展水平、人口规模、建设用地总量、城郊发展等制约，还要受城镇所处的区位条件以及城镇的生态环境等因素制约。所以，城镇用地规模需要从城镇的综合效益出发来评价，综合考虑城镇的经济效益、社会效益和生态效益。

（1）城镇经济规模和发展水平是影响城镇用地规模的主要因素。在城镇增长的研究中，城镇经济规模和发展水平是影响城镇发展规模的主要因素，社会经济发展中，城镇占有及其重要的地位。根据《安徽省统计年鉴2004》统计，2003年底，仅占全国路域面积百分之0.67的城市建成区，却居住全省的26%的人口，并产出巨大的土地利用效益。省域单位土地工农业总产值28491元/公顷，而城市市区土地却达到202万元/公顷，是前者的71倍。为了全面实现小康社会的社会经济目标，坚持城镇化战略，引导人口向城市集中，扩大城市用地规模是十分重要的。

（2）城镇人口的增长对城市用地起着决定性的影响。随着城镇化水平的提高，城市人口规模逐渐扩大。全省城市化水平2010年要达到42%以上，城镇人口达2700万～2900万人左右；到2020年，全省城镇化水平达50%～55%。城镇人口达3550万～3900万人左右。人口进入城镇，一定的空间和土地是基本要求。

（3）自然环境也影响着城市的发展规模。城市的发展与自然环境的关系是十分密切的。随着城市的发展，不仅受到地形、气候、水文等环境因素的制约，而且城市也在改变着，并形成自身特点的自然环境。一是地质条件影响城市建设，突出表现在地貌、地面沉降上；二是地貌条件限制城市，对城市的发展方向、布局、运输线路以及功能分区都有影响；三是水的供应成为城市一个重要问题，水量供应不足往往成为城市发展的限制因素。

（4）城镇性质、地理位置等因素。城镇性质对一个城镇的发展与建设有深远影响。确定城镇性质是一项综合性较强的工作，必须分析研究城镇发展的历史条件、现状特点、生产部门构成、职工构成、城镇与周围地区的生产联系及其在地域分工中的地位等。城镇性质的作用主要有：1）为城镇总体规划提供科学依据，使城镇在区域范围内合理发展，真正发挥每个城镇的优势，扬长避短，协调发展；2）为确定城镇发展规模提供科学依据，城镇规模是否合理，主要表现在城镇职能作用是否得到充分发挥；3）可明确城镇内部及城镇所在区域内，重点发展项目及各部门间的比例关系；4）可合理利用土地资源，提高土地有效利用率。在城市建设用地时，要综合考虑城市的性质和职能，以及其所处的地理位置和自然环境，对重点发展城市采取倾斜政策。不搞一刀切。

3.2 城镇建设用地指标的选取

（1）人均建设用地标准的选择。城镇人均建设用地水平从整体上反映了城镇建设用地的使用情况：人均建设用地过大，往往造成土地资源的浪费及不合理开发；人均建设用地建设用地过小，城镇人口的密度过高，难以形成一个合理的城镇空间结构和较好的生活环境。因此，国家建设用地标准（GB/T127），根据现状人均建设用地的水平，分级提出规划建设用地的控制标准，其基准

水平为 $100m^2$/人。低于这一水平的城镇在规划、建没中应提高建设用地指标，高于这一水平的城镇在规划、建设中应适当降低。安徽省各城镇人均建设用地水平差异大，小城镇用地水平较高，多在 $100m^2$ 以上，而大城镇建设用地多在 $100m^2$ 以内，规划人均建设用地指标也不尽合理，这种情况难以指导城镇建设。因此，根据现状选择规划人均建设用地指标，控制引导建设用地的扩张相当重要。我省人口众多，适宜城镇建设用地的土地更少，参考国家人均城镇建设用地标准，结合现状，对人均建设用地标准进行控制与合理的压缩，节约土地，提高开发效益，对规模不同的城镇可适当提供一个弹性规划人均建设用地的标准，以适应各类型城镇的发展需要，从发展的角度来说，各城镇建设用地可以逐步向人均建设用地 $100m^2$ 水平引导。

3.3 全省城镇建设用地总量预测

加强对"城中村"的改造，积极盘活现有的闲置土地；制定城市近期建设规划，明确近期建设用地供应计划，处理好城市近期与远期发展的关系，防止城市无序扩展，做到合理用地和节约用地。确保全省城镇化与经济发展所需建设用地，妥善协调建设用地的供需矛盾，走"集约型"的土地利用模式。根据全省城镇化水平预测到2010年、2020年城镇实际居住人口分别达到2650万~2850万人、3550万~3900万人，占全省总人口的比重分别为40%~43%、50%~55%。到2010年、2020年全省城镇建设用地总量控制在 $3132km^2$、$4097km^2$。

4. 城镇建设用地利用策略

4.1 完善城乡空间规划体系

（1）加强不同层次区域城镇体系规划的编制。规划要从全局出发，按区域统筹、城乡统筹发展的原则，科学确定城镇化发展战略，确定区域基础设施和社会设施的空间布局，确定需要严格保护和控制开发的地区，明确控制的标准和措施，确定重点发展的城镇，提出保障规划实施的政策和措施。

（2）在城镇体系规划指导下编制城镇总体规划。一方面与省域城镇体系规划衔接；另一方面，必须符合所在区域的市（县）的城镇体系规划和重点地区的区域规划的规定。重点体现在：城镇总体规划中城镇的性质、规模、发展方向应符合所在区域和上层次区域城镇体系规划和区域规划确定的原则；涉及跨行政区域的基础设施建设的时序和标准应符合上层次城镇体系规划和区域规划的要求。

（3）控制性详细规划以及其他专项规划。"控规"主要是研究和确定城市地块的使用性质和使用强度。按法定程序批准后大家都应遵守，这样，城市规划的调控职能也就落实下来。各专门性规划必须以城镇体系规划为重要的依据之一，在城镇体系规划的基础上，重在编制区域绿地规划、区域供水规划、区域排水和污水处理规划、城市间轨道交通规划，突出体现维护城镇生态环境、公共空间和基础设施共享的原则，指导区域性基础设施项目建设。

4.2 健全城镇职能结构

（1）强化省域中心城市：合肥市。合肥市是安徽省省会，全国重要的科教基地，长三角城市群重要中心城市；全省高新技术产业、加工制造业基地和商贸、金融、信息中心。

（2）整合省域次中心：一是芜湖—马鞍山—铜陵—安庆城市群：整合四市的比较优势，充当沿江城市群乃至长江中下游地区的重工业和制造业基地、综合交通枢纽和物流中心。二是"两淮一蚌"城市群：全省重要加工基地，皖北地区的区域中心，国家重要的能源、基础原材料工业基地。

（3）优化区域中心城市。1）黄山市：风景旅游城市，皖南城镇群的中心城市，黄山风景名胜区国际性旅游和度假服务接待基地。2）阜阳市：国家重要的铁路交通枢纽，京九经济带重要工贸城市，安徽省农副产品加工业基地，皖西北地区主要商贸、金融和信息中心。3）滁州、宿州、六安、巢湖、池州、宣城市：所在市域（地区）的行政文化中心、工业基地和商贸中心，滁州、池州、宣城市兼具旅游职能，池州、宣城市是历史文化名城。4）亳州市：国家级历史文化名城，省际边境地区的商贸中心，皖西北地区次中心城市。

(4) 县域中心城市。1) 界首、天长、明光、桐城、宁国市所在市域行政文化中心、工业基地和商贸中心，桐城属于历史文化名城。2) 县城所在县的行政文化中心、工业基地和交通、商贸、金融、信息、科教中心，当涂、涡阳、蒙城、全椒、繁昌、庐江等县城具有较强的工业职能，寿县、歙县、凤阳、和县等县城属于历史文化名城，潜山、青阳、广德等县城属于风景旅游城市。

(5) 建制镇。全省有1150～1250座，所在镇（乡）域的商贸服务中心和乡镇工业基地，少数是旅游、工矿城镇。

4.3 优化城镇规模序列

要解决好我省城市经济与社会发展所面临的各种问题，首先应调整经济和社会资源的区位配置、功能分工与利用效率，推动城市发展的规模效应与功能建设，实现结构功能的持续优化，建立同区域经济社会发展和城镇化水平相适应的城镇规模序列。规划是建立在省域总人口规模与城镇化水平预测的基础上，结合"强化中心、重点开发、形成轴带、带动全省"的城镇发展总体战略，根据城镇现状、人口规模、发展潜力，和城镇总体规划人口规模预测值，在全省城镇化发展水平宏观控制下，对不同规模等级城镇的数量和规模进行分配。2010年，2020年全省建制镇及重点乡集镇以上城镇实际居住的人口分别达到2700万～2900万人、3550万～3900万人，占全省总人口的比重分别为40%～43%、50%～55%。根据五普调整城镇人口：非农业人口的比例为1:4，预测到2010年、2020年全省非农业人口分别达到1930万～2070万人、2535万～2785万人。根据人口梯度转移扩散原理，农村人口向城镇转移可能会有以下三种等级形式：首先是迁入市区，其次是迁入县城，再次是迁入邻近的建制镇。随着户籍制度的改革、跨行政区范围的迁移也将大量出现。据此预测地级市、县级市城镇人口增长速度将大于全省平均速度，县城基本持平或速度偏低，建制镇的人口规模增长较慢。

4.4 调整城镇地域空间组织

4.4.1 构成"两线三片多极"城镇总体格局。一是按照客观经济规律和自然规律,从有利于发挥区域优势、形成区域特色、保持经济功能区的相对完整性出发,打破行政区划界限和城乡体制分割,合理确定区域空间布局的地域范围和类型,促进要素自由流动,实现资源优化配置,提高区域经济整体竞争力。二是强化产业、城乡、生态的相互融合,通过对产业和人口集聚、基础设施网络、生态环境系统等的统筹,促进区域经济社会与人口、资源、环境的协调发展。三是处理好局部利益与全局利益、当前利益与长远利益、个体利益与公共利益的关系,注意各级各类规划的相互协调和衔接。依据上述原则,形成以沿江、合徐—合芜—芜宣高速公路为城镇发展轴,合肥城市群、沿江城市群、"两淮一蚌"城市群为城镇组合发展地区,各地级市为发展极核的"两线三片多极"联动发展的省域城镇空间结构。

4.4.2 城镇空间布局的引导。

(1) 强化两条城镇集聚带——"十字骨架"。一是皖江城镇发展轴,为省域东西发展主轴;二是合徐—合芜—芜宣高速公路城镇发展轴,由合徐高速公路—合巢芜高速公路和芜宣杭高速公路组成,为省域南北发展主轴。

(2) 培育"三片"城镇集聚区。一是合肥城市群。是未来安徽省城镇化的核心地域,将成为合肥市实现城市跨越发展、生产力布局调整、空间布局优化的主要空间。包括合肥市区、长丰县、肥东县、肥西县、六安市区、舒城县、寿县、巢湖市区、庐江县等3市6县的全部。发展定位为"长江三角洲城镇群组成部分、安徽省首位核心都市区、长江三角洲向西辐射的重要门户、以科教文化型为主要特点的城镇群"。二是沿江城市群。包括芜湖市、马鞍山市、铜陵市、池州市、安庆市、巢湖市所辖的和县、无为以及宣城市所辖的宣州区、宁国市、广德、郎溪等主要城市,是全省地区经济发展程度相对较高、联系紧密、城镇布局密集、区域综合交通联系便捷的城镇群,是我省率先融入长三角城镇群的地区。三是"两淮一蚌"城市群。包括蚌埠市区、淮南市区、凤阳(府城—临淮—门台)、怀远(城关—五岔)、凤台、寿县、宿州市、淮北市等主要城市组成的沿淮带状城市群,是皖北地区发展的核心地区。

（3）加强其他各地级市建设。皖北城镇发展极点城市：阜阳市、亳州市；皖中城镇发展极点城市：滁州市；皖南城镇发展极点城市：黄山市。

4.5 健全城乡规划实施管理

随着我国改革开放的不断深入，市场经济体制的逐步完善，城市规划对城市经济社会发展的综合调控作用日益发挥。与此同时，必须清醒地看到当前规划管理和执法中的众多问题。主要有：规划利益的整体性与开发商利益的局部性之间的矛盾；规划利益的长远性与政府任期政绩之间的矛盾；人们对规划工作的要求不断提高和规划执法任务日趋加重与规划执法力量不足之间的矛盾。改革城市规划实施管理体制是一个历史发展的必然过程。近年来，我省的城市建设得到了空前的发展，并逐步由以前的政府投资行为转变为市场调节为主的多元投资行为，城市的开发建设方式也从政府的包办包建转变为城市建设社会化、多元化和市场化。城市建设方式、投资主体和利益主体的多元化，带来了建设要求的多样化，也对规划工作和规划管理体制提出了新的挑战。可以说，在市场经济体制条件下，加强城市管理的关键，主要看能否按城市总体规划的宏观意图，对城市每片、每块土地的使用及其对城市总体环境景观的影响进行有效控制，以及引导房地产开发的健康发展。因此，规划实施管理体制的改革取向，就是要有效预防和克服违规行为，就是如何能彻底超越地方的短期行为和眼前利益，以及如何能有效摆脱和抵制不法利益主体的诱惑，把城市规划好、管理好。

4.6 加强规划实施过程的监督

强化规划对城镇建设的引导和调控作用，健全规划建设的监控管理制度，是促进城乡建设有序发展的重要举措。城市规划行政主管部门必须担负起监督、检查城镇规划执行情况的职责，尤其是对跨行政区域的规划和城镇相距较近、有可能产生矛盾的城镇规划，更要及时组织有关职能部门的专业技术人员和相关城镇的负责人进行协调与"把关"，对未取得"一书两证"而进行违法用地和违法建设，致使重大项目选址建设失误，造成严重后果的必须追究责任。通过监督管理逐步形成人人遵守规划，严格按规划建设的局面，为城乡规划的实施创造一个法制化的社会环境。

4.7 集约利用城镇土地

土地作为城镇建设的载体和基本条件，是社会经济发展中一个最为活跃的生产要素，土地供应与保障的状况，直接关系到城镇化建设与发展的空间，运用综合手段合理解决土地从哪里来，就成为城镇化进程中的关键环节。我国人多地少，耕地资源不足是城镇化进程中必须面对的基本国情，提高城镇化水平必须坚持土地集约利用，这是城镇化进程的现实选择。

（1）加强规划调控，统筹安排产业用地。建设项目的选址、布局应在符合土地利用总体规划的前提下，强化土地利用计划管理，科学引导项目建设。将土地集约利用与土地利用年度计划有机集合，强化工业项目用地报批管理，优先落实重大项目用地指标。对用地规模大的项目，实行一次性规划，分步实施，分期供地，高效利用土地。

（2）强化集约用地，提高土地利用率。推行土地集中利用，落实项目建设的各项措施，提高项目投资强度，适当提高新增工业项目投资建设强度标准。严格用地审核，建立由发改、规划建设、国土、外经等部门组成的项目用地会商工作小组，对项目用地的地价和面积等实行预审。积极鼓励和引导各镇、开发区、农村集体经济组织及社会资本按市有关规定建设标准厂房，引导中小企业使用标准厂房。

（3）盘活存量土地，实现资源充分利用。提高已批未用土地开工率，督促各类企业严格执行规定，在取得土地半年内开工建设。充分利用存量建设用地和闲置土地，搞好土地利用情况调查，及时掌握存量建设用地和闲置土地情况，合理安排使用。充分挖掘土地置换的政策空间，用好建设用地置换指标和土地整理折抵指标政策，缓解建设用地指标不足的矛盾。采取有效措施，坚决制止低价出让、暗箱操作等不规范行为，严禁擅自降低土地价格。

4.8 加强建设用地宏观调控制

（1）制定科学的土地利用规划和计划。首先，根据国民经济和社会发展规划国土整治和资源保护的要求，土地供给能力以及各项建设对土地的需求编制城市土地利用总体规划，保证城镇合理的建设用地规模和功能空间结构形态。其次，建立建设项目用地预审制度，本着科学集约合理高效的原则，合理规划配置建设用地。最后，严格控制土地使用权，依法处理好土地利用总体规划与城市规划的关系。

（2）加快制定科学的建设用地指标。抓紧项目建设用地指标制定和修改完善工作，优先开展城市基础设施项目、教育和公共文化体育卫生基础设施项目建设用地指标的编制工作，重点做好城市规划区范围内市政工程建设用地指标、城市和村镇建设用地指标的编制工作，尽快建立科学合理的用地指标框架体系。依据国家规定的建设用地指标编制和审批城市总体规划、村庄和集镇规划，合理确定城乡建设和用地规模、地价的具体措施，并为土地使用权人办理土地登记，保证土地的合法安全交易，防止土地的隐形交易，维持正常的市场秩序。

（3）建立和完善进城农民的社会保障制度。在社会从业人员中，非农业人口占有相当大的比例，逐渐将乡村中非农从业人员的土地经营权转让出来，农业土地规模在短期内会有一个非常大的扩大，若能如此，我省城乡人口结构和市场结构，特别是农产品市场结构将发生重大变化，农业生产的比较利益和农民收入将提高，农村经济社会的变革也将进一步加快。我省实施土地规模经营是有潜力的，但要将其变成现实，城乡社会保障制度的完善是关键。政府要有重点支持农村社会养老保险制度建设，为城镇化提供制度保障。

（4）依法监督和查处违法用地行为。各级城乡规划、建设行政主管部门要开展专项监督检查，重点查处未经审批乱圈地、突破国家用地指标和规划确定的用地规模使用土地、进行建设等问题。对建设单位、个人未取得建设用地规划许可证、建设工程规划许可证进行项目建设，擅自改变规划用地性质或扩大建设规模，违反法律规定和规划要求随意流转集体建设用地等行为，要依法给予处罚。

（5）建立行政过错纠正和行政责任追究制度。上级部门要加强对下级部门的监督检查。对于地方人民政府及有关行政主管部门违反规定调整规划，违反规划批准使用土地和项目建设，擅自在规划确定的建设用地范围以外批准、设立开发区，以及对违法用地不依法查处等行为，除应予以纠正外，还要按照干部管理权限和有关规定对直接责任人给予行政处分。对于造成严重损失和不良影响的，除追究直接责任人责任外，还应追究有关领导的责任。

作者简介：
  曹发义，安徽省建设厅城乡规划处处长，高级规划师
  刘复友，安徽省城乡规划设计研究院副总工程师
  汪树群，安徽省城乡规划研究院高级规划师

城镇群规划编制体系探讨

曹发义

摘 要：针对我国城市规划体系目前的发展阶段及存在的问题，尤其是存在的编制系列不完善，提出我国城市规划编制体系框架设想，结合目前国内正在兴起的城镇群规划，提出城镇群规划编制框架，同时就城镇群规划的实施管理提出建议。

关键词：城市规划 规划编制城镇群 实施管理

改革开放以来，如何适应社会主义市场经济体制，城市规划体系的改革进行了大量的探索，其中最具有革命性的是控制性详细规划和区域城镇体系规划的初步形成。近几年，深圳、广州、南京等地进行了包括法定图则、概念规划等新的规划方法的尝试。广东、江苏、浙江、山东、安徽等省组织编制城镇密集地区城镇协调发展规划，以充分发挥城市规划对重大基础设施布局的综合指导功能、资源保护和利用的统筹功能、对城市间竞争合作的协调功能。这些尝试一方面说明我国城市规划在迅速迈进，越来越得到业内人士的共识。同时也说明城市规划的改革在向针对性、可操作性、法定性方向发展。

1990年《中华人民共和国城市规划法》的颁布实施，初步确立了城市规划的法制框架。经过15年的发展，尤其是社会主义市场经济体制不断完善，城市规划法的科学性、针对性、可操作性等方面存在的问题亟待调整、修改，以适应我国社会经济新形势的要求。建设部1991年《城市规划编制办法》及1995年《城市规划编制办法实施细则》的出台，确立了我国城市空间规划体系的结构框架，为我国城市规划的编制、审批、实施管理奠定了法制基础。但我国空间规划体系中存在许多不完善之处，是以目标干预为主的缺少弹性的规划，尚处于物质建设规划阶段。

回顾改革开放20余年来，与国际城市规划体系发展历史相比较，从中吸取经验和教训，寻求与社会主义市场经济体制相适应的城市规划体系。城市规划的发展依靠城市规划体系的完善，包括从法律、技术到行政手段等一系列内容的科学化、系统化、完善化。城市规划体系由法规体系、编制体系、管理体系三部分组成，法规体系是基础，编制体系是依据，管理体系是手段，目的是通过依法编制、实施城市规划，促进人口、经济、资源、环境协调可持续发展。本文在探讨有关城市规划编制体系内容的基础上，重点对城镇群规划编制体系、实施管理提出若干思考。

在城市规划编制体系中，基于城市问题的解决、区域经济复兴、区域基础设施共建共享、环境共保、资源合理配置和利用，作为城镇群规划及其空间范围的各种研究如火如荼，近几年开展的广州市概念规划、合肥城市空间发展战略规划、江苏省三大都市圈规划、安徽省三大城镇群规划、京津冀城乡空间发展规划、珠三角城镇协调发展规划等均属于城镇群规划的尝试。

1. 我国城市规划编制体系的分析及实践

1.1 现状及问题

我国现行的城市规划体系包括城市规划法规体系、城市规划编制体系、城市规划管理体系三方面内容。目前，我国城市规划体系尚处于初级阶段，正面临经济体制由计划经济向市场经济体制、经营方式由粗放型向集约型转变的两大挑战，以及我国加入WTO之后，来自国际方面的各种压力和挑战。从整体上来说，我国城市规划体系包括理论体系、技术体系和实践体系等均存在亟待解决的问题。首先，从理论体系来说，基础理论缺乏，而应用理论未得到充分的发展。由于我国和西方在政治、经济体制及文化背景方面有所不同，所以不能照搬照抄西方国家的模式，而应建立有中国特色的城市规划体系的模式。其次，在技术体系方面，缺乏系统性的技术规范；规划编制系列不完整，且无从参照；规划的法定内容与规划管理的衔接不够，难以适应市场经济下城市规划管理的要求等。再次，从实践体系来说，城市规划的法律、法规不健全，现有的法律法规基本上是计划经济下的产物，面对市场经济下出现的新情况、新问题，其可操作性不强；地方性法规或者不完善，或者与国家有关规定相矛盾；规划管理方面尤其是"一书两证"管理依据、程序有待规范，以适应投资体制改革和行政审批制度改革的需要。

2. 现行城市规划编制体系的反思

2.1 区域规划

新中国成立以来，开展过四次重要的区域规划工作：一是20世纪50年代末期，按前苏联模式，以资源开发和大型工业项目区域规划为主，在部分城市和省区开展。二是20世纪60年代，大规模的全国性各行政系统的农业区划。三是20世纪80年代中期开始的，学习西方50～60年代的模式，从全国到各省市（个别到县）的国土规划。当时的国土规划虽提出国土整治问题，但仍以资源开发、生产力与城镇布局为中心，与西方的平衡区域生产力和城市发展的规划有所不同。四是20世纪90年代初中期，全国各省（区）开展的省域城镇体系规划。重点是研究城镇发展战略，明确省域城镇等级规模，职能结构、空间结构，提出基础设施建设要求。目前，我国尚未形成法定化、规范化的区域性综合协调的空间规划系列。中国面临着经济全球化和加入WTO的新形势，城市之间的竞争不再仅仅表现为单个城市间的竞争，越来越表现为以核心城市为中心的区域整体间的竞争，以大城市为核心的城市群已成为具有全球化意义的城市。其次，城市进入快速发展阶段，面临经济发展上工业化与后工业化双重压力，日益突出的环境问题以及资源短缺、就业压力等，快速城市化阶段城乡发展出现的新旧矛盾的交错，城市产业同构、低水平的重复建设和恶性竞争，客观上需要开展区域空间规划，研究区域经济发展模式和城市空间组合形式，发挥区域规模经济和设施完备的优势，提升区域综合竞争力。

2.2 总体规划

城市总体规划是对城市地域内的各类资源，特别是对城市地域内的空间资源进行的整体配置和综合协调。我国的城市总体规划是在20世纪50~60年代，全面学习苏联时期引进的，经历了近半个世纪的发展，经历了艰苦的探索，在理论和实践上取得了长足的进步。1989年12月国家《城市规划法》、1991年建设部《城市规划编制办法》以及相关的规范陆续出台，为城市规划工作的健康发展提供了法定依据和技术规范。20世纪80年至今，全国各地已经按照5年一修编的周期，进行了三轮城市总体规划编制或修编工作。第一轮，20世纪80年代的城市总体规划是以城市建设为特征，重点是弥补基础设施建设欠账，保障了随之而来的改革开放、大规模的城市发展的基本有序进行。第二轮，20世纪90年代的城市总体规划是以城市的协调发展为特征。规划既要保证经济发展的需要，同时又要考虑资源、环境和可持续发展等问题。第三轮：2000年以来的城市总体规划是以贯彻落实"五个统筹"科学发展观，充分体现总体规划的战略性、前瞻性、综合性，做好城乡统筹区域协调发展、市域空间利用总体规划与空间分区管治、城市综合交通与重要基础设施规划布局、城市发展与项目建设时序的安排。城市总体规划在不同经济发展阶段所表现出来的不同特点，一方面说明城市规划的编制内容有着深刻的时代特征，另一方面说明我国的城市规划事业渐趋成熟。但是城市总体规划作为承上启下的一个规划环节，其上面的规划层次（包括国土规划和区域规划）没有明确的法律地位，表现为我国空间规划系列不完善，直接导致城市总体规划的编制缺乏上一层次的依据，而又与下一层次规划缺乏良好的衔接。

为加强城市总体规划的宏观依据，在《城市规划编制方法》中，加入了城市所在区域城镇体系规划的要求，并于1994年8月出台了《城镇体系规划编制审批办法》。近年来，国家为强化土地管理、保护和节约土地资源的需要，接连出台了若干个重要文件，均涉及到总体规划与国土规划相协调的问题。一是国发［1996］18号文："城市总体规划应与土地利用总体规划等相协调，切实保护和节约土地资源。"二是国发［1997］11号文："城市建设总体规划要与土地利用总体规划相协调，用地规模不得突破土地利用总体规划。"三是国发［2004］28号文："切实做好土地利用总体规划与城乡规划的相互衔接。"由此可见，国家对于城市总体规划和国土规划工作均高度重视。但是，二者在技术上存在一定的分歧，如在规划范围、规划期限、用地指标控制以及用地分类等方面，均存在不完全可比的问题；同时在某些原则性问题上也存在分歧。城市总体规划是对影响城市发展的重大问题如人口、资源、环境等进行专题研究，在此基础上，科学确定城市性质、规模、发展方向和空间布局，统筹安排城市各项建设用地，合理配置城市各项基础设施。因此，新时期的总体规划是指导城市建设发展的公共政策，而不再是单纯的建设项目规划。

2.3 近期建设规划

随着城市总体规划由过去的规模规划向战略规划、政策规划、控制规划转变，其内涵发生了较大变化。目前的总体规划更加注重对城市发展的长远战略目标的研究，注重对城乡、区域协调发展途径的研究，注重对城市总体框架和功能的控制，注重研究城市可持续发展的问题，突出规划强制性内容的规定，充分体现规划的公共政策属性。在此背景下，近期建设规划亦发生较大变化，由过去城市总体规划的附属品转向实施城市总体规划的必要步骤，统筹安排城市近期建设项目的规模和时序。针对近期建设规划地位和作用的转变，国务院《关于加强城乡规划监督管理的通知》，从端正城市建设指导思想，切实加强城乡规划调控作用的高度，强调了近期建设规划的重要性。随后建设部等9部委将做好近期建设规划工作，作为贯彻落实国务院通知的重要内容，明确要求各级城市人民政府抓紧编制城市近期建设规划。

3. 城市规划编制体系框架的设想

城市规划编制体系框架的建构和完善，应为城镇的发展提供长远性、前瞻性、全局性的战略目标和蓝图，同时还应从城市规划实施管理角度出发，为城市的宏观总体控制和常规性管理提供法定依据。规划必须具备原则指导下的应变能力，以适应市场经济下的应对性。对于不同区位、不同资源禀赋、不同规模、不同职能、不同类别、不同发展阶段的城市能够区别对待。为此，城市规划编制体系可以分为战略规划、规划编制和图则制定3大部分。战略规划可分为经济社会发展战略规划、城镇空间发展战略规划、区域城镇协调发展战略规划等，为法定规划提供前瞻性、战略性思路和支撑。规划编制应该分法定系列和非法定系列；图则制定可以分法定图则和工作图则。规划编制是图则制定的依据，是图则的政策、技术支撑；图则是规划的法律表现形式，是规划意图的法律化，为城市规划的实施管理提供直接依据。

3.1 规划编制

规划的编制以实现城市规划的公共政策属性，满足规划实施管理的需要，科学指导城市建设，促进城乡、区域协调发展为宗旨。试图把所有实际需要的各种类型的规划包含在一个系列里，是不可能的，也是没有必要的。因此，应该将整个规划编制系列分为规划编制法定系列和非法定系列。法定系列指各类城镇一般均需编制的规划，这些规划上下层次互相衔接，是一个有机的整体，是城镇实施规划管理的法定依据。非法定系列是整个规划编制体系不可缺少的组成部分，但这些规划之间并不一定存在有机的联系。按其深度而言，同一个规划，可能既有属于总体规划层次的内容，也有属于详细规划层次的内容。对于它们的类别、任务、内容和深度等不宜做统一规定，应按城镇实际需要编制，为法定规划的编制提供支撑。

3.1.1 法定系列

包括区域空间规划、总体规划、近期建设规划、分区规划、控制规划、详细规划等7层层次。从规划的地域范围讲，区域空间规划是市（县）域或者跨行政区的；总体规划、近期建设规划和控制规划是城镇的；分区规划是城市片区性的；详细规划是地段性的。从规划的作用角度讲，区域空间规划是战略性的空间结构规划，以发挥上级政府的监督职能；总体规划是城市功能控制性的用地布局空间结构规划；近期建设规划、分区规划、控制规划和详细规划是实施城市总体规划的发展建设规划，是对总体规划的深化、细化和落实。

3.1.2 非法定系列

非法定系列的规划可以是多种多样的,有按专业编制的,有按地区编制的,还有按有效期限编制的,不必强求统一。但这些规划,可根据各个城镇的特点和不同时期的需要而编制,例如城市空间发展战略规划、项目选址规划、各种专业规划、各类特定地区的规划、重要地区的城市设计等。

3.2 图则制定

规划管理要做到依法行政,真正能够直接起到管理依据和作用的,主要是近期建设规划、控制规划和详细规划。战略规划和总体规划是宏观层次的规划,是城市发展的长远目标和整体构想,起原则指导和调控作用。近期建设规划是总体规划实施的阶段性具体安排,具体指导城市土地有序利用和项目的科学建设;控制规划和详细规划是总体规划和分区规划的深化,是总体规划意图的具体体现,应该在规划实施中起直接的控制作用。为了做到这一点,必须使近期建设规划、控制规划和详细规划法制化,赋予它们"有国家强制力作保障"的法律特征。但由于规划管理面对的是极其复杂且不断变化的城市,规划必须既有原则的刚性,又有灵活的弹性。也就是使近期建设规划和控制规划的成果成为法定条文和图则,使详细规划成为工作图则,它们具有不同的审批程序,不同的法律地位,不同的法律效力,起不同的作用。

3.2.1 法定图则

法定图则是在控制规划基础上,根据有关法规制定的,是控制规划的法律表现形式。法定图则是规划管理的基本依据,实施规划意图的主要手段。控制规划由于其图纸、文字繁多,其图纸和解释性说明并不能直接成为法定图则,只宜作为技术文件,成为法定图则的说明和技术支撑。法定图则应由有关的地方法规规定其法律地位、作用和审批、修改等程序,确保其法律效力的严肃性和权威性。同时制定其实施细则,规定法定图则的土地分类、建筑物分组及其适宜建设的兼容性,以及土地使用强度和建筑形态要求等。法定图则是规划编制、规划立法和规划实施管理三者的结合。

3.2.2 工作图则

工作图则是规划管理部门日常进行规划实施管理的工作依据，是对法定图则的补充。工作图则就是经过规定程序审批的详细规划的图纸和文本。工作图则更详细地对用地性质做出安排，规定应该建什么；更具体地规定地块的开发强度和控制指标；更详细地规定建筑物与周边的关系；更具体地提出建筑形态的要求等。工作图则的土地分类可以是"国标"的小类。工作图则是城市规划实施管理导则。用法定图则把必须管的管住，而工作图则是在遵守法定图则的前提下，给行政管理以适当的灵活性，既便于操作，也可通过行政管理弥补法定图则之不足。

4. 城镇群规划编制框架研究

4.1 城镇群空间内涵

我国的城镇群主要有两种典型形式：一是以长江三角洲、珠江三角洲和环渤海地区的都市圈为代表，由自上而下的城市扩散和自下而上的农村城市化两种力量结合而形成；二是以大城市地区为代表，特别是核心城市非农业人口超过100万的城市地区，聚集和扩散两种过程均十分明显，城市边缘组团和卫星城发育明显，城市周边地区与城市核心地区之间联系紧密，城乡一体化程度深。

4.1.1 城镇群的空间界定

城镇群是由中心城市和外围非农化水平较高，与中心城市存在着密切社会经济联系的临接地区两部分组成。中心城市的确定，首先需划分出城市实体地域，凡城市实体地域内非农业人口在20万以上可视为中心城市。对于建成区面积占市区面积10%以上的城市，将包围中心城市的县级行政单元作为中心县，视其为城镇群的组成部分。

4.1.2 城镇群的功能整合

城镇群是由强大的中心城市及其周围邻近城镇与地域共同组成的高联系强度的一体化地域，但是并非有了强大的中心城市就能构建成功的城镇群。以中心城市为核心组织起来的协调分工是城镇群整体优势确立与和谐运作的基础。在日常城镇群范围内，重点是围绕中心城市的日常生活、生产与环境职能构筑一个完整的城市功能体。在城镇群范围内，建立相对独立的产业体系是实现城镇群的战略核心。城镇群既可视作城镇群体空间的基本经济地域单元，也可视作一个基本的生态单元，其在更高层次与更大的范围内还必须与其他城镇群实现进一步整合。城镇群在区域城镇群体空间中的整合是一个复杂的过程，在此过程中会表现出更多的网络状发展关系，从而形成一个更大的城镇紧密联系空间。若干个城镇群间类似作用的结果就是大都市连绵带的生成与生长。

4.2 我省城镇群规划实践

城镇密集地区城镇协调发展规划的制定，目前在我国刚刚起步。我省城市规划实践方面，1996年编制了《安徽省城镇体系规划》，首次提出"二线三片"的城镇空间布局形式，从理论、法定两方面明确了我省三大城镇群概念。近年来，城镇群规划在规划界出现的频率越来越高。我省皖中地区、皖江地区、京沪铁路安徽沿线地区，是全省城镇化发展较快且极具发展潜力的地区。2000年，按照省域城镇体系规划确定的"二线三片"空间总体布局，省建设厅组织开展了这三个地区的城镇群布局规划研究工作，从战略层面明确区域城镇布局规划的强制性内容，指导三个地区优化城镇空间布局和区域基础设施建设，协调城乡建设，促进区域城乡协调发展。2003年在三大城镇群空间布局战略规划指导下，开展编制马芜铜城市群规划。通过规划编制和实施，实现区域整体利益和长远利益最优，推进跨省域基础设施共建共享、资源有效配置和利用、人居环境共保、社会经济协调发展，率先实现全面建设小康社会的目标。经过近年的探讨和发展，我省以大中城市为核心的城镇群实际已经或正在形成中，其推动力主要来自：中心城市的迅速扩张、开发区的建设、郊区化的作用、乡镇企业的发展、政府的城乡一体化政策和城市市场体系的建设等。其中前三种力量主要来自城市，第四种力量来自乡村，第五、六种力量把自上和自下的力量联系起来，这与西方城镇群的形成机制有所区别。城镇群的日渐形成，迫切需要科学的规划引导其健康发展，成为区域经济发展的增长极。

4.3 城镇群规划编制框架

城镇群规划是在城市规划编制体系框架基础之上建立的，但又区别于城市规划编制体系框架，因为城镇群地域范围有其特殊性，也有其规划的特殊性。其规划的主要目的是解决如何更好地发展城市，从社会经济联系紧密的区域角度解决城市问题。城镇群规划编制框架由结构性的政策规划和发展性的开发规划二级结构组成，与城市规划编制体系结构框架中的规划编制法定系列相对应。而城市规划编制体系结构框架中的非法定系列可根据城镇群发展的具体情况作专题研究。从整体上来说，政策规划指导发展规划，是发展规划编制的依据。政策规划和开发规划又分别由政策规划（开发规划）、分区规划、专项规划、重点地段规划组成。4个层次组成政策规划是一种结构性规划，主要确定宏观区域发展政策，包括区域经济发展战略、产业发展政策、人口就业政策、社会服务发展政策、生态环境与自然保护政策、人文与历史保护政策等。开发规划包括4个内容与政策规划相对应，并分别以对应的政策规划为依据，同时以开发规划的上一层次为依据。就城市规划编制来说，政策规划（开发规划）、分区规划和专项规划涉及区域规划、战略规划、总体规划3个规划层次；专项规划和重点地段规划涉及总体规划、分区规划、控制规划3个规划层次。

5. 城镇群规划实施管理

5.1 跨行政区规划的组织管理问题

跨行政区的区域规划，客观上存在一个如何统一规划、统一管理以及统一实施的问题。能否有效地解决跨行政区区域规划的组织管理问题，也是影响此类规划实施效果的重要因素。在国外，解决这种跨行政区规划的组织管理问题的普遍做法是建立相应的跨区管理机构，如"区域建设委员会"、"城市联合委员会"等。借鉴国外成功的经验，建立跨行政区管理机构很有必要。关于跨行政区区域规划的组织管理，还有一个重要问题，就是必须加强法制化建设。迄今为止，我国跨行政区域规划的法制化建设仍十分落后。国外的成功经验表明，成功的区域规划尤其是跨行政区规划的实施与管理，都是通过立法，具有严格的法制基础。区域规划作为对未来时空范围内经济、社会、人口、空间、资源、环境等方面发展协调的总体战略，它不仅是一项技术过程，而且是一项政治过程，是一种政策行为和社会行为。

5.2 行政区体制改革设想

在我国，不合理的政区体制也是造成区际利益冲突的重要因素。1980年代以来，在全国普遍推行"市带县"体制。"市带县"体制的本意是以中心城市为依托组建各种等级、各种类型的城市经济区。由于在现有的体制背景下，市带县体制就其本质上讲，还是地方政权的一种存在方式，是城市行政区而非经济区。在实行市带县的地区，原来没有上下级行政隶属关系的市县，现在却有了明确的等级关系，故不可避免地产生一系列市县利益冲突。从开展跨行政区区域规划的角度看，要彻底解决这类地区的利益冲突问题，除了有关方面的改革外，还必须配合着行政区体制改革。1990年代，我国特大城市行政区划开始作出调整，由于我国法律规定直辖市下不能设市，所以只得采用改县为区的方法。"撤县改区"模式逐渐在全国特大城市中推行开来。但是"撤县改区"模式存在许多弊端，一是造成城市持续向外蔓延，耕地资源大面积锐减；二是混淆了不同类型的行政区，出现假性城市化现象；三是撤县改区有可能对原县的社会经济发展产生负面影响。因此，"撤县改区"模式尚有待完善。

5.3 加快区域基础设施共建步伐

提升城镇群的综合竞争力，首先是加快区域性基础设施共建步伐，它是城镇群协调发展不可或缺的物质前提。建设过程中，一是区域性的基础设施建设必须在城镇群规划和区域性专项规划指导下进行；二是创新机制，解决好区域基础设施建设资金；三是建立专门的区域性基础设施建设发展基金，成立具有经济调控能力和投资管理能力的协调机构，提高建设资金利用率。

作者简介： 安徽省建设厅城乡规划处处长，高级规划师

论中小城市和小城镇协调发展观

刘贵利

摘 要：中小城市和小城镇在我国数量众多，是我国城镇体系的基础，起着举足轻重的作用，但相互之间割据，联系不紧密，各自发展，缺乏协调，本文在发展目标、用地空间和城镇职能等方面提出协调发展观，并相应提出协调规划体系和实施建议。

关键词：中小城市　小城镇　协调发展

作为我国最普遍的城市形式，中小城市是我国城市体系的中坚，根据我国2003年统计年鉴资料，我国中小城市551座，占城市总量的83.5%[1]。截至2003年底，全国共有建制镇和集镇4.2万多个，其中建制镇2万多个，县城以外的小城镇镇区总人口约1.91亿[2]。中小城市和小城镇是城镇体系中相邻的两个层次，由于其庞大数量以及在发展农村经济、吸纳农业人口、推进城镇化等方面的强劲作用，中小城市和小城镇之间关系十分紧密。

1. 中小城市和小城镇概况

各级城市在普遍获得发展的同时，中小城市的发展速度快于大城市，从1980年到2002年，大城市从45个增加到108个，增长1.4倍；中等城市从70个增加到226个，增长2.23倍；小城市从108个增加到323个，增长1.99倍。从1980年到1998年，中小城市的发展速度高于1998年到2002年，这与全国的城市发展政策密切相关（图1）。

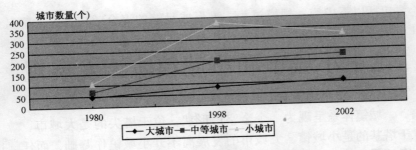

图1 城市规模及其数量变化简史

1.1 中小城市概况

在全国城镇体系中含五个等级：（1）全国性并兼有国际意义的中心城市，如北京、上海等；（2）跨省区的中心城市，如广州、重庆、武汉、西安等；（3）省域中心城市，一般为省、自治区首府城市，也包括个别省内的其他重要城市，如山东的青岛市、福建的厦门市；（4）地区的中心城市，一般为地级市，是省（自治区）域内的地方经济中心；（5）县域中心城市，主要是县级市和县城。中小城市群体基本集中在第四和第五等级中。我国中小城市面临的问题很多，主要包括："小马拉大车"现象普遍存在；注重短期效益的发展模式；建设管理不一致，规划落实存在偏差；就业门槛低，城乡差别小。

尽管中小城市的基础设施、环境设施还参差不齐，总体水平也不高，但在中国城镇化发展全局中占有十分重要的战略地位，是拉动国民经济发展的"增长点"，产业体系化的实验地。

1.2 小城镇概况

在全国城镇体系中小城镇编布各个等级中，围绕着不同类型的中心城市表现出多样化的特征。从1979年至2000年，建制镇增长了近9倍。小城镇发展快，主要得益于经济发展快。特别是农村乡镇企业的异军突起，有力地推动了小城镇的发展。同时，也与行政体制调整有关。这些年，全国各地乡改镇的力度明显比过去加大了。但小城镇的规模依然普遍比较小。在新增加的建制镇中，包括农村居民，三万人以上的不足一千个。小城镇的现状问题主要包括以下内容：规模过小，难形成足够的聚合效应，大大降低市政等公共资源的共享性；设镇标准难适应现实条件；布局过散和重复建设问题严重；小城镇管理体制和管理手段落后，整体形象与城市形成较大反差。

1.3 中小城市与小城镇关系分析

城镇体系呈现为一个金字塔形状，位于塔尖的是大城市，位于塔基的是小城镇。大城市的发展离不开小城镇作基础，而任何大城市都起始于小城镇。优先发展大城市本身就包含着要充分发挥小城镇的作用。尤其是随着现代交通和通讯的飞速发展，大城市和中小城市、小城镇在边域界线上已变得越来越难以划分。如今在美国等发达国家，主导城市化发展趋势已从大城市上升为大城市和中小城市的共同演化物——大都市区。而所谓大都市区实际上是一种城市和小城镇的集合体。一个大都市区往往由几十个或上百个大大小小的城市和小城镇组成。这些大大小小的城市和小城镇互不隶属，都有自己独立的政权机构。在那里，小城镇和大中城市既是分离的，又是有机融合的，形成了一种全新的城镇化推进形式。因此，中小城市和小城镇并非天壤之别。

（1）经济上的差别不大。目前，在我国东部，小城镇每平方米住房建设价格一般在500~600元以下，而小城市房价一般要比小城镇高1倍以上，中等城市要高2~3倍以上。

（2）都是城镇化进程中的主力。随着城镇化的推进，我国的大城市以及中小城市的数目会不断增加，不过人口的数量在一个时期内也会不断增加（根据专家预测，我国人口净增长将延续到2030年，届时人口总量将达到16亿人）。我国的人口基数实在太大了，分流城镇化过程中新增加的城镇人口，如果大都流向城市，城市也一定承受不了。小城镇的作用是断然不能忽视的。在相当长一个时期内，小城镇对分流人口将会起到很大的作用。

（3）对农业发展的促进是相互的。中国是个大国，农业基础必须加强。从发达国家的情况看，今后农业的发展将会越来越多地仰赖于中小城市特别是小城镇的发展。因为它们与农村有着更为紧密的联系。现在在美国，农业人口约占3%，而直接或间接为农业服务的人口却占到22%，其中后一部分人口基本上都居住在紧邻农村的各个小城镇或中小城市。不少中小城市和小城镇已经成为美国为农业服务的重要基地，没有它们作支撑，美国农业不可能有那么高的效率。从这个意义上讲，小城镇与农村的接触面比较广泛，涉及农村生产和生活的全部，而中小城市对于农业产业化的促进高于与农村生活上的交流。

2. 中小城市和小城镇协调发展规划

作为城镇化的一种重要形式，小城镇一头连着城市，一头牵着农村。小城镇发展具有双重的历史任务。一方面是为了推动农村生产要素的聚集，另一方面是为了有效传递城市的辐射力，并由此实现农村和城市的有机连接，进而带动和促进整个农村的发展，逐步消除长期存在的城乡二元分割，加快国家的现代化。小城镇要完成这双重任务，必须具备一定规模，还有资源禀赋、交通条件、产业结构等。而中小城市相对小城镇来说是具有一定发育程度的结果，各项设施分配不均衡，甚至许多方面并未脱离小城镇的特征。因此，中小城市和小城镇之间无形中存在争夺资源和空间的恶性竞争，从而极大降低了区域竞争力，为改善这种形式，从互惠互利，互为支撑角度强化双方的合作关系，以相互协调的全新发展模式指导协调发展规划，主要集中在发展目标、用地空间和城镇职能分工上的协调。

2.1 发展目标协调

中国城市化应坚持大中小城市和小城镇协调发展，走中国特色的城镇化道路。中小城市和小城镇的活力与大城市的发展是在互动中推进的，它们之间有着深刻的内在联系和科学的比例关系。是否按照客观规律行事，将直接影响到城市化进程和生产力提高。中小城市和小城镇的发展必须按照客观规律进行。对我国许多农村人口来说，选择进入小城镇，所受制约的不仅仅是城市空间能否容纳得下的问题，更多的还是经济问题，是一种直接经济水平的现实选择。因为与各类城市相比，小城镇的进入成本要低得多。大城市就更高了。2001年，我国农村居民人均纯收入2366元。以这样的收入水平，许多农村人口要想在大城市长期定居下来是很困难的，而选择进入小城镇似乎现实些，也容易些。鉴于我国大量农业剩余人口亟待转移的需要，以制造业吸纳农业剩余人口，提高人口素质，在有条件的地区形成城市群体，并在城市化的基础上大幅度提高生产力水平，是发展中小城市和小城镇的主要目标。通过发展中小城市和小城镇推进城市化进程，成为我国城市化道路的重要组成部分。

2.2 用地空间协调

中小城市吸纳劳动力有其特有的优势：（1）有利于农民就近转入城市。（2）小城市的制造业一般集中于某一产品的生产领域。这种对象专业化形式有利于专项技术提高和特种工艺传播，能极大地提高劳动生产率，降低产品成本，使就业扩大。（3）小城市基础设施比较单一，社会投入相应较少，因此土地价格能维持较低的水平，减小了农民进城的门槛。（4）农民进入附近的中小城市，往往还能维系原有的社会关系，这种社会联系有助于他们相互扶持，传授经验，保持信誉。

中小城市的发展还为大城市的发展奠定了基础。中小城市单一的专业化形式，薄弱的基础设施，欠缺的集聚和辐射能力，客观上要求专业多样化配套和工业体系协调，需要完善的基础设施和多种功能的影响，也离不开金融、保险、信息、高等教育体系和高新技术研究开发等特殊功能领域的支持。这种客观上的需要是大城市产生的重要条件。中小城市不仅为大城市的产生准备了经济上的需要，同时也为大城市的发展输送拥有一定文化基础的人口，因为中小城市本身具有一定的教育能力。

但是，中小城市和小城镇不合理的布局和过度发展也会扰乱科学的城市体系，并带来一系列问题。我国农村面临巨大的人口压力，人口高压下造成的盲目性很容易排斥经济规律。由于工业化是转移农村人口的快捷途径，相应的城市往往会受农村人口布局的影响而分散兴起。过度分散建城破坏资源、环境，过小的规模和孤立运作又为持续发展设置了障碍。发展中小城市和小城镇是城市化的重要组成部分，这些城镇肩负着大量农业剩余人口非农化就业和提高人口素质的重要任务。应该清醒地认识到这一任务是极为艰巨的,并且需要持续相当的时间。完成这一重任取决于城市的活力和吸纳人口的能力以及城市科学的布局和结构。只有按照客观规律发展城市,才能使每一个城市拥有自己的特长,并在相互补偿中使这种特长成为城市群体综合能力的组成部分。中心城市把这种能力集聚起来,又把它辐射给每一个中小城市,进而传递给小城镇。大城市群则是这种发展的必然,大城市群的强大影响力能激活更偏远的中小城市。

2.3 城镇职能分工协调

中国城市化同时肩负着辅助农业生产方式转变,构筑以城市为依托的先进生产力双重任务。由于城市化关系到可持续发展战略的实现;强化农村教育,提高人口素质,又是城市化的前提。因此,中国城市化应从强化中小城市和小城镇的活力,构筑大城市群的集聚和辐射能力两个方面同时推进。应注重大城市群的龙头作用,以便较快地形成先进生产力,通过多功能辐射增进中小城镇活力。

建立特殊的教育保障,确保进城青年文化素质的提高。城市化是中国人口素质提高的重要契机,城市化又把高素质的人才聚合在一块,形成特殊的创新能力。人口素质提高和城市化的相互促进,能够尽快地摆脱落后生产方式的束缚,实现以科技创新推进社会经济发展的战略目标。

在这两者的结合关系中,中小城市的发展是大城市群崛起的前提,因此,必须注重搞好科学合理的城镇布局,加强小城市的人力资本投资,使之成为人才交流和人口转移的中介。大城市群是城市化的龙头,有多功能的辐射、影响和带动能力,并可以通过中型城市,延续和传递这种"能力",从而确保小城市的活力。

3. 协调规划体系及规划实施建议

3.1 协调规划体系的建立

协调规划体系包括城镇群城镇体系规划和城镇群支撑体系规划两大类。

(1) 城镇群城镇体系规划。城镇群城镇体系规划的结构框架可分为三个层次，第一层次：以实力最强的城市为区域辐射核心；第二层次：以区域内中小城市为副中心城市；第三层次：以第二层面的中小城市为核心，向第三层面辐射，以外围小城镇为承接辐射和转化吸收的最终节点。

结合区域经济结构的合理规划，统筹兼顾，确定每个层次的产业结构、支柱产业和优势产业的潜力。通过资源挖潜，产业综合分配，服从市场经济规律，杜绝中小城市和小城镇间的恶性循环，因地制宜开发利用各项资源，提升区域经济发展水平，架构完整合理的城镇群体系，形成具有综合效应、经济互补、协调发展的城镇群规模效应。

(2) 城镇群支撑体系规划。城镇群体系的动脉就是交通网络。交通体系、等级、设施等直接影响城镇群体系的整体或局部运行效率。而整个城镇群城镇体系的支撑体系是逐步建设城市化的市政配套设施，包括供水、供电、信息网络等，逐步形成完整的、现代化的城镇群体系。

3.2 规划实施建议

3.2.1 建立管理机构或协调机构

目前，实用的方法主要有三种：一是派出协调机构或分支机构，配备专门人员，详细界定事权范围。二是建立联席会议机制，将一定经济区域内各个中小城市和小城镇的第一负责人吸纳为委员，定期召开会议，提出区域协调论题，并报上级政府裁定或审核。三是建立董事会会议机制，企业化管理，就区域内环境、空间、资源、基础设施等一系列问题统一讨论，并采取听证会方式做出最后决议。

3.2.2 形成监督机制

中小城市大部分都是经济基础相对薄弱、财力不足，在制定城市发展规划或建设规划时，发展经济的要求迫切，因此，总是在如何发展经济和建设现代化城市上做文章，而忽视了环境保护规划的必要性和迫切性。实际上完全可以利用环境规划来控制和限制城市发展新产生的环境问题和解决已有的环境问题。而小城镇的发展受区域核心城市的影响较大，产业转型时间短，但环境基础设施滞后，凝聚力较差，因此在发展和建设规划中必须建议环境保护监督机制，针对环境问题解决的途径和能力，与城镇发展，建设规划配套实施。

3.2.3 规定协调方式

在具体进行小城镇规划布局时，一定要注意突出以市场为主配置资源的原则。要坚持以主要城市为中心，以主要交通干线作轴线，根据物流、信息流和人口的流动方向，合理进行规划布点，以使大中小城市和小城镇之间、小城镇自身之间，最终形成强有力的互动式经济和社会网络。

必须坚持经济建设、城乡建设、环境建设同步规划，同步实施，同步发展的原则。从可持续发展的角度，编制好城市环境规划，避免出现"工业集中、人口集中、污染集中"等问题。在编制规划过程中，首先要进行区域环境影响评价，摸清环境"家底"，明确当地的环境承载能力。当然环境规划要同城市发展、建设规划等相衔接，充分考虑道路、排水、环保等公用设施的建设，同时要有具体的工程项目支撑。

3.2.4 政策支撑

两者的协调必须认真研究制定有关的加快发展的政策和措施，依靠政府的政策引导和推动作用加快城市化进程。例如：投资、人才、环境等各类政策的相互借鉴都有助于中小城市和小城镇的联动效益。

参 考 文 献

1. 刘贵利等，2005年，中小城市总体规划解析，南京，东南大学出版社。
2. 建设部，《新华每日电讯》，2004年7月9日。

作者简介：中国城市规划设计研究院，高级规划师

（该文在合肥市举办的中国城市规划学会小城镇规划学术年会上交流）

强化集聚、组合发展
——安徽省城镇区域空间发展战略探讨

刘复友　汪树群

摘　要： 目前我省正处于城市化加速发展的时期。本文从区域角度出发，跳出行政区域的框框，从城市带、城市圈以至更大的区域范围来整合全省城镇的发展空间，对全省城镇空间发展战略进行探讨，以期建立良好的区域协调与合作机制。

关键词： 区域协调　空间组织　战略城镇群都市圈

我国经济正在从行政经济走向区域经济，而且，这种势头随着社会主义市场经济体制的完善还会更为明显。因此，必须以区域协调的思维来规划未来城市的发展。目前，阻碍城市发展的许多问题，如交通拥堵、产业结构不合理等，它们产生的主要原因，都是在做空间布局规划时没有树立"区域"的理念。安徽省城镇空间发展战略必须从全省人口集聚、发展效率、工业化水平、信息化程度、服务业成长、现代化进程、经济全球化、城镇化支付成本等方面的要求以及国土利用效率的要求来统筹考虑，要着眼于打破地区行政分割，发挥各自优势，统筹重大基础设施、生产力布局和生态环境建设，提高区域的整体竞争能力。

1. 新时期区域城镇空间组织规划的理念

1.1　区域协调与整合的理念

区域城镇空间组织的核心任务是搞好区域空间的综合协调，包括与经济社会发展有关的城乡建设、各类开发区建设和基础设施建设的空间布局协调，以及开发建设布局与国土资源开发利用和生态环境保护整治的协调，还包括不同行政区域之间及区域内城镇之间和城乡之间的相互协调。在进行城市空间结构划分时，最重要的原则是空间均衡和协调，即让人口、生态、经济这三个最基本的要素在城镇空间布局上实现协调和均衡。

1.2 城乡统筹发展理念

新的城乡关系——"城乡统筹发展"作为区域整体协调发展的目标的理念正日益被广泛接受。它是指城市与乡村作为一个统一的整体，通过要素的自由流动和人为协调，达到经济一体化和空间融合的系统功能最优的状态。城乡系统资源配置合理，是共享现代文明的"自然——空间——人类"系统。在当前阶段，缩小城乡差距，协调和统筹城乡发展是区域城镇空间规划的主要任务。

1.3 "以人为本"和可持续发展理念

"以人为本"的理念，就要求规划从人的尺度、人的需要、人的情感和人的知觉以及人与人之间相互作用过程等方面出发，编制出真正符合人类需求的，能达到"富民"目的的合理规划。同时，区域城镇空间规划最要紧的是必须立足可持续发展的可能性和必要性，针对区域的固有特点制定区域发展目标，并对自然环境加以重视，注重生态、社会、经济和文化的可持续发展。

1.4 集约发展理念

所谓城镇化的"集约发展"是指以科学的发展观为新指导，按照"五个统筹"的要求，立足于国情、省情、市情、县情，优化城镇化发展模式，着重提高城镇化的质量和效率，走出一条布局合理、资源节约、功能完善、个性突出、环境优美、城镇竞争力不断增强的城镇化发展之路。

1.5 适应社会主义市场经济体制的理念

明确"效益优先、政府导向、市场推进"的规划原则。"效益优先"指集聚效益、生态效益和整体效益优先，在推进城市化的进程中，注意发展成本和创造效益的关系。"政府导向"指要尊重市场的规律和作用，逐步减少政府对经济发展的主观运作和不良干预，同时加强政府在基础设施和公共设施、生态要求和产业、土地等相关配套政策等方面的导向作用。"市场推进"就是创造有利于要素自主流动的环境，让市场力量成为社会经济和城市化发展的主体。

2. 省域城镇空间发展的现状特点及问题分析

2.1 从城镇化发展阶段来看

2003年，安徽城镇化率达到32%，对照世界发展模型，可以看出，目前全省刚迈入城镇化第二阶段的前期（城镇化率超过30%）。

2.2 从城镇规模等级和竞争力对比分析来看

2003年底，安徽省城镇按规模等级来划分，大致形成了金字塔式的等级序列，城镇体系的规模结构较为合理。但与发达省份的城市横向对比，安徽省城市整体规模偏小、城市化水平相对较低，城市综合竞争力不强；缺乏具有跨省域影响的大城市，未形成在国内有较强竞争力的城市群。省域中心城市对全省发展的带动和辐射作用有限。因此，增强省域中心城市的辐射力，组合城镇发展，提高城镇区域综合竞争力显得十分迫切。

2.3 从城镇职能分工特点来看

现在全省主要城镇的职能分工比较清晰，职能组合各具特色。本省城镇职能分工比较明确，基本上建立在全省国土资源合理开发利用基础上，整体看来，综合经济中心的职能普遍不强，特别是缺少能带动全省的、强大的经济中心城市；工矿城市结构比较单一，对周围地区经济带动作用比较薄弱。

2.4 从城镇空间分布特点来看

单极中心打破，城镇密集发展区初见雏形，"二线三片"空间布局形态进一步完善。"二线"，即皖江城镇带和京沪铁路城镇带；"三片"，即皖中城镇群、皖西北城镇群、黄山旅游城镇群。马芜铜城镇群、合肥都市圈、蚌（埠）淮（南）等城镇密集区初见雏形。

2.5 从全省城镇化水平的地域分布和发展模式来看

全省城镇化水平波动较大，发展很不平衡，地域差异明显。主要表现为：城镇化水平呈现较明显的东高西低的差异；马芜铜地区是本省城镇化水平较高区域；以阜阳、亳州市为重点的皖西北城镇群城镇化水平较低。城镇化质量不高，转变城镇化发展模式，实行集约发展是提高城镇效益，改变我省城镇面貌的要求。实行集约发展是我省城镇化进入新阶段的必然要求。

2.6 从城市管理机制来看

城市管理取得较好成绩，编制了部分城镇协调规划，成立了安徽省城镇化领导小组，但区域城镇协调机制不健全，区域城镇规划管理体制不适应城镇发展需要，区域城镇发展宏观调控急需由虚调控型向以空间管制为手段的实调控型。区域空间调控以空间资源配置为重点，划定各种用途管制区域，并制定相应的空间使用要求。

3. 区域城镇总体功能定位

安徽省属华东地区，东邻江苏、浙江，北接山东，是中国经济最具发展活力的长江三角洲的腹地，是承接沿海发达地区经济辐射和产业转移的前沿地带，具有独特的承东启西、连南接北的区位优势，具有广阔的发展前景。

从大区域角度分析安徽省城镇发展条件与优势，将安徽省城镇总体功能定位为华东地区重要的能源、原材料、农产品供应基地；东部地区产业梯度西移的"首选地"和"中转站"；中国重要的加工制造业基地和风景旅游基地；长三角都市连绵区的重要组成部分。

4. 省域城镇空间布局方案

安徽省城镇区域空间组织，应符合以下原则：一是要有利于区域整体发展的原则。按照客观经济规律和自然规律，从有利于发挥区域优势、形成区域特色、保持经济功能区的相对完整性出发，合理确定区域空间布局的地域范围和类型，打破行政区划界限和城乡体制分割，促进要素自由流动，实现资源优化配置，共同提高区域经济整体竞争力。二是要有利于区域协调发展的原则。强化产业、城乡、生态的相互融合，通过对产业和人口集聚、基础设施网络、生态环境系统等的统筹，促进区域经济社会与人口、资源、环境的协调发展。三是要有利于区域有序发展的原则。着重处理好局部利益与全局利益、当前利益与长远利益、个体利益与公共利益的关系。注意各级各类规划的相互协调和衔接。

依据上述原则，对全省城镇空间发展战略提出三个发展方案。

4.1 方案一："双核两线三片"

形成以合肥和芜湖—马鞍山共同体为"双子型"核心，皖江和京沪铁路为主要发展轴，其他省辖市为骨干，县城（含县级市）为纽带的"双核两线三片"省域城镇空间布局形态。

"双核"是指省会城市合肥、芜湖—马鞍山共同体，努力将"双核"发展成为省域中心城市，建设成为能够带动全省经济社会加速发展的增长极核。

"两线"是以芜湖、马鞍山、宣城、铜陵、池州、安庆等市为重点的皖江城镇带和以蚌埠、淮北、宿州、淮南、滁州等市为重点，以京沪铁路和合徐高速公路为依托的京沪铁路城镇带。

"三片"是以合肥市为中心，六安、巢湖为次中心的皖中城镇群、以阜阳、亳州市为重点的皖西北城镇群和以黄山屯溪区为中心的皖南旅游城镇群。

4.2 方案二："一圈两带一轴"

"一圈"指以合肥为核心，包括巢湖等市在内的环巢湖经济圈；"两带"包括马鞍山、芜湖、铜陵、池州、安庆的沿江城市经济带和以蚌埠、淮南为核心、阜阳为次中心的沿淮城市经济带；"一轴"指将淮北—宿州—蚌埠—淮南—合肥—巢湖—芜湖—宣城—黄山一线建成经济及人口密集的南北主轴，将一圈两带串联起来，从而使沿江城市带、沿淮城市带和环巢湖经济圈组成既竞争又联合，协同发展的经济整体。

4.3 方案三："一圈、两群、多极"

规划形成以省会合肥为中心、四条拓展轴形成"一圈、两群、多极"联动发展的省域城镇空间发展模式。

"一圈"指合肥都市圈。包括合肥市区、长丰县、肥东县、肥西县、六安市区、舒城县、寿县、巢湖市区、庐江县等3市6县的全部。

两群：马芜铜城镇群和蚌淮城镇群。

马芜铜城镇群包括芜湖市区、马鞍山市区、铜陵市区、无为、芜湖、枞阳、当涂、繁昌、南陵、铜陵、和县等主要城市。蚌淮城镇群包括蚌埠市区、淮南市区、凤阳（府城—临淮—门台）、怀远（城关—五岔）、凤台、寿县等主要城市组成的沿淮带状城市群。

多极：指各地级市。皖北城镇发展极点城市：阜阳市、亳州市、淮北市；皖中城镇发展极点城市：六安市、巢湖市、滁州市；皖江城镇发展极点城市：池州市、安庆市、宣城市；皖南城镇发展极点城市：黄山市。

四轴：二条主轴、二条副轴。二条主轴：东西发展轴——皖江城镇发展轴，南北发展轴——合徐高速公路—合巢芜高速—皖赣铁路组成的城镇发展轴；二条副轴：312国道，蚌宁高速公路—淮阜高速—阜亳高速。

根据比较分析，笔者认为方案三更符合安徽省省情和发展需要，针对方案三提出"六大"城镇区域空间推进策略。

空间推进总策略为"强化一圈"、两群先行、多极联动、四轴牵动、五片拓展。

策略一：强化核心，打造区域增长极。

进一步强化合肥市作为省域核心城市的作用，培育合肥市都市圈，做美做优做特合肥市，提升核心城市的辐射带动能力，打造区域核心增长极。

策略二：组合发展，培育区域城镇群。

积极寻求城市群组成，组合发展参与区域竞争，强化相互间经济联系、生产协作和科技文化的交流，发展跨地区的区域性基础设施，加强专业合作和地域分工，使城镇群内各城市发展具有鲜明的特色，并得到整体发展与繁荣。

马芜铜城镇群发展以率先融入长三角为契机，打造与长三角配套、协调、错位竞争的产业体系，城市之间实现区域一体化，统一安排重要基础设施建设和产业空间布局。

蚌淮城镇群发展注重与南京都市圈、徐州经济圈的协调发展，组合发展,打造皖北地区的核心增长极,拉动皖北地区经济腾飞,注重沿淮地带的发展和保护。

策略三:多极联动,完善辐射网络。

积极培育并形成城镇网络,重点发展省域核心城市和区域极点城市,区域城镇现状发展采用非均衡发展战略,有选择的培养、提升区域极点城市,加强产业极化,完善服务功能,与省域核心城市共同带动省域社会经济发展。

策略四:带动纵深,强化城镇发展轴。

省域城镇在相当长的时间内,仍应将长三角发达地区作为主要经济联系方向,积极加入区域的分工合作,强化省域城镇与长三角地区的联系通道建设,对主要分布于东部产业功能拓展带上、人口、产业较为密集的重要城镇和地区,应通过一定的政策倾斜,进一步提高发展建设质量和辐射带动能力,促进省域城镇与相关联系区域的资源整合和产业合作,依托四条城镇发展轴带动区域城镇发展。

策略五:五片拓展,分区发展引导。

省域城镇发展地域差异明显,不同区域城镇发展条件和模式的侧重点有所不同。皖北区积极培育区域性增长极核,重点建设蚌淮城镇群。皖中城镇区重点加强合肥经济圈建设;皖江城镇带优先发展马芜铜城镇群,率先融入长三角;皖西、皖南城镇区主要加强片区中心城市的建设,培育增长极。皖西、皖北、皖南城镇群重点强调"点"的聚集,以"据点式"发展模式为主,皖江城镇片区以"网络式"发展模式为主,重点强调重要发展极核和重要发展轴线。五个片区在经济上要加强彼此协作,又要加强自身的协调发展。

策略六:完善设施,健全服务。

打破地域界限,统筹规划,建设大型基础设施和公共服务设施,并实现和完善其跨地区服务的功能。要面向未来、合理布局、扬长避短、完善系统,全面提高城镇综合服务功能和人居环境质量。

5. 区域空间布局的实现途径

区域空间布局规划要切实做好并真正发挥作用,必须有相应的途径措施来保障。

5.1 健全区域城镇协调机构

建议省政府设立"城镇协调规划管理办公室"这一实体性执行机构，与省城镇化工作领导小组合署办公，具体负责全省的城镇协调发展规划管理工作，受省政府直接领导，业务上可由省建设厅、省发展改革委员会指导。由安徽省人民代表大会制定并颁布省域城镇体系规划、各城镇群（带）协调发展规划的条例。

5.2 建立和完善区域城镇协调机制

逐步制定省域城镇体系、城镇群（带）、都市圈、都市区等的产业、土地、人口、环境、投融资等方面的区域性政策；充分发挥市场机制的作用，在地方与地方之间建立基础设施的共建共享机制；充分发挥规划手段的作用，认真做好各层次的城镇体系规划和城镇密集区的专项规划。

5.3 推行区域城镇共同制度

制定产业、土地、人口、环境、投融资等方面区域共同遵守的制度，建立跨区域协调用地的新机制，实施环境保护考核制度，建立区域交通设施建设和管理一体化制度，为生产要素在区域内的自由流动与合理配置提供制度保障。

5.4 对省域城镇发展空间进行分区管治

为了实现对省域不同地区发展分类指导，实现分类、分级、分区、分时序的区域空间管治目标，根据省域经济、社会、生态环境与产业等的发展背景，以及省域城镇空间发展战略和规划建设要求，将省域内深刻影响全省长远发展大局的战略性资源和战略性地区以及全部开发建设用地，划分为不同类政策分区，并提出不同的引导和控制要求。

作者简介：
  刘复友，安徽省城乡规划设计研究院副总工程师
  汪树群，安徽省城乡规划设计研究院高级规划师

三、城乡规划管理

论合肥滨湖新区规划建设思路

吴存荣

摘 要：作者作为市长，从中国城市化的趋势，省会城市的职责，合肥城市空间的拓展对合肥滨湖新区的规划建设提出新的思路，具有科学和现实的意义。

关键词：合肥 滨湖新区 规划建设思路

1. 中国城市化的趋势

我们国家的经济增长速度一直在持续增长，城市化的进程也是加速的提高，世界上还没有这样的先例，形成城市大规模的扩展，或者说农村富余的劳力急剧的向城市转移。城市现有的产业、工业人员比重，主体也是农民，特别是科学发展观概念的提出以后，逐步消除城乡二元结构，城乡统筹的发展思路使城市和农村人口户籍概念越来越淡化了。比如说，合肥户籍已经做了很多方面的改进，和上海、北京是两个概念，城市人口增长速度很快。到2005年年底，合肥已经达到230万人，城市化率达到50%。根据安徽省的统计，城市化进程平均每年是1%，全国城市化也是平均每年1.2%的速度增长。这就意味着每年有很多农民进城。所以，全国许多城市都在急剧扩展，而且扩展的速度远远超过我们原来规划的设想。这对省会城市来讲，扩展速度更快。20年前，合肥也就50万～60万人口，而现在是20年前4倍。这种速度，如果不能把握好形势，引导城市发展，提供相应的应对措施的话，会给我们的经济发展、社会发展带来很大的影响。城市规划应把社会经济发展规律掌握好，趋势把握好。合肥市根据中国城市化发展的速度趋势，到 2010 年将达到 300 万人的城市规模。

2. 安徽的经济发展在全国的定位和合肥作为省会城市的职责

安徽省的经济发展水平在全国排序的情况，从 1950 年到 2005 年，一直就在十四、十五这个位置上面。但是，安徽省有 6000 多万人口，经济增长处于中等经济水平，成为我国正在发展中的地区，压力是比较大的。因为，安徽紧靠我国经济最发达的长三角地区。为什么安徽省靠长三角这么近，而经济发展差距这么大，虽然有政策上、地理位置上的环境因素影响，但更重要的是缺少省域中心城市的带动，这是一个关键的弱点。从经济发展的角度来讲，没有大城市的带动，没有大城市的经济效益，就不可能调动广大农村的经济发展，不可能留得住人才，积蓄住信息，不可能建立交通枢纽。作为安徽省省会的合肥市市长，有责任把合肥市做大一点、做强一点，发挥好合肥市在安徽省的牵头带动作用。特别是在国家"十一五"发展规划中，明确提出发展城市群和发挥中心城市的带动作用。为中国特定的加快城市化和经济发展提出明确的概念。合肥作为一个省会城市，应该是安徽全省的交通中心、经济中心、文化中心、科教中心。如何把省会合肥做得精一点、强一点，好一点，上水平，就必须要有一个高水平的规划和拓展新的城市空间。优先发展省会城市，首先要发挥产业的优势，把产业做大，以第二产业支撑着城市的发展，支撑第三产业的发展。把合肥建成全省的政治文化中心、全国的科研教育和加工制造业的基地，高新技术产业基地，走集约化经营的路子。发挥科教的优势，通过技术创新，消耗比较少的资源，获取比较高的增长速度，实现城市跨越式的发展。

3. 合肥城市空间的拓展

合肥城市的发展，从地理环境分析，矛盾很多，北面是两大水库，水源保护地。东面是肥东县城，老城区和肥东县连接上了，往西南方向是肥西县城，和合肥市也靠在一起了。再往西边是大蜀山，大蜀山再往西边是六安市。合肥现有的地域空间是比较小的，下一步的城市空间往哪发展，作为从未来城市"141"用地组团的规划结构考虑，滨湖新区成为滨临全国五大淡水湖的巢湖地域空间拓展出来，地理区位是流经合肥老城区的南淝河下游通往巢湖，而老城区向南距离巢湖岸边只有十几公里，现有一个骆岗机场，过去因为机场在那里，不好发展，现在要搬迁，带来合肥滨临巢湖发展滨湖新区的机遇。

合肥城市发展到现阶段时，问题比较多，这不能怪规划水平不高，也不能怪某一个领导或某一个部门的指导思想不够明确。因为，我们在实践每一个阶段制定规划的时候，对未来发展趋势把握不住，对城市发展规划没有做到系统的分析。应该说城市规划了之后又发展了城市现状，包括上海、北京，都是这样的，城市总体规划批下来以后，已经落后于形势的需要。尽管我们一再讲，规划20年不落后，30年不落后，实际上批下来没多久就需要修改调整，这是客观现实。为什么会出现这个情况，就是我们规划和经济发展趋势的脱节。我们国家发展趋势是史无前例的，是没有人能预测到的，以致于像现在的北京、上海，以及绝大多数的大城市交通问题解决不了。交通问题成为大城市发展的难题。所以，必须提出交通优先。同时，城市分区控制规划较弱，城市功能、定位、标准却是开始时的标准。而国家对外开放有个过程，以致合肥从50万人口规模到100万、200万人的规模所表现的城市形态完全不一样，公共事业服务设施配套问题在建成区暴露出来，停车场不够、管网不配套、雨污不分流、教育、医疗卫生过于集中，所有就业单位都挤在几个平方公里的老城区内，以致人居环境质量较差，成为合肥存在问题的共性。现在合肥作为300万人口规模的城市规划，就要提高城市人居环境。合肥搞建成区危旧房改造，代价很高。引发出城市新区的建设。合肥城市的发展使合肥城市空间进一步得到拓展，加快改善城市人居环境的品质。

4. 城市规划的理念应明确对城市功能的定位

合肥改造老城区和发展新城区，有个城市功能定位理念问题。如果城市功能定位准确的话，概念性规划就不会出大的问题。过去，合肥是中等城市，所有规划的参照系数都是按中等城市功能定位的，现在，合肥从100万人过渡到200万人甚至300万人、400万人口规模的特大城市，应更加重视城市功能的定位。安徽省到2010年以后，可能接近7000万人口，如果合肥未来占安徽省总人口的5%测算，就有350万人进入合肥城区，就要按特大城市建设用地标准的参数规划合肥这个特大城市，我们将滨湖新区作为未来合肥城市拓展空间的重要组成部分，意味着合肥从内陆城市转变为滨湖城市的规划理念，城市的功能定位将该按照特大城市的框架和经济社会科学和文化的发展条件来确定。

5. 滨湖新区规划建设是个长期的过程

客观上讲，现有骆岗机场搬迁需要三年的时间。我们现在只能做好滨湖新区的规划，把190km² 范围内的每个分区规划都做好。现在要求做的是概念性的规划。因为，对合肥未来的十到十五年城市发展到底怎么样，还只能是科学预测。如何做到城市规划20年不落后，就需要提出城市的概念性规划，具体做法上应该是先造环境，先修道路。要体现合肥未来的城市建设特点，就要坚持以人为本的规划理念，创建国家生态园林城市，充分体现人与自然的和谐，这是作为人的本能所决定的。生命来源于水，生命繁衍孕育水，而人类是从森林中繁衍过来的。因此，滨水和绿色概念是个很重要的城市规划理念。合肥，在巢湖边建设滨湖新区，规划建设是个长期的过程，我们要按照滨水和绿色的概念先做生态湿地公园，按照原生态的概念去规划，合理利用湖里的淤泥，恢复滨湖的植被，保护湖里的芦苇、水生植物。逐步建成人们喜爱的湿地公园，对湖滨的保护也是有好处的。我们先做滨湖新区的环境，然后把道路修通。体现道路通达性，使所有的老城区和新区之间有机衔接。在新区建设的政府投入方面，应该研究新区的产业构成，包含政务和会展、旅游、休闲、度假，还要发展一些高水平的特种教育，建立研发的咨询机构、创业产业机构、金融机构等，以及无污染的高新技术企业。同时，重视农村居民总的复建规划，不要把老百姓赶走，使当地居民成为新区社会构成的一部分，充实补充服务业、种植业、旅游业、加工制造业等基本产业群体。政府投入要解决道路交通设施和公共配套设施，对整个土地市场进行调控。在规划上，体现对老城区的限制开发，把土地资源分配的重点投向新城区，使政府起到调控作用，体现经营城市的核心是经营环境，政府鼓励房地产开发商到新城区去，在三五年内起到导向性作用。

6. 巢湖污染的综合治理

目前，在合肥地段的巢湖污染问题是比较严重的，这有个基本形态，就是过去的工业污水进去以后，导致生物链中断，蓝藻大量繁殖。湖泊治污是世界难题，绝对不是十年、八年就能够治好的。对巢湖污染的综合治理，第一步使湖水变清。水质符合国家规定的标准需要有个相当长历史过程。根据我们国家现有的财力和技术水平来讲，湖泊治理不仅是技术上的难题，实际上经济也有问题。目前来讲，巢湖治污有一个和其他湖泊不太一样的两条有利因素，第一个是它的污染主要是合肥市排出的。合肥市到今年年底，所有的污水处理厂开工建设，6个污水处理厂全部建成投入使用，污水处理能力将达到95%，在全国可能是很先进的了，但管网配套在3~5年内的排污能力只能达到85%左右。所以，要把工业废水和生活污水控制住。第二步是解决农业污染问题，积极推广生物农药，在化肥使用量上加以科学指导。在湖周边、地洼地带开辟湿地，租地绿化。让雨水进湖之前就可以过滤、沉淀，促使巢湖周边生物的恢复。就是进一步采取水体交换工程，在巢湖周边建两个大型水库，调节湖水量，水体交换量大约占40%。同时，发挥巢湖、滨湖通江的作用，使巢湖两条支流直接通达长江。巢湖治污是治本的重点，换水，江湖沟通、水体交换是治标的办法，治本和治标的措施统一起来做，就会加速巢湖治污的进度。尽管如此，就滨湖新区规划建设而言，一定要把环湖周边作为公共场所让出来，把沿湖周边开辟成公园，公共活动场所，成为大家共享的场所，而不是作为某一个企业、某一个单位独享的地方。在规划方面也设定了一个条件，就是将来修一条环湖路，环湖路到湖滨之间可能全是公共场所，人可以去看，去玩，但你不要到那个地方去住。这样才能使合肥滨湖新区规划建设成为滨水宜人的共享环境空间。

作者简介: 合肥市人民政府市长,高级工程师

(根据2006年4月12日中国(合肥)滨湖新区国际论坛演讲稿改编)

论合肥城乡规划的效能建设

王爱华

摘　要：作者作为合肥市规划局主要负责人，在合肥城乡规划效能建设活动中带领全体员工，身体力行地开展效能革命，探索出一整套行之有效的城乡规划效能建设的经验，为全国同类城市的城乡规划效能建设起到创新和示范作用。

关键词：合肥　城乡规划　效能建设

2005年9月，建设部和监察部联合发出"关于开展城乡规划效能监察的通知"，决定在全国范围开展城乡规划效能监察，深入贯彻中共中央和国务院强调依法行政、加强城乡规划监察管理的精神。2006年3月，合肥市响应党中央和国务院的号召，确立今年为合肥市机关效能建设年，把安徽省委、省政府关于加强效能建设决定作为全市当前的首要任务，围绕促进合肥又快又好的发展，认真抓好效能建设的每一个环节，城乡规划的效能建设是合肥市效能建设的一个重要环节。

开展城乡规划效能建设活动，是贯彻科学发展观，提高行政执法能力和施政水平的必然要求，是深化城乡规划管理体制改革，加快推进行政管理部门职能转变的重要措施，也是实现城乡规划跨越式发展的重要保证，作为合肥市开展城乡规划的效能建设是有其深远意义的。

1. 效能建设应和城市的发展和公众的意愿相结合

合肥城市规划建设正处在"大发展、大建设、大环境"的关键时期，应该把城乡规划的效能建设和城市可持续发展的趋势紧密结合起来，围绕加快城市的发展抓效能建设，使城乡规划建设工作落在实处。近两年，合肥明确"工业立市"，加大招商引资力度，以提高城市的综合经济实力。作为城乡规划的行政主管部门，就要和土地、经济等部门紧密配合，支持县、区和各开发区、工业园区项目的签约和建设，高效率地做好引进项目的规划选址、规划方案、工程项目的审批落实。所以，城乡规划的效能建设就是要服务于合肥的城市发展，满足城市市民和投资者的需要。衡量效能建设的标准就是如何促进城市又快又好的发展，要以城市规划的实绩来检验效能建设的成效。

合肥是我国中部的省会城市之一。由于历史的原因，合肥从建国初期破旧的小城市，成为全国重要的科研教研基地。今天的合肥与过去相比，社会经济发展迅速，城市面貌焕然一新。但与周边省会城市相比，在经济实力上与发达地区有较大差距，这是客观现实、不容回避。我们应面对省会城市经济上的差距，但在效率上不能有落差。合肥城市要加快发展，奋力崛起，在效能建设上应与发达地区实现"等高对接"甚至做得更加完善，更加优化。要以效能建设促进合肥城市发展，实现在我国中部地区的崛起。

2. 效能建设必须大力推进城乡规划体制机制的创新

作为合肥城乡规划的行政主管部门，必须在"效能建设年"的活动中，敢试敢闯，敢为人先，加快转变行政职能的转变。要务求在简政放权上，在发挥市场经济效益的基础性作用上，大力推进体制机制的创新，进一步深化建设项目的审批制度改革。通过城乡规划部门全体员工半年多来的共同努力，合肥在"效能革命"的大潮中，进一步转变机关和干部的工作作风，以城市的大建设推动城市的大发展，真正做到城市规划"一站式"服务，"零时间停留"，彻底解决建设项目审批的"体外循环"现象，全面实现"一书两证"行政许可及相关行政审批在合肥市行政服务中心大厅办理，将规划建设项目受理、审查、签批、发证等环节在规划报建窗口"一站化"，成为全国同类城市首创。通过效能建设，把合肥打造成我国中西部乃至国内审批环节最优、办事效率最高的地区。合肥市规划局采取的"并联审批"、"缺席默认制"和"超时默认制"等提高效能建设的举措在国家和安徽省重要媒体做了报导，得到国家建设部的首肯和赞许。通过以"窗口"创新为突破点，强力推进合肥城乡效能建设，突破了今年开始实行的建设项目在行政中心受理，回规划局办理，规划审批周期过长，制约规划效能提高的"瓶颈"。起到提高行政效能，主动创新体制，自我加压，规范完善审批效率的示范创新作用。

通过效能建设的创新实践，合肥市规划局在客观上压缩了环节空间，强化了合作协调，改进了工作作风，提高了思想意识，实现"横向无缝对接，纵向无缝压缩"，探索出一整套提高工作成效的经验做法。

2.1 审批流程明显紧凑

原有的审批流程仍然得到保证，但环节间被无缝压缩，工作强度增加，审批节奏加快。集约化的管理在中心，资源共享的服务在中心。在项目审理中，用"否定报备制"检查"一次性告知制"和"首问责任制"，用"首问责任制"加强"AB岗工作制"。做到受理与接办同步，第一时间与建设单位沟通、确定现场查勘等有关事宜，由技术骨干前台受理、咨询，保证资料齐全。采用"AB岗工作制"，将杜绝建设单位报建的"扑空"。审批过程中将严格执行两次办结制、超时默认制和责任追究制，破除层层汇报制。符合报建规定的必须在承诺时限内办结，对于特殊情况由在场的经办人、处长、总工和局长共同"会诊"，迅速解决问题。形成上下联动、共同服务，确保服务品质。用微机"红绿灯"管理方式，追求"当日办结率"，公布局机关各处"月办结率"，监督"限时办结制"，人力资源在窗口统一调配，有效集中力量，确保行政提速。在报建审批过程中，还提出"工业项目绿色通道，重点项目特事特办，招商项目超前服务"的工作原则。

2.2 行政资源明显优化

为进一步提高效率，合肥市规划局制定了《合肥市规划局建设项目并联审批实施细则》，实行建设项目并联审批制度，即规划项目报建按照"一家受理，抄告相关，并联审查，限时完成"的程序进行，报建单位将不用再到各个职能部门去盖章，而是由规划局组织协调各相关参审部门进行联合审查。实行并联审批是缩短项目办理时间的有力措施。合肥市行政服务中心有丰富的行政资源和良好的行政平台。审批中涉及相关部门时，用科学的并联审批取代传统的模糊的串联审批。需征求相关职能部门意见的，用并联审批会解决，减少建设单位不知往哪跑、多头跑、无用功的接力赛。加强沟通，注重"怎样行"，慎用否决权，增加部门协调，强化行政合力。

2.3 思想意识明显提高

空间位移的转变带来了思想观念的变化。过去那种关起门来独立办公的现象被大空间开敞式办公所取代，真正将"改进机关作风、树立行业新风"、"真情对待群众、激情对待工作"落实到每位工作人员的行动中。为大建设添砖加瓦、为大环境增光添彩、为大发展增速加油，是局机关全体员工的心愿。工作人员要履行岗位赋予自己的责任，必须提高业务水平，在工作加压中锻炼自我。因而，在报建窗口工作的同志有强烈的紧迫意识，处于"奋发有为"的精神状态，"抢抓机遇、乘势而上、奋力崛起"的思想意识深入人心，使局机关整体精神面貌大为提高。

2.4 政风行风明显好转

在效能建设中，对内压缩空间，对外全程阳光，创新地实行"批准、批复、批驳"三种行政审批方式。限时办结，文字量化明确，不得模棱两可、不置可否或口头答复。暗箱操作，推诿、拖拉等腐败土壤已失去存在的空间。审批环节全部集中在市行政服务中心大厅办理后，以往出现的脸难看、门难进、事难办的"衙门"作风已被"零时间停留、零关系办事、零环节审批、零距离服务"的行业新风所取代。高高在上的管理者，成为不折不扣的"政务超市"服务员。真正破除了"官即管"的观念，拉近了政府与群众的距离。体现出政府机关及其工作人员的权利来自于人民，为人民服务，受人民监督。同时也有效的防止了政府权力部门化、部门权力利益化。使建设工程项目的审批程序公开化、透明化，显著地提高行政管理效能。

3. 效能建设应以科学的创新理念、提高编制水平为基础

作为城市建设和管理的"龙头",城市规划不仅是城市建设的纲领,也是城市管理的依据,更是城市竞争的资本。因此,在城乡规划效能建设中,应不断创新理念,提高规划编制水平。在合肥城乡规划工作中,一定要全面贯彻科学发展观和构建社会主义的和谐社会,坚持与时俱进,落实并体现规划的前瞻性、科学性、合理性,为城市可持续发展提供科学导向,也为规划管理与服务的优质高效提供牢固的基础。

3.1 创新理念,科学定位

合肥市应依据"十一五"发展规划和城市发展战略,围绕建设独具魅力的现代滨湖城市,不断提高城市核心竞争力,着眼于构建合肥都市经济圈和开启合肥"临江时代"。通过深入研究论证,合肥城市规划应体现"世界眼光、国内一流、合肥特色"的规划指导原则,按照"新区开发、老城提升、组团展开、整体推进"的发展思路,向"141"规划结构布局扩展,即改造提升老城区,在主城的东、西、西南、北四个方向各建一个城市副中心,沿巢湖兴建一个生态型、现代化的滨湖新区。同时,通过国际招标启动滨湖新区规划建设;进一步深化完善中国合肥科学城规划;积极推进社会主义新农村规划建设,从而把合肥的每一寸土地、每一个要建的项目都纳入到城乡规划之中,不因规划疏漏留下管理盲点,不因规划滞后留下历史遗憾。

3.2 完善体系,科学编制

一是全面推进新一轮城市总体规划修编工作。在战略规划深化整合研究的基础上,大规模地开展总规修编前期基础资料收集和调研工作,完成总规修编纲要及城市人口和用地规模、环境容量、城市特色风貌等11项专题研究,为市委、市政府作出"141"城市发展布局的战略决策提供科学的依据;二是开展重大专项规划和重点区域控规。开展环巢湖地区规划研究,实施老城区综合

发展研究规划，完成城市景观风貌及建筑特色规划，做好河道蓝线规划编制、历史建筑调研及保护紫线规划，修改完善生态廊道规划等；三是深化道路交通规划编制研究，全面优化综合交通设计，确立城市快速交通体系，提升、改善主干路网，优化静态交通布局及完善公共交通系统。

3.3 规范程序，科学决策

应依据"政府组织、专家领衔、部门合作、公众参与、科学决策"的方式，逐步建立一套具有合肥特色的规划决策机制。一是实行规划方案的集体审议例会制度，定期召开规划技术审议业务会；二是规划方案公开招标和专家评审制度；三是重大规划项目向市政府报告制度；四是重要规划项目提交城市规划委员会审查制度。

4. 效能建设应体现社会监督和行政监督并重，保障城乡规划阳光化

在城乡规划建设中要综合运用社会监督、舆论监督、党内监督和行政监督并举的形式，组织开展明察暗访、及时发现和解决城乡规划效能建设中的突出问题。做到敞开大门抓效能，面对公众听取各有关部门和基层、企业、投资者的意见和建议，自觉接受来自各方面的监督。合肥在城乡规划效能建设中积极开展规划公示，使规划工作面向社会、面向群众，接受社会监督，不断提升城乡规划的民主性、成为民主决策的重要保障。加强公众参与规划的推进力度，加强规划工作的透明度。

4.1 规范公示内容和程序

一是明确规划许可内容建设项目的批前、批后，城市规划管理职能、工作依据、办事程序和时限及查处结果；二是社会监督和投诉方式，受理时限和程序；三是形成横向覆盖的规划编制、规划审批、规划监察三大职能，纵向覆盖的事前、事中、事后三个过程的"阳光规划"体系。

4.2 拓宽公示形式和载体

对不同的公开内容采取不同的公开方式，便于群众了解和监

督。一是通过规划网站、报纸、公示牌和规划公示大厅，开展四位一体的项目审批规划公示；二是采取调查问卷、广场咨询，召开座谈会、规划报告会等形式进行公示；三是通过咨询、征询、听证、论证、评审等方式，对公众普遍关注的居住区、公共设施和重要建设工程的规划设计方案等内容进行公示；四是依托行风监督员、专家组、咨询委员会、规划协会等队伍或载体开展公示。

4.3 加强公示互动和沟通

在公示实施过程中，注重强化公众参与，及时处理答复群众意见。采取了畅通信访渠道，公布局长信箱、监督电话和举报电话等方式，积极引导市民参与和监督规划。对各界群众提出的意见建议，及时进行整理，分门别类地研究，落实具体经办的责任处室和责任人。

在加强社会监督的同时，重视机关内部行政管理执法教育和监督，从建立教育、制度、监督并重的效能监督机制入手，立足实效，强化措施，推进城乡规划系统整体形象的提高。

通过开展城乡规划效能建设和监察工作，增强了合肥市城乡规划效能建设的宏观调控和公共服务职能，推进了依法行政工作，提高了服务水平和工作效率，促进了党风廉政和政风行风建设，为优化城市发展环境，实现城乡持续、健康、协调发展发挥了积极作用。同时，城乡规划效能建设是一项系统性、长期性、综合性的工作，应进一步解放思想、大胆创新、求真务实、真抓实干，努力把合肥市城乡规划效能建设工作开展得更好，不断提高城乡规划工作水平，为现代化大城市建设作出更大的贡献。

作者简介：合肥市规划局局长、城市规划硕士、高级规划师、国家注册城市规划师

新区开发的引导和管理
国际、国内的经验

朱介鸣

摘　要：作者结合我国和新加坡城市的开发经验，论述城市新区在市场经济条件下的城市规划与开发的关系，从而通过城市规划引导和控制城市的开发。
关键词：城市新区开发　引导和管理　国际国内经验

1. 快速发展：中国城市化的历史机遇

规划和开发是不矛盾的，这是一个链上的前后两节。是一个城市规划得再好，没有开发好、控制好，城市建设和规划会相差很远。所以，规划好也要开发好。快速开发或超常规开发是目前中国城市化的一个历史机遇。可以看出，从20世纪的50~80年代，我国城市发展还比较慢，而国外发展很快。从这里可以看出中国城市化还有很多年可以走，对搞好城市建设是一个很好平台。

2. 城市化与城市规划

2.1　人口密度（土地资源稀缺的程度）影响城市规划的形式

众所周知，中国人多地少，从经济学角度来看是土地资源稀缺的程度，国家有一个土地利用指标，出发点就是节约用地，人口密度高，会影响城市规划形式。

2.2　城市化速度影响城市规划的形式

过去十年，很多沿海城市发展速度很快，不少城市集中力量建设新城，形成一定的规模，上海浦东就是在一个短时期内造成新城，具有吸引力。所以，城市化速度会影响城市规划的形式。

2.3 城市化发展阶段影响城市规划的形式

城市化发展有几个阶段，各个阶段对城市规划形式的影响是不同的。1970年，新加坡做了一个战略规划（概念规划），过了20年，新加坡按城市化的发展建成一个现代化的城市，实施的结果和规划方案比较，95%是一样的，这是值得我们学习的。上海市在20世纪40年代，就有个土地使用规划，这个规划是同济大学老一辈教授参与的，和新加坡规划的基本思路差不多，如果当时上海就按那个规划建设，上海城市将是很美好的。问题是上海到20世纪90年代的规划建设就是摊大饼，使城市绿地很少，成为上海城市建设发展的教训。因此，在城市化发展阶段过程应探索研究好的城市规划形式。

3. 快速发展的机遇

3.1 集中力量，建设成规模的新区（组团），而不是"摊大饼"

要从我国一些城市发展过程的城市形态方面吸取教训，抓住快速发展的机遇。集中力量建成有规模的新区，而不是摊大饼。摊大饼速度比较慢，城市只能逐步扩展。如果有很多城市建设项目，城市发展快，也可以集中财力、物力、人力建设成规模的或城市组团。

3.2 避免旧城见缝插针，环境恶化

国内现在有很多案例，如上海是个沿海城市，20世纪90年代为避免旧城见缝插针。在浦东建造一个新城，把旧城先放在一边，以后再去改造。新加坡人口密度很高，$600km^2$有400万人口，城市规划方案上面没有什么诀窍，疏的疏，密的密，疏的地方绿地也就出来了，空出来后给人感觉是绿地到处都是，非常形象。留出来后，城市总体感觉很好。开发楼盘质量要服从城市整体质量，也就是疏的地方疏，密的地方密，在人口高密度情况下是个比较好的做法。

4. 市场经济下的城市规划与开发

4.1 经济发展主要由市场推动（外来投资与内在发展），具有强烈的不确定性

对城市的挑战主要是经济，是由市场来推动，市场推动也就

是一个外来投资，一个是内在发展，这两个有很强的不确定性。有时候，市场不好，它的投资将会削减，市场好，它的投资就会扩充，扩充后人员也就增多。经济发展就决定了它的项目投资。

4.2 规划要有灵活性

规划就有了灵活性，就能应付市场，改变经济的不确定性，才能使规划变得有用。否则，规划就过时。当然，规划灵活性过大。就显得没有刚性，没有原则，没有原则如同没有规划。

4.3 灵活性与刚性的结合成为规划的艺术，也是城市开发管理的艺术

好的规划是灵活性与刚性的结合，是规划的艺术，也是开发管理的艺术。说得容易，但真正做起来却不容易。作者今年去了英国某校进行回访，在回访中偶然找到英国100年以前这个城市的规划和现在没什么大的变化，一方面说明城市化到这个阶段，城市发展速度相当慢。但引起注意的是这个古老的城市没有见缝插针，说明这个城市规划控制力非常强。

4.4 城市规划具有引导和控制开发的能力

城市建设是百年大计，城市规划能否引导开发，开发是市场在推动，如果规划能引导开发，规划就是龙头，在现实社会中出现开发商领着规划在走。如果规划作为控制能力，那么规划就是裁判，这是我们把城市建设形象化的说明，如果规划裁判做的不好，这个城市质量将会下降。

5. 城市战略发展规划

5.1 经济快速发展-城市空间扩张-城市空间结构的构造（公共项目与基础设施）

合肥现在规划滨湖新区，一开始进行战略发展规划，体现出城市经济在快速发展，城市是建立在经济发展的基础上进行城市空间扩张的。所以，经济发展是本。因为，有经济发展所以有城市空间扩张，那么城市空间扩张速度很快。就要对其城市空间结构进行规划，不要随便扩张，要有战略。空间扩张也就是战略规划新区的一个重要内容。合肥城市规划结构是"141"用地组团，

合肥滨湖新区能否建成，关键看合肥的城市经济水平。

5.2 空间拓展、构造新的城市空间结构 通过城市公共项目与基础设施的规划建设推动城市的发展

城市构造新的空间结构，能否推动经济发展，应该明确政府投资和市场投资的关系。政府投资基础设施和公益性项目，市场投资具体楼盘，商品房、办公或商店等等。这在国外存在一种关系就是公共投资需带动市场投资的比例。比如：今年政府投资1个亿，过几年市场投资6个亿，说明是1:6，这就说明规划是龙头起了作用。然后是土地产出率，假如开发土地100公顷，GDP产生有多少，GDP产生多，说明开发有效。

5.3 政府投资与市场投资的关系

政府投资和市场投资比例是多少，如果1:10说明是成功的，如果1:1说明是失败的。

6. 新加坡城市开发经验

（1）市场经济下，规划可安排政府投资的公共设施（包括基础设施、绿地）和社会设施；公共设施和社会设施对市场开发有某种程度的引导力（城市开发管理）。

（2）经济全球化和亚洲的繁荣发展提供了新加坡一个成为亚洲金融中心的机会。新加坡的金融服务业从20世纪80年代起已经有了长足的进步，中央商务区的工作岗位和办公空间快速增长。

（3）随着城市经济结构的逐渐改变，城市就业岗位空间布局也有所改变。

应对就业岗位有个均匀分布，对出行也有利，当然就业岗位均匀分布是个学问，不是说不想均匀分布，因为有个区位要求，现在从规划角度说做四个分中心，结合市场趋势就让一些就业岗位从市中心离开，分散到四个分中心去。

经济结构和空间结构的改变引起两个变化：对中央商务区办公空间的强劲需求推动办公楼租金迅速上涨，企业生产成本上升；办公工作岗位密集于市中心造成早晚交通高峰流量分配不均匀，道路和公交利用成本上升。

(4) 1991 年修改后的概念规划提出新的城市结构——建立四个城市分中心来分担中央商务区的中心功能：兀兰，淡滨尼，裕廊东和实里达。

1) 1991 年的战略规划。当这些工作岗位都分散到分中心时。比如说大兵营分中心，政府可以影响政府部门，把政府部门牵到分中心去，在那里制造气氛，制造规模，后来又发现他的后台业务加上政府部门虽去了但是还是不够大，不够大就没有气氛。

2) 因为市中心高租金的压力，金融保险业的后台内部服务部门（如电脑数据处理和管理）已经有离开中央商务区的趋势，现代通信技术能够保证分散企业的管理质量一如既往。

3) 制造业自 20 世纪 60 年代以来不断的更新换代已经产生了 20 世纪 90 年代的"商务园"和"科技园"。

4) 因为有较高的白领和灰领人员比例，这些工业园区的区位选择与一般的工业区明显不同，比较强调周围的交通和商业服务设施。

5) 1991 年概念规划旨在引导这些市场趋势集中在淡滨尼和裕廊东两个城市分中心，因为淡滨尼靠近机场，裕廊东靠近裕廊工业区。目前两个城市分中心已经初见成效。

6) 政府在 2002 年投资地铁东线延长至樟宜机场。其主要目的是为每天数万过境新加坡的中转旅客提供方便，吸引他们利用数小时中转时间访问淡滨尼，他们的旅游消费促进淡滨尼分中心进一步的成长。

7) 这是一个城市经营的典范：通过政府投资推动旅游市场而实现规划目标。

8) 由基础设施/社会设施投资量确定城市大致的开发规模。

9) 随着经济发展，政府投资的部分会提高，规划成为龙头的可能性大大提高。

10) 避免国内某些城市土地过度开发、空间过度拓展，供大于求，造成经济衰退的后果。

11) 政府投资基础设施、重大项目按照规划的整合协调。

12) 了解/引导城市开发（如商品房）的市场区位选择。

13）新区初始规模的合理估计（历史欠帐和新的需求）。
14）与旧城区的通畅交通联系。

作者简介： 新加坡国立大学教授，区域及城市规划博士，新加坡规划师协会会员

（根据2006年4月12日中国（合肥）滨湖新区国际论坛演讲稿改编，未经本人审阅）

新城模式及市场运作

陈劲松

摘　要：作者从城市市场运作方面思考，提出六种新城开发模式，分析各种模式的经验教训，启示我国在城市发展新形势下的新城规划建设的途径。

关键词：新城模式　市场运作

目前，中国从南到北的造城运动都和房地产开发和城市规划有关。所谓的新城模式，主要从市场策略角度来探讨新城发展。中国的造城运动到今天有成功、有失败，如何成功，如何失败，如果不总结，城市的后发优势将无从体现。

1. 造城运动面临的市场运作

1.1　是发展中小城市还是扩大中心城市

这个问题通过这几年实践看出，中小城市的发展在市场经济中受到了很大的限制。目前，发展比较成功的是中心城市的扩张，虽然中心城市扩张带来很多毛病，但中心城市的扩张从经济发展和带动整个区域经济的发展来讲是繁荣的。中心城市的扩张，从一开始就是一个还旧账的问题，是被动的扩张，这个被动的扩张已经经过了十几年。目前，中心城市的扩张变成了主动的扩张，主要体现在各个城市的新区。现在大的中心城市，发展高科技开发区、现代产业开发区、新的政务新区、城市新区、具有中心城市的新城模式。主动扩张和被动扩张的不同，表现在被动扩张要有市场支撑，而主动扩张就有一个城市市场规模战略问题。造城运动的原理，就是推动城市经济的发展。造新城需要投资，促进经济发展。造新城的投入，产出以及新城的发展需要的环境评估,将引导下一步主动的扩张。

1.2 中心城市的扩张

中心城市的扩张不仅是一个区域的扩张,目前受到几个问题的影响。一是中国人口的流动,户口限制较弱,城市移民是市场化的移动,而原先在市场经济以前,人口移动是政府引导的;二是目前几乎全国所有的城市都在造新城,城市发展面临城市竞争,有竞争就有成功与失败。

2. 要认真研究造城的经验教训,把握城市发展的基本脉络

2.1 合肥建设滨湖新区

合肥是安徽省域中心城市,目前中心城区向往外扩张,从单中心的城市,变成多中心的大城市,核心区位非常明显。合肥作为多中心城市向外围跨越式的发展是必要的,建设滨湖新区,成为合肥的新城,城市继续扩张将构成合肥大都市的一个连绵带。目前,全国大都市连绵带已经在珠江三角洲、长江三角洲明显出现,就是城市和城市连在一块了。其实从中心城市变成一个多中心的大都市,是一个持续发展的过程。从单中心的大都市到多中心的都市圈,需要城市发展战略的引导,从多中心都市圈变成连绵带都市群,又是一个自然演化的过程。如果我们看这个演化过程,是中国目前大建设时代走的一条路的话,那我们正处在单中心城市向多中心城市迈进的一个过程。目前,合肥在这个过程中的几个观点是明确的。滨临首先是巢湖,在城市规划上有两个功能,第一个功能是发展的功能;第二个功能是控制作用,城市发展还要有个控制。即使目前合肥的经济增长没有那么快,不能把城区扩大到这么大,不能将巢湖环滨湖地区几年就变成一个城市的话,控制也是必要的。因此,应该赞成合肥对滨巢湖地区的造城规划,重视对巢湖水资源和风景资源的自然保护。

2.2 总结造城的经验和教训

深圳起步建设在罗湖,通过自然扩张,规划的深圳东部海岸线成为城市总体规划方案的组成部分。当深圳经过18年的建设,主城

区已经很拥挤的时候，发现整个东部海岸线能够控制住。所以，城市发展一块，规划一块不考虑长远是不行的。首先是控制，其次是发展。我国在开发大西北，一些专家说开发西部肯定不行，因为西部自然资源已经承受不了。事实上是自然演化到今天，阿拉山是北京沙尘暴的起源，自然这么多年没人管它就变成这样，当阿拉山基金开始关注它的时候，出现两种情况：一种途径是投入很多钱，干很多项目，建很多塑料大棚、圈养；第二种途径是阿拉山有两万户人，即使投入很多钱种很多树、草也不能满足控制，现在需要把这些人迁移出阿拉山，当居民迁移出阿拉山的时候，才能保护自然生态。所以，巢湖应按照自然演化，自然的保护。滨湖一定要规划，要研究巢湖生态资源在不久的未来不至于失控。

3. 国际上新城模式

3.1 田园新城模式

指二战之后西方国家为了解决大城市住房紧张问题，开始造居住新城。中国正在开展大盘（居住社区）运动，规模还相当大。大盘模式本身就是所谓的田园新城，离市中心比较远，造一个很大的居住区。大都市外围的大盘成功机率非常高，带来的问题也不少，如开发商要办很多公共服务设施项目，移民问题，从哪里来，来后有没有工作，这都是值得研究的。

3.2 产业新城模式

产业新城是一个被动的新城模式，它是以规划和战略为主导的，产业新城核心驱动力是规模和氛围经济形成某一行业或某几个相关行业的集群，然后带动新城发展。产业新城的规划模式是以招商引资的方式，在新城中比优惠、比地价便宜，鼓励企业家来新城投资办厂。比较典型的是苏州新加坡工业园，我们作了两个月的调查，碰到的障碍就是如果不优惠，这些厂就要走，如果继续优惠会发现基础条件不具备。新加坡工业园75%的职工都是初中未毕业，研发中心在国外，这里是典型的来料加工。也就是说，苏州新加坡工业园是世界500强的某个车间。因此，中国很多城市还在大造产业新城，实现高科技开发能否成功，怎么衡量它，是否增加了 GDP？新加坡苏州工业园的 GDP 已超过深圳，但它对政府利税贡献，是非常低的。我们在选择产业新城规划模式的时候推荐惠普总裁的一句话："不要告诉你们的规划有多好，环境有多美，也不要告诉我有多少优惠条件，只要告诉我一个问题，我就选择去还是不去，告诉我，哪里居住的人都是什么人，他们是不是有学历的创业人群，如果是，不优惠我也去"。这是产业形成进行可持续开发不断升级的一个重要提示。否则，我们引进来之后对我们区域经济到底有没有贡献，很难评估，产业新城往往会变成地产开发挂羊头卖狗肉的一个羊头。

3.3 边缘新城模式

是城市郊区化形成的，城市中心地价太高，人群都往郊区去，人口也就郊区化，制造业在郊区化开始时，因为便宜，形成规模后，人口也就增加了，零售业开始跟近。目前边缘城市在整个新城发展模式里，尤其大的都市，是政府花钱最少，龙头带动效益最高的成功模式，例如，深圳保安区、龙港区，是政府适度引导的范例。

3.4 交通主导型新城（TOD）

是从轨道交通发展演变出来的新城，和田园新城模式类似。

3.5 副中心新城

和合肥滨湖新区有些类似。

3.6 行政中心新城

这是主动新城模式，包括有产业新城，TOD、副中心和行政中心新城。

不同的模式有不同的途径，不同的发展战略和开发时序及开发进程，政府投资方向也应借鉴造城成功和失败的案例。

4. 建设新城面临的风险

4.1 建设新城的开发主体

应是政府加上民间力量，也就是开发商，明确城市投资回收期和对项目投资回收期的不同之处。将规划、计划、策划捆在一块。目前，有些城市在新城形态上做了很多工作如招标等，但对于计划工作做的很少，应该重视。例如珠海西区和深圳福田区几乎同时提出规划，其实珠海西区规划非常好，因为它的滨海程度比深圳还要好，人口密度较低，有利人居环境配套的规划和绿化，但错误估计珠海西区的开发模式，以至于政府投资太大，最后政府没钱只好向民间借钱，当时口号是："今日借你一挑水，明日还你一桶油。"可向老百姓借过以后，至今没能还上，受到诸多的限制。

4.2 建设新城的市场运作

政府在新城建设中如果只做道路、只做污水处理，新区开发肯定起不来。如此大的投资应该带动民间投资，实现政府和民营企业的合作联合开发，再利用市场运作手段，运用联合开发实现多元化的新城模式对加快新城的发展非常有利。

4.3 开发市场评价

规划要算经济账，除了总投资外，还要明确政府规划新区的目标是什么，有经济的，有社会效益的，应该给予量化。规划建设能否完成政府指标，多少年能完成，这都是重要的算帐问题。

作为新城开发，什么时候发展，市场化运作，也就是公私合营，这一点在国际上已经非常成熟，可以考虑，也就是 PPT，是私人、公共的合组公司模式，当然 DOT、TOT 这些模式。也是市政建设的私人参与模式，还用 DB 钥匙模式和 EBS 模式，还有股权出让等模式，这些模式都需提前探讨，只有提前探讨才能够知道这些模式是否被市场接受，才可能使建设新城的规划建设最终得以实现。

作者简介： 建筑工程学士及管理硕士，中国房地产估价师与房地产经纪人学会副会长、香港地产行政学会会员

（根据 2006 年 4 月 12 日中国（合肥）滨湖新区国际论坛演讲稿改编，未经本人审阅）

北京规划管理模式研究与借鉴

金 刚

摘 要：作者通过对北京市城市规划管理模式和市规委与分局机构设置、职责的研究、借鉴，提出合肥城市规划管理模式的建议。
关键词：北京 城市 规划模式 研究借鉴

1. 北京城市规划管理模式

城市规划管理在全国没有一个统一模式，也没有一个大家都没有意见的方式，县、区与市争权，最热火的是开发区与市争权。很多城市争来争去，收来放下，几轮拉锯，未见分晓，有些城市疲惫了，不争了，待国家部委来检查时应付一下。

北京的城市规划管理模式应该是一种抓大放小，相对各方能够接受的一种方式。市规委与区、县分局（包括开发区）有职权有分工，上下有多渠道、便捷的沟通方式。上对下有指导和监督职责，决策性部分是市规委确定规划和重要建筑单体方案后，交各分局负责执行。市规委审批是依据各层次规划，从总规到分区，再到控制性详规，这里对用地性质、高度要求、建筑面积、绿化比例、道路退让及出入方式等指标都有明确要求，到审批具体的修建性详规和建筑单体时就比较方便了。这是刚性的方面，遇到招商引资、重大基础设施改变等确需调整规划的，也会有特定的会议依法、公平、科学决策予以变更。在单位自有用地内，分局可以办理"一书两证"。在干部人事上类似国土部门垂直方式，各分局正副局长，领导班子由市规委任命，其他干部和工作人员区里安排，这与区局过去隶属与区政府有关，财物也由区里支出管理。市规委对区局只在业务上进行指导和监督，区局主要精力围绕区里中心工作，与区相关部门联系密切。规划分局更像区里一个直属部门。这种模式主要优点是全市大规划（市域范围内）在城乡可以做到统一协调，重大基础设施布局合理，城乡结合部相对减少混乱，区、县在规划上的要求和想法通过分局得以传递，合理要求得以采纳落实。这种模式的不足之处是市规委和区政府存在双重管理，出现矛盾时分局难以平衡，左右为难。一个管事管人，一个管钱管物，谁都得罪不起，婆婆多了媳妇不好干。当然，平衡好了，也是水平。

北京经济技术开发区在城市总体规划中确定为"亦庄新城"，它在城市规划管理上与其他县区略有不同，开发区总规到控制性详规由市规委和开发区联合编制，由市规委审批，其他修建性详规和专项规划由市规委授权开发区审批。法定管理程序"一书两证"，由开发区依据各层次规划自行审批，市规委派有关部门定期到开发区督察。从市规委和开发区两方面看，开发区在办证上还是规范的。由于开发区企业对办事时效的特殊要求。开发区规划局根据项目的重要的重要程度和特殊性作出灵活的审批程序，如对区内重要敏感地段和大型公建基础设施项目，进行国际招标，艺委会（相当于规委会）组织专家审查，报市规委批准。对于符合城市规划的工业项目，由经办人审查签字即可发证。规划编制方面，开发区投入人力、财力，由区规划局规划研究中心根据城市总体规划和区具体建设情况，研究编制各层次规划，重要项目进行国际招标。开发区有各层次的规划指导审批，组织高水平的专项设计以提升园区规划品位。同时，做到管理服务到位，监督体制保障，使开发区的规划管理进入一种稳定而良性状态。遇到特殊情况需要变更的，也会有专门的程序合法、公平、科学、便捷的加以解决，做到刚性与弹性的有机结合。开发区的审批工作时效一般只是城区的一半或更短时间。开发区从20世纪90年代发展到现在已完成 $15km^2$ 规划建设项目，到2020年将实现更大规模的新城规划，规划和管理是很规范的，没有拿工业用地去搞房地产开发，不乱占、抛荒耕地，每平方公里的工业产出全国最高。开发区也有不尽人意之处，开发区与主城、对外运输通道较少，高峰期造成拥堵状况，将在新一轮新区规划中予以调整完善。所以，开发区规划是城市重要的组成部分，它享用城市各种资源，基础设施的衔接应科学合理，若与城市脱离割裂将对今后城市发展造成很多难以预料问题。当然，开发区也有其特殊性，在一定范围内有其独立运作的空间，有利于提高办事效率，服务质量，有利于开发区的发展。市级相关部门能站在支持开发区就是支持经济发展考虑，是对城市发展有利的事。

市与区、县规划管理权矛盾的对立统一，在目前城市高速发展时期会一直存在下去，市权太大不利于调动区县的积极性，不仅影响效能，也难以维系各方平稳。反之，区、县权过会造成大规划总体失控，无法协调和监督。

2. 北京市规委与分局机构设置及职责

2.1 北京市规划委员会（首都规划建设委员会办公室）

2.1.1 主要职责

（1）负责组织城乡规划建设问题的研究，起草或制订相关的政策；参与研究本市经济和社会发展规划；协调城乡规划与近期和年度建设计划的衔接问题。

（2）负责起草本市城乡规划方面的地方性法规、规章草案和技术规范，并监督检查执行情况；参与相关法规、规章的审核、协调和修改工作。

（3）负责城市总体规划、分区规划、控制性详细规划、区（县）域规划及重要地区城市设计的编制和修订的管理工作；负责上述规划的审查报批和已批准的各项规划的备案管理，并按有关规定审批部分详细规划。

（4）依法组织规划的实施，负责各类建设项目的规划管理工作，负责建设项目的选址，核发建设用地规划许可证和建设工程规划许可证；负责组织审查建设工程初步设计。

（5）负责组织各项规划实施情况的检查；负责本市各类建设项目的规划监督管理，对违反规划管理法律、法规的行为进行查处。

(6) 负责城市测绘管理工作；制订城市测绘发展的规划和计划；负责本市测绘单位资格管理工作；负责测绘成果的管理和应用工作。

(7) 负责在京勘察设计单位及进京的外省市和香港特别行政区、澳门特别行政区、台湾地区以及国外勘察设计单位的资质审查、设计质量、招投标等行业管理工作。

(8) 负责本市的地名规划和地名命名、变更等管理工作。

(9) 负责本市城乡规划地理信息系统建设和管理工作；负责城建档案管理工作。

(10) 领导区、县规划行政主管部门的业务工作。

(11) 承办市政府和首都规划建设委员会交办的其他事项。

2.1.2 机关处室及主要职责

(1) 办公室：负责本机关政务工作；负责公文处理、信息、议案、建议、提案和信访、档案、接待联络工作，以及重要会议的组织工作；负责重要文件和会议决定事项的督查工作；联系本系统协会、学会的有关工作。

(2) 法制处：负责法规、技术标准、管理规范的起草；负责应诉代理，组织听证等；负责对委内管理处室的督查和对分局的督导工作。

(3) 研究室：负责规划管理政策的研究；负责全委年度工作计划及相关报告的起草。

(4) 综合业务处：负责收发件、业务统计、技术问题的综合，管理业务的督查、督办；负责地名管理；联系市政府相关部门。

(5) 总体规划处：负责组织城市总体、区县域、卫星城、镇域、小城镇及近期建设规划的编制和审查。

(6) 详细规划处：负责组织控规的编制和调整，组织城市设计和重点地区、重大工程的规划设计；负责奥运工程等专项工作。

(7) 基础设施规划处：负责组织基础设施规划的编制和审查，拟定市政、交通工程的规划意见书。

(8) 建设用地管理处：负责全市建筑工程项目用地的规划管理，拟定规划意见书；负责绿化隔离地区等专项工作；督导相关分局的业务工作。

（9）建设工程管理一处：负责城区以外重要建筑工程的规划设计管理，拟定审查方案通知书、用地证和工程证；负责科技园区、CBD、经济适用住房等专项工作；督导相关分局的业务工作。

（10）建设工程管理二处：负责城区和机要建筑工程的规划设计管理，拟定审查方案通知书、用地证和工程证；负责文物保护、危旧房改造等专项工作；督导相关分局的业务工作。

（11）市政交通工程管理处：负责市政、交通工程的规划设计管理工作，拟定审查方案通知书、用地证和工程证；督导分局的业务工作。

（12）科技信息处：负责科技、外事、信息化工作。

（13）财务处：负责本机关及直属单位的财务、固定资产等管理工作；组织开展专项审计工作，负责对直属单位的财务管理进行审计监督。

（14）保卫处：负责本机关及直属单位的治安保卫、消防、国家安全和保密工作。

（15）首规委办秘书处：负责承办首规委办的日常工作。

（16）人事处：负责机关及直属单位干部队伍建设规划和部署的落实工作；负责本机关的人事管理工作；指导直属单位的人事管理工作；负责本机关和直属单位专业技术职务评定及统战等工作。

（17）机关党委（政工办公室）：负责本机关及直属单位的党群及精神文明建设等工作；负责本机关和直属单位的计划生育和献血工作。

（18）老干部处：负责本机关及直属单位离、退休人员的管理工作。

（19）监察处：按有关规定派驻。

2.2 各分局机构设置和职能

各分局机构设置为1室5科，即办公室（政工科）、综合科、规划用地科、建设工程管理科、市政交通规划管理科、监督检查科。其主要职责如下：

(1) 办公室（政工科）：负责机关政务工作，公文办理，会议组织和议定事项督察、督办工作；信息、信访、提案、档案、对外接待联络、调研等工作；干部人事、财务、后勤、保卫等工作；机关党群组织、纪检监督等各种。

(2) 综合科：负责受理建设项目申报事项；核发建设用地规划许可证、建设工程规划许可证、数据统计和上报；信息化建设和管理；地名管理等工作。

(3) 规划用地科：参与组织区县域规划、卫星城镇规划、乡、镇、村域规划、控制性详细规划、专项规划、城市设计等各项规划的修订和编制等工作；负责对区域内建设工程用地的规划管理，拟订规划意见书。

(4) 建设工程管理科：负责对区域内的建设工程进行管理，拟定审查方案通知书、建设用地规划许可证和建设工程规划许可证等工作。

(5) 市政交通规划管理科：负责市政、交通工程的规划管理，拟定市政、交通工程规划的意见书、审查方案通知书、建设用地规划许可证和建设工程规划许可证等工作。

(6) 监督检查科：负责对区域内建设工程进行监督，对违法建设进行查处等工作；法规宣传、培训及行政复议、诉讼的有关具体工作等。

3. 北京市规委与分局规划的职责分工

3.1 规划审批工作的职责分工

2005年7月，北京市规委与各区分局规划审批工作进行新的职责分工。简介如下：

(1) 在符合城市总体规划和土地利用规划的前提下，下列项目的规划审批手续按照行政辖区由各分局收件办理。具体规定如下：

1) 城市次干道（含）以下道路工程和市政管线工程的建设用地规划规划许可证和建设工程规划许可证（远郊区跨区域的重大基础设施项目以外的市政项目，委机关与分局联合审查后，由分局办理规划审批手续)。

2) 区级(含)以下公共服务设施的规划意见书、建设用地规划许可证和建设工程规划许可证。

3) 工业、产业项目的规划意见书、建设用地规划许可证和建设工程规划许可证(位于28个开发区以外的项目,委机关与分局联合审查后,由分局办理规划审批手续)。

4) 危改和历史文化保护区项目的规划意见书、建设用地规划许可证和建设工程规划许可证。

5) 绿化隔离地区住宅项目、产业项目和绿色产业项目的建设用地规划许可证和建设工程规划许可证。

6) 除前款以外其他一般建设项目的规划意见书、建设用地规划许可证和建设工程规划许可证。

7) 委机关交由分局办理的建设项目规划审批手续。

(2) 通过新的职责分工落实,使分局承担审批各种量75%以上。要求各分局对现有工作人员加强培训,保证高效、高质完成规划审批工作。

(3) 各分局在工作中遇到问题要及时与委机关主管处室沟通,并向主管委领导报告,不得拖延和推委责任,也不得要求建设单位自行与我委有关部门进行协调。各部门对确定承办部门意见不一致的,以委综合处意见为准。

(4) 各分局要及时将本次规划审批工作职责分工的调整情况向所在区县的主要领导报告,以便区县政府做好资金、人员和设备等方面的保障准备工作。

3.2 各项审批的基本流程

(1) 建设项目流程分类

为了便于与区县分局分工协作,市规委依据有关法律、法规、规章、规定、规范、标准和政策,结合规划工作的实践编制了"建设项目规划审批流程图(试行)"。"流程图"中所列的建设项目分三大类十五小类:

基础设施建设项目分:重大城市基础设施工程;管线综合工程;一般项目的基础设施工程等四种类型。

新征（占）用地建设项目分：城区危改和历史文化保护区项目；市级开发区或产业、科技园区项目；农村非居住建设项目（新占用地）；新农村改造建设项目（新占用地）；以协议方式取得土地使用权的建设项目；以公开交易方式取得土地使用权的建设项目等八种类型。

自有用地建设项目：中央和部队在京单位在自有用地内的建设项目；新农村改造建设项目（自有用地）等四种类型。

根据十五种建设项目的不同特点，分别绘制了规划审批流程图，明确了各个规划审批阶段的性质、申报材料、职责分工、审查内容、告知内容、传送单位、审查时限等内容，并以此作为规划审批工作的主要依据，未列入十五类的建设项目可比照类似项目的审批流程执行。

新征（占）用地建设项目中以公开交易方式取得土地使用权的建设项目；新农村改造建设项目（新占用地）和自有用地建设项目中一般单位在自有用地内的建设项目为例加以详细介绍。

（2）规范审批流程中图表

为了解决审批过程中不同阶段不同内容，使得行政许可要做到规范、全面、便捷，市规委分八类设计了共计118页图表。市规委和各分局在执行审批，建设单位在报建项目时对内容和步骤都感到非常清晰明了。八类具体划分有：

1）"规划意见函复"

图表内容有收件表、告知记录单、规划意见函复（稿）和正式函（分同意和暂不同意）、用地钉桩单、测绘通知单、选址意见通知函（分同意和暂不同意）。

2）"规划意见书（选址）"

图表内容有收件表、告知记录单、补正材料通知书（稿）和正式通知书、同意撤件通知书（稿）、规划意见书附件（选址）（稿）和正式件。

3）"建设用地规划许可证"

图表内容有收件表、告知记录单、补正材料通知书（稿）和正式通知书、同意撤件通知书（稿）、建设用地规划许可证附件

（选址）（稿）和正式件。

4）"修建性详细规划审查"

图表内容有收件表、告知记录单、补正材料通知书（稿）和正式通知书、修改规划通知书（稿）和正式通知书、同意撤件通知书（稿）和撤件通知书。

5）"设计方案规划技术指标审查"

图表内容有收件表、告知记录单、补正材料通知书（稿）和正式通知书、修改设计方案规划技术指标通知书（稿）和正式通知书、同意撤件通知书（稿）和撤件通知书。

6）"设计方案审查"

图表内容有收件表、告知记录单、补正材料通知书（稿）和正式通知书、修改设计方案通知书（稿）和正式通知书、同意撤件通知书（稿）和撤件通知书。

7）"建设工程规划许可证"

图表内容有收件表、告知记录单、补正材料通知书（稿）和正式通知书、修改施工图纸通知书（稿）和正式通知书、同意撤件通知书（稿）和撤件通知书、建设工程规划许可证附件（稿）和正式件。

8）"补证书"

图表内容有收件表、补正材料通知书（稿）和正式通知书、建设工程规划许可证附件补正书（稿）和正式件、建设项目规划许可及其他事项事项申报表。

4. 对合肥市城市规划管理模式的建议

按北京市城市规划管理抓大放小，发挥市、区、县各方面积极性和资源共享的优势，建立真正意义上的城乡一体规划管理体系和规划编制、管理、监督的架构。在研究借鉴北京市城市规划管理模式的基础上对合肥市城市规划管理模式提出探讨和建议。

4.1 调整市规划局机关内设机构

局机关内设机构应以国内普遍实行的按项目不同阶段和性质进行处室划分，这对分工协作，加强廉政建设是十分有益的。

（1）办公室：负责本机关政务工作；负责公文处理、信息、议案、建议、提案和信访、档案、接待联络工作，以及重要会议的组织工作；负责重要文件和会议决定事项的督查工作；联系本系统协会、学会的有关工作。

（2）法制处：负责法规、技术标准、管理规范的起草；负责应诉代理，组织听证等；负责对委内管理处室的督查和对分局的督导工作。

（3）研究室：负责规划管理政策的研究；负责全委年度工作计划及相关报告的起草。负责科技、信息化工作。

（4）综合业务处：负责收发件、业务统计、技术问题的综合，管理业务的督查、督办；联系市政府相关部门。

（5）规划处：负责组织城市总体、区县域、卫星城近期建设规划的编制和审查。负责组织控规的编制和调整，组织城市设计和重点地区、重大工程的规划设计。

（6）市政基础设施规划处：负责市政、交通工程的规划设计管理工作，拟定审查方案通知书、用地证和工程证；督导分局的业务工作。负责组织基础设施规划的编制和审查，拟定市政、交通工程的规划意见书。

（7）建设用地管理处：负责全市建筑工程项目用地的规划管理，拟定规划意见书；负责重要地区等专项工作；督导相关分局的业务工作。

（8）建设工程管理处：负责城区和重要建筑工程的规划设计管理，拟定审查方案通知书、用地证和工程证；负责危旧房改造经济适用房等专项工作；督导相关分局的业务工作。

（9）财务处：负责本机关及直属单位的财务、固定资产等管理工作；组织开展专项审计工作，负责对直属单位的财务管理进行审计监督。

（10）组织人事处：负责机关及直属单位干部队伍建设规划和部署的落实工作；负责本机关的人事管理工作、外事工作；指导直属单位的人事管理工作；负责本机关和直属单位专业技术职务评定及统战等工作；负责本机关及直属单位离、退休人员的管理工作。

（11）机关党委（政工办公室）：负责本机关及直属单位的党群及精神文明建设等工作；负责本机关和直属单位的计划生育和献血工作。

（12）监察处：按有关规定派驻。

（13）市规委办：负责承办市规委办的日常工作。

4.2 理顺局属规划分局职责

（1）规划监督分局：负责全市（含三县）规划"一书两证"督察督导工作。

（2）风景区（村镇）分局：负责组织全市范围国家级、省级风景名胜区总规和详规编制和审查；负责组织三县总体规划、县域城镇体系规划，近期建设规划，重要地区的控规和城市设计，乡镇总体规划编制和审查。

（3）瑶海、包河、蜀山、庐阳四个城区分局；肥东、肥西、长丰三个县分局。其主要职责是：

1）城市次干道（含）以下道路工程和市政管线工程的建设用地规划规划许可证和建设工程规划许可证（远郊区跨区域的重大基础设施项目以外的市政项目，局机关与分局联合审查后，由分局办理规划审批手续）。

2）区级（含）以下公共服务设施的规划意见书、建设用地规划许可证和建设工程规划许可证。

3）工业、产业项目的规划意见书、建设用地规划许可证和建设工程规划许可证（位于4个城区开发区以外的项目，局机关与分局联合审查后，由分局办理规划审批手续）。

4）危改和历史文化保护区项目的规划意见书、建设用地规划许可证和建设工程规划许可证。

5）主干道、重要区域以外的公建、住宅等项目建设用地规划许可证和建设工程规划许可证。

6）区县开发区除总规、控规、城市重要出入口建筑、城市重大基础和服务设施以外的建设项目，均由分局办理（商业、住宅等开发项目除外）。

7）局机关交由分局办理的建设项目规划审批手续。

（4）高新技术、经济技术、新站实验三大开发区分局。其主要职责是：

1）开发区除总规、控规、城市重要出入口建筑、城市重大基础和服务设施以外的建设项目（商业、住宅等开发项目除外），均由分局办理。

2）局机关交由分局办理的建设项目规划审批手续。

作者简介： 合肥市规划局副局长、国家注册城市规划师

城市保护与老城区更新改造

高璐璐

摘　要：作者从城市保护与老城区更新改造中出现的问题分析入手，提出应该重视的若干问题。

关键词：城市保护　老城区　更新改造

近几年来，随着改革开放，社会生产力迅速发展和综合经济实力的提高，我国的城市建设取得了巨大的成就。但也在城市保护和老城区更新改造上出现很多问题。一些城市成片的旧区被推平、被更新，高楼大厦、大广场、大马路、大商务中心逐步建成，展现在我们面前的是一个所谓的"现代化城市"。却不知在这种大规模的，快速发展的城市更新和建设中出现的问题，将会给城市造成巨大的无法挽回的损失。我们应该正视这些存在的问题，充分认识问题的严重性，及时地加以纠正和解决。

1. 城市保护与老城区更新改造中出现的问题

1.1 建筑遭到肆意的破坏

正像《北京宪章》中指出的那样，20世纪是一个"大发展"和"大破坏"的时代，人类对自然和文化遗产的破坏已经到了危及自身生存的地步。在城市的建设过程中，开发商为了自己眼前的利益，对老城区一律推倒重建，对保护建筑的破坏情况相当严重。

1.2 城市特有的风貌正在消失

生产力的迅速发展，交通和通讯技术的大力推进，使得全球化的进程进一步深入，使得地域文化的特点进一步衰退，建筑趋于千篇一律，城市特有的面貌正在逐步消失。这一切使人们对居住的城市和环境产生了陌生感和冷漠感，丧失了认同感和归属感。

1.3 城市的文脉被切断

毋庸置疑，建筑的地区性在历史上和世界范围内是客观存在的，一座城市的文脉是它在其特定的区域和环境内长期发展中形成的，是一种历史和文化的积淀。但是，现在的城市建设仅仅是简单的低水平、低层次的新旧建筑的交替，并不注意保护和延续城市的文脉，使城市的文脉受到人为的割裂和破坏。

1.4 城市正在走向雷同

随着社会生产力的飞速发展，全球经济一体化进程的加快和信息，科技，文化领域交流的扩大，以及在城市改造过程中新技术，新工艺，新材料和新设计理念的应用，使得城市的更新建设出现了相似的趋势。同时，近年来大批的外籍设计师包揽了国内重大的城市规划和建筑设计的项目，造成众多建筑千篇一律，失去民族自身的特点。

城市需要保护，但是受生产力发展的要求，城市化的程度会进一步扩大，城市的更新不可避免。那么，如何在保护城市的同时对老城区进行更新改造？要想解决这个问题首先就要了解中国的城市建设的历史和现阶段我国城市建设的现状以及发展的要求。

中国的城市设计史有着与西方不同的显著特点，那就是"自上而下"的设计方法在古代曾长时间居于主导地位，早在公元前11世纪，中国的城市规划设计就形成了一套完整的，为政治服务的"营国制度"，这种反映尊卑，上下，秩序和大一统思想的理想城市模式，深深影响着历代的城市设计实践。

再从中国现阶段的城市建设来看，中国城市的旧城不像欧美发达国家城市那样，出现衰落的现象。这些旧城，一直是全城的中心，既使在新城区发展很快的情况下也还是商业繁荣的中心，人口集中的地方。加之中国居民独特的居住和生活习惯使旧城成为房地产商的热衷之地，以至于改建后的旧城区的建筑容量大大增加，交通更加繁忙，基础设施不堪重负。另一方面，一些作为历史名城的特色地段处于旧城区的中心地带，由于其独特的保护要求一定会对这个地区以及周围环境的种种建设进行限制，这样会降低土地收益，会对开发不利。第三方面，在旧城区中大多保留有成片的传统民居的地区，其中一些具有较高历史价值的民居建筑要进行较好的保护，但是，如何既能长期地保护它传统的风貌，又能继续为居民使用，这是一个难题。

我国城市的保护和老城区的更新改造需要把握两个关键词，分别是"历史责任感"和"区域融合"。具体到操作就是以人文主义保留城市文脉，同时梳理区域内建设的几大关系。

2. 城市保护和老城区更新改造中应重视的几个问题

2.1 保护工作要形成一个完善的体系

我国目前正处于城市建设的高峰期，老城区和古旧建筑都受到了一定的冲击，因此，保护工作必须首先开展，应该系统地制定保护的规划，形成一个从整体到局部的完善的保护体系，并纳入法制化的管理体系。要划定保护范围，分类指导，宽严适度，以便城市的更新改造和保护工作顺利进行。

2.2 要注意各历史时期的标志物、遗址、遗迹的保护

在城市的更新改造中注意保留城市在各个历史时期的典型建、构筑物，以留下城市的发展轨迹，留下人们的记忆，保留城市的丰富性和多样性，增加可识别性。德国杜伊斯堡北区公园建设就是一个典型的例子。德国鲁尔地区是重工业区，有许多废弃的工厂和设备，他们并没有把它们当废物拆掉，而是当作城市历史的见证和有机组成部分加以利用和保护，通过改造建成了杜伊斯堡北区公园，利用废弃的熔炼炉，厂房，仓库，铁轨，行车等布置娱乐，运动，文化场所，把二者巧妙地结合在一起，这样既保留了城市的历史轨迹，又形成了新的景观系统。

2.3 对一些古旧建筑和设施要在保护的前提下合理科学的加以利用

随着社会的发展，生产力的进步，一些古旧的建筑和设施已经不能满足人们的使用要求。对这种情况，要在保护的前提下对古旧的建筑和设施进行合理的，科学的改造，尽量使形式和功能和谐统一。例如，本世纪初竣工的上海市中心区的新天地改造街

区工程。它在保留具有上海特点的石库门建筑和里弄街区布局的同时，赋予它商业，文化等多种功能，使其在满足人们的使用要求的同时保留有价值的城市历史文化街区理念，完成了老街区的更新改造。

2.4 发展文化的多样性

探究城市的文化特点，有利于增加城市的建筑文化多样性，同时也有利于建筑的可持续发展。在不少城市与建筑中都存在着文化多样性的特点，除了自身在空间布局，材料构造，调饰绘画，色彩花木等文化特点的发展与变化外，还有与外来文化的交流融合，这在一定程度上反映了建筑文化的延续和发展。文化的多样性，还反映在社会不同层次居民的需求上，城市中高档高雅的建筑要有，民众喜爱的大众化建筑要有，两者结合的建筑文化也要有，以满足各方面居民及其提高的需要。所以在旧城区的改造过程中要避免千篇一律，要注重挖掘各类建筑内在的文化，因地制宜的进行更新改造，使建筑文化有机地延续和发展。

2.5 老城区的基础设施是改造的重点

在老城区改造的过程中基础设施的改造无疑是最为迫切的。改造老城区的水、电、气等系统是保证被更新区充满活力的基本条件，也是满足人们现代生活需要的保证。同时，对老城区将来的交通压力和能力予以系统地认识，根据区域内的常住人口容量，流动人口容量进行系统的交通改造是老城区进一步发展的有力保证。在这个过程中充分利用地下运输系统，并在规划之初予以考虑，可以减少对老城区的破坏。例如，丽江古城在做好保护工作的前提下，对古城中的供水、消防、电力、电信、排水、道路等系统进行整治和更新，将管线下地，增加了环卫设施和绿化用地，使古城充满了活力，被世界文化遗产评审专家称为"活着的古城"。

2.6 充分重视公共空间体系得创建

所谓公共空间系统，是指区域内将来为居住服务的大量的商业服务设施，如教育、文化设施等。充分重视公共空间系统的创建，也就是满足城市功能的多元化，创造街道式的生活。老城区的功能是综合的,不仅仅是为当地人提供居住场所的,它更是一座城市经济文化的中心地带。这种独特的定位决定了老城区中的各个项目不能是各自封闭的,需要与城市规划衔接起来,以公共管理代替各自为政的封闭管理。

城市的更新与保护并不是一朝一夕的事情,它需要一个漫长的阶段,是一个循序渐进的过程。以渐变代替突变,首先在旧城区中选择一些关键的地点和项目,加以投资以后,由它延伸引发出周边的反应,靠连锁反应带动地区的更新。我们在规划重要处理好近期和远期的关系,一定要体现一贯性,历史性,长远性和超前性,带动城市的生态的良好的发展。

作者简介: 合肥市建筑设计研究院,建筑师

信息时代的城市规划

李大超

摘　要：当今时代，信息技术的广泛应用对城市规划产生了深远的影响，如何发挥信息技术的优势，将与城市规划相关的各类信息资源进行科学的整合与应用，更加有效地服务于城市规划，是城市信息化进程中规划工作面临的普遍问题，本文将就此进行阐述，旨在为合肥市的城市规划工作提供一点有价值的参考。

关键词：城市规划　信息资源　信息技术

1. 概述

人类社会跨入 21 世纪，信息时代来临，信息时代的特征包括：数字化、网络化、智能化与可视化，信息技术得到了广泛的应用，给我们的生活与工作带来了巨大的改变，信息资源已经成为十分重要的社会资源，并且在社会经济的发展中发挥重要的作用。城市规划作为城市建设的龙头，关系着城市的未来发展，引领着城市发展的方向，因此，如何发挥信息技术的优势，将与城市规划相关的各类信息资源进行科学的整合与应用，更加有效地服务于城市规划，是城市信息化进程中规划工作面临的普遍问题，也是一个值得我们探讨的课题。

在合肥的城市发展进程中，城市规划在促进城市可持续发展、改善城市投资环境、提升合肥现代化大城市的品味与形象等方面发挥了显著的作用。如今，为适应合肥"大发展、大建设、大环境"的发展形势与战略需求，我们必须在规划的理念、思路和方法上开拓创新，加强信息技术的引进与应用，全面提高城市规划的质量与效率,把合肥的城市规划工作提高到一个新的台阶。

2. 信息资源的整合与利用

城市规划是基于各类城市信息资源来进行分析、研究和决策的一项工作,随着社会经济的不断发展,城市化进程的不断加快,城市规划和管理所涉及的信息资源日趋庞大,对这些信息的整合、归纳、管理和利用显得尤为迫切。因此,加强信息资源的科学管理与有效利用,对于提高城市规划的科学性与工作效率具有重要的现实意义。

2.1 规划信息的分类与管理

城市规划工作涉及城市社会发展的众多领域,因此,规划信息不仅包含规划专业信息,还包含了大量的社会信息,根据城市规划的职能与业务特点,规划信息主要包括以下几类:地理空间信息、资源与环境信息、社会经济信息、土地使用信息、市政和公共设施信息、规划管理与档案信息、规划成果信息。

海量的城市规划信息的管理是一项很复杂的工作,需要建立一个比较完善的信息资源管理体系,其内容主要包括数据标准体系、安全体系、组织保障体系、网络支撑平台、软硬件平台、各种数据所组成的专题数据库等,以及为了保障信息资源高效流转而建立的应用系统。建立了完善的信息资源的管理机制,就可以保障信息流的畅通和信息资源的有效利用,对于提高城市规划的效能与决策能力有着十分重要的意义。

2.2 空间信息的获取

空间信息是社会经济、资源、环境、人口和社会可持续发展决策的重要的基础信息,是城市规划信息资源中最重要的基础与支撑信息,可以为城市规划提供多分辨率、多维、多尺度的空间信息服务,大幅度提升了城市规划的应用水平。因此,空间信息的获取、更新与应用,将成为影响城市规划工作质量的一项重要内容,为城市规划提供了更科学的对于规划成果的预见与成果把握,这是空间信息的优势。

当前,以GPS(全球卫星定位系统)、GIS(地理信息系统)、

RS（遥感技术）为代表的现代测绘信息高新技术，拓展了空间信息获取的方式，缩短了信息获取的周期，降低了成本，提高了信息更新的效率，并且也丰富了信息化产品的内容：电子地图、遥感影像、三维地图等空间信息产品得到了广泛应用，传统的信息表达模式，正在向现代的数字化、信息化与智能化的方向发展，为城市规划的充分表达奠定了很好的信息基础。通过对城市空间资源信息的挖掘、整合，将会促进社会各个层面对信息资源的广泛应用。

2.3 信息资源的整合与应用

城市规划信息资源的整合，是指通过对于各类信息的加工与处理，归类与总结，分析与提炼，进行有效的挖掘与整合，以获取新的信息资源与应用价值的过程，信息资源经过合理的整合之后，成为一种资源上的优势，可以促进信息资源的广泛应用：一方面可以为规划管理与设计提供工作内容，为城市政府提供宏观决定支持，同时，也可以通过多种途径与方法，对社会与公众发布，从而建立一种对于信息的有效利用过程。

信息资源整合的目标是建立一个信息交流、内部协作、强化规范管理、提升原有资源价值的平台，基于这个平台，全面整合城市经济社会、资源环境等信息资源，可以面向全社会，满足多层次、多角度的应用要求，形成一个为公众和社会各界提供高质量、高效率的规划信息服务与办事服务的形象窗口。因此，城市规划信息资源平台作为数字城市、电子政务建设信息整合与服务的核心内容，必将成为数字城市，电子政务服务的高效载体。

3. 信息的共享与服务

我国城市化、信息化的进程日益加快，这对传统的城市规划、建设、管理与服务方式来说是很大挑战，同样对城市规划信息资源的畅通无阻地流通和高度共享也提出了很高的要求。城市规划信息资源共享就是采用以电子计算机技术为核心的现代技术，对城市规划信息进行收集、整理、存贮、检索和传递，利用计算机网络来支持信息交流。因此，实现信息资源共享对于提高城市规划的效率十分重要，也是城市信息化发展的重要动力之一。

3.1 建立有效的信息资源共享机制

信息资源历经从获取、加工、处理、集成、到整合的过程，其最终的目的是了实现信息共享和用户使用，才能发挥信息资源的优势，为政府、企业、市民提供内容丰富、资讯准确的信息服务。

为了实现信息资源共享，首先要建立规划数据格式的标准化和规范化，然后要尽快建立一个规划信息基础平台，在这公共平台的基础上，通过一套规范的标准或数据格式，实现城市规划的各个部门之间的信息共享。另外，城市规划工作关系着城市的诸多领域，因此，为了有效的节约社会成本，必须建立有效的城市信息资源的管理与共享机制，才能保障城市规划做到最大程度地总合城市各类信息资源，科学地规划出城市的未来蓝图。

3.2 建立信息服务与分发机制

城市规划管理部门必须建立一个共享的信息资源管理平台，统一负责管理各类信息数据，并承担信息的分发和服务职能。对内，可以满足各部门对于信息的实时查询与调用；对外，可以通过互联网发布信息、公示规划成果、举办展览讲座、设立咨询热线、开发触摸屏查询系统等途径将规划信息资源共享给社会，以达到"政务公开、服务大众"的目的。

4. 信息技术在城市规划中的应用

面对不断变化的社会需求，充分发挥信息科技优势，将为我们提供一种全新的城市规划建设与管理的理念与调控手段，能适应并预测城市发展的变化，为城市政府的各项重大决策提供了科学的依据。信息技术对城市规划的影响主要表现提高城市规划的管理水平、质量和效率，更为重要的是这些信息技术改变了城市规划内部信息流程和城市规划部门与社会的信息交流与反馈机制，进而对城市规划的管理体制产生深远的影响。

当前，信息技术在城市规划领域的应用已经十分广泛，总结一下，主要体现在以下几个方面。

4.1 电子政务系统的建设

电子政府是以网络为平台，通过政府实现办公自动化和信息网上发布来处理政务工作的办公形式。在城市的信息化建设中，电子政府是简化政府的工作流程，提高提高政府工作效率，提升政府施政水平，优化政府服务功能的最佳选择；同时也是提高了政府工作的透明度、实现公正廉洁和有效监督的重要工具。计算机、数据库、信息技术与互联网为电子政府提供了技术支撑条件和信息交流的公共平台，通过这个平台，可引导城市管理迈向更加快速、更加高效、更加智能的台阶。因此，推进城市规划部门的可视化电子政务系统的建设，提高管理与决策水平，必然会为城市规划的有效开展提供最根本的保障。

4.2 规划管理信息系统的建立

当前，运用GIS技术，建立城市规划管理信息系统，已成为各地城市规划部门实现办公自动化、管理现代化、决策科学化的必然选择。城市规划管理信息系统是利用城市公用数据通讯平台，以GIS技术为基础，将城市基础设施、功能设施数字化，实现城市规划、建设、管理工作的信息共享与业务应用，并结合有关城市发展的社会、经济、资源、环境等各方面信息，为市政府、有关职能部门及社会各界提供及时、准确、有效和权威的信息服务，使得城市规划、建设、决策和调控可以在一个真实、准确的数字化的环境下进行，有利于及时、准确地获取、更新和存贮城市规划成果信息，快速、高精度的进行城市规划信息的查询、检索、分析与统计，确保城市规划管理的科学性和规范性。

4.3 虚拟现实技术的应用

由于城市规划的关联性和前瞻性要求较高，城市规划一直是对全新的可视化技术需求最为迫切的领域之一。虚拟现实（Virtual Reality）技术，就是采用计算机技术生成一个逼真的视觉、听觉、触觉及味觉等感观世界的可视化技术。虚拟现实的特点是：人们可以实时参与，实时交互。运用城市虚拟现实技术建立的城市仿真应用系统能够让人从任意角度，实时互动真实地看到规划效果，为城市规划的决策提供更加直观与形象的依据，这是传统手段如平面图、效果图、沙盘乃至动画等所不能达到的。城市仿真系统作为公众参与、展现城市未来的手段，其效率是显然的，身临其境的参与能力使得它是城市规划的一种创新手段，代表了未来城市规划新技术应用的一个热点。

4.4 互联网技术广泛应用

互联网技术的迅速发展与宽带网络的普及为城市信息的传输提供了更加便捷的共享平台。通过互联网不仅可以建立城市规划部门与公众之间的有效通信渠道，还可以实现网上报建，大大提高了规划工作的效率；通过互联网公众还可以及时了解到规划设计方案和规划审批结果，并且可以在网上发表个人的意见，使公众参与更加有效，促进了规划决策过程的民主化；通过互联网，城市规划方案远程专家评审、规划信息网上发布、规划方案的公众参与、网上办公等均已成为现实，为城市规划提供了更为丰富的手段与方法。

5. 城市规划的新思路

在当前我国城市的发展进程中，城市的快速发展与相对滞后的规划决策之间的矛盾正日益突出，时代呼唤着城市规划的变革与创新。

5.1 注重城市的和谐发展

城市规划决策是一个涉及到社会、经济、文化发展等方方面面问题的复杂博弈过程，因此，城市规划的全面性、整体性与协调性成为关系城市未来发展的重要内容。现代规划开始倡导从"方案"到"过程"的转变，强调规划是一种动态发展与整体协调发展的过程。将规划理解成是"动态的过程"，一方面是因为规划面对的城市和城市问题在不断变化，另一方面也由于参与的决策的各个方面对城市问题的态度在不断改变。城市规划的"以人为本"就是指一方面在规划中要全面考虑人的各种需求，另一方面是要将政府中社会经济各个部门的发展融入到城市规划之中，实现城市的和谐发展。

5.2 加强规划理念的创新

当今时代，创新成为一个城市乃至一个国家快速、持续发展的核心源动力，城市规划关系城市未来的发展。因此，时代的需求决定了城市规划需要在规划理念、思路和方法上不断创新提高。这种创新与提高主要体现在三个层面：一是规划科学理论上的创新，二是规划管理与设计方法的改进，三是规划信息技术的深入应用，这种多层次与多角度的实践，将为城市规划带来新的变革。

5.3 把握规划科学的发展方向

进入20世纪90年代以来，城市规划科学有了很大发展。全球城市理论、可持续发展理沦、生态城市理论，以及数字城市和信息技术的发展，使城市总体规划的理论和方法上升了一个台阶。因此，从规划科学的发展方向上，一个新型现代城市的定位是：具有最先进的规划理念和规划布局、数字城市的信息系统和城市管理系统，先进的科教创新产业，便捷、高效的智能交通体系，优美的人居环境和生态系统，集科技先进、适宜居住、生态环保于一体的技术城市。

信息时代的到来，信息技术改变了世界。城市规划将在信息空间中构画城市发展的蓝图，并通过城市建设者在现实世界中实现。让我们共同努力。

参 考 文 献

"中国城市规划学会新技术应用学术委员会2004年会——论文集"

作者简介： 合肥市测绘设计研究院 信息中心副主任，高级工程师

老城区空间生产的审视、评价及其治理思路

魏 成 乔 森 贺静峰

摘 要：本文对较具典型的我国省会城市个案——合肥老城区，建国以来的空间生产进行经验研究。通过对合肥老城区的空间"占据"（lock-in）进行时空维度的梳理，分析省市政府权力机构与合肥老城区空间发展的关系，探讨合肥老城区空间"结构性凝聚"（Structural Coherence）背后的动力与约束条件。同时，结合对老城区空间生产的评述性反思，指出其空间结构锁定主要在于由计划经济时期形成的城市空间权力约束下的"空间呈现"。此外，文章强调，空间生产的理论分析应关注于更具体的"在地条件"（Local Conditions），即特定地域空间生产的政治与社会过程，以及以体现空间政治特质为载体的地域空间特征。最后，文章针对合肥老城区的空间-社会特征与城市问题，提出空间治理予以重视的若干政策建议。

关键词：合肥老城区 空间生产 空间政治经济学 结构性凝聚 空间治理

1. 问题提出

建国以来，我国城市发展在一系列政治、经济约束下，经过了近三十年时间的停滞与波动，直至改革开放以后才逐步走上正轨，并进入二十多年的快速城市化时期。与之相对应的城市空间生产也不免留下不同时期、不同发展阶段的时代烙印，并既而在一定程度上影响着城市的后续结构。合肥老城区即是这样一个具有典型计划经济时期空间特质的个案。本文研究的合肥老城区，

是指以现环城马路为界，东西长近3000m，南北长约2000m，面积约为5.6km^{2}的空间范围。

虽然合肥是一座秦汉时代就已经存在的古城，但作为建国后确定的省会城市，其城市空间的生产主要集中在新中国成立以后，并在相当长的一段时期内（20世纪90年代以前），城市空间结构布局大体上是以数平方公里的老城区为核心的"风扇形"延展。随着20世纪90年代中后期以来的快速增长（如开发区等新产业空间的崛起），以老城区为"单核"的"风扇形"城市空间结构迫切需要转变与重构，其调整的速度与实效对城市机会窗口的把握，以及对区域形势的回应等层面具有相当重要的战略意义。尽管老城区定位与功能调整早在数年以前就被提上议事日程，合肥城市规划早已明确老城区省市行政职能的置换迁移，然而至今收效尚不彰显。是什么因素促成了合肥老城区的"结构性凝聚"（structural coherence）？其背后的约束条件是什么？回答这些问题，不仅需要技术性的规划论证，更有必要对老城区的历时空间生产进行反身性（reflexivity）的空间政治经济学分析。

本文通过对合肥老城区空间演变与结构特征的梳理，分析省及市政府权力机构与合肥老城区空间发展的关系，探讨合肥老城区空间"结构性凝聚"背后的动力与约束条件。同时，结合对老城区空间生产的评述性反思，指出其空间结构锁定主要在于由计划经济时期形成的城市空间权力约束下的"空间呈现"。此外，文章强调，空间生产的理论分析应关注于更具体的"在地条件"（Local Conditions），即特定地域空间生产的政治与社会过程，以及以体现空间政治特质为载体的地域空间特征。最后，文章针对合肥老城区的空间—社会特征与城市问题，提出空间治理予以重视的若干政策建议。

2. 老城区空间生产历程

合肥市老城区是在原两千多年历史的古城遗址与变迁基础上形成的[1]，目前是全市的经济、政治与文化中心。作为建国后确定的省会城市，合肥老城区空间生产主要集中于新中国成立以后的50多年,其空间的生产与演变主要分为三个时期。

2.1 逐步填充与基础设施的初步改造:1949~1970年代中后期

解放初期,合肥市总人口仅为6万人左右,市区只限于城墙内核心地带和四门关厢,城墙内5.2km²,实际建成区约2km²左右,水塘及空地占一半以上,且建成区房屋大多为破旧平房和茅草房,基础设施非常简陋。1949年,合肥被定为皖北区首府,区党委、行署及军区等权力机构因地制宜地利用了城墙内部分破弊的大院房舍。1950年,合肥被确定为安徽省省会以后,城墙内原有的简陋房屋与设施一时无法满足省会城市权力机关及文教卫等事业单位的房屋急需,砖瓦等建材的大量短缺使得挖城墙、拆城砖形成风潮(陈衡,1997),并直接导致了已残缺老城墙的拆除[2]。

1952年编制的《城市布局示意图》明确了以旧城为中心,环城绿化体系以及环形加放射道路的城市结构。在此指导下,老城内进行了初步的"填充"与改造。在增建简易平房的同时,拓宽了少数街巷[如东西大街与文昌宫街(今淮河路中段)],并将私人花园逍遥津改建为城市公园(戴健,1999)。1954年,旧前大街(今长江中路)经拓宽,并成为横贯老城区东西向的主要干道,路南北两侧,省市行政机关、事业单位办公楼和商店、旅馆等逐渐兴建起来。1959年编制的《城市总体规划》明确了"重点改造旧城,逐步向外扩展"的总体指导思想。在"城内填空,东郊调整,北郊补齐,南郊收拢"的方针指引下,老城区得以进一步的改造与填充,除长江中路沿线继续充实并向南北纵深拓展外,又增辟了亳州路、阜阳路、徽州路等南北向干道,部分学校、医院以及省市行政及事业单位附属简易住区等的建设,使得老城区成为省、市机关、事业单位及公共设施集中地。

随着东部工业区、北部工业仓库区、西南文教科研区的逐步建设与发展,逐步奠定了合肥以"老城区为中心,三翼伸展"的"风扇形"城市结构雏形,老城区也由建国初期的简陋破弊逐渐形成一个初具现代化风貌的新兴城市。随后的"大跃进"与"文革十年",合肥城市建设基本停滞。

2.2 成片旧城改造与密集"单位大院"的形成：1970年代末～1980年代末

改革开放以后，合肥城市建设逐步走向正轨。1980年代初，合肥老城内仍有大量破旧房屋，建筑平均层数约1.79层，平房约占49%。一方面，随着人口规模的不断攀升，老城内行政事业单位办公与居住空间逐渐满足不了形势所需；另一方面，普通平房占据了部分城市干道沿路空间，老城内商业空间发展受到一定的制约。根据1979版总体规划对老城区的利用原则，老城区正式启动旧城改造。1983年9月，合肥市委、市政府制定了"收缩布局、控制征地、合理填补充实、分段改造旧城"的城市建设方针，并组建了"长江路、金寨路沿街改造工程指挥部"（后为旧城改造工程指挥部），在全国率先拉开了旧城改造的序幕（胡运海，2000）。

老城区众多成片的平房成为改造的主要对象，改造的基本方式为拆除新建。此间，老城区空间生产主要集中在两个层面。其一是吸纳社会资金的商业地段改造。主要集中在老城区西部长江中路西段、金寨路北段和城隍庙等地区。1984～1986年间，改造共吸引社会资金1.6亿元，拆除旧房14.9万m^2，新建建筑面积约34.5万m^2，并形成城隍庙、七桂塘小商品市场以及三孝口商业区（以红旗百货、汇通大楼、龙图商场等为代表）。其二是单位附属居住大院建设。为适应老城区内省、市行政及事业单位不断增长的办公及居住需求，各单位纷纷利用各自的权力优势资源，进行改建与增建，其附属居住由起初的简易平房逐渐向多层（以4～5层为主）现代化住宅演变，并逐渐导致老城区密集分布的"单位大院"（办公+附属职工住宅）的形成。此间，1984年初，省、市决定兴建环城公园，1985年，环城公园的初步建成使老城区镶嵌在"翡翠项链"之中。

2.3 零星及沿线更新与空间的结构性凝聚：1990年代以来

1990年代是我国城市发展的重要阶段。土地有偿使用制度（1990）、财政分税制度（1994）以及随后的金融制度改革和住房制度改革（1998）大大释放了城市发展的潜力。由此，一方面，合肥老城区的更新改造步伐逐渐加快。由于受1980年代成片大规模改造的影响,这一时期供大拆大建的空间已较为有限,1990年代以来的合肥老城区空间生产主要表现为零星点状与部分线状更新改造相结合的趋势,银行、办公以及宾馆等高层建筑随之逐渐兴起。随着乐普生、商之都、鼓楼商厦、市府广场以及淮河路商业步行街等的兴建与改造,老城区四牌楼地段逐渐代替三孝口地区成为全市商业中心。与此同时,省市行政机关、事业单位以及中小学等部门的办公及相关设施相继改、扩建,也使得老城区的公共服务设施愈加密集。

另一方面,老城区仍然是城市的重心,拥有独特的区位优势和较强的向心力,随着城市开发区的快速崛起,合肥城市规模急剧膨胀,单核心的"风扇型"城市布局已越来越不适应快速城市化扩张的形势,城市结构急需重构。首先,北、东及西南"三翼"的持续增长与蔓延,不仅相互之间联系不便,而且给老城区带来诸多较大的转换压力,老城区交通负荷日趋沉重,交通效率低下并导致较大的间接经济损耗;其次,老城区作为商业、行政、服务中心与优势教育基地(主要指中小学教育),强大的吸引力使其成为人流及交通流汇集最稠密的地区,优越区位、完善设施以及城市商业的高度聚集已使老城区不堪重负;同时,由于行政机关、事业单位以及附属住宅大院等行政划拨用地占据了城市的优势地段,平均层数仅为4.2层,净容积率为1.93,老城区黄金地段的土地价值未能充分体现。另外,老城区净建筑密度已约为44.5%,空间的有限与不足已对城市再开发带来负面影响,低效的"单位"土地利用也制约了老城区专业化城市功能的发挥,如不对老城区部分功能进行疏解,将使老城区失去提升和再发展的余地;并且,老城区的过于密集导致新区的规模和吸引力难以形成,也不利于城市结构的整体转换。

尽管1995年的城市总体规划、2000年的政务新区规划、2001年的战略规划以及目前的总体规划修编都意识到这种单中心"结构性凝聚"的弊端,并明确合肥今后的"多中心城市结构",老城区行政机构的搬迁作为新区建设的触媒已达成共识。但大部分的省市权力机构并未出现实质性的迁移计划,机关与事业单位及附属住宅大院、优势公共服务设施（商业、医院及中小学教育等）等至今仍使合肥老城区锁定于"结构性凝聚"之中。众多的技术性规划对"空间生产"的背后约束条件显然缺少有效的分析，因而，有必要对老城区空间生产进行反身性（reflexivity）的空间政治经济学的审视与反思。

3. 老城区空间生产的政治经济学分析

合肥市老城区空间形态与结构的形成主要产生于由建国初期的计划经济到改革开放后的市场经济的转型时期，受不同时间与阶段的空间治理思想影响，形成了具有中国城市，特别是省会城市所具有的空间特征，具有一定的空间典型性与代表性。

3.1 "划路而治"的空间政治版图

通过对老城区机关、事业单位及附属大院[3]的空间梳理，不难发现老城区隐含着较为明晰的空间权力地图。截止 2005 年底，省市两级主要行政机关都集中于老城区，形成了全市，乃至全省的政治中心。而省市两级行政机关及事业部门主体大致上是沿长江中路划分"地盘"的，特别是市级机关、事业单位及附属大院大部分位于长江中路以北，省级机关、事业单位及附属大院则主要分布在长江中路以南。这一"划路而治"的空间权力布局虽然很难去加以考证原委，但足以说明当初这些机关及事业单位用地的划分并非按照严谨的"选址"，而是渗透着关键的政治权衡（魏成，2004）。部分省级机构跨越长江中路于老城区北部布局可能与老城区南部空间局促密切相关（以长江中路为界的老城区北部用地约是南部的 2 倍左右）。

在此，作为"安徽第一路"[4]的长江中路不仅构成了商业空间消费的形象标志，而且也是老城区"两个合肥"——北部"市级合肥"与南部"省级合肥"的分水岭，成为名副其实的政治经济空间边界。长江中路沿线分布着省委省政府等 18 家省直单位，合肥市工商局等 14 家市直单位，还有中央驻皖单位（如安徽煤矿安全监察局等），这使其成为合肥乃至全省"政治权力带"。同时，长江中路横跨合肥最繁华的四牌楼和三孝口两大商业中心，多年来一直商铺密布、人流如织，其沿线门面更是合肥最贵的黄金商业铺面。

3.2 单位大院与沿街门面房构筑的"空间利益围墙"

与空间权力地图相伴随的是附属行政与事业单位的密集单位大院分布，构成了较具计划经济时期"单位+住宅区"的大院式空间特征。老城区是省市机关与事业单位的主要驻地，各单位在街坊内部以围墙围合自己的用地，在强调领域感的同时，形成相对独立封闭、相互隔离的空间布局模式。各类行政机构、事业单位以及附属居住配套总用地约186.79公顷，约占老城区总用地的35.3%；在省市两级行政单位及其附属住宅用地96.53公顷中，附属住宅用地则占了58.4%。老城区生活区大部分还是属于"单位大院性质"，独立占地的附属居住配套用地，大部分住宅为砖混结构，基本以4~5层为主，容积率偏低。

由于"单位大院"用地基本属行政划拨，使得寸土寸金的老城区土地价值并没有充分体现。同时，由于各单位界限分明，封闭性较强，特别是在1980年代，"一道道围墙"成为大院式空间的典型景观。1990年代初的城市土地制度的改革使得土地价值凸显，在市场经济利益驱动下，同时受政府提倡的"开墙打洞、搞活经济"的影响，各单位纷纷"破墙开店"，并由此滋生了大量的不合法的门面房营业建筑。众多单位大院和沿街门面房实质上构成了空间意义上的政治经济"围墙"[5]。

单位门面房的纷纷诞生不仅有损铺面租赁市场的公平性，影响房地产市场的正常发育，而且亦成为各单位谋求"小金库"的重要来源，没有人确切地知道这些租金的去向；同时，这种各自为政的、沿街"一层皮式"的开发，不仅使得商业网点的趋同（特色不够）与分布散乱，客观上阻止了老城区商业向多样化、特色化与层次化方向发展。

3.3 优势中小学教育与医疗等设施巩固的"空间结构性凝聚"

受计划经济时期公共设施配置的权力垄断影响，集中了主要行政及事业单位的老城区汇集并累积了大量的城市公共设施优势资源，尤以教育和医疗最为典型，具有为全市，甚至为全省服务的功能。教育及医疗等优势公共资源的过度集中不仅吸引了城市大量的人流，为老城区的交通疏导带来较大的压力，而且，受老城区空间有限的制约，其自身的发展亦受到较大的束缚。

老城区内共有小学12所，中学13所，总共占地为32公顷，除了寿春中学（占地约2500m²）为民办学校外，其余都为城市公立学校，且大部分是全市的"明星学校"，此外还有为数不少的"明星幼儿园"[6]。相对于老城区服务人口而言，其配套已明显过剩。以中学为例，按照目前老城区人口规模配套要求，只需约8所中学。原先集中全市精力而发展起来的教育"名校"在老城区内聚集，成为众多家长的追捧对象。在学生"划片入校"的指导思想下，不仅有违代内公平[7]，而且使得这种垄断资源得以代际传承，如大量的将居住于老城区外的子女户口安置在祖父母（或外祖父母）居住的老城区，使得这些名校学生人满为患，教学设施配置等方面频频告急[8]。13所小学中只有淮河路第三小学符合人均用地标准，其他学校严重不足，13所中学中，有8所的总用地规模和人均用地面积低于国家标准。而且大部分中小学校没有或缺少操场与活动场地。此外，一些学校还占据了城市黄金地段和城市主干道，影响了城市交通和土地价值的发挥。

另外，老城区还汇集了总共占地约12公顷的优势公立医疗设施，包括2座三级医院，2座一级医院和5座专科医院，一方面上述优势医疗设施吸引了全市，甚至是全省大量的人流，同时，也由于在老城区的布局不均和道路交通体系的不匹配，造成人流与车流的过度集中，如著名的省立医院的对外出口临路仅是双车道的城市支路，大量的人车流汇集给老城区交通转换带来较大的空间压力；另一方面，空间的发展有限与不足也影响其进一步发展。

4. 评价及老城区空间治理的政策思路

4.1 对老城区空间生产的评价

综观建国后五十多年的空间演变历程，我们不难发现，合肥老城区的空间生产过程有其特定的社会、经济背景与外部特征，在全国具有一定的典型性与代表性，特别是省市权力空间版图与行政划拨的"单位制"土地利用的凸显。不仅暴露了"计划经济"

体制下城市发展目标的单一与"线形"（如"生活为生产"服务等），而且也反映了我国城市（特别是省会城市）治理层面的缺陷，即，省市行政权力机构及事业单位对城市优势区位的空间占有，以及对高于城市行政位阶单位不能有效管辖的行政障碍等，如合肥老城区中有不少高于或平行城市行政位阶的省级部门。

同时，随着城市规模与城市新产业空间的快速崛起，以老城区为"单中心"的"风扇形"城市空间结构迫切需要转变与重构。尽管合肥市政府早已意识到城市再结构的紧迫性与重要性，不仅在规划层面多次论证"多中心"城市结构的必要性和可能性，而且在实践层面上已做出率先搬迁出老城区的实际行动（合肥市政府行政机构已于2005年底搬迁至政务文化新区），但至今老城区的空间再结构收效尚不彰显，大部分的省市权力机构并未出现实质性的迁移计划，机关与事业单位及附属住宅大院、优势公共服务设施（商业、医院及中小学教育等）等至今仍使合肥老城区锁定于"结构性凝聚"（structural coherence）之中。

在老城区空间生产过程中，总体而言，是短期与局部目标占主流，长远与综合目标欠斟酌，这其实是"可持续性"空间生产的焦点所在。换言之，是对城市发展目标与导向，城市功能定位与把握，宏观政策变迁与走向，以及行动方法与措施等方面"领会"不充分的情况下实施的"全面填充式的空间生产"。

对于省市政府机构而言，建国初期，迅速改变城市物质环境、满足行政与居住需要是其首要目标，并主导实施难度小、可操作性强的项目"单位大院"有其必然性与合理性，但随着城市发展形势的变迁，这种思想就显失长远考虑，并限制或阻滞了城市的再结构。城市核心地段的老城区是其权力与形象的象征，优势公共设施服务、灰色的临街营业租金等致使其长时期留恋此处。

对于规划行政来说，空间生产与改造实施不仅考虑其对老城区或城市整体空间结构的影响，更在于考虑空间权力的平衡，矛盾搁置留待以后解决看来不可避免，重点项目只有得到省、市政府领导的首肯才能释然"行政"，因此，单一的规划方案、研究报告显然不能起到有效的"向权力述说真理"的作用，这不仅意味着规划行政人员"述说"的勇气与胆识,更需要"述说"的智慧与技巧[9]。这是我国省会城市中普遍存在的空间现实,只不过对于省、市机关"划路而治"的合肥老城区而言,这一现象更为明显。对此,省、市政府之间的共识至关重要。

对于老城区市民(主要是机关事业单位人员)来说,他们拥有老城区众多的资源,如优势义务教育、环城公园、医疗等公共设施等,房改以后老城区房价的高扬,也使得他们更加固守此地(虽然,已有部分市民工作在老城区以外),甚至,老城区的空间优越感也使得他们认为老城区以外地区是"偏远"的郊区。

对于老城区以外普通市民来说,良好的购物与休闲服务环境、使子女受到良好的教育等等是他们对老城区的期盼,老城区优势资源的垄断固然可以在今后的城市发展中逐步完善,但他们将会为此付出更高的"空间需求"成本。

一言以蔽之,不理解不同时期合肥老城区空间生产的社会经济背景,不理解不同阶段合肥老城区社会—空间演变与"在地条件"(Local Conditions),就不可能审视老城区空间结构性凝聚的背后约束条件。

4.2 空间治理的政策思路

作为一项实践性和敏感性很强的城市空间实践,老城区功能调整与结构转换不可能脱离省市行政、城市社会—空间环境而孤立运行。在城市总体规划以及控制性详细规划等对老城区进行功能定位与开发控制的同时,更需要对相关功能置换与搬迁计划,特别是省级行政与相关部门,进行细致而深入的行动方法分析,以改变过去一味地寻求规划和交通管制等层面上的被动与静止的技术论证。

老城区结构转换与空间治理的时效是否理性,需要制度层面的共识,以促进与保障,即,既需对空间生产过程进行规范,也需寻求省市机关与相关主体利益代言人,在制度框架内协商对话,以寻求妥协与共识行动。针对目前老城区结构性凝聚的困境与问题,其空间治理的思路可着重考虑以下三个层面因素。

首先,继续加强对老城区内历史行政划拨用地的空间治理力度，消解与剥离由权力与历史因素使然的非正规租金利益"链条"，促成省市行政机构的疏解外迁，以利于商业空间的重整与优化。老城区内大部分省市行政及事业单位，特别是临街地段，存在为数不少的道貌岸然的违法营业建筑，在零地价下谋取部门租金利益，造成土地收益的流失。因此，应进一步加大"大拆违"行动的力度[10]，从根本上消除由权力与历史因素导致的"租金链"。由此，不仅可打破空间权力的"根植格局"，促成省市行政机构的疏解外迁，有利于提升老城区的土地收益，而且，也会使得简单重复的"商业门面房"空间得以重整，使老城区商业空间得以优化，并向专精化、层次化与高端化方向拓展。

其次，积极促进老城区中小学教育与医疗设施等优势公共资源的空间扩散与疏导，逐步推进城市优势公共设施的合理布局，切断当前对老城区的过分追捧与依赖，从而在缓解老城区空间压力的同时，保持优势公共资源的公平占有利用。目前，这些优势资源所服务人群已远远超过了老城区的空间范围，教学质量较高的公立中小学已是全市适龄少年的追捧之地，部分医疗设施的服务范围更是扩展到全省，交通与空间需求的堆积不仅给老城区带来较大的空间供给压力，妨碍与影响商业及商务效率，而且其空间的局促与用地紧张也制约了其自身的进一步发展。为此，在促成部分不符合用地规范与标准的公共设施整体搬迁的同时，可引导部分知名度较高的设施，另择新址独办或合办分支机构，改善设施条件，分散优势资源。例如合肥一中、六中和八中与经济技术开发区联合新办的一六八中学就是个可推广的办法。

第三，努力创新并制定与老城区空间特质以及新区建设相匹配的城市再开发机制与技术手段，以保证老城区空间得以有效集约与高效配置。如可培育省市机构与相关利益主体联席会议，加强老城区的地籍和用地权属等信息化管理，保持城市决策、土地出让以及信息的透明与及时、公正与公开，形成合理、高效、规范的空间治理体系与组织规范，从而使得老城区再开发在取得共识的前提下，得以高效运行。同时，加强城市新区之间的快速交通联结，避免对老城区的无谓穿越，强化老城区内的交通需求管理，从技术手段上保证交通结构与交通出行的合理与通畅。

建国后新的省会城市的确立，既给合肥带来了极大的城市增长动力，同时亦给建国初期简陋而空间有限的合肥老城区的空间供给带来较大的压力，并客观上导致了主要省市行政机构与事业单位的密集分布，以及低效的"办公+居住"的单位大院式空间的形成。优势区位、优势可动用的计划经济资源作用下的空间累积逐渐使得老城区成为优势公共设施的汇集地，随后的市场经济改革启动的相关制度变迁（如土地、财政、住宅等制度）为老城区的空间生产注入了"活力"，并导致空间利益格局的"落地生根"，既而一定程度上造成单中心城市结构转换的"再结构难题"。

因而，合肥老城区的"结构性凝聚"诞生于由建国初期、计划经济到市场经济改革的转型时期，受不同时间、不同阶段的空间治理影响，形成了具有中国省会城市所具有的较为典型的空间特质。合肥老城区的空间生产及演变与转型时期城市的空间—社会过程密切相关，体现了由城市空间权力约束下的"时空累积过程"。就此而言，抽象的空间政治经济学的理论分析应关注于更具体的"在地条件"（local conditions），即特定地域空间生产的政治与社会过程，以及以体现空间政治特质为载体的地域空间特征。

尽管，在快速城市化时期，合肥城市空间结构转换固然是时间早晚问题，但在全球化时代，对市场需求机会的把握与回应速度对于城市发展而言，已越来越重要，良好社会—空间关系（空间供给优势等）对于城市竞争力亦愈加关键。由此，在一个快速变动的发展过程中，如何对束缚城市发展的路径依赖（path-dependence）作出"在地制度性调整（local institutional fix）"是影响地方发展的关键。从这个角度而言，合肥老城区空间治理须拓宽空间地域的界限，从更广泛的社会—空间关系与宏观制度供给等相关层面入手，才能从根本上改变目前城市结构转换收效尚不显著的困境。

参 考 文 献

1. 陈衡. 合肥市城市建设的历史回顾[J]. 安徽建筑工业学院学报（自然科

学版),1997,(04):146~149.
2. 陈衡. 合肥环城公园在城市规划布局中的确立与形成 [J]. 安徽建筑工业学院学报(自然科学版). 1997,(04):107~108
3. 戴健. 合肥解放前后 [J]. 江淮文史,1999,(03):4~13.
4. 郭万清. 新时期合肥城市规划的几个问题 [J]. 城市规划,2004(28),(01):81~85.
5. 劳诚. 合肥总体规划札记 [J]. 城市规划,1996,(03):47~49.
6. 李光明. 合肥大规模拆除违法建设是向腐败宣战 [EB/OL]. (http://www.sina.com.cn)(2005年12月3日).
7. 刘彩玉. 历史上的合肥城 [J]. 江淮论坛. 1963,(02):350~355.
8. 胡运海. 旧城改造,合肥敢为全国先 [J]. 城乡建设,2000,(03):14~15.
9. 魏成. 我国转型时期城市更新问题研究 [D]. 华南理工大学硕士论文,2004.
10. 张筱丹、宋功林. 合肥:长江路拆违战役将打出合肥人"新精神" [N]. 合肥晚报(2005年8月8日).
11. 合肥市城市规划局、深圳市城市规划设计研究院. 合肥市老城区控制性详细规划 [Z],2006.
12. 合肥市城市规划局、合肥市城市规划设计研究院. 合肥市城市总体规划(2001—2010)[Z],2001.
13. 上海同济城市规划设计研究院. 合肥市城市发展战略规划 [Z],2002.
14. 中国城市规划设计研究院. 合肥市城市发展战略规划 [Z],2002.

作者简介:
  魏　成,中山大学地理科学与规划学院2004级博士研究生,工程师,注册规划师
  乔　森,合肥市规划局副总工程师、高级工程师
  贺静峰,合肥市规划局注册规划师

用"类比法"思考合肥市的城市发展问题

朱玲松 梅江涛

摘 要：笔者采用翔实的资料数据，阐述了合肥市城市发展历史、现状与未来，又运用"类比法"分析合肥市的发展定位，城市发展与建设应符合科学发展观，因地制宜，尊重城市的特点与本性，与区域大环境中找到合适的定位，与周边区域的发展相互协作，共同进步，使合肥真正建设成为适地、宜人且具有特色的现代新型城市。

关键词：类比法 合肥市 城市 发展 问题

在清代前期，安徽与江苏还是一个省（江南省），康熙六年（1667年）一分为二，开始一段时间省会还留在人家地盘上（江宁），直到乾隆二十五年（1760年）才以安庆为省会。在清国与太平天国的拉锯战中，很多战争都是围绕"安庆"展开的。咸丰三年（1853年）清国曾在安庆失守的情况下以合肥为安徽省临时省会，后以合肥"无重关大江之险"，复以安庆为省会。到新中国解放时，合肥仍然只是一个小镇，在古城墙围合的 $5.2km^2$ 的城内，实际建成区只有 $2km^2$，远不及省内城市安庆与芜湖的规模。然而历史却选择了合肥，合肥也成为新中国省会城市中发展加速度最大的城市。

1. 打破原有行政壁垒，打开联江通道

在历史上，合肥一直是重要的军事重镇，三国时魏国在合肥就有驻军7000多人，孙权率10万之众攻而不下，留下了著名的历史战例"张辽威震逍遥津"。合肥作为城镇而言，发展历史可谓悠久，但一直到新中国初年还是一个小镇，是有其客观原因的。早

期合肥因淝河兴起，但随着人类活动的频繁干扰，淝河的通航能力日益下降，靠水运发起的合肥城受到了巨大的限制。因而数千年来合肥的城市规模一直处在停滞状态。

我国早期城市的发展多依河而起，这方面的例子太多：南京、武汉、杭州、重庆、开封、广州等等。在安徽省内，除合肥以外的大城市，几乎都是沿长江、沿淮河而发展的，芜湖、安庆、马鞍山、铜陵依江而起，蚌埠、淮南是依淮河发展起来的。就行政区域而言，合肥最大的缺陷是没有联江通道。相对于本省的沿江城市，合肥城市及周边地区的发展总是显得过于封闭。一方面是合肥周边的三县都属于非沿江地区，肥东与肥西两县虽然是巢湖北岸地区，但两县的县城都没有沿湖建设，巢湖相对于合肥的各级城市仍然遥远，城市对巢湖的利用微乎其微。现在巢湖作为国家级风景名胜区，合肥市的旅游业对之的利用还远远不及巢湖市，更不用说其他行业对巢湖的利用了。

我国的行政区划具有很强的壁垒性，合肥市受困于内陆之中，缺少与长江黄金水道的连通是城市发展的严重制约因素之一，打通合肥南向的"联江通道"势在必行。合并合肥与巢湖两市，很多建设问题就可以在市内解决，可以提高可行性与办事效率。巢湖市有很长的长江岸线，可以很好地利用长江黄金水道，但巢湖市一直缺少品牌优势，合肥作为省会城市具有很好的品牌与经济实力，结合巢湖市的"江湖"（面临长江拥抱巢湖）优势，将可以达到双赢的效果。

2. 提高县域经济，实现整体腾飞

城市的发展离不开市域经济的支持。如果把一个城市比作一只"飞鸟"，中心城市就像是鸟的身子，中心城市周边的地区就好像是"翅膀"。鸟要飞翔，离不开翅膀。城市要发展，离不开市域内广大周边地区的支持。一方面，城市的资源供给与城市的对外服务首先都是城市的郊区。另一方面，从当前社会经济发展模式看，"管理/控制"与"生产/装配"日益分离，中心城市往往成为企业的"管理/控制"的最高层次，"生产/装配"一般都分离出去，放在城市郊区、市域内的县里、更远甚至别的国家。从我国中心城市上海来看，市域内的县域经济也是同步发展的。上海的郊县作为中心城市经济的"生产/装配"的功能区块，很好地发展起来，而且，上海的"生产/装配"还一直延伸到江苏省的苏州市内的广大范围。这是江苏省得自上海的巨大的经济实惠。现在，苏南地区也成了上海的"翅膀"，比翼齐飞了。

相对而言，合肥的县域经济发展严重滞后。现在合肥所辖的肥东、肥西、长丰三县，经济状况令人担忧。从历史上看，受资源、交通与区位关系的限制，合肥及周边地区一直就是经济非发达地区。但是，自从合肥建国后确定为省会城市，中心城市就一直在快速发展之中，即使是改革开放前，合肥也是处在快速发展状态中。合肥从一个不足5万人口的小镇，发展到现在的150余万人口，足足扩大了30倍以上，应该说成绩是喜人的。但是即使是发展到现在，合肥郊县的经济一直是落后的，不但落后于发达地区的县域经济，在安徽省内也处在落后状态。从2003年的统计数据中最重要的人均国内生产总值看，合肥市所辖长丰、肥东、肥西三县在全省61个县（市）中的位次分别是55、38、51（合肥三县主要经济指标在全省中的位次，见表1），可见其落后程度。这不免令人反思，为什么合肥中心城市如此快速的极核式发展，就是不能拉动周边县域经济的提升。也许是县域经济的"瓶颈"限制了合肥的进一步发展，我们要打破现有的县域经济状态。从这一点看，提高县域经济与打破行政壁垒又是十分关联的，合肥现有的翅膀缺少托起合肥飞翔的动力，纳入联江通道上的新翼，将能推动合肥的腾飞。

合肥三县主要经济指标在全省中的位次 表1

县（市）	国内生产总值	人均国内生产总值	财政收入	人均财政收入
长丰县	41	55	22	43
肥东县	13	38	2	30
肥西县	36	51	12	26

注：1. 表中数据来源于安徽省2003年统计年鉴，为2002年数据。
2. 全省共有61个县和县级市。

3. 保持中心城市原有规划格局，开辟城市新区建设空间

我国改革开放以来，城市发展总是和经济发展相辅相成的。首先是确定了一些对外开放的港口城市，后来从城市扩大到地区。这些城市首先得到了发展的机遇，城市扩大和经济发展总是同步进行着。现在再看这些城市，他们总有着共同的先天的条件，那就是沿海城市，海上交通方便。他们都有良好的对外交通廊道。还有一个共同点，这些城市和周边地区总是同步发展的。就安徽省内来说，长江是我省最好的对外渠道。近年来沿江的几个城市得到了快速发展，同时发展的还有沿江中心城市周边的县域经济。芜湖市的芜湖县与繁昌县、马鞍山市的当涂县、铜陵市的铜陵县以及沿江的无为县等等，县域经济都得到了很好的发展。正如沿海城市得益于海外经济一样，这些城市与县域经济也得益于省外经济的注入。

合肥中心城市作为省会城市，具有很好的招商引资的能力，但是内陆的合肥市的纳入量是有限的。合肥受到水资源与交通条件的制约，每发展一步都举步维艰。因此，开辟新城区将是理性的选择。合肥市具有经典的"三叶风车式"规划模式，三块楔形绿地嵌入城市建设用地内，自然与城市很好的相融，构成了环境宜人的"宜人城市"模式。如果城市发展没有得到很好的控制，这种经典的城市规划模式将会遭到破坏，宜人的城市居住条件也将不复存在。因此，跳出中心城市发展是合肥市发展明智的选择。开辟新区是目前合肥城市发展的重要环节，就现在合肥三县来说，都不具备承接合肥经济链中"生产/装配"功能的条件，合肥发展要在三县外的地方选择地盘。如此说来，联江发展还是合肥市理性发展的方向。

4. 以人为本，建设宜人城市

城市建设的终极目标是什么？是国际大都市，是国内超级城市，还省级经济核心。目前我国城市在城市发展目标的确定中，

普遍存在着好高务远、不切实际的情况。省会城市的目标都敢定位到区域、国家甚至国际大都市，都不愿意在区域中充当配角，相互恶性竞争，造成城市生活极不和谐。合肥从一个小镇经过50年的发展，一跃成为超大城市应该说已经包含着太多的人为因素了，当然，就目前合肥的城市状况，应该说还是比较适于人住的城市。但从合肥的地理区位、资源、城市水源、市域条件与对外交通情况看，合肥的中心城市都不宜无限地壮大发展。

　　回归自然是人类天性的呼唤。合肥城市"三叶风车"形的规划布局作为我国当代城市规划的经典之作，就是因为城市与自然环境很好地相融，如果任其发展壮大，经典的与自然和谐相依的城市布局状态将不复存在，摊大饼式城市形态将会使合肥城市走向衰败。"量体裁衣，量力而为"是科学的发展观。数千年来合肥市都没有很大的发展，也说明了合肥之地并不具备发展大城市的先天条件，建国后作为"省会"城市才推动了城市的超级发展，但是这种发展不是无限的，应该说合肥市的最佳规模即将达到甚至已经达到。现在我们应该及时反思：合肥的综合条件还能让城市走多远。"人无远虑，必有近忧"，现在不思考，将来城市超大了，城市的水资源、交通条件跟不上去，城市还能算是"宜人的城市"吗？说到此还是城市发展的目标问题。城市是为人而建还是为发展而建！

作者简介：
　　朱玲松，浙江东华规划建筑园林设计有限公司（甲级）副总规划师，国家注册规划师，高级工程师
　　梅江涛，合肥经济技术开发区建设发展局，国家注册规划师，高级规划师

试论城市规划的经济效应
——以合肥市为例

刘翠红、宋海峰

摘 要：本文对城市规划及其在促进城市经济发展方面的作用进行了探讨。文章结合合肥市城市建设和经济的发展状况，说明了城市规划对城市空间模式的影响，进而起到优化、引导产业结构调整的作用；强调了在城市规划中完善基础建设设施的规划，以此来增强对城市资本的竞争优势；提出了可以利用城市规划实现对城市土地的集约化利用。

关键词：城市规划　经济效益　城市经济

城市规划是为城市经济实体科学合理地安排空间场所，指导城市经济的发展模式和结构调整。我国城市规划对城市经济的发展产生着深刻的影响。特别是改革开放以来，随着国家经济与城市化的快速增长，城市规划已成为城市经济和社会健康发展的重要保障。经济发展是城市可持续发展的重要组成部分，也是城市规划的主要目标之一。当前应该打破城市规划仅仅是建设规划的概念，使城市规划更加深入研究城市经济问题，充分发挥城市规划对经济空间布局的协调作用，通过城市规划促进城市经济发展。经济发展是一个不断向前运行的过程，在其向前运行的过程中影响城市经济发展的因素很多，城市规划是调动城市经济发展的多种因素能否发挥最大作用的重要条件。城市规划并不是直接作用于城市经济，而是通过对城市建设的科学引导来影响城市经济发展。如通过规划空间结构引导产业结构的调整、完善基础设施规划，增强城市资本竞争优势、合理规划土地资源促进经济发展等。

合肥市自"九五"时期以来,在城市规划的引导下,城市经济社会保持较快发展,现代化大城市建设取得明显成绩。

1. 规划新的空间模式,引导产业结构的调整

经济发展或增长的过程,实际上也就是经济结构不断演化的过程,也是经济活动内容不断增添的过程[①];而产业结构又是一个城市的经济结构中最基本,最具代表性的结构关系。因此,产业结构与经济发展之间存在着极为密切的联系,经济的增长不仅直接取决与城市现状的产业结构,而且还受制于产业结构未来的发展趋势。在建设条件相同的情况下,由于资源在城市经济三大产业部门的分配比重不同,便会产生不同的经济效益。因而,城市产业结构升级能够使资源得到更合理、更有效的经济效益,进而促进城市经济发展。我国经济发展正面临着经济结构战略性调整的重大时期,每个城市的规划必须符合经济结构调整的要求,以促进产业结构优化升级为目的。城市规划依据城市当前阶段产业的部门构成状况与空间布局结构,根据未来城市产业结构整合的目标,在城市的不同地区实行支持性和限制性等措施改变城市空间区位属性,即可引导产业部门空间结构的变化,从而促进产业结构的整合。通过规划新的城市空间结构引导产业结构调整以达到促进经济发展目的是一种非常有效手段。以上关系可简单表述为:

城市规划→城市空间结构调整→产业结构调整→经济结构调整→城市经济发展

在城市形成与发展的初期,受自然条件影响功能相对简单,产业布局也较一般。除了大量的居住用地以外,主要为行政功能和商业流通功能的用地,既以第三产业为主,而生产性功能所占比例较小,城市扩展速度异常缓慢,所有的功能用地全部集中在老城区。当生产成为城市的主要职能时,城市规模的扩大主要表现为工业用地的增加,而其扩张总是利用最为经济的方式沿阻碍

---

① 王宸:我国政府行为对经济结构的作用和影响. http://www.xslx.com/htm/jjlc/hgjj/2003 – 12 – 27 – 15784. htm。

最小、效益最高的方向布局①。如合肥市由于受自然条件限制，城市只能向东、北和西南三个方向发展，老城区为城市的中心。"一五"时期，合肥在整修利用老城的同时，打通长江路，开辟和平路工厂区，使城市向东发展。1958年国家计委规划组指导合肥编制《合肥工业区规划》，确定开辟西南工业区，从而奠定以老城区为中心，向东、北、西南三翼伸展的工业布局。

20世纪是我国经济发展的重要阶段，国家已经把调整产业结构，全面提高农业、工业、服务业的水平和效益，作为实现国民经济快速发展的战略重点。根据这个战略重点，几乎全国所有城市都已经完成了以2010年为期的新一轮总体规划的制定，为未来产业结构的调整做出了空间上的合理布局，同时，城市规划还对原有城市空间进行及时的更新和改造：（1）加速城市外围地区的新城和卫星城的建设。如合肥市在老城外规划出政务新区，将分担老城区长期担负的行政职能，有效地疏解老城区的环境容量，缓解老城区不堪负载的压力。老城区将逐步转变为全市的商贸、金融中心；（2）规划新的工业布局，推动对产业结构有重要影响的工业企业向市外迁移。自1990年以来合肥市先后建立了高新技术开发区、经济技术开发区和围绕新火车站建设的新站综合开发试验区，城区工业进行大规模的"退二进三"。同时结合城市产业结构优化和传统产业的提升，对有严重污染的企业实行"关、停、并、转"。改变了原有的工业布局，改善了城市的居住环境；（3）城市中心地区功能的转变和重建。随着合肥市新区的建设，老城中心由以前的政治中心逐渐变为中央商务中心（CBD），第三产迅速向城市核心区集聚，城市商贸中心功能日趋突出，为第三产业发展起到了较大的空间集聚及空间支撑作用；（4）居住区有内城向外城逐步拓展。2002年初，合肥市又进行了行政区划调整，拆消了长期包围城区的郊区，重新设立了四个区，每个既区既管城区街道，又管城郊农村乡镇。这种新的空间模式，解决了原三个城区没有发展空间的矛盾，并为城区工业在三大开发区之外提

---

① 胡海波：城市空间演化规律和发展趋势．城市规划．2002年4期第65页。

供了新的空间。随着这些规划的实施,城市功能结构发生显著的变化,城市面貌有了突破性的改变,真正做到了通过规划引导工业入园、商贸入场、住宅入区。城市规划已经在经济结构的空间演化中产生深远的影响。

2. 完善基础设施规划,增强城市资本竞争优势

经济增长表现为经济增长率的提高,经济增长率直接取决于资本的增长。在市场化的经济条件下,城市的经济增长仍然也离不开高效率的资本投入。资本是决定城市经济增长的基本因素,也是对经济发展最具有持久性的因素,而城市规划则是一种最好获得资本的战略手段。

基础设施是城市和地区经济社会发展的物质载体。一个城市和地区的现代化,首先是基础设施的现代化。基础设施包括:道路、供水、能源、电、气、电信、通讯网络、排污与污水处理;街道与绿化、公共空间与休息场所等。上述各种设施的布局、规格与等级的确定,相互之间的连接与协调,关系到能否形成一个高效运转的体系,直接影响到城市各项社会、经济活动。城市基础设施是城市重要的组成部分,与城市经济发展和城市建设有着密不可分的关系,其原因:一是城市基础设施建设具有很强的需求导向作用,对制造业和建筑业的发展,会产生极大的需求。二是基础设施的完善,是诸多产业发展的必要条件。例如,高速公路对汽车制造业的发展,大型客机对跨国旅游业的发展,都是必要的条件。城市基础设施无论是作为直接投入生产的中间产品,还是作为供居民消费的最终产品,都会成为资本的吸引因素。实践表明,基础设施发展到一定的水平后,将会促进个体和群体部门的投资欲望,刺激城市企业和其他产业的发展,从而成为城市经济发展的高级化。因此,不断推进基础设施的建设,既是我国现代化的重要任务,也是推动经济增长的有效途径。城市规划通过对城市基础设施的规划建设产生影响,为实现城市资本的竞争优势提供保证。

现阶段,高水准的城市基础设施可以增强城市的比较优势和

吸引力，尤其可以增强资本的吸引力。据报导，中国已成为世界上仅次于美国和英国的第三大投资接受国，到1999年8月底，中国已累计批准设立外商投资企业37.5万家，合同外资金额5978.8亿美元，实际使用外资金额2922亿美元。在这些国际投资中，约70%的资金留在城市直接投入产业生产①。

  这一问题已引起合肥市的重视，并通过规划制定相关政策。如依据总体规划确定的改造老城区与开发新区并举的城市建设方针，按照"统一规划、合理布局、综合开发配套建设"的原则，合肥市基本完成了高新技术产业开发区"十通一平"、新站综合开发试验区和经济技术开发区的基础设施建设。大大增强了合肥市竞争力，为吸引外资创造了良好条件。海尔、日立、联合利华等国内外知名企业已陆续前来投资，仅海尔一家已经投资了十亿。现在又已经规划建设生物医药产业化基地和集成电路设计产业园，吸引一批生物技术与新医药企业和微电子企业进区入园。另外由于城市基础设施投资大，建设周期长，工程规模大，所以完善基础设施的规划对于节约资源、提高生产效益和经济效益尤为重要。基础设施投资的效益，几乎完全是规模的函数。在合理负荷范围内，大规模的需求可以在人均相对水平较低的时候，形成对高等基础设施的有效需求，从而带动城市基础设施水平的提高。相反，基础设施达不到必要的规模，可能使城市公共财政受到影响。如合肥过去的一个乡镇，都有七八个工业园，每个村都有自己村的工业区，每个工业区都投入资金进行基础设施建设，但由于资金的短缺，达不到一定规模，基础设施建设不完善，导致许多工业区闲置、荒废。而且这些分散的布局在资源的使用上也极不经济，污染问题也没办法解决。所以通过规划引导，每一个城区相对集中划出$3\sim4km^2$，把分散在郊区的农村乡镇工业园集中到一起建设。为城区扩大招商引资、加快经济发展提供有效载体，又为解决原郊区乡镇企业"村村点火、户户冒烟"所带来的严重浪费土地资源、聚集效益低下问题提供了现实途径。

---

① 王允贵：《21世纪初期中国开放型经济发展战略研究》，《改革》2000年第2期。

基础设施的设计容量和技术水平不仅要满足当前的需要，还必须考虑城市的发展，特别是近、中期发展需要。避免建了拆、拆了建，浪费资金。

3. 利用城市规划，实现城市土地的集约化利用

改革开放以来，我国基本建立了社会主义的市场经济体制，城市发展也走上了一条市场化道路，与此相联系的是城市土地有偿使用模式的建立。市场经济是配置资源的有效手段，但是调控措施的滞后性和市场行为的盲目性加之土地资源本身所具有的不可移动性、不可再生性和用途难以改变性使市场经济不能有效的对土地资源加以配置。这就从客观上需要通过政府的有形之手加以调控，以弥补市场经济的先天不足。即：充分发挥政府的宏观调控作用，在保证耕地动态均衡的情况下，对城市土地资源进行整体规划，从而实现耕地、建设用地及其他用地的供给总量，满足社会可持续发展的需求。把市场调节作为政府宏观调控的有力补充，在对城市土地整体规划的框架内，引入市场竞争机制，加快推进城市土地资源经营的市场化，通过"规划＋市场"的土地经营理念，激发土地市场的竞争活力，充分发挥城市有限土地的作用。这样，既调控土地资源的开发，实现经济、社会和环境的和谐发展，又提高了土地利用的效率，实现城市土地的集约化利用。

城市规划对于城市土地的规划安排与控制以及开发管理，实质上是对土地权利的安排和调控[①]。按城市规划来安排和管理城市用地，一方面可以指导、调节城市土地的有偿使用，充分发挥土地的价值和使用价值以及所反映出来的价格杠杆作用，克服过去无偿使用土地所带来的种种弊端；另一方面可以充分发挥城市土地在社会经济发展中的巨大价值和作用。随着土地制度的改革，土地收益是现代城市公共财政的一大支柱，是城市经济发展的一个主要因素，给城市经济发展带来蓬勃生机。合肥市早在2001年

---

① 孙施文：土地使用权制度与城市规划发展的思考．城市规划．2003年第9期第13页。

11月就正式推出了土地收购储备制度,初步建立了以招标、拍卖为主的新型土地供应体系和"政府主导型"的土地储备交易管理格局,仅2001年就为政府提供土地收益3000多万元,它既为国家创造了大量财富,又方便了广大急需用地的开发商。

近两年来,随着政务文化新区的建设,老城区更新改造,合肥地价日趋渐涨,合肥原来的边缘地价水平上涨几乎接近一倍。城市土地资源的经济潜力很大,但是土地资源地价并不等于实际中的土地有偿出让价,要把资源地价转化为有偿出让价,必须有一个规划和建设的过程,城市规划的调控作用是城市土地增值的决定因素。例如,规划赋予同一黄金地段的不同地块分别为三产用地和公共绿地等不同功能时,其所产生的实际效益就有天壤之别;即使是同一块、同一功能,规划对开发地块所确定的建筑高度、建筑密度、容积率、绿地率以及房屋间距等技术指标不相同的话,地价也就会出现明显差异。

城市规划就是通过以下过程来实现土地的有效收益:(1)由简单的满足城市基本功能的需求,转变为对土地配置的高效利用,使土地价值升值。如合肥中心城实行"退二进三"的产业结构调整,充分发挥"黄金地段"的环境效益,提高地价,以地生财;在规划中做到好地优用、劣地巧用,合理确定不同地段的使用性质和使用强度,为用经济手段调节土地使用,提高土地的使用效益打下重要基础。同时还眼于存量土地的盘活和整理,重点应立足于中心城市的土地整理,立足于旧城改造。据调查,合肥市需改造的面积约占建成面积的10%左右,旧城改造后,容积率一般可提高1~2倍,如果这些土地都挖掘出来,其价值量是巨大的;(2)采用土地集约化规划,除了公共设施用地外,以土地价格分等定级的办法,按级差地租有偿让给投资者从事各项经济活动。另外,为了防止土地使用恶性膨胀,达到有效地集约化使用,城市规划提出了一整套合理控制和引导土地利用方法和技术措施,如容积率、建筑密度、土地用途分类、停车场位置、市政设施布置等规划指标要求,为实施城市规划的控制性详细规划提供管理依据;(3)保证城市公共利益的完整,通过政府干预,对公共设施建设进行配套协调，避免造成整体上的混乱，使城市经济得到普遍增值。

近年来城市规划越来越受各地政府的重视，城市规划的经济效益日渐明显。我们要不断的给城市规划赋予新的内涵，协调好政府和市场的关系。

作者简介：
刘翠红，合肥市规划局技术资料档案中心，助理工程师
宋海峰，合肥学院，经济师

城市规划管理与相关权保护

程静芳

摘　要：城市规划是调控城市土地和空间资源的重要手段。城市规划管理涉及多方利益主体。坚持依法行政的原则，依法行使城市规划的编制、实施及监督检查权，正确对待、合理保护公众参与权、知情权及相关人的土地利用权、居住环境权、日照采光权、财产权。充分发挥城市规划管理对城市建设发展和相关人合法权益的促进和保护作用。

关键词：城市规划管理　参与权　日照采光权　居住环境权　财产权　违法建设行政强制

在计划经济时代，城市土地、建设投资、房屋产权等全部属于国家，因而城市规划的行政关系极其简单，但随着市场经济的确立与发展，在城市建设中，投资者和参与者不只是国家一个主体，利益主体呈现出多元化，公民个人开始作为独立的利益主体出现，城市空间资源的民事主体及权利关系变得日益复杂。依据宪法精神，无论利益主体是谁，其在法律许可范围内的价值取向和目标追求都应受到法律平等、公平的保护，城市规划管理部门在实施规划和管理过程中，除了要保障城市土地空间资源的分配效率外，同时应该关注对社会各个利益主体合法权益的平等保护，应摒弃原先对个人权利漠视和压制的做法，正确处理好国家、集体、个人三者利益之间的关系。如何在城市规划管理实践中充分保障公共利益和管理相对人的合法权益，完善保护制度，应成为规划管理机关及其管理者必须认真对待和深入思考的问题。本文拟从广义规划管理范畴（广义的城市规划管理包括规划的编制、规划的实施、规划的监督检查及对违法建设的处理），探讨规划管理过程中，涉及到的公众参与权、知情权、用地单位的土地利用权、居住环境权、日照采光权、陈述权、申辩权、复议、诉讼权及财产权等权益的保护，以求抛砖引玉，引起学界及规划实务界同仁的关注。

1. 城市规划管理与公众参与权保护

城市规划在调控城市土地和空间资源过程中，各类建设项目的选址、布局、公共设施、绿化用地、车站机场的设置等，与广大社会民众的生存权、环境权、工作权、日常生活出行等密切相关。城市规划水平的高低，管理过程中权力受限制、监督、制约的程度，直接影响到社会民众的生活水平和法制保障程度。作为公共决策的组成部分，城市规划在其决策和实施的过程中，应充分保障公民的参与权，以充分反映民意，体现民权。但长期以来，由于城市规划在编制过程中依附于"自上而下"的政府决策及专业人士的"经营谋略（规划）"，及政府对控权的价值本位，使城市规划的编制和实施存在与社会公众游离的现象，虽然，近几年也渐有提倡公众参与规划的呼声和作法，但从整体而言，我国城市规划在保障公众参与权方面存在：参与深度不够；参与主体范围不广；参与形式单一及公众参与机制不健全；政府保障公众参与的手段和方法匮乏；仅有参与权而无决策权，公众参与规划的效果欠佳等。

公众参与权与知情权、批评建议权、检举权和控告权等权利密切相关，其中知情权尤为重要。知情权是社会公众对国家事务的知悉了解权，是社会公众的一种宪法性权利。保障公众参与权的实现，应以充分保障公众知情权为前提，只有了解、知悉，才有参与的可能。提供有效的渠道，让社会公众了解城市规划编制意图、决策的过程，才有利于发挥参与权的实际效果，使参与权不致于落空。

制定于20世纪90年代初的城市规划法，只是在城市规划实施的章节中，作了一条规定，"城市规划经批准后，城市人民政府应当公布"。这种规划公布实际上是将政府决策的结果告知民众，对如何决策,决策过程中是否体现了民意,反映了民情,民众无知悉的权利,更无参与的权利。这种现象是与当时计划经济以及当时城市土地、空间权益相对单一化的社会经济特征密切相关的。但随着市场经济的确立,利益主体的多元化及公众民主意识地不断提高,公众参与规划的要求不断升温,城市规划的民主化、公开化要求不断在规划立法及管理实际中不断得到体现。20 世纪 90 年代末至本世纪前几年,各省市在规划立法过程中,纷纷将规划公示公告及公众参与制度作为一项基本原则予以确立。有些省市还在制定本地的规划条例和管理办法中,规定规划的制定、调整时应采用论证会、听证会、社会问卷调查等方式充分听取民众意见,并将采纳的意见予以公告,以保障公众参与权,有些地方规划管理部门以政务公开,阳光规划的方式保障公众的参与权。但上述提及的一切仅仅是一个开端,还有许多不尽人意之处。笔者认为,要充分保障公众的参与权,政府部门至少应做到以下几点:一是广泛宣传,增强公众参与规划意识。既然城市规划是一项事关全社会发展前途的公众事业,就必须让全社会认知规划、理解规划、支持规划及最大限度地参与规划;二是加强公众参与规划的立法。将公众参与规划的目标、性质、内容、方法、措施、机构、组织、权限、程序、处罚等等逐步明确规范,并将其作为一项原则和制度纳入城市规划立法体系中,通过制度和法律,保障公众参与规划的权利得以实现;三是加强社会实践中公众参与规划的内容。采取广泛而有效地措施和手段,如公示、公告、政务公开、听证会、社会调查、社区讨论、规划展览等。

2. 控制性详细规划的编制与相邻用地单位的土地利用权及居民居住环境权的保护

城市规划的编制可分城市总体规划(含近期建设规划、专业规划等)分区规划、详细规划(控制性详细规划与修建性详细规划)。依法批准城市规划是实施规划管理,核发"一书两证"的重要依据。通常而言,针对具体项目,城市规划法律、法规;经过法定程序批准的各级城市规划;国家政策;技术标准和规范等上述四者，是平行适用而非彼此隶属的。同为具体项目的管理依据，控制性详细规划在编制过程中，它是否应该遵循国家及地方制定的标准和规范，控规与技术规范的关系究竟如何，是互不干扰还是互有渗透、有所制约。由于国家及各地的技术标准规范存在有大量有关相邻用地单位的土地利用权益调整和保护及居民住宅日照、通风、采光、视线干扰等居住环境权和隐私权保护的条款和内容，有许多还是强制性标准。而控规作为规划管理中观层面的依据，它的合法公正与否，将对规划部门微观项目的审批有着重大的影响。因此，在编制控规过程中，正确处理它与技术规范的关系，对于促进政府部门依法行征，公正保护相关权益人的合法权益十分重要。

  那么控规和技术规范的法律地位熟高熟低，编制控规要不要依据国家及地方发布的技术规范，存在两种对立的观点，一种认为，在编制控规过程中，城市人民政府及其职能部门可以根据城市建设的实际需要，随意确定某一地区建设的各项控制指标，并通过政府审批的程序而赋予其法律效力，确立其作为具体项目管理依据的法律地位。同时，认为在有控规覆盖地区，规划管理部门在审批建设项目时，可排除国家和地方规划管理技术规范的适用，且具有优先于技术规范的效力，认为只要通过政府审批，不管控规的内容如何，就可以成为合法有效的管理依据。另一种观点认为，技术规范一经制定公布，就具有确定性、规范性和普遍约束力。控规的编制应符合国家及地方颁布的规划管理技术规范，特别是要严格执行国家强制性规范。认为编制控规的行为也是一种行政行为，按照依法行政的原则及法治政府的要求，政府任何行为无论是抽象行政行为（编制控规行为），还是具体行政行为，都应取得法律的授权，且不得与上位法、国家通行的强制性标准及法律明确规定相抵触、相违背。只有符合有关技术标准且经过政府审批的控规才是合法有效的，才能作为规划部门对具体建设项目实施规划许可的有效依据。笔者同意后一种观点。分析前一种观点，其实质上是强调和推崇政府审批形式的法律效力，以形式规避、取代规范。所谓政府根据实际需要，编制控规可以不遵循国家及地方颁布的技术标准，可以不顾及相邻用地单位合法土地利用权及周边居民居住环境权的保护，这种观点强调政府权力行驶的随意性，显然还是停留在计划经济时代利益主体国家惟一性的经济特征上，忽视了控规编制作为一项政府行政行为的法律要求，忽视土地资源、空间资源、财产权（不动产）多重利益主体的利益存在。这种把编制控规游离于技术规范之外，将控规凌驾于技术规范之上的观点，实质上以形式上合法化掩盖实质上的人治特征，是为法律所禁止的。

3. 城市规划的实施与居民日照采光权的保护

日照采光权是基于对住宅的所有权或使用权而产生的一项民事权利，对此，我国的民事法律也有明确的规定。近几年，随着住宅私有化，不动产所有权人维权意识的提高，各地在实施城市规划、审批建设项目过程中而引发日照采光权的纠纷大量产生。日照采光权已成为社会民众关心、关注的焦点。

对于住宅日照时间标准的确定，国家《城市居住区规划设计规范》按照不同的纬度地区对日照时间的需求不同，将我国划分为七个建筑气候区，区分大中城市，采用不同的标准日（大寒日、冬至日）和有效时间段，规定了不同的最低日照时间标准。由于日照时间与太阳的高度角、方位角有关，各地规划管理部门通常采用间距系数法和日照分析法来确定与相邻住宅的建筑间距，以保证受遮挡的住宅满足国家最低日照时间标准，保护居民的日照采光权。但是，由于各地城市建设和发展现状的差异，在统一执行国家标准过程中产生了许多的问题，特别是在城市旧区改建过程中，有时改建的经济方案得到了社会各方面的认同，但却造成相邻少数居民日照水平的轻微下降，若严格执行国家标准，规划部门就不能批准建设方案；有些城区破旧、低矮、基础设施配套差，政府为改善公共环境，提高城市的品位和形象，限于公共财政的不足，想通过市场机制引导开发商改造建设，但由于历史原因，改造方案对相邻住宅的日照造成影响，不满足国家标准，若想改造方案满足国家标准，开发商又将会无利可图，无开发积极性，政府想通过市场机制改造城市的目的难以实现；有些时候，政府在兴建文化、体育等公共服务设施时，兴建方案不能满足国家日照规范，对周边住户的日照造成影响，方案得不到批准，公益事业的发展受到影响等等。国家关于日照时间的规范要求与各地城市建设和发展要求的矛盾冲突日益明显，为此，各地规划管理机关在审批具体建设项目过程中，为执行国家规范，保护相邻住宅日照时间，平衡开发商和居民合法权益，防止激化矛盾，在方法和手段上作了许多探索。现在各地通常做法是，由开发商与日照受影响住户达成日照补偿协议，规划部门在审查规划方案实施规划许可时，将开发商与居民达成的协议作为审批的参考依据，有些地方还在试图通过政府立法的方式将上述做法作为一项制度予以确立。但对于这种做法在法制部门、司法实践及规划实务界中存在两种截然不同的观点。一种观点认为，规划许可一种具体行政行为，根据依法行政的原则，规划部门在审批规划方案发放规划许可证时，应严格执行国家规范，对于不满足国家日照标准的规划方案，就不能实施规划许可，否则，将会导致违法行政，是无效的行政行为。认为开发商与居民之间地日照补偿协议是一种民事协议，不能作为规划部门实施规划许可的依据。对于行政机关来说，行政行为的实施是以国家的法律、规范为准绳，民事协议不能替代国家规范。民事协议不具有国家规范的效力。另一种观点认为，规划方案在维护社会公众利益，保障公共安全，不影响他人合法权益的前提下，规划部门可以将日照受影响居民与建设单位的协议作为规划审批的参考性依据。笔者赞同这一观点。认为，日照时间标准作为国家规范所确立的强制性标准，其目的是规制规划部门的行政行为，防止规划部门任意行使自由裁量权，保证居民享有正常的居住环境，享受最基本的日照时间，但日照采光权是一项民事权利，依法理，民事权利人在不违背公序良俗及他人合法权益的前提下，可以对其民事权利进行处置（包括对权利的让渡）。国家规范要求规划部门在实施行政许可时，确保住宅达到最低日照时间标准，是从规范行政机关的征政行为而言，但这并不排斥、限制、甚至否定日照采光权利人处置其享有的民事权利。正如我国法律规定，公安机关负有保护公民财产安全的义务，而公民却有权处置其财产一样。建设单位依法取得土地使用权进行开发建设，为让其申报的建设方案获得规划批准，与日照采光受影响住户达成补偿协议，这种协议按照物权法理论，应是一种地役权的转让行为。所谓地役权是指利用他人土地以便有效地使用或经营自己的土地的权利。地役权主要是在土地之上设立的，但也不排斥对房屋和其他附属物之上设立地役权。地役权产生于罗马法，在古罗马地役权被区分为田野地役权和街市地役权，街市地役权包括有眺望地役权和采光地役权等，采光地役权作为一项民事权利，权利人在不违法公序良俗、法律的强制性规定及不影响第三人合法权益的前提下，可以与需地役人通过约定的方式，对日照采光权进行处置。地役权的转让为很多大陆法系国家立法所采用，我国已经制定的物权法也是采用这一制度。笔者认为，规划部门在审查规划方案时，若规划方案不违反公共利益，不危害公共安全，不影响相邻用地单位的合法权益，且能满足技术规范的其他规定时，可将建设单位与相邻居民就日照影响问题达成协议作为规划许可的参考性依据。这种做法，并不构成对依法行政原则的违反，反而是充分发挥了城市规划对各种利益的调整功能。特别是，在当今我国城市土地资源十分紧张的情况下，建设单位与日照受影响的居民达成的约定作为规划参考性依据将对有效率的利用土地和其他不动产资源，充分发挥土地的效用，将发挥积极的作用。同时，这种约定的处置行为，也不失为一种调节不动产权利人之间冲突和矛盾的一种好的方法。同时，在目前城市改造任务非常繁重，政府财力有限的情况下，将会极大地推动开发单位改造旧城的热情，对城市经济建设的发展，具有最大地推动作用。

4. 违法建设的处理与相关人的财产权益保护

城市规划法律法规要求在城市规划区范围内，新建、改建、扩建各类建筑物、构筑物及其他工程设施，都应到规划管理部门办理建设工作规划许可证。建设工程规划许可证是合法建设工程的法律凭证。规划法律将违法建设界定为未取得建设工程规划许可证和未按照规划许可证的规定进行建设的建设工程。城市规划法把违法建设按其性质作了两类的划分,即严重影响城市规划和一般影响城市规划,同时对上述两类违法建设规定了不同的处罚措施,对前者可适应限期拆除和没收的措施,对后者可采取要求改正并处罚款的处罚。不同类型的违法建设,按其性质地轻重,适用不同地处罚措施。

我国正处于城市化加速发展时期,城市人口不断增加,城市版图不断扩张,违法建设也随之大量产生和蔓延,违法建设涉及到不同的主体,既有政府机关、企事业单位、公司组织也有自然人。违法建设存在诸如侵害公共利益、危害公共安全、影响城市规划实施等诸多危害。近几年来,各地政府征对面广、量大地违法建设,纷纷提出了"凡违必拆"的口号,并组织大量行政执法人员对违法建设实施集中强制拆除。客观上,集中拆除违法建设对整治城市环境,营造良好的城市经济发展氛围,保证城市规划的顺利实施,取得了良好的作用。但是,对所有违法建设均实施集中强制拆除的合法性,社会反映不一。有人认为:对所有违法建设实施集中拆除至少存在以下几个方面的问题:一是,该作法有悖于法律规定,且侵害了管理相对人的财产权益。认为,无论是全国人大出台城市规划法还是各地依据城市规划法而出台的有关城市规划地方性法规(规划条例、实施办法、管理办法)等,均是将违法建设区分严重影响城市规划和一般影响城市规划。限期拆除的行政处罚,仅仅适用于严重影响城市规划的违法建设。此外,对于一般影响城市规划的违法建设可采用改正罚款的形式。凡违必拆是将依法不应拆除的违法建设,也纳入了拆除范围,实际上是剥夺了违法建设当事人依法通过交纳罚款而保全其建筑物的权利,侵害了相对人的财产权,也造成社会财富不同程度的浪费。二是,凡违必拆违背了不同的违法行为应区别对待的法治原则。认为,虽然政府整治违法建设是政府职权的使然,但任何政府行为,都必须得到法律的授权,遵循现行有的法律规定,即使法律规定不合理,不能满足现实实践的需要,在它未被改变修正之前,都不得违反。依法办事是依法行政的要义,也是建设法治政府之必然要求。三是,政府组织集中强拆,不同程度上限制或剥夺了相对人的陈述权、申辩权、申请回避权、申请听证权、复议权和诉论权等一系列程序性权利。上述观点虽为一家之言,但确实值得我们反思。

在城市规划管理实践中,存在对正在发生的违法建设现场制止(拆除)及对已形成的违法建设,在依法作出拆除决定后,强制执行拆除的两种情形。依行政治理论,上述两种情形,应归属为行政即时强制和行政强制执行。所谓行政即时强制是在不可能地期待相对人自动履行基础决定时,行政机关迫不得已需要立即实施强制执行,此种情形是行政机关基础决定与强制执行相重叠。实践中规划管理机关,或授权的城管执法部门在发现相对人正进行违法建设时,经口头(书面)告诫、劝阻仍不停止违法建设行为的,执法人员可实施即时制止,强制拆除正在进行的违法建设,而无需首先作出基础决定。规划管理机关或授权的城管执法部门对正在进行的违法建设组织现场拆除是完全符合法理的。笔者在此要思考的是政府机关对已经形成的违法建设组织集中执除的合法性问题。通常,行政强制执行是由基础决定、告诫程序和强制程序等三个环节组成,基础决定与强制执行相分离。如果相对人能够自动履行基础决定则强制执行无需实施,在相对人不能自动履行基础决定时,行政机关方可启动强制执行程序,保证基础决定不致于落空。对于已形成的违法建设,规划管理机关或城管执法部门在依法作出限期拆除的处罚决定后,违法建设当事人没有在规定的期限内自行拆除违法建设的,有关行政机关可以启动强制执行程序。那么,时下大多由政府组织集中强制拆除违法建设的行为,是否符合法律?从我国现行的立法来看,对行政行为的强制执行有两种,即申请人民法院强制执行和行政机关依法强制执行。《行政诉讼法》第66条规定:"公民、法人和其他组织对具体行政行为在法定期限内不提起诉讼,又不履行的,行政机关可以申请人民法院强制执行或依法强制执行。"其中,行政机关申请人民法院强制执行是原则,行政机关运用行政权予以强制执行是例外。也就是说，在一般情况下，对行政行为都要申请人民法院强制执行，只有在特别法明文赋予行政机关强制执行权时，行政机关才能强制执行特别法所规定的行政行为。行政机关并不具有当然的行政强制执行权。从最新的立法趋势上看，我国也无意改变现行制度安排。全国人大法工委印发的《行政强制法》（征求意见稿，2004年）第40条规定："行政机关依法作出决定后，当事人在行政机关决定的期限内不履行的，依照法律规定，有行政强制执行权的行政机关可以依照本法的规定，实施强制执行"。该稿第57条规定："当事人应当在行政机关作出的决定期限内履行行政决定；逾期不履行的，行政机关或者有利害关系的第三人可以申请人民法院强制执行。人民法院应当依法予以执行。"我国立法之所以作出上述规定，主要是基于我国依法行政的基础比较薄弱，行政权的滥用还比较严重，赋予具有决定权的行政机关以强制执行具有很大的风险，为减少这种风险，保护公民、法人的合法权益，我国采用了行政行为的作出与行政行为的执行相分离的制度。

纵览我国现行法律规定，赋予行政机关自力强制执行权的为数不多。《城市规划法》第42条规定规划管理机关对不履行行政处罚决定的当事人，应申请人民法院强制执行。这样看来，实践中，各地采取的由政府组织集中强制拆除违法建设的作法是与现行的法律规定是不一致的。行政强制应遵循依法强制的原则，依法强制的原则是依法行政原则的自然延伸。与一般的行政管理权不同，行政强制权不能来自一般授权，必须来自法律、法规的特殊授权，严禁行政强制主体自己给自己创设行政强制手段。依法强制原则，它包括两个具体原则：一是法律优位，其含义是下位法不得与上位法相抵触，一切行政强制行为都要与法律规范相一致；二是法律保留，其含义是有些强制事项必须由法律作出规定。城市规划法律法规明确规定对违法建设由作出决定的行政机关申请人民法院强制执行，现行各地城市政府采用当地人大常委会专门决定的形式，规定行政机关可以采取自力强制执行，改变了目前法律规定的内容，应该说是与法律优位原则相抵触的。笔者参与集中强拆实践，知道各地政府组织集中强制拆除违法建设是对大量违法建设的无奈之举，也可能带有某些急功近利的色彩，但问题是，现实中，我国各级法院执行力量不足，执行效率不高，面对庞大规模的违法建设，人民法院是不可能在较短时间内将其全部强制拆除，实际上，行政机关大量的行政处罚决定没有得到有效的执行，由于执行的问题，造成大量违法建设得不到及时拆除，在社会上还形成违法者不受制裁还有利可图的现象，影响了法律的严肃和权威及社会公平、公正观念的建立，给行政管理秩序的正常运作造成了不良影响。改革目前法律规定，赋予规划管理机关或城管执法部门对违法建设的强制执行权，已成为当前我国城市管理的当务之急。面对事实，通过立法，加强对违法建设的行政强制执行程序、手段、方法的规范制约，让对违法建设的管理、整治在法制、规范、长效的制度和体制下运作，既可避免政府这种运动式的执法活动，确保行政机关能依法行政，又能保障相对人的合法权益。

作者简介：合肥市规划局政策法规处处长，律师

四、小城镇和新农村规划建设

完善我国新农村规划编制体系相关问题的探讨

倪 虹

摘 要：建设好新农村，规划必须先行。必须结合实际不断研究问题，创新思路，建立和完善我国农村规划编制体系，增强农村规划的科学性和可操作性。本文结合我省新农村规划建设的实践，分析了现状农村规划存在的主要问题和不足，提出了在规划建设中赋予村庄、居民点术语新的内涵，建立城乡规划编制六个层次的总框架，进一步明确了新农村规划主要内容包括村庄居民点体系规划和中心居民点建设规划，并对新农村规划建设标准和实施路径提出了要求和建议。

关键词：新农村 村庄 中心居民点 编制体系 规划建设标准 实施路径

建设社会主义新农村，是党中央以科学发展观为指导，根据我国总体上进入"以工促农、以城带乡"发展阶段后的形势要求提出的一项长期历史任务，为做好当前和今后一个时期的"三农"工作指明了方向。建设社会主义新农村，必须按照"生产发展、生活富裕、乡风文明、村容整洁、管理民主"的要求，全面推进新时期农村的经济、政治、文化、社会和党的建设。建设好新农村必须规划先行，新农村建设的时代背景和发展目标，要求我们必须要树立长远的、战略的眼光来研究新农村规划建设这一历史课题，着眼于"三农"问题，努力体现"新"字，重点在"新"字上做文章，不断研究新问题，不断创新办法，以全面创新来实现农村人口的全面发展，完成新农村建设的伟大历史任务。

我国农村规划的理论和编制方法尚处在探索和不断完善阶段，

如何在新农村建设中发挥规划的龙头作用,科学引导新农村的建设和发展是一项十分紧迫的课题。结合新农村规划建设的实践,对完善我国新农村规划编制体系相关问题进行了积极的探讨。

1. 当前新农村规划建设中存在的主要问题和不足

1.1 新农村规划的理论和编制方法尚未形成自身完整的体系

我国目前对村庄规划的理论研究较少,1993年6月国务院令第116号发布《村庄和集镇规划建设管理条例》;国家技术监督局、国家建设部1993年9月27日发布国家标准《村镇规划标准》(GB50188-93),并于1994年6月1日实施;建设部于2000年颁布了《村镇规划编制办法(试行)》等三份重要的规划法规文件和标准,明确了村庄和集镇规划的制定、规划的实施和建设的设计、施工管理等内容,对指导我国的集镇和村庄规划建设发挥了重要的指导作用。由于文件出台较早,鉴于当时经济发展水平和关注建设重点的需要,规划建设基本思路的出发点和立足点主要放在指导集镇规划建设上,兼顾了村庄规划部分内容。因而,经过10多年的规划建设,不同地区形成了一定的农村规划理论基础和经验,但还没有形成我国村庄规划相对独立和完整的编制办法和标准体系,这对占全国总人口60%左右的广大农村地区的发展和需求来说是极不相适应的。随着我国社会经济发展的不断提高,不断改善农村地区人们生活质量,迫切要求制订农村地区的规划编制办法。

1.2 规划周期较长,内容重点不够突出,与指导新农村建设要求有一定差距

现行村庄规划编制内容较多地体现在参照城镇规划编制的手法和内容,规划周期相对较长,没有突出体现农村规划的特点和发展需要,没有从农民急需解决的问题入手,往往出现规划编制与实际操作中的脱节,发挥不了规划应有的指导作用。

1.3 产业发展与村庄建设规划的互动关系未能得到充分体现

生产发展是新农村规划建设的前提,新农村规划如何加强产业发展是一项重要的课题,目前,规划中发展研究涉及较少,缺乏明确的发展思路和有力的举措,政策支持和保障措施研究不够

深入，具体操作层面的内容少，缺乏实际指导意义。

1.4 新农村建设面广、差异大，如何体现分类指导，提高规划的针对性、指导性

农村居民点数量大、分布散、规模小，各个地区的经济发展水平和地理环境不同，文化背景也有一定的差异，生态环境容量相差很大，如何体现分类指导，制订不同的发展策略，探讨符合农村自身发展建设模式和发展路径，是规划中一项重要内容。

1.5 规划建设标准及实施策略有待进一步完善

新农村建设提出具有时代发展的背景，有着特定的发展目标，如何体现新农村建设的总体发展要求，实现发展目标，必须提高规划的科学性和指导性，必须加强规划的标准及实施策略的研究和制订，完善现有村庄规划的理论体系和内容，为科学规划和科学管理提供支撑。

2. 新农村规划中村庄、居民点术语内涵的重新界定及作用

2.1 现行规划编制中村庄定义和缺陷

村庄定义目前有多种理解，它既包括行政村，又包括中心村、基层村（村民组）、自然村等多方面的综合内涵。在规划中造成认识和理解问题往往不在一个平台上，内涵不一致，因而解决问题的重点也有偏差。

（1）关于村庄表达行政村。村庄具有村域的概念，规划和研究的内容更具综合性，内容主要包括生产、生活、交通、生态环境等内容。

（2）关于村庄表达中心村、基层村（村民组）、自然邨等农村居民点。体现出聚集点的概念，规划内容是具体的建设规划。在国家《村庄和集镇规划建设管理条例》总则中所称村庄是指农村村民居住和从事各种生产的聚居点；所称村庄、集镇规划区是指村庄、集镇建成区和因村庄、集镇建设及发展需要实行规划控制的区域；村庄、集镇规划区的具体范围，在村庄、集镇总体规划中划定。不难看出，村庄（聚居点）在规划编制的方法和内容上

同集镇总体规划的概念相类似，规划编制时要求每个村庄（聚居点）都有一个具体的、对应的规划区和建成区。由于村庄（聚居点）具有点多、面广、差异大、动态性的特征，具体表现在：全国至2005年底统计共有村庄313.7万个；农业用地面积占国土陆地面积55.98%；村庄规模差异大，上到几千人小到几十人；随着生产、生活方式的变化村庄数量逐步减少，规模逐步增大。另一方面，目前规划编制时需要的地形图等基础条件也不完全具备，因此，要对这些村庄（聚居点）进行规划区和建成区确认，并进行编制规划是难以实现的，提出的规划目标在实际操作中是难以做到的。

（3）关于规划标准。在新农村规划标准上，研究尚不够深入具体，针对性较弱。国家标准《村镇规划标准》（GB50188—93）中，使用"村镇"术语，村庄集镇和县城以外的建制镇放在同一层面上研究，制订统一的"村镇"规划标准模式和内容要求，在村镇体系规划中注重了村镇体系的中心镇、一般镇、中心村、基层村四级层次划分，但对村庄规划的具体特征和发展要求没有充分研究，制定的编制方法和标准与现状实际差距较大，没有充分体现不同层次应有的规划重点和主要作用要求。例如，在乡镇总体规划层次，中心村、基层村布点很难得到具体落实，往往规划指导作用没有达到应有的发挥。

综合我国城市规划和村镇规划对村庄的理解和定义，针对现状存在的不足，结合新农村规划编制的实际，有必要对村庄重新赋予其内涵。建议在新农村规划体系中建立村庄、居民点的术语标准。为构架新农村规划编制标准体系提供基础条件。

2.2 村庄、居民点术语内涵的重新界定和作用

2.2.1 村庄

村庄特指行政村，具有地域的概念，表现为"面"的特征。村庄作为组织生产方式按行政划分的最基本单元，其具有相对完整的地域，是镇域内除镇区以外的若干个空间组织单元，是联系广大农村地区与城镇的纽带和桥梁。

2.2.2 居民点

居民点为村民按照生产和生活需要建设的集聚定居点，是村域规划中的具体对象，是农村地区与城镇联系的重要节点，具有"点"的特征。其中居民点按其规模划分为中心居民点和一般居民点两类，以中心居民点术语的内涵取代现状的中心村概念，村委会一般选择在中心居民点布置。以一般居民点术语的内涵取代现状的基层村概念，一般居民点围绕中心居民点形成空间网络系统，在政治、经济、文化、生活等方面是相互联系，协调发展。

2.2.3 村庄、中心居民点术语新内涵的作用

采用村庄、居民点（中心居民点、一般居民点）这两个新的术语概念可以进一步规范农村规划编制的内容和编制重点，同时也对上位规划的规划重点提出了具体要求，加强了上位规划的前瞻性和指导性，减少不同层面规划的内容交叉。明确了不同层次的规划研究对象和研究平台，有利于现状资料调查统计的针对性、真实性和可比性，加强了对动态发展规划的把握性，为进一步完善我国乡村规划编制体系提供了基础条件和前提。

3. 构架我国城乡规划编制体系和相应的主要内容

我国在城市规划编制办法及相关标准方面已形成了比较完善的体系框架，根据优化城乡资源配置，保护生态环境，统筹城乡发展的基本理念，不断完善农村规划编制体系框架，构建我国城乡规划编制体系，可划分六级层次，相应层次编制阶段的主要任务和主要内容更加明确。

（1）第一级，国家级层面：全国城镇体系规划。主要从全球发展的态势和中国发展的趋势和要求，从全国层面统筹省、直辖市的生产力布局和重大战略基础设施的布局，提出资源整合，协调发展的总体战略和对策。包括跨省、直辖市区域的统筹规划。

（2）第二级，省级层面：省（直辖市）域城镇体系规划。依据全国城镇体系规划的有关要求，从全省（直辖市）层面统筹生产力和重大基础设施的布局，综合协调省辖市相互协调发展的总体战略和对策，提出省域内资源整合措施，以实现区域经济、社会、空间的可持续发展。包括跨省辖市区域的统筹规划。制定直

辖市中心城区总体规划。

（3）第三级，省辖市级层面：省辖市城市总体规划。依据省域城镇规划，制订市域城镇体系规划和中心城区总体规划。

（4）第四级，县（市）级层面：县（市）城总体规划。依据省辖市市域城镇体系规划，制订县域城镇体系规划和县城总体规划，其中县域城镇体系规划要明确提出镇的整合与合并规划。

（5）第五级，乡镇级层面：乡镇总体规划。乡镇包括县城以外的建制镇和集镇。依据县（市）域城镇体系规划，制订镇域村镇体系规划和中心镇总体规划，其中镇域村镇体系规划要根据发展的要求，明确提出村庄（行政村）的整合和合并，提出中心居民点布点规划。

（6）第六级，农村层面：村庄规划。要依据镇域村镇体系规划，制定包括村庄居民点体系规划和中心居民点的建设规划。其中村庄居民点体系规划包括村庄产业发展、居民点布点、公共服务设施配套、市政工程建设等规划内容，重点对中心居民点、一般居民点进行选址和布局；中心居民点建设规划要考虑贴近为农业生产服务的特点，坚持有利生产，方便生活的原则，重点考虑空间布局、功能的完善和特色的弘扬。一般居民点规划建设应体现分类指导，先易后难，突出重点，其建设规模和建设标准要适应动态发展的要求。

4. 加强村庄规划，逐步完善新农村规划的有关内容，健全覆盖农村的规划体系

立足广大农村地区社会经济发展的不平衡性，居民点分布及规模等不同特点，按照不同发展模式的要求，实事求是，注重效率，指导和引导相结合的原则，对新农村规划编制的内容进行简化、深化，突出以村庄居民点体系规划和中心居民点规划建设两部分为重点内容，明确规划发展目标和相关建设标准，提出规划强制性内容，对道路宽度、河湖水系、绿地、农田保护区、历史文化遗产保护应划定强制性控制的红线、蓝线、绿线、黄线、紫线。对动态发展过程中的不确定性、可选择性因素，提出规划指

导性内容，让农民看了规划明白知道干什么、怎么干，真正实现让规划"龙头"领跑新农村建设。

4.1 村庄居民点体系规划的主要内容

村庄居民点体系规划的功能定位和承担的作用，决定了村庄居民点体系规划的编制目的和主要内容。应是以村庄居民点布点规划为重点，解决农民住区建设发展的空间载体。居民点布局规划应引导农民集中居住、产业集中布局、土地规模经营；促进居民点适度集聚和土地等资源节约利用，优化农村基础设施和公共设施集约配置，整合农业生产和生态空间。村庄居民点体系规划的编制主要内容包括以下六个方面内容。

4.1.1 人口规模预测

依据镇域村镇体系规划，按照人口自然增长率、城镇化水平、经济发展水平、农村剩余劳动力的转移速度等因素，预测村域近远期总人口。

4.1.2 居民点合理布点

从满足人民群众生产生活需要和满足城镇建设需要出发，按照安全、方便、经济、可持续发展的要求，分类、分步、分期地进行布局调整，把居民点整合与空间调整有机地结合起来。同时，充分考虑区位、地形地貌、区域性基础设施及公共设施条件、农业产业结构特点和合理的耕作半径等因素，并依据上位规划要求，结合现状居民点分布和相应的人口规模，近远期人口发展，科学进行规划居民点布局，明确居民点规划规模和建设用地范围。注重体现居民点体系空间布局特色。

4.1.3 配套公共服务设施

公共设施包括文化、中小学、行政管理、医疗卫生、体育设施等公益型公共设施。村庄公共设施配套要体现按居民点规模分级配套的原则，提出配套的内容和标准。配套水平与居民点的规模相适应，并与居民点住宅同步规划、建设和使用。

4.1.4 完善市政基础设施

基础设施包括道路、给水、排水、供电、电信、广电、环境卫生设施和能源利用等方面。坚持农村基础设施建设规划先行，充分考虑与周边区域的共享共件、管网的衔接。提出配套内容和相应标准，建设标准适应经济发展和改善人民生活的需要，近期重点解决水、路和环境景观特色。

4.1.5 注重产业发展规划及空间利用

坚持产业发展与居民点体系建设互动协调发展的理念，根据区域经济发展统筹的原则，充分研究村域产业发展的方向和模式，合理安排生产用地，为产业结构的优化升级提供发展空间。

4.1.6 加强生态环境和历史文化保护

加强村庄生态环境建设，保护农村弱质生态空间，对自然湿地、野生物种及其生活环境、主要湖泊、水源地和其他生态敏感区等应划定保护范围，制定保护措施，禁止或控制建设活动，节约用地；注重历史文化保护和继承，突出地域特色。

4.2 中心居民点建设规划主要内容

中心居民点规划建设是新农村规划建设的关键任务之一，也是近期建设的重点和突破点，具有示范性和带动性，规划内容主要包括以下六个方面。

（1）明确中心居民点的功能定位、发展规模、空间布局形态。

（2）确定中心居民点的建设模式，提出原有居民点整治方案，明确新建区的具体规划建设方案。

（3）明确历史文化、生态环境保护的具体内容和对策。

（4）对水、道路、环卫等基础设施提出具体的规划实施方案。

（5）对中心居民点风貌、环境特色、建设时序提出指导性规划。

（6）对规划的实施提出路径和对策。

4.3 一般居民点规划指引

一般居民点建设规划依据村庄居民点布点规划，有计划分批编制，一般以整治规划为主要内容，结合用地发展条件和生产需要，对居民点的空间布局形态和建筑布局进行统筹安排，提出整治方案，根据相应的规模和长远发展的要求配置社会服务设施和基础设施。

5. 完善新农村规划技术经济指标,科学确定村庄规划建设标准

为扎实推进新农村建设及管理工作,确保社会主义新农村建设的科学性和可操作性,制订新农村规划的各项建设标准是一项很重要的内容。新农村规划编制全国各地进行了有益的探讨,目前尚未形成符合村庄自身发展要求的完整的标准体系,部分已有的规划标准缺乏实用性和针对性,有的指标可进一步简化,统一指标统计口径。比如居民点规划用地标准,按照国家《城镇规划标准》(GB50188-93),村庄人均建设用地指标高限为150m^2/人,以合肥市为例初步统计人均建设用地在233m^2/人,全省有的地区甚至更高。这样对整治型村庄而言,近期内很难得到相应的标准要求和目标。再比如在房屋建筑面积统计口径上,目前出现建筑面积、套内面积、使用面积等指标,概念太多,不能使人明了,可比性差,建议采用建筑设计面积和使用面积两个指标来统计,建筑设计面积反映了建设的规模,使用面积反映了每户关门后实际的使用面积。这样统一了技术经济指标统计口径,表述更科学、更准确、更实用。由此可见推进新农村建设必须要制定通俗易懂、实用的规范技术经济指标,相应明确统计的内容和口径,建立相应的规划建设标准体系。

6. 加强新农村规划实施路径和政策的研究,建立责任目标考核体系,推动新农村健康快速发展

村庄居民点体系的发展,是一个长期历史发展过程。现状存在的散、小、乱、差、弱等问题是多种因素造成的。首先公共财政投资相对缺乏持续稳定的安排,村级政府在村庄建设上缺乏稳定的资金保障,大部分村庄规划实施的建设费用难以筹集。其次,村庄建设管理工作相对薄弱,由于政府公共管理在村级这一层次人力、物力、财力等都投入不足,加之农村建设管理面广量大,往往只能采取粗放和简单的管理模式,村庄建设往往难于在有效控制内进行。

为加强村庄建设管理，确保新农村规划的实施，应加强对农村规划建设管理的人力、物力、财力投入；不断加大新农村建设中的制度和机制创新，在新农村规划建设中建立目标考核体系，明确各级政府的责权利，建立长效机制，提高村庄规划建设管理水平，确保新农村规划建设有序推进，健康快速发展。

参 考 文 献

1. 仇保兴. 追求繁荣与舒适——转型期间城市规划、建设与管理的若干策略. 北京：中国建筑工业出版社，2002
2. 仇保兴. 和谐与创新——快速城镇化进程中的问题、危机与对策. 北京：中国建筑工业出版社，2006
3. 村庄和集镇规划建设管理条例. 1993 年 6 月 29 日国务院令第 116 号发布，自 1993 年 11 月 1 日起施行

作者简介：安徽省建设厅厅长，教授级高级工程师

论我国新时期农村人居环境建设的长效机制

李兵弟

摘 要：作者通过政策研究提出我国新时期农村人居环境建设的长效机制，即改善农村人居环境、建立规范农村人居环境治理的基本工作制度，加强农村人居环境建设的政策指导和技术运用的结合。

关键词：我国新时期　农村人居环境建设　长效机制

社会主义新农村建设"生产发展、生活宽裕、乡风文明、村容整洁、管理民主"的20字方针，是我们党在长期正确指导农村工作基础上，以科学发展观为指导，对新时期、新形势农村工作的与时俱进的理论发展和政策集成，是今后一个时期必须长期坚持的正确的农村工作方针。"二十字方针"亮点很多，政策集成优势突出，其中农村人居环境的改善是实现新农村建设整体目标的一个重要方面，是当前农村工作中比较薄弱的部分，也是我们小城镇学术委员会在新农村建设中充分发挥作为的领域。

至2005年底，全国共有313.7万个村庄，其中行政村56.3万个，1.8万个建制镇（不含县城关镇）和2.1万个乡集镇。居住生活着2亿多户、9.86亿人，其中非农业人口1.12亿人，农业户籍人口8.7亿人，直接在农村地区村庄生活的接近8亿人。村镇现状非农建设用地面积17.2万 km^2（2002年为16.67万 km^2），其中村庄为14.04万 km^2。

1. 改善我国农村人居环境状况是当前村镇建设工作的中心

（1）必须认识到农村人居环境的改善是重要的民生问题。村庄是农民生产生活的聚集地，人居环境是人类生存和发展的基础条件。"村容整洁"的实质或内涵是改善农村人居环境，这是新时期、新阶段的重大民生问题。一是农民的实际需求在变化。农民在逐步解决吃饭、穿衣和住房之后，农村和农民的需求转化为对更高层次的公共产品服务的需求。二是政府的公共服务的责任有了新的要求。如果说前者更多的是政府搭建农民脱贫的平台和环境，建设靠农民自身力量解决，而后者更多的是政府要组织提供直接的公共品和公共服务来解决。三是将改善农村人居环境提高到民生问题认识，有利于把握村庄整治的正确方向。从这个角度认识，显然，农村人居环境是政府负有更大责任的一个民生问题，是必须通过组织化的力量解决的民生问题。2005年，我们组织对农村11类、105项人居环境项目进行了典型调查，共涉及全国9省43个县的74个村，结果显示：41%村庄没有集中供水；96%的村庄没有排水沟渠和污水处理；40%的村庄雨天出行难，晴天是车拉人，雨天是人拉车；70%的村庄畜禽圈舍与住宅户混杂；90%的村庄使用传统的旱厕；90%的垃圾随处丢放；90%的村庄没有任何消防设施。由于当前农村人居环境总体状况不良，也导致农民住房不断拆了建、建了拆，近年因拆建和自然损毁，年均损失约350亿元，农民有限的资产被固化和消耗在反复拆建住房上，造成农户财产长期难以积累，也造成社会资源的巨大浪费。

加强村庄规划和整治，改善农村人居环境，改变村容村貌，是新农村建设的重要任务之一。我们必须充分认识到新农村建设的首要任务是发展生产，增加农民收入，必须在发展农村经济、提高农民收入的基础上，从当地实际出发，尊重农民意愿，搞好村庄规划和整治，改善农村人居环境。不能把新农村建设片面地理解为建新村、盖新房，不能超越政府的公共财政支持能力搞新农村建设，也不能超越农民的承受能力盲目地搞新农房建设。农村人居环境状况直接影响着尚占全国大多数8亿人的生活。

（2）必须承担起改善农村人居环境这项长期的艰巨工作。中央提出新农村建设是一项长期的重要历史任务，改善农村人居环境不但是当前的中心工作，也是今后一个较长时期村镇建设的重要中心工作。一是农村人居环境改善是伴随我国城乡关系不断调整和城乡建设不断协调的一个较长时期的历史过程，是一项长期的艰巨任务。提高农村公共品供给水平是一个长期过程，改进农村公共品供给能力是需要长期努力的。二是农村公共品供给标准和能力是我们制定农村人居环境改善目标和村庄整治规划的重要基础依据。农村公共品的需求随着社会经济发展和农民收入水平的提高呈现出阶段变化的特征，当前突出的矛盾是农村公共品的供给不足，城市对农村的统筹和支持力度不够。三是我国农村条件千差万别，资源多寡不均，发展状况参差不齐，社会结构错综复杂，村庄治理的起点不同、标准有高有低、进展有快有慢、项目有多有少。农村人居环境治理的内容广泛、项目数量多、总体规模大，以目前的国情和国力，既不可能同步推进，将所有村庄、所有项目都一次性完成，也不可能推倒重来，全部改建或新建。必须因地制宜。

（3）必须通过促进城乡协调发展来改善农村人居环境。一是改善农村人居环境是解决"三农"问题的重要内容，他可以更全面地改善农村的生产、生活条件，有效地促进农民财富积累，吸引进城务工农民返乡创业，增加农村发展活力，从而达到促进农村产业发展、增加农民收入，防止农村凋敝。二是改善农村人居环境是城镇化健康发展的应有内涵。稳妥的城镇化发展需要有繁荣稳定的农村支持，健全的城镇体系需要与农村居民点布局有机结合，健康的城市发展需要妥善解决"城中村"问题。三是改善农村人居环境是构建和谐社会、促进城乡经济结构调整的有效措施。有利于扩大内需，有利于调整城乡投资结构，有利于经济结构调整。

（4）必须保证农村人居环境治理始终沿着中央制定的正确方向。这就要全面准确把握2006年中央1号文件的精神。2006年的中央1号文件有8部分32条，其中第四部分的三条专门写"加强农村基础设施建设，改善社会主义新农村建设的物质基础"，第17条集中表述了"加强村庄规划和人居环境治理"的内容与要求。这一条共402个字，字数虽然不多，但内容概括全面，重点十分突出，提法极其精炼，要做的讲得明明白白，不能做的讲得非常到位。农村人居环境治理的内容包括了规划、节约土地、农民住宅、环境治理、安全防灾、名村保护、试点组织以及防止大拆大建、加重农民负担等。第17条有三个值得关注的点，讲的都是政府应该履行的责任。一是明确提出要充分立足现有基础进行房屋和设施改造，讲的是政府要把握农村人居环境改善的工作方向，确立以村庄整治为主的要求；二是各级政府要安排资金支持编制规划和治理试点，讲的是政府当前要做的事情，重点是抓好规划编制和治理试点；三是提出要制定农村人居环境治理的指导性目录，讲的是各级政府要明确对村庄整治予以引导和帮扶的内容与重点。

2. 政府工作的重点是建立规范的农村人居环境治理的基本工作制度

要从各地丰富的实践中、从基层实际工作中，提炼出规范农村人居环境治理，即村庄整治的基本工作制度。有计划、有步骤、有选择地开展村庄整治是当前改善农村人居环境质量的一条可行路子。村庄整治的基本表述，就是立足于村庄已有房屋、设施和自然条件，通过政府经济与政策引导、农民自主参与和社会支持相结合的形式，保护乡土特色和传统文化，分期分批有序地改造、整治村庄的公共设施和公共环境，以低成本、低资源消耗、不增加农民负担的方式改善农村人居环境。根据目前各地实践，在村庄整治工作中，最重要的是建立起三项基本制度，即村庄整治的实施组织机制，农宅拆迁的纠偏和防范机制，农村人居环境改善的长效机制。

（1）村庄整治的实施组织机制。一是政府的规划调控引导机制，重点是通过县域城镇体系规划和村庄整治选点，确定未来10~20年内的村庄布局，将拟保留下来的、规模较大的、村民整治意见比较一致的村庄，作为支持开展整治的对象。二是建立起农民主体、民主决策、社会支持、技术指导、农民利益保护、监督检查的带有系统性的各项机制，切实保护农民利益，引导农民积极参与村庄整治。三是通过公共财政的投入机制，使公共财政更多地向农村地区倾斜，公共产品更多地为农村地区提供，基础设施进一步向农村地区延伸。

（2）农宅拆迁的纠偏和防范机制。加强对农民建房的指导与服务，规范农宅拆迁，保护农民权益，防止借新农村建设和城镇化之机，在村庄整治和"城中村"改造中，违背农民意愿，强行拆迁农宅，从农民宅基地上套拿土地等侵犯农民利益的事件发生。要建立村庄整治实施方案审查制度，建立规范农民住宅拆迁的程序，加强对农村宅基地腾退土地使用监督的机制。村庄整治中整理腾退出来的土地，属村集体经济组织所有，因使用性质变更与使用产生的收益，原则上归集体经济组织所有，并优先用于村庄饮水安全、村内道路、清洁能源、垃圾污水治理等公共设施的建设与运营维护管理。

（3）农村人居环境改善的长效机制。村庄整治不仅要立足于改变当前村庄的落后面貌，更重要的是通过新农村建设建立起一套农村人居环境得到持续改善的长效机制。一是健全村庄规划建设管理机制与体制。二是健全村庄公共设施建设的多元化投资体制。三是建立以农民为主的村庄公共设施运行与维护管理机制。

3. 发挥综合优势，争取多作多为

（1）要有相对明确的工作对象与工作范围。应紧紧结合建设部的中心工作，围绕在新农村建设和城镇化发展的实际工作中遇到的突出矛盾和难题，通过学科的理论创新和对实践的现行探索，更好地为中心工作的科学决策提供技术支撑和服务。如新农村建设中的公共财政引导，城镇化与新农村建设的关系，小城镇发展的动力机制创新，农民工转移居住的综合政策，新农村建设的适用技术等。这里我特别强调对象和范围，指的就是要将小城镇与新农村结合起来，将城镇与乡村统筹协调发展，将切实保护农民的合法权益作为我们研究工作和一切活动的基础，毫不动摇。

（2）要始终坚持正确的工作方法。一是紧紧围绕着中央"二十字方针"开展工作，包括组织对农村人居环境、公共政策方面的研究，对科学指导城乡统筹发展的城乡规划体系方面的研究，对建设节约型、和谐型村庄适用技术的集成推广，对新农村建设急需专业人才的培养等。二是深入农村、尊重民俗、了解民情、

集中民智、反映民意，把政府的规范性要求分解成农民易于实施的行动，把科学技术知识转换成农民可以理解的语言，把符合地方特色、民族特色、农村特色的工法归纳为农民认可的做法。

（3）要加强政策指导和技术应用结合。建设部党组明确要求村镇建设近一阶段必须抓住四项重大工作，即：稳妥地推进村庄整治，努力改善农村生产、生活条件和农村人居环境；切实保护建设领域农民工权益，不断提高农民工素质和逐步改善农民工居住条件；正确指导全国小城镇建设发展，鼓励农民就近就地转移就业和带资进城进镇发展；稳步推动"城中村"改造，协调城市发展总体利益和保护好原村民利益之间的关系。这些工作都要求政策指导性、方法可操作性和技术可实施性的完美结合。我们村镇建设办公室重点是做好政策制定、方法选择和工作协调，与有关部门共同做好适用技术的筛选、组织推广工作。

（4）充分发挥小城镇规划学科和人才综合优势，为新农村建设提供更全面更优质的技术服务。农村建设领域涉及方方面面，当前尤其要注重对历史文化与生态环境的保护，村庄整治的实施与规划建设管理，基础设施建设与安全防灾，新能源、新材料与适用技术的推介，节约型、和谐型村庄建设的引导，这些方面恰恰为我们学委会专业构成所覆盖，理应发挥综合优势，为农民提供更全面、更优质的服务。社会主义新村的规划建议工作还在不断的研究落实，大的方向不会变化，关键是落实和政策集成。农村人居环境改善的重点是抓好县级单位的试点，组织一些片区会议，加强具体指导。小城镇方面在全国的百镇调研基础上正在做好课题的汇总和总报告撰写，重点是动力机制创新。城中村和农民工居住条件改善在不同的城市地区反映的重点不同，但是存在着内在的联系，我们会更深入地研究思考。

作者简介：建设部村镇建设办公室主任，教授级高级规划师

（论文在合肥市举办的中国城市规划学会小城镇规划18届学术年会上讲话稿改稿，未经本人审阅）

我国不同地区、类型小城镇发展的动力机制初探

王士兰 汤铭潭

摘　要：基于自然、经济、现代化水平的不同，将我国小城镇划分为六大地区、五种类型。论文从小城镇发展动力机制内涵和经济发展主要模式的理论研究着手，提出我国小城镇经济发展的主要模式，重点研究了我国在从温饱型向全面小康型社会转型时期的六大地区不同类型小城镇发展的动力与机制。

关键词：不同地区　不同类型　小城镇　动力机制

1. 基于小城镇发展研究的区域和类型分类

1.1 不同地区的小城镇划分

由于自然、经济和现代化水平等条件的不同，我国小城镇表现为不同地区和不同类型的特征。综合我国自然地理和经济区域为基础及各地区现代化水平的划分，根据小城镇的空间分布特点及推动其发展的动力机制条件，研究将全国的小城镇分为东北、东部沿海、中部、西北、西南、华北等六个区域。其中，东北地区包括吉林、黑龙江、辽宁三省；东部沿海为上海、江苏、浙江、山东、福建、广东等六个省市；中部包括湖北、湖南、河南、山西、安徽、江西、内蒙古等七个省和自治区；西北地区为新疆、甘肃、青海、宁夏、陕西五个省和自治区；西南部地区包括广西、云南、贵州、四川、重庆、西藏、青海、海南等7个省市和自治区；华北地区为北京、天津、河北三个省市。

1.2 不同类型的小城镇划分

由于自然、区位、经济、社会等条件的不同，各个小城镇表

中国小城镇不同地区划分图

现为不同的职能特征类型。总体而言，小城镇可以按照自然地理特征、职能定位、空间形态及发展模式等多个方面进行分类。每个小城镇可以同时具有一种或几种小城镇类型的特征，通过对这些特征的研究，有助于增强对小城镇发展的不同层面、不同视角的了解，为深入剖析小城镇的发展现状及预测小城镇发展的趋势提供依据。

小城镇的职能是决定小城镇发展方向及其规模的重要因素，在不同的社会经济体制背景下，小城镇职能的体现也有所不同。我国的小城镇有许多已从以前的作为农业和农村区域服务中心为主，向以发展工业和第三产业为主。同时，小城镇发展所表现出的经济职能与所处的历史发展阶段有关，作为推动小城镇发展的基本动力，经济职能对小城镇建设起着决定性作用。因此，本文对小城镇动力机制研究的重点在小城镇的职能上，并根据小城镇职能及发展的经济动力模式，把小城镇分为五类。主要有：综合型小城镇，社会实体型小城镇、经济实体型小城镇、物资流通型小城镇、其他类型小城镇。

2. 小城镇发展动力机制内涵

2.1 小城镇发展动力解析

从经济学科来说,动力是一个能够把社会经济形态转变与生产力要素系统联系起来,从而体现社会经济发展快慢的变量。

小城镇发展的动力是与小城镇社会经济发展速度相对应的变量。小城镇发展的动力可分解为内在动力和外部动力,资源是内部动力,区位和政策是外部动力。

小城镇的发展离不开资源,对于资源来说,最初只是一种潜在动力,需要施加一定的外部条件才能转化为对经济发展的直接动力。区位和政策是外部条件,在一定的区位条件下,区域中心的经济辐射作用会使小城镇会自动的"卷入"到区域经济体系中来,并按照区域经济体系分工的要求进行相关资源开发,从而带动小城镇经济的自主发展;同时,国家或地区的相关政策同样会促使区域及小城镇的经济要素的转化,刺激资源开发及发展经济。在这个过程中,不管是内在发展要求,还是外在刺激发展,都是通过资源这个核心起作用的。区位和政策虽然都可以对小城镇经济发展起到推力作用,但实际上其作用机理也是通过对资源这个内力的激发而使经济得以提升的。

小城镇发展的动力因素可分解为三个基本因素:资源、区位、政策。小城镇的发展都可以表现为这三个因素中的某个或某几个的作用,不同的因素组合或比例配置形成了形式各异的发展模式或"特色经济"。

2.1.1 资源

广义的资源不仅仅包括传统意义的自然资源,更包括其他一切可以利用、为经济服务、形成经济价值的客观存在。其有三层含义。首先是一种客观存在,相对传统意义的资源,是把它的外延扩大了,应该是人类知识水平及认识能力提高的必然结果;其次,它可以被人们利用,即人们可以控制它,控制是一个动态的概念,随着科技发展,人们认识水平、改造自然能力的提高,人们可控制的范围越来越广,因而人们可利用的物质或者说资源也会越来越多；最后，它必须可以形成经济价值，这一点是最关键的，只有能带来经济效益，形成经济价值才能真正衡量其作为资源所具有的特有属性。在这里，依据资源对象的可见性及实体与否可以把资源分成硬性资源与软性资源两大类，硬性资源指一切可以看得见或以实体形式存在的各种自然资源（包括旅游资源）、人力资源、资本资源等，软性资源如信息资源、技术资源、人文资源、知识资源、知名度、关系资源等。

资源是一个先决条件，小城镇的发展首先必须具有一定的资源条件。在传统的经济发展中，硬性资源曾起过重要的作用，而随着社会、经济的发展，软性资源扮演着越来越主要的角色。因为，硬性资源具有有限性、先天性、地域差异性等特点，这些特点决定了地区经济依靠这种资源发展必然要受到相当大的先天性约束；而软性资源是一种动态发展的资源，它会随着社会、经济的发展而不断发展，反过来它又会促进社会、经济的发展，因而它与社会经济之间具有明显的正相关关系。因此，相比较而言，硬性资源条件下的经济发展偏重于粗放型增长方式，软性资源条件下的经济发展则偏重于集约型增长方式；软性资源比硬性资源更具有高效性，从总的趋势来看，社会经济的发展有从以硬性资源为核心向以软性资源为核心转变的趋势。

2.1.2 区位

区位概念源于研究区域经济发展条件的古典区位理论，原是用于企业的微观布局，后被广泛应用于区域经济研究。狭义的区位概念指一个地区经济地理位置的优劣性和通达性，直观的理解就是交通要素相对于其他地区的优越度。然而，广义的区位还包括其他诸如劳动力、技术、资金等要素在空间地理位置上相对于其他地区的便利度以及所处区域经济、市场环境的发展程度或完善度。我国地域广阔，各地地理差异相当大。一方面，地形的复杂性使得各地的自然地理形态呈现出千姿百态的特性；另一方面，区域经济发展的差异使得各地区域市场发展环境表现出一定的梯度差异。因此，在我国宏观及中观经济发展的实际情况中，区位因素的影响作用往往不可忽视，尤其在小城镇的经济发展中，区位条件的优越程度甚至会起到决定性的作用。

区位对小城镇经济发展及其模式选择的影响主要表现为以下几方面：一是区位地理位置因素的便利程度决定了其与外界经济往来的可能性；其次，区位的市场环境完善程度直接影响着其外向型经济或内向型经济的形成；同时，小城镇与区域经济中心的区位关系影响着其受外来经济辐射的强弱程度，因而影响着其对开放经济的依赖度；三是区位会影响资源和政策两个因素，一方面，发展并发挥日益重要作用的软性资源对于载体（具体区域、小城镇）的选择具有一定的区位导向性，良好的区位会吸引优越的软性资源；另一方面，具体政策的出台也会结合国家发展战略及地区实际情况，优越的区位条件无疑会得到更多的政策性考虑。

2.1.3 政策

政策对于任何国家、任何地区的经济发展都是一个重要的影响因素。在计划经济时代，特殊的经济体制决定了政策对经济发展的巨大影响作用，这种作用甚至深入到了微观经济活动。在那种环境下，政策的一个显著特点就是直接作用性，不管是宏观发展战略，还是具体经济行为，都会受到相应政策的直接影响，可以说，政策的作用已经到了无所不在、神乎其神的地步。相比较而言，在市场经济条件下，政策的作用范围从"统统包办"的各个层次变成了突出规范引导作用的宏观、中观层次，作用形式也由直接、硬性的指令性计划变成了间接、灵活的指导性政策策略。表面上看，政策的作用范围小了，作用形式看上去也不够力度，但实际上政策在市场经济条件下所起的作用并不亚于计划经济条件下所起的作用，一方面，政策作用范围转移到宏观高层次，有利于把握全局、突出重点、协调差异。另一方面，作用形式的转变也反映了政策在经济生活当中所应当扮演的角色，摆正了政策在市场经济体系中的层次位置，从实际中看，这种形式能够极大地激发市场中活动主体的活力。

政策对于小城镇经济发展及其模式选择的作用是显而易见的。首先，政策影响小城镇经济发展目标的制定；其次，政策影响小城镇主导产业的选择；政策影响小城镇经济发展战略及具体发展规划的制定；再次，政策影响外界经济活动对小城镇经济的影响；最后，政策影响小城镇具体发展道路的形成。

2.2 小城镇发展机制解析

小城镇发展机制是指为小城镇的经济、社会、环境发展提供保障，使小城镇能够快速、健康、和谐的发展，制定的原则、规范、规则和决策程序。

小城镇发展机制的作用途径。

小城镇发展机制主要通过以下七种途径推动小城镇的发展：

2.2.1 经济动力机制促进小城镇产业结构的演进

小城镇发展的一个基本特征是产业的非农化，农业的发展是小城镇发展的基础和前提，工业化是小城镇发展的"发动机"，第三产业是小城镇发展的"后劲力量"。产业结构的演进改变了小城镇的形态和规模，进而影响小城镇发展的过程。

农业的发展使得大量农村剩余劳动力解脱出来，可以从事其他生产活动。工业化初期，主导产业为劳动密集型产业，需要大量的廉价劳动力，可以带动众多人口走向非农化，但这些产业间联系较少，依存度低，因此小城镇发展的规模一般较小，城镇化的过程也相对较慢。工业化中期，以钢铁、机械、电力、石油、化工、汽车工业等资本密集型产业为主导，产业间联系紧密，导致产业在空间集聚范围上迅速扩大，引起城镇化加速发展，一般形成规模较大的城镇，城镇的带动作用也明显增强。工业化后期，技术的发展使得产业向技术密集型产业转化，生产效率的提高及工业生产手段、管理手段步入更现代化的阶段，致使工业生产部门对劳动力的吸纳能力大大降低。与此同时，第三产业随着人们对生活的新要求及现代化生产对基础设施、服务设施的新要求而发展壮大起来。第三产业继工业化后继续吸纳大量的剩余劳动力，并赋予了城镇新的活力，使城镇化进程迈向更高层次。中国小城镇发展的区域差异明显，各地区处于不同的发展阶段，在不同地区的发展特征是极不相同的。在东部沿海地区，工业化后期的特征已相当明显，产业发展处于较高的阶段，传统的劳动密集型产业已经开始向外转移，在大中城市辐射下，广大小城镇也不断优化产业结构,促进城镇化的发展。而在广大中、西部地区的小城镇里,仍然存在着明显的农业化和工业化初期的特征,城镇化动力不足。因此,应当采取下述三个机制:(1)促使乡镇企业向小城镇集中,以产生集聚规模效益,降低生产成本,提高产品的市场竞争力。(2)积极推进农业产业化进程,使农产品的产前、产中、产后以及侧向联系联结成一个有机整体,尤其是提高高新技术含量或高附加值农产品比重,提高农业的经济效益。(3)提高城镇化质量。根据区域规划、城镇体系规划和"中心地理论",按照倍数原则每个县(或县级市)安排3~5个条件较好的镇进行重点建设,提高小城镇的内在素质和环境质量,并为城镇升级创造条件,有序地推动城镇化进程。

2.2.2 规划导向机制促进小城镇生产要素的空间集聚

生产要素的空间集聚是生产力发展到一定水平后的结果,是城镇发展的最基本动力。工业化的根本特征是生产集中性、连续性和产品的商品性,所以要求经济过程在空间上要有所集聚。生产要素(产品、资本、劳动力)向城镇地区的空间位移,带来人口的集聚化、规模化。正是这种集聚的要求,促成资本、人力、资源和技术等生产要素在有限空间上的高度组合,从而促成城镇的形成和发展,使城镇化成为现实。例如,广东省在过去20年的工业化进程中,产业主要向珠江三角洲地区集聚,该地区吸引的外来人口占广东省所有外来人口的80%,近年实际利用外资占全省的80%左右,工业总产值为全省的60%左右。正是由于产业高度集中于珠江三角洲地区,该地区城镇的发展处于全省的领先地位,小城镇发展水平最为发达、密度最高,城镇体系也最为完善。可见,生产要素的集聚是小城镇发展的一个主要动力。

如果小城镇规模偏小,就达不到空间集聚要求,也达不到适度规模要求,难以形成较为完善的城镇供水、排水、供电、供热、污水处理等基础设施体系,以及商业、科技、教育等社会化服务体系,不仅严重浪费土地资源,而且不利于乡镇企业集中连片发展,提高经济效益。反之,城镇过密分布,导致集聚效益不足,辐射半径过小,相当一部分新建城镇仍停留在原农村居民点的基础上，因此，要有科学合理的规划导向机制。另外，小城镇规划中"不定性"因素增多，"对号入座"式的单向静态规划已不能适应市场经济体制下动态城镇建设的需要。"不定性"因素增多的原因有：投资主体多元化、城镇土地有偿使用、地方政府成为有特殊自身利益的理性经济人以及政策等。因此，转型时期小城镇规划应采用如下规划导向机制：

（1）由原来单一的物质规划转向从小城镇综合效益（经济效益、社会效益、生态效益）出发的综合规划；

（2）由原来侧重于技术过程的规划转向能体现、约束、平衡和实现各方利益整合的城镇规划；

（3）加强区域规划、城镇体系规划、城镇建设总体规划等规划工作和行政区划调整工作；

（4）通过动态的系统规划，引导小城镇健康有序地发展。

2.2.3 市场动力机制促进小城镇基础设施建设

市场动力机制是指在商品经济条件下，社会经济的各个环节和各个组成部分通过市场建立其内在的有机联系。市场供求关系变化、企业间竞争、价格涨落、利率高低等都会带动和制约整个社会机体的运行与发展。市场机制能够使投入产出间的关系达到最优，从而促进资源的优化配置和有效利用。高效率是市场机制的基本目标。

我国小城镇普遍存在基础设施条件差的问题，主要原因是我国在城镇建设过程中没有或很少引入市场机制。计划经济体制下的城镇基础设施建设基本上全由政府包办，致使各地方政府千方百计争取上级政府的投资和提高自身的地位，而政府又无力顾及每一个小城镇，最终形成一对矛盾，而引入市场机制是解决这一矛盾的关键。因此，在小城镇发展中，除作好规划引导外，还要充分运用市场动力机制，打破区域、行业和所有制界限，采取股份制和股份合作制、租赁制、独资、合资经营等形式，鼓励外资、内资、集体和个人投资经营城镇，制定相应的优惠政策，依法维护投资人、受益人的合法权益，做到"谁投资，谁所有，谁经营，谁受益"。要转变思维方式、更新观念，通过有偿转让、拍卖、抵押等形式把可以投入到市场运作的基础设施、城镇空间、城镇功能载体等都推向市场,盘活和优化存量资产,不断完善"以路带房、房地生财、聚财促建、流动发展"的建城机制,扩大城建资金来源。小城镇公用事业的建设与管理,除必须由政府管理的部分(如水质标准等)外,都要放开经营,允许公平竞争,实行合理计价,有偿使用。最终利用市场机制,解决好小城镇的基础设施建设问题,增强其吸引辐射能力,带动第一、第二产业发展,成为吸纳农村剩余劳动力的主要阵地。

2.2.4 经营管理机制促进小城镇规范管理

目前,小城镇建设还存在建设不规范、按长官意志办事、管理不到位等问题,因此,必须采取措施,树立经营城镇的新理念,促进城镇化进程。第一,要完善小城镇建设的法规标准,规范管理程序。加强城建法规知识的宣传普及,提高小城镇干部、居民的法律意识,增强其遵纪守法的自觉性。严格办事程序,积极推进依法行政。各级建设部门应公开建设审批的办理条件和程序,增强服务意识,提高办事效率。同时要加大执法力度,及时严厉查处各种违法建设行为。第二,要规范规划设计市场和建筑市场,逐步建立备案制度和市场准入制度。地方建设行政主管部门和小城镇政府要对进入小城镇的规划设计和施工队伍进行监督审查,严禁无证、越级承担规划设计任务和施工任务。对不符合规划要求的建设项目,不得办理规划批准手续。对于建筑设计、施工力量不符合有关规定的,不得办理开工批准手续。要推行专家评审规划制度和规划公示制度,有条件的地方要建立工程质量监督站,确保规划设计质量和工程质量。第三,要健全机构,配备合格的小城镇建设经营管理人员。建立健全乡镇一级城镇建设管理机构和社会化服务体系,严格执法,依法行政,为小城镇建设提供技术服务。加强城镇建设技术管理人员的培训,严格考核,择优选用;有计划地聘用一批高校毕业生到城镇建设管理部门和技术服务机构工作。第四,要疏通公众参与渠道。城镇建设与发展的主要目的是创造更好更舒适的人居环境,为大众谋福利。城镇建设要高度重视公众参与,只有广泛的公众参与,才能实现建设城镇的真正目的。我国小城镇建设过程中民众参与度较低,还存在许多问题，因此，今后应该公开小城镇建设的各种程序，采取各种有效措施，积极引导民众参与。

2.2.5 改革土地使用机制促进小城镇健康发展

小城镇范围内的国有土地除法律规定可以依法划拨的以外，全部实行土地有偿使用。其收益除按规定应上缴的以外，全部返还乡镇，用于小城镇基础设施建设和土地开发。

对建设用地坚持统一规划、统一征地、统一开发、统一出让、统一管理的"五统一"原则，在政府高度垄断土地一统市场的前提下，放开搞活土地二级市场。

集体建设用地在不改变土地用途、保持集体土地性质不变的前提下，允许土地使用权在本集体经济组织内部流转，并依法办理土地变更登记手续。

建立城镇土地流转机制。具体包括：

（1）"滚地法"，就是按照一定的人均土地标准，从城镇最边沿村由外向内，逐村依次滚动传递，最后将各村所要滚动的土地滚动到小城镇所在地；然后利用集中的土地建立工业区，其中每个村都有一块与本村调出面积相等、但不与具体地块对号的土地，各村新建乡镇企业一律进入工业小区；同时保持集体土地性质不变，土地使用者不需要向农民一次性交纳征地费用。"滚地法"不仅有利于新建的乡镇企业集中布局，而且有利于原有乡镇企业的迁建。

（2）"土地股份制"，将社区集体所有的土地资产和非土地资产进行估价，按成员资格等标准量化给每位农民，农民获得的股权要根据社区内人口变动定期进行调整；成立股份合作经济组织，最高权力机构为股东大会。在有效进行土地流转的同时，还应注意保护耕地，节约用地，根据国家政策科学合理地制定各类小城镇的用地规模与用地标准，提高土地利用效率。

2.2.6 小城镇发展的投资机制

资金缺乏是当前小城镇建设的一个突出问题。解决小城镇建设资金问题应当主要依靠镇民和社会各方面的力量，单纯依靠政府投入是不能解决问题的。广开资金来源，逐步建立以集体经济积累和镇民个人投入为主，国家、地方、集体、个人共同投资的多元化投资体制。鼓励企业和个人投资或参与投资建设小城镇的公用设施,坚持谁投资、谁所有、谁管理、谁受益的原则,允许投资者以一定的方式收回投资。鼓励金融机构向小城镇建设提供中长期信贷,支持小城镇的基础设施建设。金融部门可以参考城市中商业设施开发的模式,采取抵押贷款的形式,向以某项目基础设施为基础成立的有限责任公司借贷。

2.2.7 创新动力机制促进小城镇发展

改革开放以来,我国城镇建设取得了巨大成就,但小城镇建设过程中还存在诸多问题,究其原因之一就是创新不够。创新包括体制创新、法制创新、政策创新、技术创新、思维创新等。体制创新是指在转型时期,社会主义市场经济体制还不完善、不健全,只有创新才能逐步建立健全市场体制,适应社会发展需要。法制创新就是要化软为硬,将小城镇建设的内部规定公开化、法制化,填补并完善相应的法律空白,严格执法,公正司法,全面提高公民的法制观念。具体来说,就是要在城镇要素(产业、人口、土地)的空间集聚、城镇建设资金、土地有偿使用、城镇管制、区域发展等方面进行创新,并使其程序规范化、法制化。政策创新就是针对城镇化进程中存在的滞后问题、户籍问题、土地使用问题、产业问题等,调整完善并创新相关政策,适应形势发展需要。技术创新是城镇化的关键,它包括规划技术、城镇建设技术及自主知识产权保护等方面的创新。思维创新就是要更新观念,从传统模式下的定式思维及时调整到市场经济条件下的动态思维,适应经济社会持续发展的需要。

3. 我国小城镇经济发展主要模式

小城镇经济发展模式指的是小城镇经济发展的方式,是通过对推动经济发展的生产要素的来源进行分类研究的。

改革开放以来,我国经济模式的转变为广大小城镇的发展提供了有利的宏观环境,各地区小城镇充分发挥各种优势,抓住发展的有利时机,走出了适合自身发展的小城镇发展道路,增强了小城镇的经济实力,促进了小城镇的建设发展。根据小城镇经济发展动力机制的特点，可以归纳为外源型发展模式、内源型发展模式和中心地型发展模式三类。外源型小城镇主要是以外向型经济为主导推动小城镇的工业化和城镇化；内源型发展模式是指以本地的乡镇企业和家庭私有企业为主体进行本地的工业化和城镇化；中心地型发展模式是指以传统经济为主导的工业化和城镇化发展模式。它们在区位条件、产业结构变动、对外联系强度等多方面体现出不同的特征。

3.1 外源型发展模式

3.1.1 发展动力机制

外源型小城镇的经济发展动力来源于区域外部，以外向型经济为主导推动小城镇的工业化和城镇化。其发展主要是开始于20世纪80年代的全球产业重构和新国际劳动分工的形成，发达国家资金为获得超额利润而在发展中国家寻求投资机会，改革开放使我国成为这些资金的流入地之一。特别是改革开放前沿的沿海小城镇，利用国家的特殊政策抢先一步，大力吸引外资发展本地经济，成为典型的外源型城镇。珠江三角洲地区的小城镇多属于这种类型，它们充分发挥毗邻港澳的地理优势，使港澳资本连同劳动密集型产业借两地经济势差大规模向"珠三角"地区转移，同时促进了本镇人口的非农化，还吸引了内地大量的农村剩余劳动力。

3.1.2 存在问题

（1）随着我国改革开放的深入，全国各地均可以成为外资投入地，外源型城镇的后续资金来源减少，产业规模扩展受到威胁；

（2）外源型城镇产业结构轻型，行业门类广泛，但产品关联度不高，产品链条薄弱，且多是加工制造末端，经济效益较低；

（3）外向依存度过高，受国际经济波动的影响大，如亚洲金融危机、美国"9.11"事件对"珠三角"经济的影响不能低估；

（4）同一地区的不同城镇产业结构趋同，在供过于求的情况下易造成行业恶性竞争。

3.2 内源型发展模式

3.2.1 发展动力机制

内源型发展模式是指依靠本地生产要素的投入来推动经济发

展,以乡镇企业和家庭私有企业为主体进行本地的工业化和城镇化。内源型经济要求本地有丰富的农业剩余积累,为小城镇的非农化提供丰富的资金投入和劳动力投入。除此之外,内源型发展地区一般有手工业传统和工业基础,使这些地区的工业化在实现基本条件的情况下能够迅速的发展起来,如温州的小城镇。另一种情况是受所在区域大中城市的产业、技术、管理经验等的扩散影响,通过本地资金投入发展大城市淘汰的产业,再把产品返销到大城市市场,如苏南地区的小城镇。20世纪80年代时期的京津唐地区的小城镇的发展模式也是以内源型为主。内源型发展地区的城镇化主要是本地人口的非农化,这是由于与外源发展模式的以外资、合资等大企业为经济主体不同,内源型发展模式的经济主体以乡镇企业、家庭私有企业为主,企业规模相对比较小,对劳动力的吸纳能力也相对有限。

内源型城镇发展早期,大部分乡镇企业大多是各级政府参与创办或支持开办的。早期政府对经济领域的直接介入,发挥了政府的权威、信誉和关系,有利于乡镇企业摆脱发展初期资金、劳动力、土地和银行贷款融资的种种困境,直到目前,镇级集体企业收入也是很多城镇最主要的建设资金来源。进入20世纪90年代中期以后,集体经济出现了停滞不前的局面,由私营、个体及外资经济组成的私有经济开始取代农村的集体经济成为农村工业化的主体力量。而政府则开始退出直接经济领域,转而以宏观调控为主。内源型城镇的政府管制权利较外源型城镇相对集中,有利于提高政府管理效率,加强政府调控力度,建立良好的经济秩序和城镇建设秩序。但相对集权的管理模式,也在一定程度上影响了城镇发展活力。

3.2.2 存在问题

(1)以集体产权为主的乡镇企业的产权结构有潜在的局限性,随着体制条件和市场环境的改善,模糊产权将导致企业组织内部成本的大幅度上升,从而抵消掉企业努力降低市场交易成本和提高专业化得来的收益;

(2)家庭私有企业的管理制度以血缘、亲缘为基础,随着企业规模得扩大,在人力资源得引进、配置和培养等方面造成了严重得阻碍；

(3) 企业的自主开发能力薄弱，以仿制为主的传统劳动密集型产品市场竞争力低；

(4) 企业实力未及外资企业雄厚，在技术引进、设备更新等方面存在难度。

3.3 中心地型发展模式

3.3.1 发展动力机制

中心地型发展模式是指以传统经济为主导的工业化和城镇化发展模式。该类城镇作为镇域的经济、政治和文化中心，形成比较明显的"中心——外围"结构，即绝大部分的工业和第三产业集聚在镇区附近发展，而外围农村地区则以传统农业为主。中心地型城镇的工业基础一般比较薄弱，并且是在本地农业积累的基础上发展起来的，同时随着农产品的丰富和农村收入的提高，为农副产品加工、手工业和轻工业的发展开辟了供给市场和需求市场，城镇地方型传统工业就逐步发展起来。但由于缺乏足够的发展动力，工业化进程缓慢，农业仍作为本地区主要的经济力量，相应地，城镇对农村人口的吸引力不大，城镇化动力相对不足。20世纪80年代以前，国家重视大城市发展，国有大型企业和公共项目主要布置在城市，城市对小城镇的辐射极其微弱，小城镇仅作为周边农村的服务中心，以中心地型发展模式为主。

3.3.2 存在问题

(1) 经济全球化的深入和中国加入WTO，封闭的自循环经济将使中心地型城镇囿于更加艰难的发展困境；

(2) 工业化水平低下，产业结构有待进一步调整和优化；

(3) 镇域发展格局仍处于极化阶段，城镇对农村地区的扩散作用微弱，城乡二元结构更加突出，不利于整体经济的提高。

4. 不同地区不同类型小城镇发展的动力与机制改革

4.1 东北地区小城镇发展的动力机制

东北地区包括黑龙江、吉林、辽宁三省，是我国的老工业基地和粮食主产区，具有综合的工业体系、完备的基础设施、丰富的农产品资源和矿产资源、丰富的旅游资源、优良的生态环境和雄厚的科教人力资源等优势。毗邻俄罗斯、朝鲜、韩国、日本等国,是沟通东北亚和欧洲之间里程最近的大陆桥的重要中间站和联络点,区位优势明显。

由于东北地区为我国的老工业基地,小城镇的工业有一定的基础,但存在着规模小、技术含量低、效益差、环境污染严重等问题。十六大提出的"支持东北等老工业基地的调整和改造,支持资源为主的城市和地区发展接续产业"、"扶持粮食主产区发展"等政策,为东北三省小城镇的发展提供了政策上的保障。东北三省小城镇经济发展模式大多以中心地型为主,经济功能薄弱,缺乏外力的推动。

目前东北地区小城镇存在着城镇规模小、发展速度较慢、城镇经济功能薄弱、资源利用不充分等问题、基础设施相对落后、建设资金投入不足。

今后发展中应加强小城镇的产业结构调整,充分利用当地优越的资源条件,发展多元化的产业,建立突出地区特色的产业结构和发展特色经济产业主导型的小城镇。对户籍制度、土地制度以及社会保障制度进行改革,消除原有体制的弊端,保障进镇农民的权益不受损害;通过出让国有土地使用权,通过收取基础设施建设配套费用等方式筹集资金,重点培育投资主体,制定优惠政策,鼓励和吸引外商和异地企业到小城镇投资建设,兴办第二、第三产业,逐步建立起企业和个人出资为主,国家、地方、企业、个人、外资共同投资的多元化投资机制。完善立法、加强管理、依法治镇。

4.2 东部沿海地区小城镇发展的动力机制与改革

东部沿海包括上海、江苏、浙江、山东、福建、广东等六省市,是我国最优越的区域,资源丰富,是我国现代工业最发达的地区之一,工业是目前小城镇的主导产业,大体属于轻重各半、轻工略强的中型偏轻结构。随着产业结构的调整优化,第三产业在经济发展中的比重不断提高,作为全国最大的商业贸易、金融、服务中心,其优势不言而喻。通过采取市场调节、政府引导的策略,形成了错落有序的商业市场格局。金融业已形成以国家银行为主体、政策性金融与商业性金融分工、多种金融机构合作、功能互补的金融体系。外向型经济较发达，出口创汇，引进先进技术等起到了窗口和对内地辐射的作用。

该地区城镇化水平较高，突出的特点是小城镇发展异常迅猛，数量快速增长。但受地形、人口、经济发展水平和交通网络布局的影响，东部沿海平原地区和内陆山区的城镇密度反差强烈。沿海地区小城镇密度大、产业结构合理、小城镇之间联系紧密，主要分布在大都市区周围及交通沿线两侧。而内陆山区的小城镇中心地职能突出，分布较为稀疏，多呈独立点状发展形式。

东部沿海地区小城镇发展的优势主要体现在以下几方面：（1）具有资源优势。由于处于经济发达地区，小城镇的人力资源、科学技术资源比较丰富，使小城镇有条件发展科技含量高、效益好、对环境污染小的集约型产业。（2）交通条件好。与外部地区联系方便，有利于发展关联度高的产业。（3）区域内城镇体系较完备。大中城市数量多、经济发达，能够对小城镇的发展起到辐射、带动作用。（4）区域内市场经济体系较完备。相对于其他地区，小城镇基础设施条件较好，建设资金来源较丰富。

目前东部沿海地区小城镇主要存在着规模小，密度大，工业布局分散零乱，土地利用粗放等问题，造成了资源浪费、生态退化和环境污染等严重后果。

（1）对小城镇进行多种经营模式的开发，充分利用小城镇的优势资源，发掘小城镇的发展潜力，提高经济运行效率，为小城镇的发展提供有力的保障。

（2）继续加强大中城市的辐射力度，利用大中城市进行产业调整的有利契机，使小城镇成为大中城市产业转移的主要载体。引导乡镇企业和民营企业向小城镇集中，加快产业集聚，实现小城镇与大中城市的协调发展。

（3）要创新机制，政府的主要职能是科学规划和调整政策，规划调控是政府的重要职能。应赋予小城镇在城镇规划方而更大权限，坚持高起点、宽视野、适度超前的原则，科学合理地制订区域的各项规划。在深化各项管理体制改革的同时，实行积极、稳妥的行政区划调整政策，将是对区域协调发展的极大促进。应逐步建立有利于小城镇和区域经济发展、适应现代小城镇建设和运行管理的新型行政管理体制。

（4）建设资金仍是制约小城镇发展的一个重要因素。要按市场化原则，动员社会各方面的力量，形成一个包括国家、地方、社会、个人投资和引进外来投资在内的多元化投资格局。小城镇政府的财政节余应主要用于城镇基础设施建设。县级以上政府，设立小城镇建设专项资金，用于重点小城镇的建设。

（5）加快户籍制度改革，放开小城镇户口，增强小城镇人口的凝聚性。农民只要在小城镇有固定的住所，有比较稳定的职业，有生活来源，就要允许落户，禁止对进入小城镇落户的农民收取各项费用，降低农民进城"门槛"。

4.3 华北地区小城镇发展的动力机制与改革

华北地区包括北京、天津、河北三个省市，拥有优越的地理环境和重要的区域地理位置，小城镇根据自身发展条件形成了多种多样的发展类型，主要有综合性城镇、卫星城镇、矿业城镇、旅游（疗养）城镇、交通（港口）城镇等。华北地区小城镇同样存在着规模小、乡镇企业布局分散、生产要素的聚集程度不高等问题。

北京、天津等大城市对该地区的小城镇有重要的影响，这些城市周边小城镇一方面要发展与大城市关联度高的产业，如农业、副食品加工业和服务业等，另一方面可利用土地资源比较丰富等有利条件接受大城市转移的产业。要建成技术先进的综合性工业基地，提高产业的素质和经济效益，在依靠科技进步，调整和优化产业结构、产品结构的同时，充分发挥各郊区、县的区位优势，统筹规划，做好工业空间结构的调整和布局，同时引导中小企业合理集聚，推动传统农业向现代农业转变。

改革和创新行政体制，按照"小机构，大服务"的要求，改革政企不分、政事不分、条块分割、机构臃肿的旧体制，建立政企分开、政事分开、职责分明、高效精干的体制；也要理顺小城镇政府与县级职能部门的关系，完善其经济和社会管理职能。

4.4 中部地区小城镇发展的动力机制与改革

中部地区包括湖北、湖南、河南、山西、安徽、江西及内蒙古七省和自治区，该区人口密集、物产丰富、劳动力密集、人口素质相对较高，资源丰富，运输便利，市场广阔，具有发展制造业的基础条件。中部地区的小城镇建设，从数量上看取得了较大进展，但质量偏低，辐射能力弱，其建设相对滞后，后劲不足的问题，已成为目前制约小城镇发展的瓶颈。中部地区小城镇工业基础比较薄弱，大部分小城镇以农业为主，今后可通过大、中城市的辐射、带动作用发展自身工业与外来投资工业。另外，还可通过接受发达地区转移的产业带动当地经济的发展。产业结构调整应提高第二、第三产业比重，各产业向高效益、高附加值、高科技含量的转化作为产业结构优化的主要内容。要将以往的条块分割、由上到下的经济发展模式转变为彼此密切协作、合理分工的网络式经济发展模式。

中部地区小城镇可根据不同的特点采取不同的建设方式：(1) 城镇密集地区。该类地区大多为平原地区，工业基础好，交通条件优越，城镇分布密集且大多分布在省会中心周围，城镇发展具有向网络化发展的趋势和条件。因此，对于该类地区，要加快构筑基础设施网络，引导城乡建设、产业布局和生产要素的自由流动，进一步引导城镇群体和城镇中心的建设，以形成相对集聚的区域经济增长形态。(2) 以传统的重工业城市为中心的城市地区。这类地区工业基础较好，城镇化水平也较高，但由于工业大多是"二线建设"，遗留下来的传统工业历史包袱较重，发展活力不足，经济外向度不高，空间形态上呈现较为明显的核心边缘结构。对该类地区，要高度重视经济结构的调整以及与中心城市的交通联系，加强城镇发展轴的培育，继续强化城市的辐射与带动作用。(3) 处于平原地区的传统农牧业区。该类地区工业发展薄弱，以传统的农牧业为主，城镇化水平较低，中心城市或城镇关联度不强。因此，要着力加快经济结构调整，推进工业化进程，现阶段重点做强中心城市与县域中心，增强城市经济的辐射带动能力。(4) 大多数山区。这类地区，交通闭塞，工业化程度较低，城镇化水平也处于中部最低的位置。对这类地区要走以发展中等城市为重点的集中型城市化发展道路。采取以"以点为主、点轴结合"的空间开发模式。实行"内聚外迁"的城市发展与人口政策，加快人口空间集中化进程。

从总体上看，中部地区小城镇工业化尚处于初、中期，需加快工业化步伐，强化城镇化的产业支撑。中部地区人口众多，人口压力大，要采取再培训，在提升人口素质的基础上，建立完善的人才市场体系，为各产业输送大量优秀的专业人才，推进本地小城镇发展。中部地区要加强政策引导机制，国家及地方政府的政策是调节和引导区域经济及小城镇发展的重要手段。出台更多有利于小城镇发展尤其是产业经济发展的政策和措施，提供更有力的政策动力支持。

（1）改革现有户籍制度，建立以居住地划分城镇人口和农业人口，以职业划分农业和非农业人口的户籍管理制度。

（2）在建设资金上采取多方筹资的办法，推行市政设施有偿使用，公用事业合理计划，土地有偿出让、转让，积极引进外资，鼓励民间投资，形成多元化的资金筹措机制，加大城镇建设的投入。

（3）完善社会保障制度，在住房、医疗、教育、就业、社会保险制度等方面取消城乡差别。

4.5 西北地区小城镇发展的动力机制与改革

西北地区包括新疆、甘肃、青海、宁夏、陕西五省、自治区，该区土地、草场、矿产、能源等资源十分丰富，开发潜能巨大，是我国重要的资源储备基地，对我国经济发展起着支撑和推动作用。该地区农副产品、矿产以及旅游资源都非常丰富，重工业起步较早，经过多年的建设，已建成有色金属、能源、石油化工、机械等工业基地和一些经济密集区，拥有一批在国内经济中占有一定地位的大型企业和重要产品。小城镇存在的问题一是城镇规模小而散，基础设施配套差，二是小城镇企业规模小，经济发展缺乏产业基础支持。三是管理体制不适应，不少小城镇尚缺乏必要的管理配套政策和机制。四是小城镇经济发展的配套政策滞后，如：土地政策、税收政策、户籍政策、住房政策等。今后主要通过以下方式建设小城镇：合并规模较小，技术含量较低的企业，提高这些企业的技术含量及资源利用率,降低对环境的污染;西北属不发达地区,总体经济实力不强,小城镇建设资金自筹能力弱,财政资金对重点小城镇建设项目进行先期投入,可起到政策示范、改善基础环境、引导社会其他资金介入的作用;小城镇基础设施建设并采取市场化运作方式;依据资源优势,发展特色小城镇,如工矿、农牧、旅游等类型的小城镇。

4.6 西南地区小城镇发展的动力机制与改革

西南地区包括广西、云南、贵州、四川、重庆、西藏、海南七省、市、自治区,该区由于经济基础薄弱、自然生态条件较差等方面的原因,总体经济发展水平明显落后于沿海地区,从西南各地区自然条件、社会经济特点以及小城镇发展现状来看,大体可分为以下几类地区来分别考虑:青藏高原地区,包括青海和西藏。该地区城镇化水平较低,第二、第三产业不发达,小城镇数量少、规模小,这些地区应选择区位、资源条件较好的区域,增加小城镇的数量,同时加快非农产业的建设,增强小城镇的吸引力,使农业人口向小城镇集聚,从而促进小城镇的发展。四川、重庆、广西等省、市城镇体系发育较好,大、中城市有了相当的发展,小城市数量较多。这些城市功能比较齐全,首位度较高。云贵高原城镇体系有一定的发展,但小城镇数量少、吸引力弱,应利用当地资源,发展为周边区域服务的产业,同时加强小范围内的人口聚集,以减少地形的不利影响,节约投资。由于西南地区小城镇资源开发程度低、经济基础薄弱,所以,当前西南地区小城镇发展的首要任务是发掘其自身能量,大力发展内源型经济。内源型经济不依赖于外界力量的注入,可依靠本身的创造性与开拓性,具有很强的生长性与自发性,能对西部地区小城镇发展起到积极的推动作用。另外,可根据西南地区农副产品丰富、矿产资源充足的特点,重点发展农业型小城镇和工矿型小城镇。随着国家对西部大开发政策的实施,对西南地区交通建设投资的增大,西南地区小城镇应抓住这一有利时机,加速经济建设,提升小城镇综合实力。

西南地区应利用政策优势加快小城镇发展,政策对西南地区小城镇发展的推动力作用主要表现在三个方面，第一，国家改革开放以来的一系列政策，特别是1999年国家实施的西部大开发政策和2000年7月中共中央、国务院出台的《关于促进小城镇健康发展的若干意见》为西南小城镇的发展创造了良好的机遇。第二，国家对沿边地区实行开放，对边境贸易发展及边境小城镇的兴起关系重大，如广西宁明县爱店镇等边贸小城兴起、繁荣就是典型代表。第三，行政区划和管理的变革使小城镇在城市体系中的地位更加突出。如采取乡镇合并的方式将经济实力弱、规模小、基础设施差的小城镇向规模大、经济实力强、基础设施完善的小城镇合并，提高小城镇的综合发展水平，同时也增强了吸引力。

参 考 文 献

1. 曹广忠.《企业布局、产业集聚与小城镇发展—对山东、浙江四个小城镇的调查分析》.农业经济问题，2003（07）
2. 陈前虎，郦少宇，马天峰.《浙江小城镇职能发展的系统考察及优化建议》，小城镇建设，2002（02）
3. 陈恺龙，彭震伟.《上海半城市化地区小城镇透视》.城市管理，2002（03）
4. 程俐骢.《第三产业：上海郊区城市化的路径选择》.广播电视大学学报，2002（03）
5. 崔功豪，魏清泉，陈家兴.区域分析与规划.北京：高等教育出版社，2001，144~148
6. 冯健.1980年以来我国小城镇研究的进度.城市规划汇刊，2001（3），28~33
7. 高潮.小城镇大战略论集.北京：新华出版社，1999
8. 顾朝东，柴彦威，蔡建明.中国城市地理.北京：商务印书包，125~127
9. 黄小芳.《区域规划与中部崛起》.中华建设，2005（5）
10. 黄鹏，朱信凯.《西部城市发展动力机制及对策研究》.国土与自然资源研究，2000（4）

作者简介：
王士兰，浙江大学城乡规划设计研究院院长、教授
汤铭潭，中国城市规划设计研究院教授级高级规划师

长江三角洲地区小城镇村镇空间布局的影响因素及其作用机制

彭震伟　高璟

摘　要：本文通过对长江三角洲地区小城镇村镇空间布局现状特征的描述分析，梳理出影响小城镇村镇空间布局的影响因素，对这些影响因素的作用机制进行分析，并提出优化小城镇村镇空间布局的思考。

关键词：长江三角洲地区　小城镇　村镇　空间布局　作用机制

1. 引言

村镇是村庄和集镇的统称，它是小城镇中以农村经济为基础的、为农民生产和生活服务的乡村居民点，是我国城乡居民点体系的重要组成部分。

在城乡规划的实践中，按照村镇的功能和等级结构的区别，可将村镇分为四个等级，即自然村、中心村、集镇、镇区。自然村是指农村自然聚居形成的村落，人口从几十人到上百人不等，由一个或者数个村民小组组成。自然村的居民主要以农业耕作为主业，是村镇中从事农业和家庭副业生产活动的最基本的居民点，没有或者只有简单的生活福利设施。中心村是行政村管理机构即村民委员会的所在地，包含有一定的生活服务和基础设施，具备了村域内小范围的服务功能。集镇的绝大多数是乡建制地域的经济活动中心，也包括在集市基础上形成的居民点。镇区为建制镇的镇政府所在地，

注：本文为"十五"国家科技攻关计划：小城镇科技发展重大项目"小城镇区域与镇域规划导则研究"成果之一，课题编号：2003BA808A07。

具备了行政管理的职能，是农村一定区域内政治、经济、文化和生活服务的中心。镇区辐射到全镇域甚至更大的地域范围，因此经济上的集聚功能更强，生活福利和基础设施更为完备。

小城镇村镇空间布局的研究主要侧重于小城镇镇域内部村镇聚落的空间分布，是研究小城镇经济、社会等多种功能组织方式在空间上的具体反映。本文试图寻找小城镇镇域村镇聚落空间布局的影响机制，从而寻求合理的小城镇村镇空间布局模式。

2. 长江三角洲地区小城镇村镇空间布局现状特征

2.1 村镇空间布局仍以传统的分散布局为主，但已经呈现逐渐集中的趋势

长江三角洲地区小城镇的村镇空间布局依然以传统的分散型布局形态为主，村镇选址延续了长久以来自然经济影响下对自然条件和交通区位的要求。广大的村镇依然散布在乡间原有的水草丰满之地或者是交通便利之处。

在当前的社会经济条件下，农业发展不再成为长江三角洲地区经济发展的主导力量，随之带来的是村镇从事农业的人口数量急剧下滑，由农业耕作决定的村镇活动圈已经不是村镇布局的决定性力量。在各种纷繁的社会因素的影响下，村镇人口的集中已经成为趋势，虽然在空间上人口的流动和村镇用地的集中并不能得到完全的对应，但各级政府已经关注到这一现象，并出台了各类措施以推进村镇空间布局的集中，以适应新的经济发展条件下对村镇空间布局的要求。

2.2 村庄的分布与人口的分布不相一致，村庄空心化现象严重

村庄空心化是指由于农户纷纷向原村庄外部移居，导致原有的村庄住宅空置，甚至逐渐废弃坍塌的现象。农村的村庄空心化在长江三角洲已经成为一个普遍的现象，它的存在具备几个相近的前提：具有一定规模的村庄；村庄经济水平较高，农民具有向外迁移的经济实力；村庄的规划建设较为松散，宅基地审批不严格[②]。村庄的空心化和村庄的经济发展是相伴而生的，这就造成了宅基地数量依然在扩大的同时，宅基地的实际利用率却大大下降，

造成了土地资源的实质性浪费。由于长江三角洲地区村庄众多，因村庄空心化而浪费的土地资源总量是十分惊人的。

2.3 村庄分布的传统影响因素依然在发挥作用，但经济发展的影响愈加明显

长江三角洲传统自然经济条件下村镇空间布局的主导影响因素在于村庄活动圈和村庄之间的社会联系约束。在现时的村镇空间布局中，这些传统的因素依然在发挥着作用，但在市场经济发展的影响下，由于经济发展对原有乡村经济模式和社会网络的冲击，这些传统因素的决定性作用已经大大降低。由于工业经济已经成为目前长江三角洲地区主导性的经济力量，该地区农村大多数劳动人口的服务对象已经不再是土地而是工厂，而工厂的选址除了就近村镇之外，也开始出现一定的集中化趋势，尤其是在长江三角洲地区各级政府普遍推动工业向园区集中的政策背景下，工作岗位也逐渐集中到镇区或镇区边缘的工业园区，农民向镇区的工作移动重新影响了其居住选址，使得农民向镇区集聚的现象愈加明显，充分体现了市场经济对乡村村镇空间布局的重新调整起到的重要作用。

同时，城镇化带来的镇区集中性公共设施供给和城镇文化的吸引也对农民的重新迁移起到重要的推动作用。尤其是中小学等教育设施的规模性要求，使得其一般集中布置在镇区建设，而出于对子女的教育考虑，农民向镇区的迁移也就成了十分合理的现象，这在一定程度上也是村庄发展空心化的原因之一。青壮年和少年子女移居镇区后，由家庭中的老人留守自家的宅基地，使得村庄的常住人口大幅下降，导致了实质上的人口向镇区集中和村庄衰落。由于农村人口向镇区的居住迁移，原有村庄之间的亲缘和血缘网络也逐渐向村庄和镇区之间的社会联系网络转换，农民和镇区之间的社会往来也逐渐增多，成为农民的生活逐渐稳定在镇区的重要原因。

3. 长江三角洲地区小城镇村镇空间布局的影响因素

3.1 自然条件

3.1.1 自然地理条件

对村镇空间布局具有影响的自然条件包括：地理位置、地质、

地形、气候、水资源以及自然灾害如地震、台风、滑坡等，主要表现为处在不同的自然条件下，不同区域地理位置的村庄分布情况各不相同。如平原地区的村庄居民点分布较为稠密，而山区较为稀疏，河网地区村庄较为稠密，而缺水干旱地区较为稀疏，沿海地区较为稠密，而内陆地区较为稀疏等。如水系是联系各村庄的重要地理因素，水系在交通、饮用、灌溉等方面串联起村庄群体，通过同一水系串联起来的村庄不但在空间上拉近了距离，并且会共用灌溉等一系列的公共及市政设施。

3.1.2 地区资源条件

地区资源条件主要指土地资源、水资源、气候资源、矿产资源、生物资源、劳动力资源、经济资源等。资源的性质、储量、分布范围、可利用的难易程度，对村镇的形成、空间分布、性质、规模等都具有很大影响。如矿区的村镇，根据矿床的分布情况、矿井、采矿场位置以及选矿、烧结、冶炼厂的分布和交通运输等条件，而具有不同的布局和组织结构形式；文物资源、风景旅游资源的开发和利用，也必然会引起风景区及风景旅游型村镇的建设与发展；气候资源优越、海洋性气候地区的村庄分布较为稠密，气候条件恶劣、大陆性气候地区的村庄分布较为稀疏等。

3.2 经济发展

3.2.1 乡镇企业分布

乡镇企业的区域分布情况、集中与分散的程度、规模大小等，对村镇空间分布、规模、性质等具有重要影响。村镇的企业结构往往是由多部门组成的，它们是影响村镇性质和规模的基本因素，而那些只为本村镇服务的工业，其发展则取决于村镇规模的大小。

3.2.2 原有生产布局的基础和科技发展水平

原有生产布局的基础及科技发展水平，同样对村镇空间布局有较大的影响，原有的生产布局反映了在长期的历史发展过程中区域生产力分布的内在联系，以及村镇形成、发展的地区因素及其规律性，因此成为影响村镇空间布局的主要因素之一。

现代科学技术的发展，可以促进自然资源的广泛开发和利用，促使村镇向纵深地区分布，在人烟稀少和经济落后的地区开发新的村镇。

3.2.3 主导产业和经济生产方式

不同主导产业下的村镇布局会呈现不同的发展特征，在传统小农经济下的村镇空间布局呈现的是小规模村庄均衡布局的区域特征，而在大工业经济的影响下，带来的将是人口的集聚和村庄的集中整合。不同经济生产方式下和不同的主导产业都将对村镇空间布局产生不同的影响。

3.2.4 农民生活水平

一般而言，较为富裕的地区，农民的迁居意识较为强烈，因为移居到城镇可以享受到更优越的生活设施和环境，同时由于经济得到保障，也使得农民放弃原有承包地的可能性增加，从而能有效地推动村镇空间布局的优化。

3.3 社会发展

3.3.1 宗亲血缘关系

宗亲血缘关系在传统社会是保持联系最强韧的纽带，同一宗族的村庄群落在心理上有一种向心力和归属感。

3.3.2 人口分布

人口分布对村镇的形成和发展具有举足轻重的作用。人口稠密地区，村镇分布密度较大，其城镇化进程较快，而人口稀少的地区村镇分布密度较小，同时也影响着村镇的进一步发展和扩大。通常经济水平较高的地区，人口分布较为稠密；居民移居历史较久、开拓较早的地区比开拓较晚的地区人口分布稠密。

3.3.3 行政体制

行政体制对村镇空间布局的影响在于通过行政体制的约束产生的村庄与镇区之间的社会联系的丰富，而这种增多的社会联系将有效的引导村庄的人口迁移。

同时行政体制的空间约束也是村庄的调整优化中一个非常重要的因素，同一行政区域内的村庄的整合可行性远大于不同行政区域的整合，但同时这种行政性质的整合也有可能与经济发展的空间形态相悖。

3.3.4 社会保障制度

社会保障制度指保障农民生活的各项社会基本制度。社会保障制度的不完善是制约村镇空间布局优化的隐形约束之一。由于保障不力,而导致农民难以割舍承包地,即使已经实际迁移,但依然保留原有的宅基地和承包地,从而导致村庄的空心化和传统空间布局的延续。

3.4 建设水平

3.4.1 公共设施建设

公共设施建设主要包括教育设施、商业设施和医疗等农民日常必需的服务设施的空间布局。由于这些设施必须要有一定的规模,只能选择合适的区位进行集中建设,因此公共设施的布局很大程度上引导了村镇的社会联系,并直接导致人口向某具体村镇的流动。

3.4.2 基础设施建设

基础设施建设主要包括道路、水、电、邮政等农民生产生活需要的基础设施建设和空间布局。基础设施的建设需要大量的经济投入,与村镇空间的分散布局相矛盾的。大量分散的村镇布局将大大提高基础设施的建设成本,不利于建设效益的发挥。

3.4.3 宅基地建设

宅基地建设是与农民密切相关的生活设施建设,具体而言包括宅基地的选址和建设标准。宅基地选址的随意是导致村镇建设布局散乱的直接原因,而相应的宅基地折算标准则是制约农民迁移入镇区的政策约束之一。

3.4.4 交通运输

对外交通运输也是影响村镇居民点形成和空间布局的主要因素之一。对外交通运输的发达程度对居民点的经济繁荣有直接影响,标志着村庄对外经济联系的范围,以及与相邻地区经济联系的密切程度。规模较大的村庄往往分布在交通线路能够到达的地区。由于交通发达,促进了物资和文化技术的交流,从而加速了生产的发展、人口的集中与村镇规模的扩大。现代化交通运输工具的应用,往往可以改变人们的距离观念,使中心村镇有更大的吸引范围，从而有可能改变村镇在空间上的分布。

4. 长江三角洲地区小城镇村镇空间布局的作用机制

通过对小城镇村镇空间布局影响因素的分析，可以建立对以上影响因素的评价体系（本文略），确定最具主导性的影响因素及其作用机制。在所有的影响因素中，自然条件和经济发展对小城镇村镇空间布局的影响力较大，而社会发展和建设水平的影响力相对较轻。在当前长江三角洲较为发达的经济水平下，各区域的交通、基础设施、公共设施建设的水平较为接近，因此建设水平对村镇空间布局调整的限制性因素较小，而社会发展对村镇空间布局的影响始终贯穿着其形成、演变和优化的全过程，但是由于其发挥的是隐形约束的作用，一定程度上易被忽略。虽然传统的血缘、亲缘约束的影响在交通和通信日益发达的今天已经不再成为人口流向和村庄演化的主要因素，但是依然不能忽略其他社会因素对村镇空间布局发展的影响。

在主要的影响因素构架下，人口流向对村镇空间布局变化的影响最为强烈，证明了在当前村庄空心化现象下，村庄空间布局的调整必须适应其人口向城镇流动趋势的必要性。此外，对村镇空间布局产生影响的依次为自然地理条件、交通运输条件、主导产业和经济生产方式、农民生活水平、公共设施建设、基础设施建设和宅基地建设等因素。

长江三角洲地区小城镇村镇空间布局的演变与优化正是在以上这些因素的共同作用下进行的。在传统自然经济形态和社会约束条件下形成的小城镇村镇空间布局正在更多的影响因素的作用下，发生着远远大于过去几千年缓慢演变的转型。以上分析中对小城镇村镇空间布局影响较大的因素主要可以归结到工业化和城镇化对农村地域发展的影响。工业化改变了农村传统的经济形态，城镇化改变了千百年来农民相传的定居意识。对小城镇村镇空间布局产生较大影响的因素如交通运输条件、产业和经济生产方式、公共设施建设等都是在工业化和城镇化的共同作用下对农村地区产生实质性变化的因素，是现代农村区别于传统农村的主要特点之一，也是未来影响小城镇村镇空间布局优化的主要因素。

因此，当前小城镇村镇空间布局的演变和优化的特征主要是传统自然经济和社会约束的影响日渐式微，城镇化、工业化和市场经济的作用日益显著，其中以工业化和城镇化的影响为先，体现着小城镇村镇空间布局未来优化的方向。

5. 长江三角洲地区小城镇村镇空间布局优化的思考

在长江三角洲地区经济发达和社会空间开放的趋势下，现状小城镇村镇居民点的紧凑度较低，土地利用效率较低，随之带来的均质度也较低，导致同等面积的土地开发成本增加，不利于组织有效的城乡分工与推动乡村生活质量的提高，也不利于公共设施和基础设施的共建共享。因此，在小城镇范围内，对村镇空间布局的调整和优化是十分必要的工作。在实践中这种村镇空间的优化主要以"迁村并点"的方式进行。

迁村并点是将村镇中现有规模小、用地大、基础设施建设落后的自然村居民迁入择点而建的中心村、集镇或镇区，并将原居住宅基地还耕。中心村作为非城镇化地区的基本居住点，具备一定规模的基础设施，承担一定地域范围内农村人口的居住及生活服务功能。

5.1 村镇发展的类型区分

"迁村并点"的实施首先必须确立完善的空间结构，通过对乡村居民点的现状分析，选择可持续发展的中心村，保证村镇发展政策的合理性和可持续性。

通过对村镇空间布局的影响因素分析，从乡村居民点自身的发展条件而言，经济发达程度、交通和区位条件以及人口规模和现状建设是空间布局调整时所需考虑的主要因素，是决定乡村居民点未来发展前景的主要方面。

5.2 村镇居民点的发展策略

5.2.1 撤并

将原自然村的居民迁至集镇或镇区，此举利于在集镇或镇区附近工作的群众。而且集镇或镇区的居住点建设有利于一些服务性第三产业的兴起，改变现有集镇娱乐消费、服务消费贫乏的现象。

村镇第三产业的发展有利于人口的集中，一般来说，较大规模的村庄，有利于形成集聚效应，便于集中设置较为完善的生活服务设施和基础设施。因此，适量发展集镇或镇区人口，使其达到一定繁荣度，可以拉动内需，带动当地第三产业的发展，从而推进城镇化的发展。

自然村撤并的另一个方向就是并入邻近聚集发展的中心村，同样可以保障一定的公共设施和基础设施的供给，产生规模效应。

5.2.2 集聚发展

实现迁村并点的一个重要途径是确立集聚发展的村庄作为周边地区的中心村加以发展，尤其是对现状相对规模大、经济水平高的村庄，更可起到事半功倍的效果。对于规模较大的村镇来说，其水、电、煤等市政配套已有一定基础，农民生活习惯与社会网络也已形成，可以花费较少建设费用形成既达到一定生活标准又保持社会文脉的中心村。在此基础上，完善村庄的功能，提高建设和发展水平。对某些已经形成较大规模、辐射能力较强的村庄，适时引导其发展成为集镇。

5.2.3 控制发展

对于在发展类型中确定为保留但是并不作为发展重心的村落，可采取控制发展的措施。如对某些需要保护的历史村庄，必须控制其人口规模，防止人口的无序增加对原有自然风光、生态环境的破坏，但是也需要在现有基础上完善公共设施和基础设施的配套，保持村庄一定的生活水准和发展需求。

5.2.4 新建发展

新建中心村因其高起点高标准，因此能反映地区发展的需求。但因建设费用高，投资较大，因此适用于有经济实力、且原自然村规模大、极其分散的情况。同时，新建中心村要注重其区域的外部动力，一定的外部驱动力对新建中心村的建设将会具有极大的推动作用。

注：
① 《村镇技术政策要点》，国务院 1986 年 5 月颁布。
② 程连生等，太原盆地东南部农村聚落空心化机理分析，地理学报，2001 Vol. 56（4）。

参考文献

1. 王士兰，陈行上，陈钢炎．中国小城镇规划新视角．北京：中国建筑工业出版社，2004
2. 程连生，冯文勇，蒋立宏．太原盆地东南部农村聚落空心化机理分析．地理学报．2001 Vol.56（4）
3. 肖蓉，阳建强．小城镇中心村发展的空间集聚问题分析．小城镇建设．2005.3
4. 王雪消．试论村庄布局规划．小城镇建设．2005.2

作者简介： 同济大学建筑与城市规划学院教授

关于城乡统筹战略的思考与实践
——以河北Z县为例

晏 群

摘 要：文章阐述了作者对"城乡统筹"的理解，并以在河北Z县总体规划的实践详述了对城乡规划中如何体现"城乡统筹"思想的思考。

关键词：城乡统筹 新农村建设

新的《城市规划编制办法》要求编制"市域城乡统筹发展战略"，怎么理解"城乡统筹"？"城乡统筹"与"五个统筹"是什么关系？"城乡统筹"发展战略应该做什么？怎样在城镇规划中贯彻统筹、协调的思想？目前大家都在理解、探索和实践的过程中，在此仅已一孔之见，抛砖引玉，与规划同仁共飨。

1. 解析"城乡统筹"

1.1 "城乡统筹"的提出

统筹城乡发展是新时期解决我国工农关系和城乡关系的新手段、新战略、新思路，它是针对我国城乡二元结构提出来的，其目标在于最终打破现存的城乡二元结构体制，从制度和机制上使城乡统一起来，使城乡置于同一层次上平等协调地发展，形成社会主义市场经济体制下平等和谐的城乡关系，推进城乡协调发展共同富裕，逐步实现城乡一体化。

1.2 何谓"城乡统筹"

所谓统筹城乡发展，就是指要站在国民经济和社会发展的全局高度，把城市和农村的经济社会发展作为一个整体统一筹划，通盘考虑。既不能只"就城市谈城市""就工业谈工业",也不能只"就农村谈农村""就农业谈农业",而是要把城市和农村、工业和农业存在的问题及其相互关系综合起来研究,统筹解决。既要发挥城市对农村的辐射作用,发挥工业对农业的带动作用,又要发挥农村对城市、农业对工业的促进作用,形成协调发展、良性互动的新型城乡关系。既不能以忽视"三农"、以牺牲农村和农民的利益为代价发展工业化、城市化,也不能单纯理解为是将经济社会资源从偏向城市转为偏向农村,而要着眼于在城乡一体化协调发展的框架下合理配置城乡资源。

统筹城乡发展客观上要求我们把工业与城市的现代化、农业农村和农民的现代化整合为同一个历史过程。

1.3 正确理解"城乡统筹"的目标—"城乡一体化"

统筹城乡发展的目标是城乡一体化,但绝不可以把"城乡一体化"理解为是"城乡一样化",理解为是把乡村全变为城市、把农民全变为城市居民,或是把城市再倒退回乡村;更不可狭义地理解为是"村镇相接,连为一片"的城乡地域空间的"一体化"。世界上没有100%城市化的国家,即使在城市化高度发达的地区,农业不会消失,农村作为农业生产的场所不会消失,作为人类聚集的社区的一种形式,也不会完全消失,有城与乡的存在就有城与乡的差别存在,城乡差别和工农差别始终是客观存在的甚至是无法消灭的。城乡统筹发展虽然不可能从根本上消除城乡差别,但却有助于城乡之间差别的缩小。城乡作为不同的空间区域,各有自己不同的特点和优势,因此,统筹城乡发展中所指的"城乡一体化"主要应指在保留城乡各自特点的基础上,逐步消除城乡二元经济社会结构体制,赋予农民平等的国民待遇和发展机会,形成社会主义市场经济体制下平等和谐的新型工农关系和城乡关系,创造城乡经济、政治、文化和社会的融合以及城乡人与自然和谐相处的生态环境,推进城乡"一体"地协调发展和共同富裕。

"统筹城乡"与城乡一体化是现代化进程中一个问题的两个方面。"统筹城乡"是战略原则,城乡一体化是具体的战略措施、目标和结果。

1.4 为何要做"城乡统筹"发展战略？

《城市规划编制办法》指出"按国家行政建制设立的市，组织编制城市规划"。目前我国普遍实行的是"以市带县"的行政体制，行政建制的"市"包含"城"与"乡"两大部分，真正具有城镇形态的城镇实体地域——"城"（亦即"城市"）只是"市"的很小一部分，也就是说行政建制的"市"虽是"市"但绝非是"城市"，"市"包含有大量的"农村"地区（亦即"乡"），行政建制"市"不仅要管"城"也要管"乡"。

在行政建制"市"中，"城"与"乡"是互为依存的关系，农村的发展要靠城市来带动，城市的发展也需要农村腹地做支撑，城乡一体，谁也离不开谁。但是长期以来，在城乡二元结构体制下存在着严重的"城镇偏向"，"城镇规划"的重心也始终放在城镇，很少顾及到乡村，乡村在很大程度上成为了被遗忘的处女地。而事实上我国的绝大部分国土是"农村"，绝大多数的人口是居住在农村的"农民"，广大农村、农民也同样存在着优化居住环境、改善生产生活条件、不断提高生活质量的愿望与需求。农村、农民目前虽然从整体上已初步解决了温饱问题但却远未能达到小康水平，而没有广大农村、农民的小康，也就不可能实现全国人民的小康、也就不可能构建和谐的社会，实现全社会的稳定。正是在这样的背景下，近年来"三农"问题越来越得到了世人瞩目，"新农村建设"问题也被提到了国家的议事日程上来。由只重视"城镇"到"城""乡"共抓、"城乡统筹"，既是由行政建制"市"的概念而引伸出的建设部门的"事权"所决定的，同时也是社会发展需要和社会现实状况所决定的。只有城乡平等、城乡统筹，才能实现城乡共同发展、共同富裕。

1.5 辨证地认识"城乡统筹"与"五个统筹"的关系

党中央在十六届三中全会上明确提出了"五统筹"的要求，协调发展已经成为21世纪我国国民经济与社会发展的主导思想。

在"五个统筹"中，"统筹城乡发展"是与"统筹区域发展、统筹经济社会发展、统筹人与自然和谐发展、统筹国内发展和对外开放"并列的"五个统筹"的一部分。作为"五个统筹"中相对独立的一部分，相对于其他四个方面的统筹，"城乡统筹"可以狭义地理解为只是对"城"与"乡"两种不同形态的地域在空间关系上如何协调发展的统筹，因此，把"城乡统筹"或更确切地说把"城乡建设统筹"、"城乡空间关系统筹"做为城镇规划（或城乡规划）的工作重点也是必然的。但是，事实上"五个统筹"之间是互相穿插、密不可分、你中有我、我中有你的，统筹城乡发展既离不开城乡经济社会统筹发展的支撑，统筹经济社会发展也不可能脱离开城乡这一地域空间载体，不能实现人与自然和谐的统筹，至多也只能算是经济的"增长"而不是"发展"。所以广义地理解"城乡统筹"，城乡空间关系的统筹也就不可避免地要涵盖和关系到城乡间的经济、社会、区域、环境等多方面的统筹，不可能设想脱离开城乡间的经济统筹、社会统筹、环境统筹等而空谈城乡空间关系的统筹，城乡空间关系统筹实质上是城乡经济、社会统筹等在空间上的落实与体现。

简言之，在"城"与"乡"间需要"统筹"的内容很多，包括建立城乡统一的制度［户籍制度、产权制度、就业管理制度（劳动力的流动与调配）、社会保障与教育制度、财税金融制度（资金的组织与投入）等］、统筹城乡的经济发展、统筹城乡的社会发展、统筹城乡的建设、统筹城乡的环境、完善对农业的政策支持体系等等多项任务。但作为"城镇规划"其更直接更相关的具体"任务"，主要应侧重于城乡空间结构、基础设施配置等方面的统筹、协调，即主要应承担"统筹城乡发展"多项任务中的"统筹城乡建设"一项，但是其他方面的"统筹"作为城乡建设统筹的基础与条件也是或不可缺而必须应予以高度关注的。

2. 城乡统筹的规划实践

正因为城乡间、区域间存在着种种制肘发展的"不协调"现象，所以才需要去"协调"，协调的手段就是"规划"，而规划作为一种宏观调控的工具，其根本的始终如一的指导思想就是"统筹兼顾"。因此"统筹城乡、区域协调"作为一种思想理念，应是自始至终贯穿于城镇规划的整个过程之中并体现在规划内容的各个方面的。我们以往所做的规划只要不是照抄照搬的应景之做，其实都是在或自觉或不自觉地运用着"统筹"、"协调"的理念的。

现就我们在河北Z县总体规划编制中贯穿"统筹"、"协调"理念的实践做一简介。Z县的城乡统筹规划包括了城乡经济统筹、城乡社会统筹、城乡交通统筹、城乡建设统筹以及城乡基础设施建设统筹等等内容。

2.1 城乡经济统筹发展

城乡经济发展的统筹是城乡建设统筹和城乡社会统筹的基础。

Z县是一个传统的农业县，工业基础薄弱，农业发展的潜力已经比较有限，农业的现代化仅靠农业自身是"化"不起来的，囿于农业搞农业，路子只会越走越窄，因此，要增强地方的经济实力，Z县就只有走工业化的道路，大力发展第二、第三产业，通过财力、物力、人力和技术的长期积累，以工业化促进城镇化，以工业化带动农业现代化，这才是Z县的正确选择。通过对Z县宏观经济所处的发展阶段、区域发展的有利与不利条件、在宏观区域中的地位作用、发展面临的机遇与挑战、宏观经济发展中存在的问题等多方面的分析与判断，规划提出Z县应以"工业立县"、大力发展工业的基本思想。

确立了"工业立县"的基本思想后，发展什么样的工业是Z县下一步要考虑的问题。Z县是个平原县，缺少能源原材料和其他矿产资源，但Z县是国家重点商品粮基地县、优质小麦基地县，具有良好的农业生产条件，粮食生产在宏观区域层面具有重要地位，而以粮食为原料的农产品深加工工业（如淀粉）在Z县又已有一定基础，并且Z县还近邻以淀粉为原料的巨大消费市场，因此建立在本地农业基础上的以农产品深加工为特色的工业应是Z县工业的最主要发展方向，同时这也是符合上一层次区域宏观生产力布局要求的恰当选择。

必须正确处理工农业的发展关系，在科学发展观的指导下走工业化道路。工业化的道路可以有两种走法，一种是只顾工业发展，以不顾甚至削弱、伤害农业为代价求得工业的发展，这条路是Z县坚决不能走的。另一种是在不影响甚至在促进农业发展的前提下，推进工业化，依靠农业发展工业，发展工业促进农业。Z县应努力实践和探索这样一条工农业协调发展的有特色的工业化道路。为此 Z 县在"强二（产）、兴三（产）"的同时也必须实行"优一（产）"的产业发展策略。要稳定粮食播种面积和耕地保有面积，坚持耕地占补平衡的原则，牢牢地巩固住 Z 县作为粮食生产和特色梨果生产基地的地位。因为没有了粮食、如果不再是国家重点的商品粮基地和优质小麦基地，Z 县农产品的深加工工业也就没有了发展的根基，"强二、兴三"也就成了无源之水。

在分析中发现 Z 县存在着"依托与突破"的矛盾。作为大城市的郊区县，Z 县具有为主城区服务、分担主城区部分外溢功能的作用，事实上近年来也确实有些主城区的企业"退市进郊"迁到了 Z 县。但经分析，主城区目前也仍然处于需要"极化"发展的阶段，尚不具备足够的"城市带动农村、工业反哺农业"的能力，加之目前各地还普遍存在着"吃不饱"、"实力不强"的状况，而行政体制变革"省直管县"的呼声又与日俱增，因此在分灶吃饭的现行财政体制和以 GDP 论英雄的现行政绩考核制度下，"地方保护"和"行政区经济"的观念与做法仍占有很大市场，所以完全寄希望于依托主城区企业"退市进郊"来求得 Z 县发展是极不现实的。为此规划建议 Z 县"既要依托主城区，又要突破主城区"，利用本县交通较方便的有利条件，采取"引进来、走出去"的"内联外拓"双向发展策略，在准备承接主城区外溢功能的同时，主动进取，发挥地区东南门户的作用，以两条腿走路的方式力求在市场经济中立于不败之地。

Z 县还存在着"保护与发展"的矛盾。能由主城区"退城进郊"转移搬迁到下辖县的企业多是不宜于在主城区摆放的有一定环境污染的企业。与周边地区比较并不处于承接"退城进郊"企业最佳区位的 Z 县，工业基础薄弱，急切地需要引进项目以改变现状面貌和实力，因此 Z 县处于"引进难，不引进更难"的两难境地，正确处理"保护与发展"的关系是本次规划必须面对的问题。规划分析认为，"退城进郊"的有一定污染的企业，之所以能够存在是因为市场还有需求，因为有需求所以它们的存在也就具有一定的合理性。在现有发展阶段和条件下完全取缔有一定污染企业的生产是不现实的，采取过于理想化的将污染企业完全拒之于门外的作法，不仅不能解决任何现实问题，而且也很难被急于发展的地方政府所接受。因此，规划认为Z县招商引资，不在于引进的企业有无污染，而在于污染能否得到治理。地方承接污染企业必须坚守的原则就是，以现有的技术手段这些企业的污染必须是可以治理并且能够达到国家排放标准的，这是一个"底线"，绝不允许无原则地以牺牲环境为代价来求得经济的"增长"，绝不允许污染由主城区的点源向农村的面源扩散。在坚持技术进步并不断以先进技术改造传统产业的前提下，规划认为Z县可以发展那些无污染或是虽有一定污染却可以治理的工业。同时规划通过采取合理布局工业园区、整合现有工业区资源等手段，实现有污染工业的集中布局和集中整治，统筹、协调好"理想与现实、发展与保护"的关系，促进Z县进一步转变经济增长方式，走节能、节水、省地的循环经济的新型工业化道路，构建环境友好型社会。

工作中还发现Z县近年来引进了若干较大型的项目，促进了地方经济的发展，但是这些大项目多具有飞地型工业的特点，原料及产品都是两头在外，所需职工不多且职工又大多来自主城区，产业链条短、配套性低、本地植根性差，对本地其他产业发展的带动能力弱。这些大项目的上马虽然有利于Z县经济总量和财政收入的提高，却在直接提高农民收入、解决社会就业压力和带动地方经济发展方面的作用有限，因此，Z县今后的发展仍然面临着结构调整和优化的问题。为此规划提出Z县要处理与协调好工业与农业、高新技术产业与传统产业、"城市经济"与"县域经济"、"规模经济"与"不规模经济"、"大"项目"大企业"与中小项目中小企业、国有集体经济与民营私企、技术资本密集型与劳动力密集型企业等等关系的基础上，实施"多元化"的经济发展策略。既以发展较高科技含量的企业和"规模经济"型企业来参与较大地域范围和较高层次的产业分工与竞争，并以此提高地方名声、增加地方经济总量、提高地方财政收入，又以发展技术适用型、劳动力密集型、中小型规模、民营私企为主的"县域经济"

来解决普遍存在的就业问题、吃饭问题，普遍地提高农民收入、藏富于民，以达到稳定社会，构建和谐社会的目的。

Z县宏观经济发展战略诞生的过程也就是城与乡等多种关系统筹、协调的过程，没有统筹、协调也就无所谓规划。

2.2 城乡建设统筹发展

城镇是经济、社会发展的最主要载体，城乡建设统筹是城乡经济与社会统筹在地域空间上的落实。

Z县城乡建设统筹包括三部分内容。

2.2.1 城镇化目标预测

在城镇规划中约定俗成地采用进城农民从事职业与居住地点同时发生转变的"完整意义"的城镇化概念，没有这项约定就难以避免在城镇化问题上发生南辕北辙、自说自话的理解。

城镇化水平的预测关系到规划期内"城镇人口"总量与分布的确定。没有科学合理、实事求是的城镇化目标预测，每个地方都以自我为中心、都认为城镇化的人口会向自己这里集聚，那么就会出现城镇人口"局部之和大于总体"的荒谬现象。所以城镇化水平预测和规划城镇人口分布实质上也就是城镇人口在"区域"间的统筹、协调。

事实上，城镇化是社会经济发展的过程，自有其内在的规律，不以人的主观意志为转移，因此对城镇化目标尤其是"人口城镇化"目标人们应以平常心对待，大可不必刻意地去追求。

2.2.2 城镇建设统筹

该部分基本延续"城镇体系规划"四大结构（等级、规模、职能、空间结构）的工作内容。该部分工作成果亦即"四大结构"的产生依然是从全局、整体出发，对城乡"统筹、协调"的结果，没有"统筹、协调"的"规划"只是假借规划之名"为规划而规划"的伪规划。某些"克隆"出来的、只有数据变更、若干成果如出一辙的"规划"即为如此。某些没有自己的独立分析与见解、只从小团体利益出发、屈从于经济利益或长官意志、只是地方意见的"传声筒"或奉命完成的"规划"，也属此类。

Z县是一个不到 $700km^2$、只有 7 个城镇（含县城）的农业县，相当每百平方公里1.04个城镇。县域内多数建制镇距县城均在6~10km可通勤的范围内。地处交通方便平原地区的Z县，以如此城镇密度和通勤距离，县城以外的多数一般建制镇是不大具备发展起来的基本条件的。农村有意愿和有能力进城镇的人绝大多数会选择直接进县城甚至主城区，而不会滞留于一般的建制镇。再者，作为以农业为主、工业基础薄弱的Z县也没有"遍地开花"发展所有城镇的经济实力，而一般建制镇无论是城镇面貌、基础设施建设条件还是就业岗位，对有意愿和有能力进城镇的农业剩余劳动力而言也缺少吸引力。因此，Z县只有走"握紧拳头、集中财力"有选择、有重点的非均衡发展城镇的道路。Z县客观上存在着东西两片截然不同的经济区域，F镇是其东部梨果经济区的区域中心城镇，且是县域内唯一距县城镇较远和经济实力较强、具有一定发展潜力的建制镇，因此，规划建议Z县采取"极化县域中心城镇（县城）、培育县域副中心城镇（F镇镇区），建立县域双中心"的城镇发展战略，谋求以"双中心"的发展来带动全县域的整体发展，既解决县域中心城镇（县城）实力不足的矛盾，又促进了县城以外小城镇的发展、壮大。

小城镇的建设一般主要依靠自己的力量进行建设，因此，在市场经济条件下无论哪个小城镇都具有发展的机遇与可能，应该为它们提供公平竞争的发展机会，但谁能抓住机遇发展起来则全要凭自身的努力。我们在规划中力图通过做强、完善、培育等手段，整合县域工业小区资源，为引导工业项目向工业小区（园区）集聚、促进县域经济发展并进而逐步实现人口向小城镇集中、促进小城镇发展搭建平台。

2.2.3 村庄建设统筹

村庄是居民点体系中最基层的居住单位，也是以往在"城镇偏向"下城镇规划中最容易忽视的部分。当下广泛开展的"新农村建设"运动为农村的复兴与发展倾注了活力，尽管在城镇规划中我们所能做的工作更多地侧重于"新农村建设"的物质形态改变方面，即狭义的"建设新村"方面，但我们应该清醒地认识到，建设社会主义新农村决不是单纯的新村建设，"建新村"只是实现新农村发展的一个载体，只是内涵丰富的"新农村建设"任务的很小一部分内容，甚至不是最主要的内容。决不能以偏盖全，把"新农村建设"片面地理解为只是表现在物质形态改变上的"拆旧房建新房"的"新村庄运动"，更不能把"建新村"理解为就是搬家、刷墙、修路，以"建新村"做为政绩工程，冲击、冲淡"新农村建设"关于发展农村生产力、实现农村生产生活方式转变的主旨。"新农村建设"是一项需要较长时间过程才能实现的浩大工程。

作为平原地区的、近邻大城市的Z县农村，目前已不是"通水、通电、通路、通电话"等现代化基本条件的"有无"问题，而是因发展条件、经济实力与管理水平的参次不齐，而导致的不同村庄在村容村貌和设施建设上存在的水平差异问题。村庄更是主要依靠自身力量进行建设，因此，必须采取因地制宜、分类指导、分批发展的策略，让不同村庄有不同的改造目标和重点。

我们在规划中确定了Z县建设新农村应遵循"自愿参与、因地制宜、整体联动、群众公认"的原则，并本着条件成熟的先上、条件差的逐步创造条件再上的精神，将Z县250多个自然村划分为城中村、示范村（即试点村）、重点村、一般村四种类型，分别提出了不同的整治改造要求，以循序渐进按梯次有序地推进Z县"新村"建设。

规划还分析了Z县可能涉及到的村庄整合类型以及相应的村庄整合建议。规划认为因重点工程建设和城镇扩张建设而带来的村庄整合应是"村庄整合"的重点，而对于最大量的"以小并大"的村庄整合则需要持十分慎重的态度，要循序渐进地引导，尊重村民的意愿，充分考虑实现的可能性，决不能一相情愿、单靠拍脑袋搞行政命令。

在村庄建设统筹部分，规划还通过权衡比较在全县域选择了在农村居民点体系中介于乡镇镇区与一般基层村之间的"中心村"，中心村可以配置较一般村庄多一些的公共设施，主要起类似"社区中心"的为周围一般村的居民提供日常性服务的作用。

规划还提出了农村居民点公共设施配置的建议。

2.3 城乡交通统筹发展

Z县县域内东西向交通联系比较薄弱。根据Z县在大区域中的地位作用、对外联系的主要方向等分析,规划以加强东西向联系做为Z县城乡交通统筹发展的重点。

2.4 城乡社会统筹发展

农村社会与城市社会文明的差异是城乡差别的显著特征之一,也是"城市偏向"的二元发展模式的直接后果。统筹城乡发展必须统筹城乡社会发展,这其中最重要的就是要加快建立促进农村教育、文化、卫生等各项社会事业的公共财政体制,改变农村公共财政缺位的现象,要加大公共财政对农村的投资力度,使改革开放的成果惠及到广大农村、农民。

从全县考虑,Z县教育事业面临的主要任务是合理调配教育资源,规划建议规划期内进一步调整学校构成,重点发展高中教育和职业教育,充分发挥优质教育资源的作用。

针对Z县近邻主城区和村(大队)级卫生机构在逐渐减少的现实,规划认为在规划期内Z县应加强基层卫生医疗机构的建设,健全、完善与城乡居民点相配套的县级医疗中心(县医院)—中心卫生院(县医院分院)—乡镇卫生院—村卫生所的四级医疗保健网络。

适应农村未来文化事业多元化发展的趋势,规划建议Z县在规划期内恢复乡镇文化站的建设,同时结合新农村建设在村一级尤其是中心村和人口规模较大的村普遍建立起多功能活动室或多功能活动场,为人们提供开展业余文化生活的场所。

在城镇规划中既要考虑"城"也要考虑"乡",不能把城与乡完全割裂开来。"城乡统筹战略"尽管很难用一句简短的话恰当地高度概括出来,但是无论如何把"统筹、协调"的理念贯彻到规划过程的始终和各个方面确是规划人员必须做到的。

参 考 文 献

周琳琅.《统筹城乡发展—理论与实践》

作者简介: 中国城市规划设计研究院 区域所教授级高级城市规划师、注册规划师

以小城镇建设为基点促进新农村建设发展

——以武汉市汉南区新农村建设规划为例

耿 虹 罗 毅

摘 要：作为我国行政体系中最基本的社会单位，村庄大多不是孤立存在的，它们都是存于小城镇这个社会、经济、文化、生态空间范围内。农业是弱势产业，农村是弱势地区，农民是弱势群体。农业问题不能局限在农业内部解决，农村问题不能局限在农村内部解决，农民问题不能局限在农民内部解决。要解决农业问题，需要大力发展非农产业；要解决农村问题，需要充分促进小城镇建设发展，并且充分发挥小城镇这个重要基点的辐射带动作用，促进新农村建设事业的全面发展。

关键词：新农村建设 小城镇建设 城乡统筹 汉南区

1. 农村概况及建设存在的问题

1.1 村庄建设现阶段存在的基本问题

乡村，是相对于城市的，包括村庄和集镇等规模不同的居民点的一个总的社会区域概念，是我国社会结构体系中人群聚落的最基本的单位。由于它主要是农业生产者——农民居住和从事农业生产的地方，所以又通称为农村。

"十五"期间随着城镇化的健康发展，村镇建设事业稳步发展，但由于受长期城乡二元社会结构影响，重城轻乡的倾向尚未根本扭转，绝大部分的农村村容村貌还比较落后，农村建设存在众多问题。结合新农村建设的相关精神，分析我国村庄建设现阶段存在如下一些基本问题：

1.1.1 村庄建设缺少规划，无序建设状况极为普遍

村庄建设缺少总体布局规划，加上缺乏统一规划管理，村镇人均建设用地面积持续增长，用地总量和人均用地水平并没有随着城镇化发展而降低。

1.1.2 土地浪费严重

农村传统的生活方式造成土地等紧缺资源的大量消耗。按照国家规定的住宅标准，大部分农户超占面积，同时由于大多数村庄属于粗放型发展，出现大量空闲地和荒地，土地资源浪费现象较为严重。

1.1.3 房屋更新周期越来越短，资金浪费严重

根据对农民开展的调查得知，有半数以上农民外出打工挣钱的目的主要是修缮房屋或新建房屋、改善住房条件。频繁的更新改造使本可以用作生产投入和改善生活质量的资金无休止地用于建房，造成农民和社会财富的巨大浪费。

1.1.4 基础设施和公共服务设施建设滞后，环境质量差

由于村庄的基础设施建设缺乏稳定财政保障，基础设施十分落后，主要表现在村内道路、供水、排水，教育文化、卫生等多个方面。大多数村庄无集中供水设施，农民饮用水质量差。村内污水、垃圾随处可见，严重阻碍了农民生活质量的改善。

村民习惯于经常翻新房屋　　　　村民不习惯将垃圾倒入垃圾池

1.1.5 农民观念滞后，对规划认识不足

相当多的农民仍保持着传统落后的思想观念和价值观，缺乏

全局思想和环境意识，互相攀比心态严重，导致相关规划实施性不强。同时建房施工基本没有设计图纸，技术工艺落后，导致房屋功能和质量低下，建筑质量隐患较多。

1.1.6 土地流转问题

在广大农村中，农村集体建设用地的使用权，以出让、转让、出租和抵押等形式自发流转的行为大量存在，这种自发性的流转尽管存在一定合理性，也带来许多问题：如随意占用耕地出让用于非农建设；低价出让农村集体建设用地，随意改变建设用途；用地权属不清，诱发纠纷等。

1.1.7 农民增收乏力，限制规划建设的开展

尽管近年来国家实施了一系列惠农政策促进农民增收，但受多种因素制约，农民增收依然十分困难。农民富裕是建设社会主义新农村的根本目的，增收困难成为新农村建设的重大挑战。

1.2 村庄建设存在问题的原因

1.2.1 规划滞后，认识不到位

过去各级政府不够重视村庄建设，普遍存在"重城轻乡"的现象。对贯彻国家提出的"城市支持农村"的战略决策尚未落实到村庄规划建设层面，缺乏实质性措施。村委会本身更缺乏对村庄规划重要性的认识。导致无序建设严重，往往既浪费土地，又破坏资源与环境。

1.2.2 建设缺乏资金支持

改革开放以来上级政府对村庄规划缺少必要的政策和资金支持，多数村庄由于经济发展落后，集体经济困难，造成无力拿钱或不愿拿践做规划。地方党委、政府对争取来的农业项目资金全部用于种、养、加工等产业的扶持。对改善人居环境、提高人民生活水平的村庄规划和基础设施、公共服务设施建设缺乏资金支持。资金问题是村镇建设的大问题。

1.2.3 规划建设管理和设计队伍薄弱

村庄规划建设缺乏组织载体和专业队伍。多数地区村镇的规划管理机构人员数量少、技术力量薄弱；同时，由于村镇规划费用低，乐于从事村庄规划的设计队伍少，专业水平低。

1.2.4 法律法规有待健全

由于国家缺乏完善的法律、法规，无论在规划编制，还是基础设施建设、资金支持、建设用地的合理使用等方面都难以进行有效的监控管理，基层组织处理违章现象也常常缺乏法律依据。

1.2.5 缺乏长期投入机制

"十五"期间，各级政府加大了对农村建设的投入力度，农民生产和生活条件逐步改善，但由于缺乏长期投入机制，资金难以得到保障，地方政府明显"力不从心"。农村土地要素和资金要素流向城市制约了农村经济的发展，资金成为农村极度稀缺的资源，这对于新农村建设来说是个瓶颈。

1.3 村庄建设规划问题的探讨

1.3.1 新农村建设规划应遵循的基本原则

社会主义新农村建设规划具体讲就是在科学发展观的统领下，坚持统筹城乡经济社会发展，实行工业反哺农业、城市支持农村和"多予、少取、放活"的方针，从尊重自然规律、经济规律和社会发展规律出发，在充分考虑农民的切身利益和农民的广泛参与的基础上，按照"生产发展、生活宽裕、乡风文明、村容整洁、管理民主"的蓝图，科学确定新农村建设的发展目标和实施步骤。

（1）坚持科学发展观统领新农村建设的原则

科学发展观就是党的十六届三中全会提出的"坚持以人为本，树立全面、协调、可持续的发展观，促进经济社会和人的全面发展"。坚持科学发展观是以在农村促进人与经济社会的全面发展为目标的，它是积极推进社会主义新农村建设的关键所在。

（2）坚持中心辐射的原则

新农村建设是一个"统筹城乡和区域发展"的过程、一个"以城带乡、以工补农"的过程，规划要从宏观经济的理论出发，依照自然规律、经济规律和社会发展规律，充分考虑城市及城镇经济对农村的辐射和带动作用，实现农村经济发展结构与经济中心的对接。

（3）坚持农民参与的原则

新农村建设规划一定要在充分考虑农民的切身利益和农民的

广泛参与的基础上进行,不尊重农民意愿,新农村建设试点不会有好的效果,不调动农民积极性,新农村建设不会有生命力。在充分调动农民积极性的同时,各级政府要切实承担农村的公共设施建设和公共服务的责任。

(4) 坚持因地制宜的原则

要从当地实际和现有条件出发,注重各乡村特点,保持独特的地域特征,保持优秀的文化传统。要科学确定发展目标和实施步骤,先试点,再示范推广,有计划、有重点地分阶段推进。

(5) 坚持基础先行的原则

新农村建设要体现基础设施建设、统筹城乡经济发展、提高劳动就业和社会保障水平。但建设规划要从改善农村最迫切需要解决的基本生产、生活条件入手,突出搞好道路、水利、能源、教育、医疗卫生等基础设施建设与村容整治,首先确保农民生产条件和生活环境得以改善。

1.3.2 新农村规划可解决的问题

近年来村镇建设事业稳步发展,随着新农村建设运动的大力兴起,农村建设必将进入一个新的高速发展期。而在新农村建设的过程中,规划作为新农村建设的龙头,起着至关重要的引导作用。充分考虑当地农村具体情况的规划将很大程度地促进新农村建设的开展。但规划的涉及面有限,有些农村问题不单单是农村规划就能解决,因此,作为规划工作者,考虑时更应该从新农村规划可解决的问题着手,通过新农村规划切实可行的解决农村问题,农民问题。

(1) 编制村庄建设规划,改变村庄无序建设状况

编制村庄总体布局规划引导村庄建设,加强统一规划管理,严格控制村镇人均建设用地各项相关指标,提高配套公共设施实用率及加强农村土地集约化管理。

(2) 通过编制规划及设计新型农村住宅改变土地浪费严重状况

由于农村传统的生活方式造成土地等紧缺资源的大量消耗。因此按照国家规定的住宅标准,编制村庄住宅详细规划图,集约化控制住宅建设,并通过设计新型农村住宅改变大多数村庄因粗

放型发展而浪费土地资源的现象。

生态型建筑立面改造示意

(3) 通过先进新型住宅房屋的建设，减少农民建设资金支出

通过新型住宅房屋的建设，减少农民因房屋设计及施工问题导致的修缮房屋或新建房屋、改善住房条件的建设资金支出，并通过节能设计提高能源使用率，减少农民使用能源的相关支出。将节约的资金用作生产投入和改善生活质量，从根本上提高农民生活环境及改善农业生产条件。

(4) 加强基础设施和公共服务设施建设，提高居住环境质量借助国家大力推行新农村建设的契机，加强村庄基础设施的建设，从根本上解决农民用电吃水难问题。并加强村庄公共服务设施建设，丰富农民文化生活，提高农民生活质量。通过对陈旧破

改造后的生态环境非常适宜

败村庄环境的整治，从根本上提高农民的居住环境质量。

(5) 更新村民观念，提高村民对规划的理解力和加强规划的实际实施性

通过在规划过程中与村民的交流，引导村民改变固有的陈旧思想观念，提高村民对于规划设计意图的理解，并提高村民对于规划目的性与意义的认识。通过更新村民的观念，提高村民对规划

的理解力和加强规划的实际可操作性,确保规划的实施,从而从根本上保证新农村建设的顺利进行。

2. 小城镇建设在新农村建设中的重要性

基于我国的行政体系,村庄是最基本的单位,但是村庄不是孤立的,它们都是存在于小城镇这个社会、经济、文化、生态空间范围内。农业是弱势产业,农村是弱势地区,农民是弱势群体。但解决"三农"问题,需要以小城镇为重要基点。农业问题不能局限在农业内部解决,农村问题不能局限在农村内部解决,农民问题不能局限在农民内部解决。需要"跳出三农看三农"——要解决农业问题,就要大力发展非农产业;要解决农村问题,就要促进小城镇发展;要解决农民问题,就要大量转移农村富余劳动力。优先发展小城镇事关科学发展观的落实,小城镇在科学发展观框架中的功能定位,就是要提高承载能力,接受农民自农村向城镇的就业转移和居住转移,成为实现农民主动城镇化的重要载体。以党的十六大为标志,城乡二元结构下实现城乡统筹发展已经上升为国家战略。

(1)从统筹城乡关系看,小城镇是县域经济的增长点,是承前启后、承下启上的"中枢",是连接城乡、工农的基地。小城镇、大战略"的核心是促进农民非农化,推进农村城镇化,加快解决"三农"问题。所以,抓住小城镇这个城乡空间网络的节点,就抓住了城乡统筹的核心环节。

(2)从统筹经济与社会协调发展看,小城镇是农村社会公共产品提供的基地和服务的载体。小城镇相对有条件加强基础设施及经济产业建设,从而构建农村发展的良好平台。从小城镇着手发展农村基础教育、医疗保障等社会公共产品。

(3)从统筹区域发展看,不同区域经济发展水平的差异,其实集中表现在小城镇的经济实力、社会发展水平上。南方发达地区的重点镇,其经济实力、社会发展水平和服务功能实际上已超过了边远贫困地区的地级市。要缩小区域发展差距,首先要提高小城镇的发展水平。要统筹区域发展,首先要统筹小城镇的社会经济发展。

（4）从统筹人与自然的关系看，只有小城镇贯彻节约耕地、保护生态、资源利用、以人为本的方针，才能真正统筹人与自然的发展。在近几十年内，我国还不可能出现人口从城市向农村的倒流，而只能是农村人口向城市转移。抓住小城镇发展，也就抓住了人与自然协调发展的主要环节。

（5）从统筹国内改革与对外开放看，小城镇是农副产品走向大城市、走向国际市场的窗口和平台。以整个镇和周边的企业集群整体参与国际产业大循环，切入全球生产链的某一个环节，这已经被证明是小城镇发展的一条新路子。

靠农业的积累和农村的支持，我国建立了比较完整的国民经济和工业化体系，但城乡二元结构也日益强化，农村发展越来越落后于城市。新农村建设的一个重要战略目标，就是要统筹城乡发展，扭转"城市像欧洲、农村像非洲"的现状。那么，实现城乡统筹发展的关节点在哪里呢？在小城镇。小城镇是"三农"工作的物质载体，是农村精神文明建设的示范点，是亿万农民安居乐业的家园，直接体现着农村经济社会文化、生态环境状况、农村面貌、农民生活乃至农村文明的总体水平。

韩国"新村运动"的经验证明，只要采取有效的政策措施，城乡收入差距拉大的现象是可以避免的。而且农村的发展不仅不会延缓工业化进程，反而能为工业化提供更大的市场和人力物力支持，进而加快工业化、城市化进程。把统筹城乡发展落到小城镇这个点上，实际上就有了一个服务载体。引进一个品牌企业，建设一个特色市场等等，都可以成为小城镇发展的带动力和生长点。因此，小城镇发展应加快产业发展，建设配套设施，创造必要的生产生活条件，增强对农民就业、居住的承载力和吸引力。小城镇先进生产方式和先进文化的聚集和对周边农村的辐射作用，不仅有助于增加农民收入，从根本上改变大量的农村人口固守农业找饭吃的传统格局，也为发展农村公共事业提供了经济基础和思想动力，对传播先进文化、现代科技知识和提高农村文明程度以及农民素质具有重要作用，产生积极的影响。

3. 城乡一体化是新农村建设的根本

党的十六届五中全会把建设社会主义新农村作为我国现代化进程中的重大历史任务，但现阶段重城市发展，而轻农村发展的现象较为严重，这有悖于科学发展观的基本要求。城市发展是我国经济社会发展的战略重点，城市化更是我国现代化建设的必然过程，但城市化不应成为我国农村经济社会发展的终极目标，而是打破城乡传统的二元结构，消灭工农差别、城乡差别，使城乡呈现一体化的协调发展的趋势，这是我国建设社会主义新农村的必由之路。

3.1 城乡一体化是新农村建设与人口合理分布的最佳模式

所谓城乡一体化是指在社会物质文明、精神文明与政治文明高度发展的基础上，城市、小城镇、农村之间的本质差别逐渐消失，最终融为一体的状态与过程。为了实现这一目标，政府必须引导农村人口有序流动与迁移，使其在农村合理分布，由此形成农村建设在空间结构布局上的理想模式。

（1）是农村工业由分散无序的布局向科学规划和设置的农村工业区集中。既可节约耕地，又可促进农业规模经营与农村工业现代化的发展，并且有利于增强城乡之间的经济合作，同时还有利于城乡环境资源的利用与保护。

（2）是城镇建设的都市化。以区域性大城市为中心，以中等城市为桥梁，以乡村小城镇为基础，形成资源共享、功能互补的城乡都市圈。农村小城镇普遍按照工业区、商业服务娱乐区、文化教育卫生区、农田耕作区、生活居住区进行统一规划建设。

（3）是县域城乡体系和人口规模合理布局。科学合理的城乡体系规划和人口有序流动与合理分布改变了城镇建设自发、分散的方式和人口流动、村落布局的无序状态，不断提高城镇综合承载能力，使县域城乡体系和人口与经济规模布局日趋合理，城镇集聚经济效益不断提高，生态系统运行更加和谐。

农村走向城乡一体化的关键是农村的城镇化，而农村的城镇化又依赖于小城镇的发展。小城市和小城镇作为农村社区的中心，是连接城市与乡村的纽带和桥梁，对农村社会经济有很大的影响力，具体表现在它不仅可以为控制大城市规模创造条件和吸收大量的农村剩余劳动力，缓解人口流动对城市的压力，而且可以促进农村商品经济的活跃，从根本上改变城乡分割的状况，以及提高农村居民的物质文化生活水平，同时，为农村逐步走向城乡一体化提供物质和精神的保证。

3.2 村落建设是新农村建设与优化人口分布的微观基础

我国社会主义新农村建设不是孤立的，而是一项系统工程，不仅需要转变农村居民传统落后的思想观念和思维模式、行为方式，而且要求农民树立正确的现代化意识，具备现代人的素质；不仅需要转换传统的农业生产方式，改变不合理的经济和产业结构，而且要在城乡一体化的发展中，尤其要重视村落这一农村社区最基层单位的建设。尽管在社区功能和生活方式上，农村社区受到社会转型和经济转轨的影响，其功能有向多元化发展的趋势，但以农业生产为基本功能的本质没有变。而生产、生活等重要活动几乎都是在一个个具体的自然村落进行的，农村村落建设是新农村建设与优化人口分布的微观基础。

我国340多万个自然村落作为农村最小的社会单元，容纳了我国60%以上的居民。新农村的建设与发展，以及人口的合理分布都离不开村落的建设。建设好自然村，不仅为新农村的建设与发展奠定了组织基础，而且也改变了农民生活的自然环境，为合理分布农村人口提供了现实的地域结构。因此要按照"生产发展、生活宽裕、乡风文明、村容整洁、管理民主"的要求，根据不同的区域地理环境、经济结构状况和人口分布格局，可以将一些经济落后、布局分散、交通闭塞，以及自然环境恶劣的自然村合并，统一规划、设计，建立一个新的功能齐全的现代化农村村落社区类型，使若干分散、独立的传统小村落融合为较大地域范围，这样重新组合的新的村落社区不仅优化了农村的资源配置，包括优化人力资源、节约土地资源和合理利用自然资源，而且成为人口分布合理、社会关系融洽、经济活动集中、自然条件优越的微观区位结构。村落建设好了，发展循环经济，建设节约型、环境友好型社会，实现农村人口的合理分布才会有良好的区位结构，农民生存与发展的支持系统就有坚实的微观基础。由此，必然促进新农村建设的稳步发展，最终实现城乡可持续发展。

3.3 农村人口逐步向中小城市和小城镇集聚是城乡一体化的必然选择

我国城乡一体化的理想模式，应该是根据城乡统筹和可持续发展的战略部署，充分利用现有条件，坚持"工农结合、城乡结合、有利生产、方便生活"的指导思想，在坚持大中小城市和小城镇协调发展的同时，应把积极发展和建设中小城市和小城镇放在突出的位置，使这些中小城市和小城镇不仅成为吸纳和集聚农村富余劳动力的最适宜的地域空间和农村工业发展的中心，而且成为农村经济、政治、商业、文化、教育和服务的中心，同时成为城乡连接的纽带。通过这种中小城市和小城镇中心的整合和辐射功能，带动周围的乡村，统一组织经济和社会活动，逐步实现从农业经济向工业经济的根本转变，使得工业吸收农村富余劳动力，防止人口盲目流往大城市或特大城市，走阶梯式的城市化道路。随着中小城市和小城镇发展水平的提高，逐渐推进社会主义新农村建设与发展，以加速城乡一体化的进程，最终实现全面小康社会。

4. 在城乡统筹框架下以小城镇为基点解决新农村规划问题的方法

4.1 从小城镇建设角度促进新农村建设的发展

在建设新农村这个大背景下，小城镇发展总的原则是：突出重点，示范引路；规划先行，因地制宜；政府支持，农民为主；创新机制，形成合力。优先发展小城镇是要实现壮大小城镇人口规模，提升带动周边农村发展能力的目标，以便更好地发挥统筹城乡发展的功能，带动和促进新农村建设的发展。其具体方法包括如下几方面。

4.1.1 支持全国重点镇建设，发挥以点带面示范效应

重点镇是小城镇衔接大中小城市形成战略布局的重要节点，必须在不同地区的发展格局中明确重点镇的战略地位和作用。通过对经济实力较强、具有较大发展潜力、有资源、有特色、有主导产业支撑的重点镇建设，发挥其以点带面的示范效应。

4.1.2 整合小城镇资源，形成城乡一体工作格局

小城镇建设需要按照综合协调、政策集成的要求，整合相关资源，把各项职能工作加以统筹，共同推进。在新农村建设的总体部署中，应把优先发展小城镇作为重要基点，把小城镇发展全面纳入支持"三农"的工作中来，形成城乡一体的工作格局和推进机制。

一是围绕推进农民主动城镇化，放宽小城镇的户籍政策，推进农村劳动力向非农产业和小城镇有序转移，多渠道增加农民收入。二是研究城乡社会保障接轨的途径和办法，将进入小城镇的农转居人员纳入城镇社保体系。三是发展农业科学技术进步和农村教育，增强农业科技创新和转化能力，加强农业技术推广和服务。

4.1.3 重视小城镇规划，突出资源节约环境友好

规划在发展中居于龙头地位，小城镇发展离不开规划水平的提高。应当充分发挥规划的龙头作用，优化小城镇布局规划，合理布置服务设施，并与小城镇外部的基础设施专项规划相衔接。从环境角度上来讲，小城镇规划是不是成功，主要看人工建筑与自然风景是不是和谐地融合在一起。

改造前后的建筑环境示意

同时应当根据先县城、重点镇、后一般镇的次序，对小城镇规划修编进行严格界定，不合理的应调整；规模过大、照搬套用城市模式、浪费资源的应坚决修改，注意其规划的超前性和近期、中期、远期发展目标的合理性。

4.1.4 完善小城镇功能，实现人居环境逐步好转

要加快小城镇基础设施和科教文卫设施建设，构筑城乡一体的生活垃圾处理、供排水、公共交通等公共服务网络，促进城市基础设施向农村延伸、城市的公共服务向小城镇覆盖、城市的现代文明向小城镇辐射。从农民最关心的改水改厕、危房改造、道路硬化等方面入手，加强以小型水利设施为重点的农田基本建设，加强防汛抗旱和减灾体系建设，加强教育、卫生、文化等公共事业建设。并通过小城镇向乡村的辐射作用，实现全面建设新农村的目标。

4.1.5 繁荣小城镇经济，构建城乡互动产业格局

小城镇建设的核心问题是经济发展，应立足当地资源条件、环境优势、人文特色等，继续调整农业结构，积极发展畜牧业，大力发展小城镇第二、第三产业特别是农产品加工业。支持小城镇各项事业建设，推进小城镇产业结构优化升级。同时在小城镇构建合理的城乡生产力布局和产业结构框架，形成城乡互动的产业发展格局。在统筹城乡发展过程中，小城镇要利用自身的比较优势，着力抓好三个方面的工作：一是大力发展农产品加工业；二是积极主动承接城市产业转移，发展劳动密集型、资源密集型的工业；三是围绕农民生产和生活需要，大力发展第三产业，构建并形成城乡互动产业格局。

4.2 武汉市汉南区镇中村新农村建设规划方法简述

在武汉市汉南区镇中村新农村建设实施过程中，遇到了诸如农民居住分散、生活配套设施欠缺、宅基地利用效率低下等问题。因此在新农村建设规划编制过程中，通盘考虑经济、土地、产业、地域及自然人文特色，村庄原有社会伦理格局，农民生产活动等诸多的影响因素，并将其逐项落实到社区规划的空间布局、功能结构、交通组织、绿化景观等各个方面，同时，规划出完善的基

础服务设施和公共服务设施，从而为新农村社区的建设打下良好的基础。

对镇中村，主要采取拆迁新建的办法，建设以多层公寓为主的新村，集中安置农民；对规划的中心村和规模较大、实力较强的平原村，主要采取合并组建的办法建设组团型的农村新社区；对经济条件一般的村，主要采取整治改建的办法，整治环境，改造旧房，拆除违章建筑和违房。镇中村的村庄整治应坚持由点到线到面，不搞形式主义，不搞千篇一律，不搞包办代替，不搞盲目攀比。

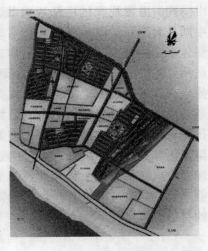

邓南镇南庄村新村规划

在追求当前经济效益的同时，村庄建设不应忽视同等重要的社会和环境效益，必须改变以往粗放经营的经济发展观念，强化清洁生产，注重节约能源，充分利用绿色和可再生能源，保持稳定、持久和健康的发展模式，并以据符合村庄实际需要选取合适的实用方法。

（1）在条件较好的镇中村及附近村域推广实用、小型的生活污水集中处理系统，或采用人工湿地进行深度净化。这是成本非常低、非常有效的系统。

（2）在一般的镇中村坚持推广改良的沼气化粪池，节约能源并提高环境质量。

（3）对镇中村建房提供符合汉南当地传统的、多种标准的住宅设计方案，既能够延续当地文脉，当地建筑肌理，又能够注意到环保生态。推行节约省地型住宅，根据国家保护耕地的政策，要大力提倡适合农民居住的公寓式、联排式的农民住房。

（4）全面推广节能技术，制定并强制执行节能、节材、节水标准，按照减量化、再利用、资源化的原则，搞好小城镇资源综合利用，实现经济社会的可持续发展。在镇中村，可考虑以一个居住小区为单位，进行集中利用风能、太阳能、地热的试点。

同时考虑到农村建设与城市建设的差异性，镇中村社区外部空间具有不同于城市的特点，因此农村社区规划的空间布局一定要体现它的特点，才能具有生命力与个性。要正确处理好景观与适用、经济的关系，近期建设与远期规划的关系以及整体与局部、重点与非重点的关系。要注重农村社区特色的创造，坚持以人为本，尊重自然，尊重历史，创造优美的新村社区景观。而农村社区特色与城市相对具有更明显的区域根植性和对腹地的高度依赖型。因此农村社区空间应该是由它所处的自然地理条件下生长出来，不仅在生态上与自然环境呈平衡关系，而且从形态上呈有机的联系，而不是强加上去的，因此村庄规划应尊重传统村庄布局，体现地域文化特色。

大咀村新村规划　　　　　　大咀村公共服务设施规划

新农村建设的一个主要目标即是加强基础设施及公共服务设施的建设，其根本目的是农村社区功能的完善。而农村社区的功能组成上主要包括三方面内容：一是居住功能，为新村村民提供生活休息的场所；二是保障功能，与居住功能相配套的各种社区服务设施，如幼儿园、学校、商店、超级市场、诊所、银行、邮局、社区活动中心等，三是产业发展和服务功能，在社区建设地点周边提供产业发展空间，为社区产业提供服务的配套设施；其中以居住功能为主，保障功能、产业发展和服务功能为辅。因此在新农村规划中对市政基础设施和社区公共服务设施统一规划，

313

完善配套设施建设布点，以农民利益为根本出发点，实现公共服务设施建设的公平性。

汉南区新农村建设规划业已展开，通过与村民的沟通交流以及相关部门对规划的意见反馈得知，在目前农村基础设施薄弱，农民思想观念落后以及建设资金有限的情况下，结合新农村建设的具体问题，利用现状小城镇基础设施建设情况好、产业模式结构完善、居民观念相对超前的基础，加快产业发展，建设配套设施是目前新农村建设阶段较易产生实际效益的方法。同时，小城镇先进生产方式和先进文化的聚集和对周边农村的辐射作用，不仅有助于增加农民收入，从根本上改变大量的农村人口固守农业找饭吃的传统格局，也为发展农村公共事业提供了经济基础和思想动力，对传播先进文化、现代科技知识和提高农村文明程度以及农民素质具有重要作用，并将产生持续而深远的影响，因此，宜依此构建农村发展的良好平台，以切合当前工作实际，从根本上推动新农村建设工作的全面开展。

参 考 文 献

1. 胡锦涛. 在省部级领导干部"建设社会主义新农村研讨班"上的重要讲话. 人民网 2006 年 2 月 23 日
2. 中共中央关于指定国民经济和社会发展第十一个五年规划的建议（摘选）
3. 方明，董艳芳编著. 新农村社区规划设计研究. 中国建筑工业出版社，2006
4. 宫希魁. 新农村建设必须两线作战. 党政干部学刊，2006（5）
5. 彭真怀. 小城镇. 新农村建设的"龙头". 瞭望新闻周刊，2006（3）

作者简介：
  耿 虹，华中科技大学建筑与城市规划学院区域与小城镇规划教研主任、副教授，中国城市规划学会小城镇学会副主任委员
  罗 毅，华中科技大学建筑与城市规划学院讲师

因地制宜，务实推进村庄整治规划的编制
——浅析《广东省村庄整治规划编制指引》

宋劲松　张小金

摘　要：解析《广东省村庄整治规划编制指引》的编制背景，对规划中必须遵循的原则、规划重点关注的内容和规划成果的形式进行详细的分析，并结合规划的审批和实施详细阐述村民在村庄整治过程中的主体地位。

关键词：社会主义新农村建设　村庄整治规划　村民参与

1.《广东省村庄整治规划编制指引》出台的背景

1.1　现实需求和政策引导共同推进村庄整治工作

改革开放以来，广东省特别是珠江三角洲地区在外来资本和政策优势的带动下以超常的速度发展，广大农村地区的社会、经济状况得到了较大的改善。但是，由于缺乏规划的指导和公共财政的长期投入，在广东省村庄建设过程中，出现了一些具有普遍性的问题，主要表现在：建设布局凌乱，不同功能用地杂处，相互干扰严重；村庄建筑质量低，风貌杂乱，地域特色逐步丧失；市政公用设施供应不足，村庄安全与环境质量无法保障；公共服务设施特别是公益性设施严重缺乏，服务水平低下。这些问题不但是城乡发展不平衡的结果，甚至进一步成为拉大城乡差距的原因。

基于我国已进入"以工促农、以城带乡"发展阶段的判断，2005年10月，党的十六届五中全会明确提出建设社会主义新农村的重大历史任务，并确定社会主义新农村的建设目标和要求是

"生产发展、生活宽裕、乡风文明、村容整洁、管理民主"。2006年初中央一号文中更是分为8个方面32点对推进社会主义新农村建设进行了详尽的阐述，提出了具体的指导意见。在这两个重要文件的指导下，广东省结合省情连续发布了《中共广东省委 广东省人民政府关于加快社会主义新农村建设的决定》和《广东省建设社会主义新农村发展纲要》两个重要文件，就广东省加快社会主义新农村建设作了具体安排；建设部则结合部门工作重点和职责出台了《关于村庄整治工作的指导意见》，就整治的指导思想和工作方法等做了明确规定。

在内、外力的共同作用下，广东省各级部门充分动员，通过政策倾斜和资金投入等方式积极支持村庄整治工作，仅广东省农村信用合作社一家，就准备在未来的5年投入1500亿元资金推动村庄整治和建设。各地村庄整治工作开展如火如荼，并创造了"徐闻模式"和"德庆模式"等具有鲜明地方特色的村庄整治模式。其中"徐闻模式"可以概括为"四通五改六进村"（通路、通电、通邮、通广播电视；改水、改厕、改路、改灶、改房；党的政策进村、科技进村、先进文化进村、优良道德进村、法制教育进村、卫生习惯进村），通过政府提供规划、"回乡团"指导、村民具体执行的方式创造性地破解欠发达地区建设社会主义新农村的难题；"德庆模式"的目标则更具针对性，其提出的"五改五有"（改水、改厕、改路、改灶、改造住房；有篮球场、有垃圾填埋场、有生态小公园、有禽畜饲养栏、有建设规划）更注重提倡村庄生态文明，以切实改善村民生存环境为出发点，以基础设施的改造带动村庄物质文明和精神文明的建设。

1.2 相关规范的缺位导致村庄整治规划成果良莠不齐

村庄发展的现状和各级政府的政策文件都要求在整治工作开展前应编制切实可行的村庄整治规划，但由谁来编？怎么编？国家和广东省颁布的规划法规、规章和指引针对的村镇总体规划和村镇建设规划都是从村庄未来的发展着眼，其相关规定与村庄整治立足于现有设施的要求格格不入。村庄整治规划编制的实践也表明由于缺乏针对性的规定而给编制带来极大的不便，各类村庄规划中既有参照村镇总体规划编制的，也有参照村镇建设规划编制的。这些深浅不一的规划既不利于实施，也造成了规划管理的较大混乱，因此，如何提高村庄整治规划的现实指导作用、规范其编制程序和编制深度已经成为当务之急。

2006年5月广东省建设厅颁布了《广东省村庄整治规划编制指引（试行）》（以下简称《指引》），就村庄整治规划的原则、规划内容、成果形式和审批实施程序进行了详细的规定，对提高村庄整治规划水平、促进村庄可持续发展具有十分重要的意义。

2. 村庄整治规划原则

2.1 政府引导，村民参与

在村庄整治的过程中，政府是组织主体，村民是实施主体。各级政府的主要职责是为村民提供政策指导和技术服务，引导村民参与并监督规划的编制和实施，及时公开规划阶段成果，征询村民意见，确保规划确定的目标、内容和实施方法能充分体现村民意愿和利益。

2.2 因地制宜，分类指导

广东省区域经济发展差异悬殊，规划必须立足实际，因地制宜，分类指导，采取有效的形式稳步推进：珠江三角洲地区的村庄整治要适应工业化、城镇化的发展需求，东西两翼和粤北山区要重点解决农民群众最迫切、最现实的问题；城镇建成区内或城镇边缘的村庄应充分利用城镇设施，偏远地区村庄应配置基本生活服务设施，规模较小的鼓励相邻村庄共建共享。

2.3 合理分区，配置设施

村庄整治过程中应避免大拆大建，但需要对村庄用地进行适当的调整，促进村庄各项功能的合理集聚，做到"两个分离"——生活区与养殖区分离、居住区与工业区分离，同时配置村民迫切需要的公共设施和活动场地，合理规划空间布局，提高村庄防灾抗灾能力。

2.4 延续特色，美化环境

保持村庄的自然特色与人文景观，尽量做到不推山、不砍树、不填池塘（河流）、不盲目改直道路、不改变河道的自然流向、不破坏历史文化风貌，并围绕传统建筑适当地布置公共服务设施或公共活动场所。通过对废弃旧房、猪牛栏、露天厕所的清理以及对庭院的美化和绿化等措施，全面改善村容村貌。

2.5 节约资源，降低成本

在人多地少的背景下，村庄发展所需的空间和物质条件必须立足于土地的集约开发和能源的高效利用，整治过程中应大力落实农村"一户一宅基地"政策，尽量少占用耕地，鼓励建设联排式、公寓式住宅，避免脱离实际的拆建与过高标准配置，应厉行节约，做到节水、节能、节材和就地取材。

2.6 整体规划，分期实施

村庄整治是一项长期的历史任务，规划必须从本地区城乡统筹发展的要求出发，提出指导村庄长远发展建设的整体思路，同时结合村庄的发展实际，处理好近期建设与远期发展、改建与新建的关系，提出分期实施的安排，切实做好村庄整治不同项目的统筹。

2.7 简洁规范，通俗易懂

村庄整治规划的使用对象为广大村民，规划成果的图文表达方式应力求简明扼要、规范、平实、通俗易懂，便于广大村民关心规划、了解规划、支持规划，进而保障规划的顺利实施。

3. 村庄整治规划的编制、审批与实施

3.1 编制对象：中心村与50户以上的自然村

农业生产的特点决定农村聚落必定分布在耕地附近，进行村庄整治时应从方便村民生产和生活的角度出发，尊重已经形成的村落格局，以自然村为基本的规划编制单元。以自然村为对象还便于编制和实施过程中的村民参与，通过村庄已形成的宗亲血缘关系和社会网络在村民间达成共识，减少规划编制的谈判时间和成本。

但也应注意到，随着城镇化的推进，大部分村庄规模将进一步缩减，对于人口规模较小且逐渐萎缩的村庄编制规划不仅不实用，反而增加公共基础设施的运营维护成本，因此，《指引》中确

定 50 户以上的自然村在整治前必须编制规划，同时考虑到中心村的重要作用，也将其纳入规划的编制对象。

3.2 主体内容：基础设施与人居环境

按照《指引》的要求，村庄整治规划的主体内容包括以下几个方面：

（1）划定村庄整治区范围——对现状的充分尊重

以村庄已建成区为主体，综合考虑行政边界、地域风俗、地块特点等要素确定村庄整治区。

（2）调整村庄用地布局——尊重合法私有财产，梳理公共空间

必须充分尊重现状用地权属，通过功能置换适度调整用地布局，保持不同功能地块之间的合理间隔，避免相互干扰；对于闲置宅基地和私搭乱建房屋则应以相关的农村住宅政策为依据进行清理，并根据需要调整为公共用地。

（3）改善村民住宅及宅院设施——建议和引导相结合

由于住宅的私有财产性质，规划的作用在于提供技术指导，对改造的类型和方法提出建议性方案；而对于村民住宅内炉灶、厕所、圈舍等可能影响公共卫生的设施，规划除了提供技术指导外还应通过资金补贴的方式鼓励改造。

（4）整治村庄道路——保证对外联系，分级整治

应确保村庄与外界交通联系的便捷，对出村道路的选线、路面材料应提出明确的规定，并对村庄内部道路的走向、宽度以及必要的道路设施提出指导性意见，在条件允许时还应确定需要硬底化的路段和采用的路面材料。

（5）配置公共服务设施——适度选择，提倡共建共享

应结合各地固本强基工程和已开展的村庄建设，统筹安排小学、托幼、医疗点、文体活动场、商业销售点等公共服务设施的类型、位置与规模。

（6）配套市政公用设施——着力于基本生活质量的改善

应从满足村民生活的基本需求、减轻村庄环境污染和提高村庄抵御自然灾害能力出发，对改善饮水工程、划定污水排放片区、

确定环卫设施位置和规模、提出提供防灾措施等方面进行明确的规定，在有条件的地区还应提出发展集中式供水、污水集中处理的切实建议。

（7）塑造村庄风貌——有形要素与无形要素并重

塑造村庄风貌应有形要素与无形要素并重，前者包括优秀传统建筑、古树名木和池塘等景观设施，规划应明确划定保护范围，提出修缮和合理使用的对策；后者主要指乡村民俗，规划中应精心梳理，选择性纳入村规民约，确保文化传承。

（8）制定规划实施措施——最接近行动计划的规划

规划中应明确村庄整治的进度安排和实施要求，对第一年开展的整治工作进行具体安排，并估算村庄主要整治项目的投资金额，在必要时还应提出资金来源和筹措方式，制定规划的实施程序与管理制度。

3.3 规划成果：最简洁的形式，最方便的参与

广东省需要编制规划的村庄量大面广，规划成果的使用对象多为缺乏专业知识的村民，因而规划成果的组成应以简洁、直观为主。《指引》规定单个村庄的规划成果的基本要求为"三个一"，即包括一本简要的规划说明书、一张整治项目及概算一览表和一套规划图纸（包括建设现状图、整治规划图、设施管线综合图三张图）。其中规划说明书只需对规划的有关规定性要求进行必要的解释和说明；整治项目及概算一览表以表格的形式表达村庄整治的主要项目及其投资估算；成果图纸则应参照修建性详细规划的深度要求表达村庄的现状和规划设计内容。

3.4 规划的审批：村民主导，政府把关

村庄整治规划的目标有限，服务对象指向性强，编制过程实质上是技术人员和村民反复讨论的过程，因而规划的所有成果都应得到绝大部分村民的认可。《指引》规定村庄整治规划编制前必须进行村民意愿调查，草案完成后以及审批前成果必须交由村民会议审议，只有村民会议审议通过才能交由上级政府审批。

村庄整治同时是一项复杂的社会性系统工程，为保证工作的

有序推进，《指引》规定规划的最终审批主体为县级人民政府，以便从县域范围对整治进行统筹安排和统一管理，确保规划提出的目标和整治措施与"村庄建设和人居环境整治的指导性目录"和"县域村庄整治布点规划"相协调。

3.5 规划的实施：村民为主体的自我家园建设

与城市规划和村庄其它类型的规划相比，村庄整治规划更强调行动，既要体现部门联动，也应将规划的实施和村庄民主建设过程相结合，建立"一事一议"制度，通过规划的实施促进村民建立起民主意识和自治精神。

村庄整治规划的实施包括项目选择、资金筹集、整治建设、监督管理和事后维护等程序。项目选择时应找准整治工作的重点，在技术人员的指导下由村民确定整治项目和整治时序；资金筹集和整治建设是村民参与最重要的体现，在操作中应允许村民根据实际情况选择"出资"和"出劳"的力度，将村民建设家园的热情和积极性引导好；监督管理和事后维护主要应通过村民选举产生的代表组织进行，通过推举老党员、老干部、老教师等德高望重人士组成理事会进行监督和维护，促进决策和管理的透明化和民主化。

4. 几点建议

4.1 在实施过程中建立自动调校机制

村庄整治是一个长期的过程，规划预设的目标必然无法完全适应村庄实际情况的发展和变化，需要在整治过程中对规划的目标与方法进行长期跟踪和检讨，建立起自动调校机制，将规划和实施转变为一个连续的过程，避免城市规划中普遍存在的"规划实施—出现问题—推倒重来"的状况发生。

所谓自动调校机制即是将规划中提出的目标分解为若干专项发展目标与实施策略，并制定实施计划，确定具体实施步骤、职能部门和起讫时间。整治过程中不断收集信息，将整治进展情况与阶段目标进行一一对比，出现问题时依次从项目管理、资金和分项目标等三个层面进行检讨，制定相应的调整方法（见下图）。

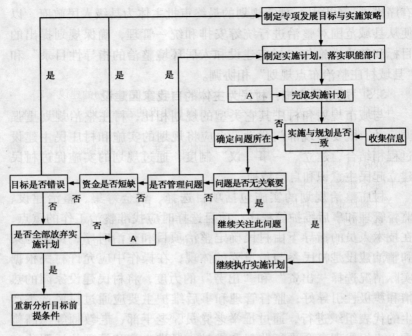

自动调校流程示意

4.2 尽快出台村庄基础设施标准与准则

基础设施的整治已成为目前村庄整治的重要切入点，但用现有的相关技术规范标准来指导目前的村庄整治，却存在着明显的不适应性，主要表现在：第一，现有的技术规范立足于建设，是对新建设施提出的规定，与村庄整治基于现有设施的改善的出发点存在较大的差异；第二，现有规范对村镇基础设施的关注较少，指导性不足；第三，两个规范运用对象设置主要为专业技术人员，缺乏专业技术知识的村民不易理解。

《指引》的实施反馈情况也表明，对于村庄基础设施整治的技术指导和规范的需求是最迫切的，因此建议省建设厅尽快组织技术力量编制村庄公用工程设施整治的指导性意见，从设施的配置标准、技术规范以及管理办法等方面给出详细的建议，给规划的编制提供可行的参照标准，同时也利于没有编制规划的村庄自发整治时参考执行。

参 考 文 献

1. 中共中央关于制定国民经济和社会发展第十一个五年规划的建议 [Z]
2. 中共中央 国务院关于推进社会主义新农村建设的若干意见（中发 [2006] 1号）[Z]
3. 中共广东省委 广东省人民政府关于加快社会主义新农村建设的决定（粤发 [2006] 4号）[Z]
4. 广东省建设社会主义新农村发展纲要 [Z]
5. 关于村庄整治工作的指导意见（建村 [2005] 174号）[Z]
6. 广东建设厅．广东省村庄整治规划编制指引 [Z]．2006 – 05
7. 叶敬忠，刘燕丽，王伊欢著．参与式发展规划 [M]．北京：社会科学文献出版社，2005

作者简介：
宋劲松，广东省城市发展研究中心，主任，教授级高级规划师，专业领域：城市与区域规划
张小金，广东省城市发展研究中心，规划师

风景名胜区小城镇规划问题思考

黄嘉颖　肖大威

摘　要：科学发展观为我国社会经济建设提供了新的发展思路。本文通过科学发展观的视野分析了风景名胜区小城镇发展的困境及其问题的根源。发现其主要困境有两个弱势群体的矛盾、"虚假城市化"的误区、经济转型的茫然和规划管理的失调等四个方面。究其根源主要在于多方利益博弈、经济驱动乏力以及政府引导失效等。最后，基于小城镇科学发展观的思考，初步探讨了风景名胜区小城镇的规划对策。

关键词：科学发展观　风景名胜区　小城镇规划　协调　统筹

　　自1979年我国审批通过第一批国家级风景名胜区以来，我国风景名胜事业已经历二十多年的发展历程。在这段时期，我国风景名胜区体系不断完善，国家级风景名胜区就先后公布了五批共177个，各层级风景名胜区总面积占国土面积的1％以上，其中不乏名列《世界遗产名录》（World Heritage List）的世界级自然风景及文化胜地，如黄山、庐山、九寨沟等地。然而，与此同时风景名胜区的规划建设问题也层出不穷，尤其是旅游业的兴起，不仅给风景名胜区的发展带来了极大的机遇，也随之而来引发了风景名胜区的大规模开发建设，风景名胜区建设性破坏屡见不鲜，使得风景名胜区元气大伤，有的甚至因此处于濒危境地，已进入《世界遗产名录》的泰山风景名胜区就曾经因索道建设问题几乎被世界遗产组织除名。由于风景名胜区普遍规模较大，占地面积甚广，牵扯的利益关系繁多，使得风景名胜区规划工作相当复杂，矛盾重重，举步维艰。目前，有关风景名胜区建设过程中的资源、生态环境破坏问题吸引了众多规划业界的眼球，相对而言，对于同样在开发过程中处于弱势的住在风景区里的人、对于风景名胜区当地社区、对于风景名胜区小城镇规划发展的重大问题尚未能引起广大专家学者的广泛关注，甚至出于生态资源保护的要求，风景名胜区小城镇的发展常常遭受冷遇被一再抑制。"发展就是硬道理。"风景名胜区的资源环境要持续发展，风景名胜区的社区人群亦然，本文以风景名胜区资源与社区发展之间的矛盾为切入点，从科学发展观的视角对风景名胜区小城镇规划问题进行思考，试图探寻风景名胜区和谐发展的新思路。

1. 小城镇规划的科学发展观

1.1 概念的认知

1.1.1 风景名胜区与风景名胜区城市化

我国的风景名胜区是指风景资源集中、环境优美，具有一定规模和游览条件，可供人们游览欣赏、休憩娱乐或进行科学文化活动的地域[1]。由此可见，风景名胜区不仅要求具备较高的资源环境条件，同时必须具备游憩、科学、文化等功能，在市场经济条件下，更是赋予了风景名胜区发展经济的生产民政功能。一定规模的限定使得风景名胜区用地复杂化，多种用地形式交叉重叠，尤其是大型或特大型风景名胜区通常地跨几个行政辖区，内含不同自然保护区，风景名胜区内部管理千头万绪，各自为政。此外，风景名胜区所承担功能的多样性决定了风景名胜区应当划分为多个不同性质的功能分区，而同一功能区也通常多种功能并存，进一步导致风景名胜区规划管理的复杂性、综合性。

风景区城市化是指发生在风景区内的城市化现象，其人口由农村向风景区内的城镇转移，农业生产活动向旅游接待为主导的第三产业活动转移，农村生活方式转变为城镇生活方式[2]。在广域的风景名胜区内部与周边，存在着不少历史发展而来的村庄与小城镇，伴随着风景名胜区的开发建设，这些区域不同程度地产生了城市化现象。与世界上其他国家的国家公园和风景旅游区一样，我国风景名胜区正经历着城市化的困扰。风景名胜区城市化不仅破坏了风景名胜区的自然生态环境，同时也破坏了当地的人文氛围,并且对区域经济发展而言相当不利,严重影响了风景名胜区的持续发展。这既是风景名胜区无序无度开发的恶果,也是风景名胜区小城镇规划的难题。

1.1.2 以自然为本与以人为本

以自然为本与以人为本是风景名胜区规划过程当中所持的两种不同的态度。以自然为本的规划理念认为,风景名胜资源是一种公共物品,并且是具有极大社会稀缺性的宝贵资源,资源保护在一切风景名胜区规划建设活动中都必须是第一位的,在人与资源的发展关系中发生矛盾冲突时应当牺牲人的利益以确保资源的安全,将以自然为本、以自然为核心贯穿于风景名胜区发展的始终。这是现代极端环境保护主义者的规划倡导,也是风景名胜区规划的生态理性选择。以人为本,当然是以现实的人的现实生存为本。具体来说,就是以提高人的生存质量,实现和增进人的幸福为本[3]。以人为本的规划理念要求,在风景名胜区发展过程中应充分考虑人的需求,风景名胜区规划应是不断提高人的生存质量、提升人的生活品质,为人类谋求幸福的规划。其体现了规划设计的人文关怀,集中反映了风景名胜区规划建设的人文精神。

总之,无论是以自然为本还是以人为本的规划理念,都是体现了可持续发展的思想,只是两者的侧重点不尽相同,在科学发展观的指导下,我们应当因事、因地制宜,统筹兼顾各要素的发展权利,以实现两者的协调统一。

1.2 科学发展观

科学发展观的基本内容是:"坚持以人为本,树立全面、协调、可持续的发展观,促进经济社会和人的全面发展";"按照统筹城乡发展、统筹区域发展、统筹经济社会发展、统筹人与自然和谐发展、统筹国内发展和对外开放的要求,推进改革和发展"[4]。以人为本是科学发展观的本质和核心。科学发展观以人为本的理念,并不排除自然的发展,在要求人与人、人与社会和谐发展的同时,要求人与自然之间和谐发展,充分体现了发展过程中科学精神与人文精神的有机结合。以科学发展观为指导,建构和谐社会是风景名胜区小城镇规划的时代要求。和谐社会不等于没有矛盾,恰恰相反,它正是在解决矛盾中求和谐[5]。风景名胜区就是在资源保护与城镇建设的矛盾统一中谋求和谐发展,寻找经济发展、人民富裕、生态环境优美的最佳结合点,建构和谐社会。正当人类与自然和谐相处时,一方面,自然为人类提供了良好的生存空间和资源,为经济社会的可持续发展打下坚实的基础;另一方面,人类社会的发展为自然资源的保护创造了更好的物质条件与技术环境。否认风景名胜资源保护和利用两者的矛盾统一,一味地追求自然资源的绝对保护或是片面追求地方社区的发展,只能导致生态失衡、社会失衡,与和谐社会背道而驰。

科学发展观主张走全面、协调、可持续发展的道路[6]。以科学发展观看待风景名胜区的发展问题,不但要求风景名胜区内部人与自然的和谐,而且强调人与自然的全面发展,强调区内外全体人类公平公正地获得持续发展的权利,而非为满足所谓的风景名胜资源全人类共有的目的,仅由风景名胜区内部社区牺牲发展的机会来偿还"公共悲剧"的代价。这一点正是本文所关注的。

2. 风景名胜区小城镇发展的困境

2.1 两个弱势群体的矛盾

在风景名胜区发展过程当中,存在着两个相对弱势的群体:一个是不能言语的风景名胜资源;另一个则是虽能言语但缺乏发言权的当地社区。这两者的发展存在着密不可分的关联与不断转化的矛盾。保护和利用是风景名胜区自诞生以来就未曾摆脱过的发展主题。要保护资源环境,不可避免地会对当地社会经济活动造成限制,与当地社会经济发展产生冲突;同样,要发展地方社会经济就必然要建设,有建设就会带来不同程度的破坏。在市场经济尤其是旅游大发展的背景之下,风景名胜资源与当地城镇建设之间的矛盾冲突愈发突出,其主要表现在:一方面城镇建设需要大规模扩张用地,不仅侵占了风景区内本已稀缺的土地资源,而且不当的建设活动还严重地危害了风景资源。此外,城镇建设带来的环境氛围商业化和人工化对风景区传统人文资源造成极大冲击,从而导致风景区传统文脉断裂与遗失。另一方面,因强调风景资源的保护，而对城镇发展建设实施绝对的禁止和限制，阻碍和延缓了小城镇的发展，甚至出现风景名胜区经济萧条的现象。

2.2 "虚假城市化"的误区

经过一段时期的开发建设，我国风景名胜区出现了一片繁荣的迹象，特别是一些旅游集散地物质设施档次大大提高，消费需求空前高涨。然而，与我国区域研究学者王连勇[7]所指出的加拿大国家公园所在地区的虚假经济繁荣相似，我国风景名胜区的城市化只停留在表面层次，其实质并没有从根本上改善当地居民的生活条件。风景名胜区城市化在许多地区仅是一个虚壳，缺乏社会内涵的提升与转变。首先，完全依赖发展旅游所形成的经济繁荣对风景名胜区当地经济结构而言相当不稳定，具有强烈的季节性。随着旅游淡季的到来，由庞大的旅游流支撑起来的频繁的商贸活动将迅速转向萧条。其次，风景名胜区的建设项目绝大部分是由外来开发商投资建成的，并外派专门技术人员进行经营管理，使得旅游项目的经营利润顺理成章地大部分归这些外来投资商和外来工作人员所有。事实上，当地人对风景名胜区大型项目的参与程度相当低，从旅游服务的经济收益中获利甚微。如此，在风景名胜区表面城市化的现象之下隐藏着外来资金通过旅游投资运作，利用当地资源牟取暴利，从而造成当地资产的隐性流失。盲目地以大量优惠的开发条件吸引外来资金进行风景名胜区建设，而忽略当地社区经济利益的切实保障，已经促使风景名胜区小城镇建设走进"虚假城市化"的误区，这不得不引起风景名胜区小城镇规划的反思。

2.3 经济转型的茫然

经济转型是任何一个地区在其发展过程中都必然面临的问题。闲暇时代的来临，人类休闲观念的转变，使得大量的旅游流涌入风景名胜区。此时，风景名胜区原有的产业结构已经不能满足旅游业的迅猛发展，在旅游热潮的冲击之下，风景名胜区的小城镇建设来不及思考，就开始了轰轰烈烈的大规模建设。虽然当初对旅游经济的选择与介入对当地居民而言是非自主的，但是当过度开发引发生态危机的时候，社会责任、生态伦理的矛头又纷纷指向当地社区，使得风景名胜区社区居民的经营活动大受限制。日益高涨的环境保护呼声，强烈反对风景名胜区的开发建设，要求风景名胜区早日摆脱资源采伐的掠夺性开发，甚至要求生态敏感区的部分原住民放弃原有的生活方式迁离一直以来的生存土地，而当地居民的就业转移和从事替代经济活动又受到资金不足、缺少技术培训等问题的困扰。一时间风景名胜区的小城镇建设进入了举棋不定的境地。不可否认，环保主义者的出发点是好的，禁止风景名胜资源掠夺性开发的要求也是正确的。然而，实际操作过程当中难以避免地会出现过激过急的行为。面临环境危机，风景名胜区所有建设紧急叫停，一切与资源利用有关的活动完全禁止，这跟当初为发展旅游经济在风景名胜区大搞建设有异曲同工之效，只不过这一次引发的是当地社区的社会经济危机，是住在风景区里的人的生存危机。面对旅游开发的经济吸引与环境保护的生态伦理，风景名胜区小城镇经济转型陷入茫然。

2.4 规划管理的失调

如前所述，风景名胜区近年来发展迅速，与之相比，风景名胜区的规划管理相对滞后。在旅游经济的催生下，许多地方出现了将风景名胜区完全作为旅游区开发建设的趋势，过度开发风景名胜资源，风景名胜区的小城镇建设也在当地社区经济环境尚未成熟的情况下拔苗助长，忽视和降低了对资源环境和社区人文的保护。并且，受以前规划实践的局限，许多风景名胜区总体规划指导性、原则性的内容和规定多，强制性、具体化的内容和规定少[8]，导致在眼前利益被无限放大的建设实践过程中，不按规划或违反规划的现象时有发生，违章建设随处可见，加剧了风景名胜区小城镇建设的混乱。风景名胜区规划不但没有发挥应有的建设指导作用，而且相关管理法规制度的确立亦落后于开发实践，在各方利益的驱动下，当地社区社会经济的实质性发展常常疏于考虑，社区居民的发展利益得不到切实的保障。没有有效的规划管理措施的护航，风景名胜区的小城镇建设无法从大搞开发的混乱中挣脱，更无法协调与资源环境之间的矛盾冲突走向共生。

3. 困境的根源

导致风景名胜区小城镇建设出现上述困境的原因有很多,从科学发展观出发,以矛盾论、系统论的方法进行分析,究其根源主要在于多方利益博弈、经济驱动乏力、政府引导失效等方面。

3.1 多方利益的博弈

从风景名胜区的概念认知,我们可以看到,风景名胜区相关利益关系相当复杂。从行政管理而言,风景名胜区往往超越行政边界,具有多个利益主体,各有各的行政立场和利益代表,存在着权益纷争;从风景资源的利用而言,其包括了当地居民、旅游者、开发商和地方政府等多个使用者,存在着多种利用方式,不同的利用方式之间又体现了各利益主体之间的矛盾与冲突,而风景名胜资源的保护与利用本身就存在尖锐的矛盾。此外,作为公共资源类景区,使得风景名胜区多方利益的博弈对风景名胜区的影响更加深刻。所谓公共资源类景区,彭德成在《中国旅游景区治理模式》一书中曾明确定义:公共资源类景区指的是以自然景观和文物景观等公共资源为依托的自然景观类旅游景区和文物景观类旅游景区,不包括主题公园、人造景点等主题景区[9]。公共资源类的景区最容易产生的典型问题就是多方利益博弈最终导致"公共悲剧",即所有利益主体都致力于利用公共资源而无视资源保护的责任,使得公共资源濒临灭绝。在这一场博弈当中,公共资源无疑处于弱势,而作为公共资源使用者之一的当地居民由于资金短缺、信息不对称和技术落后等原因在博弈竞争中同样处于弱势。20多年的旅游经济发展并没有显著提高风景名胜区当地居民的生活水平,而出现外来投资商暴富与当地城镇居民贫困的巨大差距就是多方利益博弈的结果。其中,外来投资商与当地社区之间存在的是投资商得利、当地社区无益的"零和博弈",而存在于当地社区与风景资源之间的则是双方受损的"负和博弈"。由此可见,"零和博弈"和"负和博弈"是风景名胜区小城镇建设困境的首要根源,为了突破困境,辩证分析风景名胜区相关利益主体之间的关系,科学看待各方利益的和谐发展问题,扭转现今对抗性博弈的局势是关键。

3.2 经济驱动的乏力

我国风景名胜区多数位于城郊或远离城市较为偏僻的地方（个别城市型风景名胜区除外），因此受到中心城市的经济辐射较少；同时，风景名胜区内部及周边的小城镇通常规模不大，主要依赖于风景名胜区的矿产、林木等自然资源进行第一产业及第二产业的资源开发和部分初加工及传统工业生产，产业配置较为初级。两方面因素共同决定了风景名胜区经济内驱外引能力都比较弱，经济活动缺乏活力。随着旅游业在全国范围内蓬勃兴起，给风景名胜区小城镇社会经济带来了新的发展契机，许多风景名胜区小城镇都纷纷选择旅游业作为其经济发展的支柱产业。然而，由于自身经济能力的低下，使得风景名胜区在面临旅游浪潮的席卷时对旅游经济过度依赖，并且主要依靠外来投资弥补当地的资金空缺。如此，旅游业本身强烈的季节性与外来资金的不确定性就给小城镇发展带来了巨大的经济风险，而自身经济乏力的小城镇抗御这一风险的能力是相当低下的。当投资环境发生变动、旅游经济出现危机时，风景名胜区小城镇也将随之陷入困境。即便是旅游业正常运转时，在缺乏正确的规划指导和良好的政策保障的条件下，自身薄弱的经济实力也会使得风景名胜区小城镇在旅游开发过程中获利甚微，导致"虚假城市化"现象的出现。

3.3 政府引导的失效

在我国社会主义市场经济的基本国情之下，政府在城镇建设发展过程中的政策引导十分重要，政府作用的有效性是城镇建设取得成功的有力保障。然而，风景名胜区小城镇建设却往往缺乏这一重要的保障，政府引导的失效是风景名胜区小城镇发展困境的又一问题根源。《风景名胜区管理暂行条例》中提出风景名胜区应设立专门的法定管理机构，建立完善的法规制度，对风景名胜区日常建设及发展进行规划管理。目前，我国风景名胜区主要由国家、省、地方三级政府共同管理，其中日常事务管理由地方政府主持。在这一层级管理体系当中，各级政府分工侧重点不同，与风景名胜区经济利益的远近关系也有所差异，因此，不同层级政府很容易出于自身立场，在管理重点和方式上出现倾向性。上级政府在规划管理过程中通常充当宏观调控的角色，更多地强调风景名胜区的保护，为加强保护与监督，经常通过颁布各类文件与开展检查活动对风景名胜区建设进行一定的限制。相对的，地方政府与风景名胜区的经济利益关系更为直接，在日常管理当中具体指导参与建设活动，更侧重于利用开发。上有政策，下有对策，在整个管理体系当中就出现了层级上的观念脱节，使得风景名胜区的小城镇建设经常处于反复摇摆的状态。当国家或省级政府进行监督检查活动时，建设活动整顿叫停；当有大的开发商进行巨额投资时，经不起经济诱惑，大规模的建设又急功近利式地在地方政府的默许甚至是维护下进行，这些现象在我国风景名胜区屡见不鲜。诚然，只顾眼前利益大搞开发的管理方式并不恰当，而上级管理部门所下达的保护监督文件往往缺少地方利益的体现，也是政府引导失效的另一方面。两者合力将风景名胜区小城镇发展推向"大建设，大破坏"、"不建设，不发展"的两难境地。

4. 规划管理对策的初探

4.1 梳理相关规划的关系，建立资源保护补偿机制

首先，从规划体系着手。应从规划指导的高度实现多方利益的系统平衡，在规划层面上调和风景名胜区小城镇发展与多方利益的矛盾冲突，理顺相关规划之间的关系，尤其是风景名胜区规划与城乡规划体系各层级规划之间的衔接关系。城镇体系规划要在相关利益主体系统分析的基础上，统筹协调城镇、村庄以及风景名胜区等空间的综合布局、产业布局和相应的基础设施布局，指导风景名胜区规划和城镇、村庄规划。风景名胜区规划与城镇、村庄规划都应在总体规划层面上从调和多方利益出发确定综合协调的总体方针，定位风景名胜区与城镇体系的关系，统筹土地利用模式。

就风景名胜资源保护与小城镇建设之间的矛盾冲突而言，可以通过建立资源保护补偿机制进行协调。资源环境的保护与城镇建设发展本身就是一对矛盾统一体，当地方居民放弃资源利用所

导致的利益损失得到适当的补偿，甚至是保护资源比利用资源能获得更大的经济效益时，风景名胜区当地居民便会主动加强资源保护，资源与社区发展两者之间由原来的矛盾冲突转化为谋求持续发展的利益统一，形成相互促进的和谐关系。基于此，应当在风景名胜区规划中进行相应制度法规建设，通过直接收费的形式或者税收、财政等间接形式，使那些享受风景名胜资源正外部效益的"受益者"为资源保护付费，从而将风景名胜区的资源保护成本内部化。实现这一机制的制度设计不仅需要不同地区、不同行业之间的共同协商合作，政府的行政协调与强制作用亦相当重要。

4.2 调整经济结构，优化产业组合

经济结构的调整与产业组合的优化主要是针对风景名胜区经济驱动乏力而提出的对策。产业定位与产业链接是风景名胜区经济结构调整的关键。旅游业是风景名胜区地方经济发展的强心剂，但是过度依赖旅游业会形成持续发展的桎梏。因此，风景名胜区经济结构的调整要统筹考虑区域城镇体系的发展实力与特点，不宜全盘否定原有的产业形态将所有小城镇都发展为旅游小城镇。应当因地制宜，以发展地方特色产业为指导，制定风景名胜区小城镇发展的经济替代方案，增强地方经济实力。部分一般农业可以依据资源与环境条件调整为生态农业、观光农业；一般工业，尤其是开采型工业将逐步淘汰，向环境友好的低资源消耗、低污染排放产业过渡；增加第三产业的比重，完善服务产业体系；并且注重各城镇之间的产业链接，优化产业组合，形成产业互动的正相竞争，发挥区域联动的优势。在充分利用旅游业带动地方经济方面，要从增强当地社区对旅游业的参与着手，对资源的保护和利用必须与居民社会有序而合理的发展统筹考虑。通过发展生态旅游业和民俗旅游业将一部分农村劳动力吸纳到旅游业中，同时加强社区教育培训力度，提高当地劳动力素质使其渗透到旅游业的高位行业当中，获取更高利益并逐步实现旅游经济效益的内部转化。

4.3 完善管理体制，强化行政职能

国外发达国家在国家公园的管理上有着较先进的理念与方法，

我们可以有选择地加以借鉴,比如仿效美、加等国成立国家公园管理署,由中央政府直接管理国家重点风景名胜区等。但是由于文化背景与基本国情不同,需要科学对待先进经验的吸收问题。我国风景名胜区自身的管理体制和规划理论的建构必须立足于我国的实际情况,根据风景名胜区之间的分类和风景名胜区内部不同的功能分类,进行分类指导,提出有针对性的解决方案,并制定相应的法律法规政策。行政管理体系作为一个整体,必须加强彼此之间的沟通联系,从整体上强化政府的监管职能。政府除应建立起风景名胜区内各利益主体之间的游戏规则,规范市场竞争之外,中央政府还应通过对极少数关键性要素的适度控制,调节随机变化的市场;地方政府则应做好控制性详细规划的组织编制和实施监督工作,以确保规划指导的可行性,进行有理、有度、有序的社会经济建设。

5. 结语

目前,在风景名胜区面临生态危机的同时,风景名胜区小城镇的社会经济发展形势也相当严峻。在全球环境保护的呼声与旅游经济的夹击之下,风景名胜区小城镇面临重重困境。如果对风景名胜区多方利益关系的引导协调不好,不仅风景名胜区的资源环境会濒临灭绝,风景名胜区当地社区也会逐步消亡。笔者期望随着科学发展观视野的拓展,风景名胜区小城镇的发展问题能获得社会各界广泛的认知,为风景名胜区与小城镇的协调发展找寻到切实可行的和谐发展之路,促使风景名胜区小城镇发展走出徘徊不前的尴尬。本文主要着眼于问题研究与讨论,针对风景名胜区小城镇发展困境与问题根源提出梳理相关规划的关系,建立资源保护补偿机制;调整经济结构,优化产业组合;完善管理体制,强化行政职能的发展对策,仅是对风景名胜区和谐发展策略的初步探讨,以期能为风景名胜区小城镇规划建设起到抛砖引玉的作用。

参 考 文 献

1. GB 50298—1999,风景名胜区规划规范 [S].

2. 周年兴,俞孔坚. 风景区的城市化及其对策研究——以武陵源为例 [J]. 城市规划汇刊,2004(1):57~61
3. 王景全. 从科学发展观的视角看休闲 [J]. 自然辩证法研究,2006,22(6):93~96,111
4. 温家宝.《提高认识,统一思想,牢固树立和认真落实科学发展观》. 载《人民日报》2004年3月1日
5. 郭秀云. 和谐社会与科学社会主义理论 [J]. 理论导刊,2006(7):50~52
6. 高文武,关胜侠. 科学发展观的结构和方法论意蕴 [J]. 哲学研究,2006(6):113~118
7. 王连勇. 加拿大国家公园规划与管理——探索旅游地可持续发展的理想模式 [M]. 重庆:西南师范大学出版社,2003
8. 蔡立力. 我国风景名胜区规划和管理的问题与对策 [J]. 城市规划,2005,29(1):74~80
9. 彭德成. 中国旅游景区治理模式 [M]. 北京:中国旅游出版社,2003

作者简介:
　　黄嘉颖,华南理工大学城市与环境研究所教授
　　肖大威,华南理工大学城市与环境研究所教授

　　(该文在合肥市举办的中国城市规划学会小城镇规划第18届学术年会上发表)

城乡统筹 科学发展
——探析快速城镇化过程中的小城镇规划工作

宁 波

摘 要：作者通过对合肥小城镇发展现状分析，探析快速城镇化过程中小城镇规划工作的若干问题，即完善城乡规划编制体系，开展城镇密集区的协调规划，集中小城镇工业用地集中布局，完善村庄规划编制标准。

关键词：合肥 小城镇 规划工作

新世纪，中国的城镇化进入加速发展阶段。党的十六届五中全会提出，以科学发展观统领经济社会发展全局，促进城乡统筹发展，推进社会主义新农村建设。小城镇作为城乡发展之间的联系纽带，具有十分重要的作用。小城镇是城市之尾，农村之首，是农村政治、经济、文化中心。小城镇是农村企业、资金、商品的集散地，是农村工业化、城镇化、信息化、现代化的主要阵地。小城镇对于农村经济起着集聚协调、带动辐射的重要作用。实现我国的城镇化之路，农村是基础，小城镇是支撑，大城市是龙头。加快小城镇建设，建设社会主义新农村，必须要坚持城乡统筹。合肥作为安徽省会城市，在城镇化、工业化快速发展时期，如何贯彻科学发展观，实施"两个反哺"，实现城乡经济、社会全面、协调、快速发展，加快中部崛起是合肥未来一段时间内小城镇规划建设工作所面临的机遇和挑战。

1. 合肥小城镇发展现状及存在的问题

目前，合肥市辖包河、蜀山、庐阳和瑶海4个区，肥东、肥西、长丰3个县，共33个街道办事处、38个镇和42个乡。市辖区面积为7029.48km^2。合肥市域总人口为508万人，城镇人口为262万人，城市化水平为51.5%。2005年，全市实现地区生产总值878亿元，其中，3县实现GDP180亿元，农民人均纯收入为3207元。

目前，合肥的城镇化在加速发展，同时也存在一定的问题，具体来说主要有以下几个方面：

城乡反差大，周边发展慢。尽管2005年合肥全市城市化水平已经达到51.5%，但这主要归功于合肥市区，而3县的城市化水平较低。从城镇化水平看，合肥市区达到85.72%，而肥东县、肥西县和长丰县非农化水平尚低于全省平均水平，反差极其明显。同时，合肥市的农村公共服务设施水平与基础设施建设水平低，保障率差，城镇社会服务设施落后，有一定规模的城镇公共服务设施基本都分布在条件较好的县城里。

断层明显，分布格局散。合肥市域城镇分布是典型的首位分布，全市无中等城市，缺少有实力的县城和小城镇。城镇人口主要集中在中心城市与三个县城，城市化正处于高度集中状态。乡集镇、建制镇质量不高，三个县城实力薄弱、规模较小，中间缺少联系合肥市与小城镇的中等小城市，城镇体系断层明显。城镇空间分布受中心城市和交通干线影响大，还处于点轴发展的初中期阶段，主要分布在五条以公路和铁路线为轴线的城镇相对密集地区。

设施不全，建设水平低。中心城市与各城镇联系不便，道路等级也较低，城镇之间横向联系较弱，服务能力不足．供电、供水、环保等设施均较差。公共设施严重匮乏，城镇建设标准低，风貌凌乱。部分地区污染性的工业企业不合理布局直接对生态环境造成破坏。

职能趋同，体制不完善。小城镇职能单一，中心服务型城镇多，产业型城镇少，特色不明显，各城镇自身优势未能得到充分发挥，相互之间缺少分工与协作，重复建设和分散投入的现象比较突出。

根据我市目前发展的趋势和国内外发达地区小城镇的发展经验来看，未来小城镇的发展将进一步表现如下特征：

(1) 城镇化和工业化的速度将进一步加快;
(2) 城乡面临的资源和环境压力将进一步加大;
(3) 城乡规划管理面临严峻挑战;
(4) 新农村建设的任务繁重,情况千差万别。

基于我市目前小城镇存在和未来发展中将出现的问题,如何走健康的城镇化和工业化道路,避免其他发达地区发展中的弯路,发挥规划在小城镇发展中的"龙头"作用,实现城乡统筹发展-积极探索我国中部地区小城镇规划规划、建设、管理的新思路,是摆在我们面前的一项十分重要和迫切的任务。现结合合肥的实际情况和我在工作中一些体会,探析新形势下中部地区小城镇规划工作的方法和思路,供大家参考。

2. 小城镇规划工作的有益探索

(1) 完善城乡规划编制体系。

在小城镇规划编制过程中,着重城乡规划编制体系的研究与完善,自上而下逐步形成了市域城镇体系规划为支撑,以县域村镇体系规划为纽带,以小城镇规划、村庄布点规划和建设规划为基础的规划编制体系。为推进新农村建设,引导农民集中居住、土地规模经营,促进村庄适度积聚和土地等资源节约利用,优化农村基础设施和公共设施集约配置,编制了《合肥市乡镇村庄布点规划编制要点》。为加强、规范我市新农村建设规划编制工作,提高村庄规划的质量,增强科学合理性和可操作性,有效指导村庄建设规划的实施,我们还编制完成《合肥市村庄建设规划编制要点》。在此基础上,为有效指导乡镇人员开展基础资料的收集工作,还与安徽省城乡规划院共同编制了《合肥市域村庄布点规划基础资料收集提纲》。

(2) 充分发挥中心城市的带动作用,开展城镇密集区规划,规划编制工作在新一轮的合肥市城市总体规划编制过程中,积极创新理念,对中心城区与周边乡镇呈现一体化发展趋势的地区,包括现状肥东10个乡镇,肥西3个乡镇,长丰县4个乡镇,突破行政区划的界限,以若干小城镇为单元进行了城镇密集区布局协调规划，规划构建"141"的多中心城市空间体系，在更大的空间范围内统筹协调城镇空间布局，高效配置空间资源，优化产业结构，合理安排重大基础设施和公共服务设施。通过城镇密集区的城乡统筹规划，创造和谐统一的新型城乡关系，营造城乡经济社会协调发展的环境，达到城乡之间取长补短，相互融合，共同发展。

（3）编制《工业集中区规划》，对县域内小城镇工业用地集中布局按照合肥市"工业立市"、"县域突破"的总体战略要求，实施"两个反哺"，针对目前传统小城镇规划编制中各城镇都各自安排工业用地，从而导致工业用地布局分散、环境压力大、占用土地面积多、基础设施配置成本高等问题，我们在《县域村镇体系规划》编制过程中，以县域空间为单位，对小城镇工业用地进行集中布置，合理确定工业集中区的数量和规模，而其他小城镇在总体规划中不再安排工业用地或少量安排生产辅助性用地，从而优化城镇工业用地布局，推动产业集聚，提高资源综合利用率，减少环境污染。

我们的规划技术路线和方法是：通过工业用地结构的预测分析和社会经济发展目标进行相互结合校核，确定工业用地面积，先自下而上组织编制工业集中区规划，再自上而下分析研究工业布局态势、产业发展目标、布局形态等，在此基础上整合工业用地布局，制定规划方案，进行研讨、协调，最后进行评审和审批，进行颁布实施，对县域内工业发展进行指导。

（4）以村庄布点规划为基础，编制完成村庄规划建设标准。

为实现城乡统筹，避免重复建设和资源浪费，更好地使农村接受中心城市辐射，明确农村经济发展模式，改善农村人居环境，加强公共安全，保护生态环境和历史文化资源，结合国内外农村发展经验和当前我市农村发展态势，我们编制了《合肥市域中心村庄布点规划》。在规划中，我们按照"圈层式"理念对村庄进行空间分区，即以城镇为极核，结合地形地貌单元的差异，由里向外分为规划建设区、近郊区、远郊区（平圩区、岗区、山区）、特殊区域等四种类型村庄。根据各村的实际情况，我们选择了适宜的建设方式，并归纳为城镇社区型、异地新建型、旧村整治型、改造扩建型、特色保护型等。对生态环境敏感核心区、自然灾害严重区等范围内的村庄逐步搬迁。在此基础上，对中心村与基层村构成的基本单元进行基础设施和公共服务设施统筹配套。并合理确定数量与规模。我们希望通过建设中心村达到完善的基础设施和公共服务设施，在充分尊重农民意愿的基础上，逐步吸引农民到中心村居住，并达到每个行政村辖区人口5000人左右，形成"1个中心村带动若干个基层村协同发展"的空间模式，中心村人口达到1000人以上。

以上是我们在工作中进行的一些探索，希望能够为我国中西部地区的小城镇发展提供借鉴作用。

作者简介：合肥市规划局副局长、高级规划师

重庆市新农村村级规划
编制方法研究

苏自立 林立勇

摘 要：十六届五中全会提出了建设社会主义新农村的重大历史任务，城乡规划如何应对，是当前规划工作的热点。科学、合理地编制新农村村级规划，是当前推进社会主义新农村建设的一项十分重要的基础性工作。近年来，不少省市都在不同程度上开展了社会主义新农村规划编制工作，积累了不少经验和做法，但大多参照的是城市规划编制体系中的修建性详细规划的编制内容和深度，而且偏重于村庄建设规划。重庆市根据中央提出的"生产发展、生活富裕、乡风文明、村容整洁、管理民主"总要求，结合本市农村实际，就具有重庆特色的社会主义新农村村级规划编制内容和编制方法进行了一些有益的探索。本文从重庆市新农村村级规划的主要特点、基本内容、成果表达等方面进行了阐述。

关键词：新农村 规划编制 方法 研究

1. 重庆市农村的主要特点

（1）农村规划建设发展整体上处在较落后状态。2005年末，重庆市农村居民人均纯收入仅2809元，低于3255元的全国平均水平线，仅为上海、北京、广州的约1/3，成都的3/5。

（2）多数地区农民以散居为主，集中度不高。

（3）农村宜耕土地少，山地面积大，坡度陡。

（4）市内渝西地区与三峡库区、渝东南少数民族地区的农村自然条件、经济发展状况和生活环境条件差异极大。

(5) 劳动力外出打工多，留在农村多为儿童和老弱病残。

2. 重庆市新村村级规划编制方法的探索

目前，不少省市编制的新农村规划，大多参照的是城市规划编制体系中的修建性详细规划的编制内容和深度，而且偏重于村庄建设规划，基本上还是沿用城市规划的思维来编制新农村规划。重庆市农村的主要特点决定了重庆市的新农村规划，既不能照抄照搬城镇建设模式，也不能照搬北方平原地区和东部沿海发达地区的建设模式，必须从重庆的实际出发，针对不同经济发展条件和不同生活环境条件下农村的不同特点，按照当地的资源环境条件、经济发展水平、公共设施条件和农民居住习惯进行编制。同时，新农村规划也不应只是一个建设规划，而应是一个统揽农村经济社会发展全局、涵盖中央提出的"生产发展、生活富裕、乡风文明、村容整洁、管理民主"20字总要求的综合性规划。

为探索符合重庆特点的新农村规划编制方法，重庆市规划局在九龙坡、北碚、南岸、巴南、永川、武隆、垫江、璧山、石柱、云阳和开县等11个区县各选择了1个村进行村级规划编制专项试点。这11个村各具代表性，有主城区经济发达地区的，也有经济相对落后地区的，有集中新建型、合作组织带动型，村容整治型等不同地区、不同类型。通过试点总结，我们认为重庆市新农村村级规划的基本内容和成果应包括以下几个方面。

2.1 村级规划的基本内容

2.1.1 基本现状

（1）说明本村自然地理情况、人口状况、土地状况、农业生产条件、资源条件、产业状况、经济发展水平、农民住房、人居环境、公共服务设施和其他情况。

（2）根据发展现状，分析本村发展的潜力与优劣势，并按照"千百工程"要求，提出规划期内本村发展的基本思路和总体定位。

2.1.2 经济发展

（1）经济目标：应有近期分年度和中远期农民人均纯收入、主要农产品和第二、第三产业的发展目标以及实现目标的项目构成测算；应有村级集体经济发展的项目、产值、效益等规划内容。

（2）产业发展：应对本村的产业发展进行总体定位，确定主导产业和优势特色产业，并有主导产业和优势特色产业的具体名称、布局、规模、建设步骤、建成时间、市场销售、产值评估、投资概算和措施办法等内容（主导产业、优势特色产业可以是种植业、养殖业、林果业、机械加工、资源加工、手工业、休闲旅游业、商贸流通业等农村第一、第二、第三产业）。

（3）合作经济组织发展：应有新建或联建各类专业协会、综合服务社、中介组织等农村合作经济组织的名称、种类，并有农户参与率达到50%的规划。

（4）基本农田建设：应有村基本农田的保有数量、田块分布，按人均0.5亩基本农田标准还需要进行农业综合开发整治的面积、投入等；应有需要配套建设或整治改造的水利工程、渠系建设、提排灌设施、机耕道建设等的建设目标、投资概算；应有农业机械推广和生态林建设及"四旁"林木栽种规划。

2.1.3 公共设施建设

（1）道路建设：应有乡镇到村办公室所在地公路（主村道）的建设改造或硬化的里程、起止地点、走向、建设标准、建设时间、投资概算等规划内容；应有有村到集中居民点公路（次村道）的具体建设规划；应有村内主要人行便道改造或硬化的里程、起止地点、走向、建设时间、投资概算等具体建设规划。

（2）"一校三室一园"建设：应有按照农村中小学布局和建设要求的村小学建设规划内容；应有集村办公、教育培训、文体娱乐、医疗计生、农经商贸服务"五能合一"的村级公共服务中心的建设规模、标准、时间等规划内容；应有满足集中供养农村五保户的"五保家园"建设规划内容；应有村电力、电信、电视、广播等的建设标准、方式、规模、时间的建设规划内容。

（3）人畜饮水：应有未通自来水或未饮用安全水的户数和需要建设集中供水点、铺设自来水管道的里程、建设地点、建设时间等建设规划内容。

2.1.4 农村村落建设

（1）集中居民点：应有根据实际情况规划布局的集中居民点所在位置、居住户数、人口规模等，其中，集中居民点应以原有村落改扩建为主进行布局；应有集中居民点垃圾处理、房前屋后绿化、供排水系统、电力电信、广播电视、消防安全设施等的规划内容，应有集中居民点用地规模和土地调整规划内容。

（2）住房改造：应有"一池三改"，即沼气池、改厨、改厕、改圈的农户数、建设步骤、建设时间等规划内容；应有对院落院坝的改造建设，及时垃圾污水处理、房屋外墙粉饰、柴草堆放、家畜家禽粪便进行治理等的具体建设规划。应有对集中居民点以外农户按照85%住房砖瓦化、每户有独立厨房、厕所的要求，对农民旧住房进行改造的规划内容。

（3）住房建设风貌：应有新建或改造住房，特别是集中居民点住房的风貌设计、外墙色彩等的规划内容。

2.1.5　新型农民培养

（1）农民培训：应有分期分批开展农村劳动力转移培训、务农农民培训等的时间、人数、内容的规划内容。

（2）社会保障：应有对农村合作医疗、养老保险的参保人数、参保时间、参保面等的规划内容。

（3）民主管理机制：应有村民大会、村民代表大会、村两委会等议事制度，有村规民约、党务、政务、村务、财务公开栏的设置地点、公开内容等；应有一事一议的制度、农民土地调整和流转的办法、村内道路养护和公共服务管理的制度、计划生育、社会治安和殡葬事业等的规划内容和实施措施。

2.2　村级规划的成果要求

考虑到重庆市农村的经济发展水平和农民文化素质，重庆市新农村村级规划的编制成果没有照搬固有的城市规划编制成果要求，对其进行了大量简化。其基本成果包括规划说明书、三张主要规划图纸和附表三部分组成，简称"一书三图一表"。

三张主要规划图纸是村域现状图、村域规划图和村落建设规划图。此外，根据每个村的实际，还可适当增加表达内容，如鸟瞰图、建筑设计或改建方案图等。图纸内容和表达应与说明书一致,简洁明了,让人一看就懂。

附表主要是规划建设项目参考表,包括项目名称、建设内容、建设标准、建设期限、投资概算、资金来源等。有条件的村最好还要有村域土地利用汇总表。

3. 重庆市新村村村级规划的主要特点

(1) 从概念上,强调新农村村级规划不是一个村落建设规划,而是一个综合性规划,包括农村政治建设、经济建设、文化建设、社会建设、环境建设等各个方面,一个村就一个规划,以确保规划的唯一性和严肃性,节约规划编制经费。

(2) 从形式上,强调新农村村级规划要有别于城市规划,简洁明了,浅显易懂。新农村建设的主体是农民,要让农民一看就懂,一听就明。

(3) 从深度上,强调新农村村级规划是一个具体实施性的规划,要具体实在,操作性强。村级规划总体上按照"生产发展、生活宽裕、乡风文明、村容整洁、管理民主"的总要求,以市委、市政府实施的"千村推进百村示范"工程确定的"三建、四改、五提高"[1]为主要内容,并落脚到项目上、布局到具体的建设地点上,落实所需资金。

(4) 从内容上,强调突出特色,避免趋同。结合自身特点和乡村特色,突出产业优势,突出田园风格,突出历史风貌,尤其在村落规划上要搞好设计,注重设施配套,切忌规划趋同、千篇一律。

(5) 从成果上,针对我市各地区农村经济发展水平很不平衡的实际,分别出台了《重庆市新农村建设村级规划编制评审基本要求》和《重庆市村级规划编制导则》(试行)两个文件。其中,《重庆市新农村建设村级规划编制评审基本要求》是规定性的,每一个村级规划成果都必须符合该要求。《重庆市村级规划编制导则》是指导性的,主要适用于重庆市新农村建设"千百工程"确定的示范村和推进村村级规划编制,重庆市辖区内其他行政村编制村级规划时可参照本导则,也可因地制宜进行适当简化。各村可以根据自己的经济实力和发展要求进行选择，以减轻农民的经济负担。

重庆市新农村村级规划编制内容和方法，是在对重庆市农村进行认真调研，并总结重庆市 11 个"试点村"村级规划编制试点经验的基础上制定的，具有一定的重庆特色。由于新农村规划是一项崭新的、开创性的工作，无历史经验可循，同时，时间紧，任务重，不足之处在所难免，其实施效果也还有待实践的检验，我们将在今后的工作中对其进一步修改、总结和完善。

注　释

"**三建**"，即建优势产业、建基本农田、建公共设施；"**四改**"，即改建乡村道路、改善人畜饮水、改造农民房舍、改善人居环境；"**五提高**"，即提高农民收入、提高农民素质、提高社保能力、提高民主管理水平、提高乡风文明程度。

参 考 文 献

1. 中共重庆市委农村工作领导小组．《重庆市新农村建设村级规划编制评审基本要求》，2006.5.
2. 重庆市规划局，《重庆市村级规划编制导则》（试行），2006.6.

作者简介：
　　苏自立，重庆市规划局区县处处长、注册规划师
　　林立勇，重庆市规划局区县处主任科员，注册规划师，重庆大学
　　　城市规划硕士

构建新农村环境景观体系的探索

李 静 张 浪

摘 要: 新农村建设是我国当前建设趋势,是党中央缩小城乡差别、改善农村面貌的新举措。为适应新农村规划建设需要,借鉴城市发展的经验,避免新农村建设对农村生态环境和乡村特色景观的破坏,应建立新农村环境景观体系。构建体系的重点是保护乡土风貌、田园风情,突破原有单一经营农业的格局,将农村环境、景观与生产有机融合,保证新农村建设不偏离方向,为城乡景观异质与景观相融提供思路,为实施大地生态景观化提供举措。

关键词: 新农村 环境景观 体系内容 体系构建

党的十六届五中全会对社会主义新农村建设提出了明确目标:"生产发展、生活富裕、乡风文明、村容整洁、管理民主"。随着新农村建设推进,保护农村特色风貌,改善农村建设人居环境,建立以人为本的农村发展体系,形成可持续发展的农村生态环境,已经成为新农村建设的重要问题。

新农村环境景观体系的构建,就是改善新农村人居环境,建设和谐优美的自然生态,因地制宜梳理乡村景观,保护乡村地域特点,发挥植树造林、绿化美化乡村的优势,变资源优势为经济优势,保护和建设村镇生态环境,建设村容整洁、景色独特、休闲旅游、复合产生的新农村。是建设新农村科学发展的具体体现,是建设新农村小康社会的时代要求,是促进人与自然的和谐的措施,是建设新农村生态环境的重要工程。

1. 构建新农村环境景观体系的内容

全面落实科学发展观,面向现代化,面向城郊一体、坚持可持续发展的总体战略，结合村镇规划，尊重乡村地域条件和文化特色，将农田、道路、水渠、池塘、村镇、山地、林地有机组合，建设"环、廊、园、林"环境景观体系。

（1）环：村镇周遍地区依据生态环境，建设保护绿带，形成环乡镇保护景观林带；在村镇企业与村镇居住地，建设卫生防护林，将企业与生活安全隔离，协调两者环境景观；乡村因地制宜发展"四旁"绿化，建设村容整洁、景色独特的村镇绿色环境景观，也是村镇环境景观体系的环境保护网络、景观特色区域以及景观协调措施。

（2）廊：按照"水网化、林网化"的理念和自然地理环境格局特点，着力推进"绿色廊道"工程，增强村镇之间、水系之间、农田与林地之间的连通性，精心规划村镇的田园、森林、河流等大地景观，形成滨河、山地和平原特色的绿色廊道，形成道路林网、水系林网、农田林网等三网相融的生态网络系统，呈现出"一带林荫道，一带鱼儿跳，一路花果香，一派新气象"的村镇秀美画卷，是物种生存与流通的生态廊道，是联系村镇环境景观体系的脉络。

（3）园：村镇环境景观体系点的建设。根据城镇体系规划建设目标及村镇建设要求，进行系统布局、逐级配置。要求"体系呈梯度、布局成组团"，分别形成自然保护区、国家森林（湿地）公园、自然公园、文化公园、农业休闲观光园、城镇公园、社区公园等。为农业观光旅游、自然资源保护以及农村文化、社会活动提供场地，通过旅游加强城乡联系，缩小城乡差别，增加农民收入；是农民开展社区活动、文化宣传、科普教育的场所，是新农村景观亮点。

（4）林：根据立地条件分别设置平原防护林、水源涵养林、山地保护林、环镇景观林等生态森林。为经济林和林农复合经营发展提供基地，注重新品种引种，新技术的推广，适当发展经济林果农，提高林地"生产发展、生活富裕"的贡献率，规划适宜的林相，落实林地日常养护，形成优美的环境景观和良性的经济效益和生态效益。

2. 确立新农村环境景观体系的基础原则

随着新农村建设步伐的加快,城市化的不断推进,城乡与村镇空间结构发生了重大变化,满足农业生产、村镇企业生产,保护农村环境、农村景观特色,提供村民、游客各类活动场地、文化精神场所,必须从整体环境景观上把握,在新农村环境景观规划设计上应遵循地域性、时效性和持续性基础原则。

(1) 地域性原则:地域性在村镇环境景观形成中,应正确处理好村镇所处的地域性中所表现出的同质性和普遍性,以及在地域之间的比较时表现出的异质性和特殊性的应用。在村镇建设中,村镇建筑布局的独特与建筑风格统一的有机结合,使村镇建筑构筑方式在地域内由特殊性发展到普遍性。如皖南民居的建筑形成式一致和建筑布局的独特,即建筑风格与布局在地域内的普遍性。使建筑群协调统一,而在地域外与周围环境和其他地域建筑风格的异质性,即与田野景观的不同。体现地域性要素还有植被特征的应用,乡村文化主题的体现,乡村行为方式的延续,都是新农村环境景观建设中保持地域性特色的规划设计要素。

(2) 时效性原则:时效性的内涵为尊重农业历史与传统行为方式,发挥复合农业与高效农业的时代特点,根据村镇在城乡一体化的性质,以及村镇在功能网中所处的位置、村镇的历史沿革与基地条件,构建村镇环境景观体系。即在村镇环境景观体系的内容选择上,应充分利用历史遗产与村民的生活、农作习惯,吸取现代生活方式与行为方式,营造村镇公园和社区公园,为村民提供公共活动空间与文化精神场所。高效农业、绿色农业是现代农业的发展趋势,土地利用重心从单纯农业生产为目的,演化为乡村土地的有效多重利用,村镇环境景观规划发展为有效土地利用与景观品质、生态环境保护相结合。

(3) 持续性原则:可持续发展强调以人为本,以经济发展为中心;达到人与自然和谐、人与社会和谐、人与人和谐。贯彻可持续发展理论，给劳动者、劳动工具和劳动对象赋予了新的含义和内容，要求劳动者向科技、道德和艺术素质化方向发展，劳动工具向低耗、高效和智能化方向发展，劳动对象向循环、清洁、无公害化方向发展。因此，持续性原则在村镇环境景观体系的应用，正是农村土地从单纯农业生产增长为有目的向复合经济、社会效益、生态效益综合发展的转变，是村镇文化生活更新，加强农村人际交往的新举措，是突出农村景观与城市景观特色的方式，综合提高农民生活质量，促使社会与经济协调发展，解决生态环境问题的关键。

3. 实施新农村环境景观体系的举措

（1）制定目标、合理规划体系

在分析现状、总结历史、借鉴成果的基础上，准确把握目标定位和发展方向，制定特色鲜明、生产发展、生活富裕、镇村优美、生态良好的村镇环境景观体系。合理规划控制，使城乡绿化网络由城区→郊区→村镇→乡村依次连接、延伸，"自然"演化成城乡一体的环境景观空间体系，发展村镇绿色产业、提高村镇绿色GDP总值。根据村镇体系规划，构建生态城市—生态镇—生态村环境景观体系链，以滨水防护林、防污染隔离林、环镇林等为生态屏障，以道路林带、水系林带、农田林网为网络，链接城镇配套公园、开放式绿林地郊野公园体系、生态果园、自然保护区、湿地公园等生态建设主体，建立"规划到位、布局合理、功能丰富、形式多样、景观优美"的村镇环境景观体系。

（2）完善规划、加强指标控制

完善环境景观规划布局。树立规划先行的科学发展观，在尊重村镇规划与城镇体系、产业布局、功能区划的前提下，注意与村镇土地利用规划相匹配与衔接，做到："生产区有专项规划、镇有详细规划、中心村有详细设计"。

结合实际，构建多元化指标体系。按照不同区域空间特点、不同村镇规模等实际情况，增加指标，（如郊野公园和生态果园数量、生态适宜度、景观风貌适宜度，综合物种指数、本地植物指数等指标），构建多元化指标体系。推荐9项主要控制指标（见下表）。

主要指标控制表

指标（单位）	新城	新市镇（中心镇）	新市镇（一般镇）
镇区绿地率（%）	35%～40%	30%～35%	30%～35%
镇区绿化覆盖率（%）	40%～45%	35%～40%	35%～40%
镇区人均公共绿地（m^2）	16～18	15～16	13～15
镇域森林覆盖率（%）	30%～35%	35%～40%	35%～40%
道路绿化率（%）	90%	95%	95%
河道绿化率（%）	95%	95%	95%
公共绿地服务半径（m）	500	400	400
居住区绿地率（其中集中绿地率）（%）	35%	35%（10%）	35%（10%）
农田林网控制率（%）	（10%）		

（3）立足地域、分类推进林业建设

对村镇林地进行分类区划，确定生态公益林比例。按国家要求和本地区生态建设实际，把水网防护林、水源涵养林、防污染隔离林、郊野公园等林地区划为本区域重点生态公益林，控制合适比例。将此类林地改为永久性林地，保证林地的稳定性，其建设和管理以政府投入为主体。

而对于经济果林，必须坚持政府引导、市场调节的原则。政府投入主要是新品种的引种，新技术的推广，经济果农的培训等，通过政府引导、市场调节，实现区域化、规模化布局，突出品种、品质、品牌建设，凸现区位优势，提高经济的整体水平。建设集"优质果品基地"和"具有观光、旅游的果林公园"为一体的经济果林区。

中国是一个农业大国，村镇发展对我国全面发展具有十分重要的意义。村镇景观体系的建立与发展，可以减少村镇城市化对农村环境景观的冲击，使乡村千百年来保留下来的乡土风貌和文化景观得以保留，村镇特有的文化景色和美好的田园风光永留人间；村镇生态环境体系的建立与发展，对我国的生态环境全面改善也有着战略意义，可以使村镇生态环境持续发展。广大村镇环境景观风貌的形成，是我国乡村地区向现代化农业转变的必经之路，是农村土地有效、多重利用、高效复合农业产生的体现，是促进农村文化、保护传统景观、延续地域特征，实现村镇全面、协调可持续发展的需要。

作者简介：

   李 静，安徽农业大学林学与园林学院/安农大园林规划设计研究所总工程师

   张 浪，上海市绿化管理局副总工程师、博士

规划先行　努力推进新农村建设
——安徽省肥西县新农村规划实践的探讨

徐　俊

摘　要：肥西县规划工作围绕新农村建设做了一些探索和创新。文章对实践经验做了系统性的总结。
关键词：肥西县　新农村建设　规划

新农村建设是国家提出的长期的而又系统的工作，有着政策性、科学性、层次性、综合性、阶段性等特征。

新农村建设在现阶段是起步阶段，围绕现阶段工作，在新农村建设中如何体现城乡规划应有的地位，发挥应有的作用，如何在具体工作中为基层集体组织和农民做好服务，做好衔接和引导，在推进新农村规划建设工作中的课题。

1. 明晰新农村建设规划工作思路和目标

肥西是合肥市管县，省会优势是发展的最大优势，肥西县委县政府高度重视新农村规划，指出政府引导、规划先行、产业突出、百姓自愿的规划工作思路，以实施村容整治和土地整理，完善村庄基础和公共服务设施，进行产业定位和布局等为切入点，以加强规划各项工作为重要抓手，以规划文件指导各项建设，以规划编制工作作为新农村建设的启动标志，目前规划编制和各项建设全面铺开，有序推进。

在具体落实新农村规划建设工作中应以党的十六届五中全会精神为指导，贯彻科学发展观和关于社会主义新农村建设的各级决策部署，科学体现政府引导发展和服务乡镇、村庄政策导向，重点完善规划编制体系,科学编制各个层面规划,加快村庄规划编制步伐。同时,利用新农村建设的平台建立健全规划管理服务队伍,完善管理和服务机制,提高规划落实力度。

2. 完善新农村建设规划体系

新农村建设规划作用、层次和内容不同于一般概念上的镇、村规划,其更具系统性,层次更丰富,内容较广泛,更具基层针对性。

(1) 其作用除了优化土地和空间资源配置,合理进行城镇、村庄布局,协调各项建设和完善功能外,更强调或增加引导功能用地集中布局,土地规模经营,引导设施集约配置的作用以及明确产业定位,整合农业生产空间的作用。

(2) 层次和内容

新农村建设规划层次和内容既包括法定层面的镇、村规划,同时还包括村庄建设修建性详细规划以及提供建筑方案和相关实施措施。

1) 县域城镇体系规划

规划重点统筹城乡各类建设,原则确定县域城镇、集镇、中心村结构布局,各城镇、集镇性质和功能及产业布局,各城镇用地及人口规模。确定道路交通结构和重点基础设施布局。

2) 乡镇总体规划(含镇区总体规划和工业聚集区规划)

规划对镇域范围内村镇体系及镇区重要建设项目的整体部署和对镇区建设的具体安排。

3) 村庄规划

确定村庄的性质和发展方向,预测人口与用地规模,进行产业定位,进行结构安排和用地布局,配置各项基础设施和公共建筑,安排主要项目的建设时序,并具体落实近期建设项目。

4) 中心村和一般村建设修建性详细规划

对住宅以及集体组织各类公共服务设施、管线、道路、绿化、其他公共活动空间等进行详细布局。

5) 设计或提供农民住宅建筑方案

6) 提出村庄房屋、设施和环境建设导则

肥西县出台了《肥西县新农村建设标准（试行）》，规划根据不同区域和村庄建设或改造类型，对基础设施、公共服务设施、产业、村庄环境等建设内容提出具有针对性的实施建议。

7）产业专项（旅游、生态农业等）规划

围绕"产业突出"，提高农民收入的中心目标，全县列入示范和整治村范畴的均对主导产业进行了梳理和定位。如纳入"六朵金花"张祠村的油桃种植、奶牛养殖；拐岗村的特色餐饮业；小井庄村的红色旅游；木兰村的滨湖渔业等。

三岗村位于上派城区郊外，苗木种植及交易是其产业优势，且该区域自然景观优美，上派镇结合现状条件和农民发展需求，明确三岗村扩大精品苗木，发展农家乐休闲旅游的产业方向。在县规划局的衔接组织下，三岗村先后编制了旅游布点规划，村庄规划，中心村修建性详细规划，民居和村公共设施建筑方案设计，相关基础设施和环境建设实施建议等。在规划及相关设计指导下，三岗已完成中心村一、二期民居，主干路网建设和环境整治，完成沿路保留民居的"穿靴戴帽"、三个精品园和八个农家乐点建设。目前三岗村中心村整体建筑风格统一，风貌完整，尤其是产业所带来的经济效益凸显。

3. 科学编制新农村建设规划

根据合肥城市总体规划，针对各乡镇地理位置、产业布局、经济基础、发展速度不均衡的客观实际，肥西县按照三大区域、三种路径实施新农村建设总体规划布局：近城区（城市规划控制区）走农村城市化道路，近郊区走农村城镇化道路，远郊区走农村产业化道路。三大区域分别在农居条件、基础设施、公共服务设施等指标上有不同的标准，规划做到因地制宜，分类指导。

肥西县根据分类指导的原则，对村庄建设确立了改造型、建新型、保护型三种模式。改造型是肥西县新农村村庄建设的主要模式，重点在原有旧址基础上进行改造，农户自行"穿靴戴帽"；建新型是改造型的补充模式，以项目支撑为前提，与土地整理、村庄整治以及工业聚集区等项目建设结合起来，由农户自主选择户型设计，自行建设；保护性是改造型的特殊模式，对名人故居、民族村落、古民居等在实施保护的基础上进行开发建设。

肥西县在全县范围内，围绕发展新农业、建设新村镇、培育新农民、组建新经济组织、塑造新风貌、创建好班子"五新一好"建设内容，重点实施"两镇领先、二十村示范、百村整治、全面启动"工程。简称"221"。即率先完成紫蓬镇、三河镇和官亭张祠村等20个示范村的建设任务，力争在"十一五"末，全县有100个以上行政村通过环境整治、基础设施建设、农房改建改造等，能够基本达到小康村、文明村标准，实现新农村建设全省领先的目标。

根据总体布局、建设模式和工作目标，肥西县规划局科学编制各项规划，完成阶段任务，到目前为止，已完成9个乡镇规划修编任务，47个示范村或整治村村庄规划和中心村修建性详细规划（含导则）的设计，年底前全部完成乡镇规划修编，2007年底前完成百村整治规划编制。

4. 创新规划编制新方法

规划力求节约使用土地与方便农民生产生活相结合；建筑设计与农民生活习俗相结合；产业生产与环境保护相结合。

努力做到"两个突破"。一是突破规划编制费用瓶颈，坚持使用节约。针对当前专业规划设计院所规划费用较高、参与基础资料收集和实际调查欠缺、部分规划成果脱离实际，指导意义弱等现状，我们本着尊重民意，使用节约的原则，首先通过技术培训，发挥乡镇土地、规划管理员作用，做好规划基础资料收集和调查；同时由新农村建设办聘请8~10名高校规划或建筑学专业的优秀大学生承担规划编制工作，由规划部门组织对成果进行评审。此举不仅大大节约了规划成本，同时也缩短编制时间。在提供民居建筑方案工作中，针对改造型民居，在确定基本风格的基础上，由规划局衔接设计院所，派出2~3名工作人员进村，采取与农户面对面和"一户一图"的方式提供建筑图纸。此举在很大程度上解决了设计针对性问题，简化了设计成果，方便了基层，缩短了时间。

二是突破千村一面，坚持特色创新。规划中根据各地不同的优势、自然条件和发展禀赋，对示范村逐一进行产业和建设特色定位。如三岗村定位为中国苗木之乡、江淮休闲胜地、安徽农村典范；小井庄村定位为改革发祥地、发展领头雁、农村新样板；木兰村定位为水乡情韵、渔业致富、滨湖新村等。

5. 探索新农村建设规划实施机制

（1）在县政府的支持和帮助下，对全县实施全覆盖的规划编制，其中包括城市规划区内乡同时也涵盖城市规划区外乡、镇。

（2）完善、创新县一级规划行政管理职责。目前包括落实职责、委托管理及服务两部分。

（3）建立健全乡、镇规划管理及服务机构。目前各乡镇已建立村镇建设规划办，明确人员。

规划实施管理及服务实行县域全覆盖。管理程序重心下移，重点在乡镇。

拟探索实行全程代理制。

（4）制定《肥西县个人自建自住宅规划及用地管理规定》（已发布），确定了对个人（含农民和镇民）自建自住宅的管理程序、建设标准等。拟对符合规划要求的进行审批发证。通过此举逐步引导和规范个人建设行为。

6. 几点体会

肥西县新农村建设规划工作的方向、目标、程序是明晰的。但新农村建设工作尚处于起步阶段，同时鉴于城市规划法规的覆盖面等原因，目前，肥西县新农村规划工作是在不断探索的，但成效是非常明显的。

（1）城乡规划法规及规范性文件应抓紧健全。

（2）在现阶段应充分调动和保护镇（乡）、村人员工作积极性，在体制等方面要有所保障，通过各种平台和途径帮助其提升规划意识。

(3) 政府引导是前提，规划先行是基础，产业突出是重点，百姓自愿是根本。在规划的各个环节上都应予以体现。

作者简介：安徽省肥西县规划局局长，国家注册城市规划师

立足集中发展,致力合理布局

——苏南经济发达地区村镇工业用地规划的思考

张莘植 陶特立 诸心荣

摘　要:本文对苏南经济发达地区村镇工业的发展历程进行了回顾总结,分析了面临的挑战及现状存在的主要问题,提出了村镇工业的今后发展方向必须是集中布局、集聚发展、集约经营,分析了村镇工业集中布局与村镇空间结构演变的关系,对今后集中布局发展的几种模式,策略进行了详细论述,并对实施措施提出了一些有效的建议。

关键词:苏南地区　村镇工业　集聚发展　发展模式　策略

改革开放以来,苏南的崛起令世人惊讶。如今,苏南地区已不仅仅是一个简单的地理概念,而是活跃的综合经济、飞快的发展速度、急速提升的城市化水平等等的代名词。长期以来,发达的工业经济一直是苏南地区综合实力的强劲支撑。这其中,苏南模式时代的集体乡镇企业、乡镇企业改制后的民营经济以及家家动员的作坊经济曾是苏南地区工业的重要组成部分,但是,随着工业化和城市化的逐步推进,原来这种分散、凌乱、遍地开花的工业发展模式在资源利用、可持续发展以及综合竞争力的提升上都逐步地显示出了较大的弊端。与党中央提出的社会主义新农村建设的要求不相适应,工业用地的整合已经刻不容缓,必须规划新的模式来引导村镇工业的发展。

1. 历史回顾

1.1 村镇工业对小城镇发展所起的作用

20世纪80年代以来苏南经济发达地区村镇工业异军突起，创造了全国著名的苏南发展模式，为小城镇的发展创造了无限生机和活力，大大推动了苏南地区的农村城镇化和城乡一体化，概括起来其起主要作用有：（1）农村发展主要是以村镇企业为主，村镇企业占了"半壁江山"；（2）工业化的进程促进了农村城市化的进程、村镇企业的发展，加快了剩余劳动力的就地平衡转化；（3）农村城市化主要依靠村镇工业建设小城镇为主的发展模式。

1.2 发展历程

回顾20年的历程，村镇工业的发展大致经历了四个过程：

（1）一般乡镇时期，即以20世纪80年代初为主，是以村庄建设为主，村村办厂、处处冒黑烟，村镇企业遍地开花，主要是以村办工业为主。

（2）大规模"乡改镇"时期，是以20世纪80年代末为主，兴建了不少镇办工业。

（3）第一次乡镇合并时期，20世纪90年代中期，随着人们思想观念的转变，普遍进行了乡镇合并，村镇工业的建设逐渐以镇区的建设为主，规划兴建了许多乡镇工业园区。

（4）第二次乡镇合并。进入20世纪，随着行政区划的不断调整，普遍进行了第二次乡镇合并，兴建了许多工业集中区，村镇工业普遍进行改制，形成一定的规模，目前处于转型时期。

2. 面临的挑战及存在的问题

随着近几年国家的宏观调控政策和村镇工业的改制及行政区划调整。如何通过优化村镇产业布局，促进产业与社会环境的统筹协调发展，将是面临的一个重大的问题。

2.1 用地零碎散乱，各自为政，与居住用地混杂

村镇工业大多分布在行政区划调整前的镇区周围与居住用地穿插混杂。由于历史原因及镇村利益分配问题，除了工业集中区

外，各村仍然留有大量零散分布的工业用地。例如，常州市武进区，全区工业集中区外的工业用地面积2539ha。有工业企业5106个。另外，工业集中区主要还停留在沿路开发阶段，像无锡市惠山区，在空间分布上基本上沿312国道沪宜公路、锡常路、锡澄路、锡玉路、京杭运河布置，造成了现状布置零散，工业住宅穿插的现象。特别是很多工业布置在基础设施相对不健全的地区。废水不经处理直接排入问题，对水域造成了严重影响。

2.2 各镇发展规模不一，极不平衡

各镇的工业发展速度和规模存在着较大的差异，像武进区工业发达的乡镇，横山镇、横林镇、遥观镇，工业集中区建成的面积已达5km^2，而一些镇的工业集中区的面积仅有几十公顷。例如武进的嘉泽镇、罗溪镇。发展差异明显，难以齐头并进。

2.3 用地集约程度不高，土地资源浪费

由无锡市惠山区现状工业分布图可以看出，目前工业企业的布局呈现出数量多，规模小，用地集约程度不高的现状，在工业集中区内，工业用地之间存在大量不完全利用或不易利用的土地，造成大量土地资源的浪费。为了对土地使用效率进行了具体而直接的分析，村镇工业用地分析中引入毛工业用地和净工业用地的概念，两者的差值是未能有效利用或集约利用的土地。公式如下：

未有效利用土地＝毛工业用地－净工业用地－有效道路用地。根据惠山区工业现状图计算，全惠山区工业集中区未利用土地约为461公顷，而像经济发达的张家港市工业集中区将近30个，平均每个镇有3个。

2.4 承载的产业密度低，产业效益不高

村镇工业多数企业的科技含量不高，产业层次偏低，处于整个产业链的末端，投资密度普遍偏低。例如，武进区村镇工业用地的投资强度仅为44.78万元/亩，并且投入的产出也不高，仅为每公顷1000多万元。例如武进区村镇工业集中区总产值490亿元，总占地35.71 km^2，每公顷的工业产值仅为1372万元/公顷，惠山区也仅为1322万元/公顷。同时，产业集中程度较低，产业集群处于初级发展阶段。随着土地、电力、资金等制约要素不断加剧，

这种靠投入拉动的粗放型增长方式难以为继。

3. 今后村镇工业发展的方向

3.1 经济发展的阶段分析

根据产业成长阶段论的理论，经济发展阶段可以划分为农业化、工业化、后工业化三大时期。其中：工业化时期分为前、中、后三个时期。苏南经济发达地区的小城镇，目前大多数处于工业化的中后期阶段。从产业结构演进论理论来分析，经济发展阶段可分为：传统结构阶段（以农业为主体），二元结构时期（手工操作的农业技术和比较先进的半机械化、机械化、自动化的工业并存），复合结构阶段（工业技术装备普遍扩散到各个产业），高度化结构阶段（以完善的高技术体系为特征），苏南经济发达地区先进地区产业发展大多以当代高技术为主，（如昆山市），一般地区也大多数进入复合结构阶段。

3.2 村镇工业今后发展方向

历史证明，在工业化初期和中上期，经济增长方式，一般由粗放型逐步转变为集约型。目前苏南经济发达地区已经向工业化中后期推进。由此，村镇工业应该从根本上转变增长方式，集中布局、集聚发展、集约经营。

（1）村镇工业集中布局是提升工业化，推进城市化的重要载体

以加快工业用地集中布局作为提升工业化，推进城市化的一个重要手段。首先，村镇工业作为小城镇经济的主体发展，随着土地、电力、资源等要素制约因素不断加剧，靠投入推动的粗放型增长方式已经难以为继。现在村镇工业集中区遍地开花，沿路布局已经不再适应工业化发展的要求，其次，日益激烈的竞争使得市场向专业化、全国化甚至全球化发展，与市场关系紧密的村镇工业，在经营方式上需要实现传统经营与现代营销相结合，努力提高产品的竞争力，以骨干企业为龙头，提升科技含量和扩展规模，这些则有赖于产业结构、技术结构、装备结构、工艺结构的调整，而村镇工业用地的集中布局则给这种调整提供了必要条

件。

再次,村镇工业用地的集中布局,为城市加快实现"退二进三",提供了载体保证,有利于城市化的推进。

(2) 村镇工业集中布局是可持续发展的必然要求

目前,村镇工业集中区遍地开花带来了土地等各类资源粗放经营、环境恶化等一系列问题,违背了可持续发展的规律和要求,村镇工业集中布局可以促进合理利用信息、土地、人才、水、电、资金等资源,节约运能,减少重复建设,降低政府服务成本,有利于统一治污、美化环境,实现可持续发展。

4. 村镇工业集中布局的模式及策略

4.1 村镇工业集中布局与城镇空间结构的演变

胡锦涛总书记在党的十六届四中全会上提出:"纵观一些工业化国家的发展历程,在工业化初级阶段,农业支持工业,为工业提供积累是带有普通性的趋向;但在工业化达到相当程度以后,工业反哺农业,城市支持农村,实现工业与农业、城市与农村协调发展,也是带有普遍性的趋向。"苏南经济发达地区目前处于工业化的中后期,已处于工业反哺农业的阶段,城镇空间结构演变已出现了两个趋势:(1) 向片区集聚发展的趋势,片区内城镇规模快速发展,农村人口向城镇转移的速度近年来一直处于较高水平,城市化进程处于高速发展时期内;(2) 城镇人口密度增加,片区内土地集约开发模式正逐步摆脱原有行政地域的约束,且还在不断的集聚,村镇工业及第三产业主要向片区中心集中。例如,张家港市已规划逐步形成了"一城、双核、五片区"的构架。一城:中心城区;双核(中心城、港区);五片区(中心城区、乡镇四个片区)。一个片区由若干镇组成,江阴市也规划逐步形成:"一城四片区"的构架。

4.2 村镇工业用地集中布局发展的模式、策略

(1) 依托现有城镇优势产业发展,集中力量发展特色以及优势产业。例如,江阴市新桥镇集中力量利用纺织工业的优势,壮大阳光、海澜集团,使片区内的村镇工业集中至两大集团,形成

工业园区，在全国具有一定的示范作用。武进区的横林镇以家具、地板产业为带动，形成集群发展模式，家具、地板产量占全国的50%以上，同时形成相应的工业园区。

（2）将分散的企业以及具有开发潜力的产业向具有相应特色以及产业链关系的产业园区集中发挥规模优势，实现土地集约发展。例如，张家港市根据规划布局，全市域规划形成冶金、纺织、机械、粮油食品、化工五大支柱产业。各园区均有一定规模的相对独立的产业作为支撑，全市产业的集聚度和网络化程度越来越高，对片区的集聚发展起了支撑作用。

（3）利用产业向园区的集中发展来提高土地使用效率，提高地均产生效益。目前，苏南经济发达地区村镇工业用地使用效益地均产出效率较低，平均工业用地的地均产出效益仅为1300～1400万元/公顷。产业向园区集中以后，土地使用效益、产出效益将会大大提高。例如，惠山区通过规划至2010年，地均产出达到了3500万元/公顷，至2020年达到7200万元/公顷。

（4）现有省、市级园区重点发展，镇级工业集中区向片区中心集聚，村级工业区逐步撤并，对未来引进的企业统一进入园区，现有不在园区的企业逐步转移、归并。例如，武进区重点规划建设"三园，六区，两片"的格局。惠山区重点规划建设：省级产业园区1个，市级产业园区3个，区级产业园区8个，镇级工业园区1个。

5. 实施措施建议

5.1 编制规划，科学统筹，加强引导

对区域内产业发展应统筹协调，特别是对区域产业布局、产业结构、产业分工进行统筹协调，规划的范围应向城乡整体空间拓展，规划着眼点从单存物质空间布局向经济、社会、环境各要素的空间布局延伸。

5.2 加强硬件，设施配套，改善环境

统一配套和管理工业集中区内的基础设施和公共服务设施，通过完善的硬件设施吸引工业企业入住区内，同时加强对工业企

业规划建筑的控制和管理，适当提高密度及容积率，提高内部建筑档次，有效提升对外形象。

5.3 提升软件，公共服务，创新机制

政府及主管部门确立"为工业集中区及区内企业的发展创造优良的发展环境"的政务目标，强化公共服务意识。

5.4 区内协作，加强交流，规模发展

政府和相关主管部门引导相关工业企业在工业集中区内相近布置，加强它们之间技术，信息交流，鼓励区内企业适度兼并，规模发展，最大程度地体现规模效应。

5.5 园区带动，调整结构，共建城镇

通过工业用地集中布局，加快中心城区"退二进三"以工业集中区为载体，配合城区产业结构的调整，接收城区相关退出产业，有效推进城市化进程。

作者简介：

张莘植，常州市规划设计院院长

陶特立，诸心荣常州市武进区建设局干部

拓展安徽小城镇景观特色的思考

叶小群

摘　要：针对小城镇在建设中景观特色的缺失，提出拓展小城镇景观特色过程中坚持有机融合，以人为本，地域特色，与时俱进"四个原则"，并分析其实施中思维方式的转换与设计方式的拓展，同时提出提升安徽小城镇景观特色思路和运作机制的五大层面。
关键词：小城镇景观特色　原则　思维　安徽

1. 安徽小城镇景观建设面临的现实问题

随着城镇化进程加快，安徽省小城镇得到长足发展，大大推动了农村社会经济的发展。与此同时，发展的负面阴影始终伴随我们，特别小城镇建设景观特色的缺失。

（1）域范围内小城镇体系尚未建立。小城镇之间离散度大，辐射能力、对外交流能力较弱，经济类型单一。由于多数小城镇缺少经济支撑、知识支持和技术帮助。小城镇建设长期处于"供血不足"的境地，不少小城镇景观形象处于衰败的境地。

（2）小城镇的土地、河流、山林等自然生态景观系统和城镇道路功能布局，基础设施、房屋建设等人工景观系统缺乏整体的、系统的、有前瞻性的、富于创新的规划，城镇建设基本处于无序状态。

（3）在小城镇建设中，模式单一化的倾向更为明显，其主要表现对"板样"城市盲目地追随，演绎出一幕幕让人啼笑皆非的闹剧。

（4）在缺乏整体人工、自然、社会系统构建"时尚"观念条件下，大量的自然资源被耗费，自然生态系统遭到无法修复的破坏，为了追求表面的繁荣，不遗余力地大搞越超其自身能力的城镇建设，从而使小城镇在发展初期就走上虚假甚至破坏之路。

（5）不少小城镇依托过境公路兴建，形成了"要想富，占公路"的观念，结果造成了"十里长街，一字排开"的不良景观。即使公路改道，过不了几年依然如故，始终不能形成小城镇完整的形态。

（6）小城镇由于地域狭小，各项建设布局混乱，一方面，许多新建的厂房、商店、住宅，沿交通干线无秩序地向外蔓延，城镇功能分区混杂，严重地影响了小城镇功能正常发挥；另一方面，一些小城镇在开发建设过程中，缺乏明显的中心商业区概念，住宅与商铺组合的门面店遍地开花，导致小城镇景观雷同，土地资源得不到优化。

2. 拓展小城镇景观特色的社会责任

小城镇在发展的历史长河中，基于社会和经济诸多因素，经历着上升→停滞→上升周期性的变迁，随着开发强度的增强，如果没有行之有效的控制和管制，小城镇无序发展可能成为可持续发展的障碍，具有中国特色的小城镇景观形象也将丧失殆尽。

景观（Landsape）一词包含了从美学范畴到地学概念的多重含义，运用景观设计手法在处理地域小城镇这个系统时所面临的任务也是多重的：小城镇整体景观形成是漫长的，认识它，控制它，使它向真、善、美的方向发展是当代人的职责和历史任务。

3. 拓展小城镇景观特色的基本原则

3.1 协调统一、有机融合的原则

协调统一、有机融合是指小城镇景观形象构成各类要素在地域空间上表现方式和数量构成的平衡。它体现在道路和建筑等这类人工要素与小城镇自要素（山体、水体、绿化等）有合适的比例关系，对各类小城镇应充分挖掘各自自然要素，通过有效的空间组织，以恢复人工和自然的平衡、和谐。

3.2 以人为本，为人所用的原则

人是小城镇景观的主体，而创造优美的人居环境是拓展小城

镇空间景观形象的本质。小城镇环境景观形象的建设要坚持取悦人、服务人为宗旨，遵循以人的感知为设计依据的指导思想。小城镇景观和建筑形式的塑造，应从人的情感和理性的角度出发，研究人的反应、视点、视角与人工景观的实际尺度的依存关系。

3.3 崇尚个性，地域特色的原则

小城镇景观形象是一个地域性的概念，在景观形象建设中，崇尚个性，展现地域特色，其核心是明确建设中需要在自身的自然条件和文化基础上进行再创造，它有两层含义：一方面，是在建设中充分发挥和保持自身已有的自然地理和历史文化内涵（历史文明与记忆）；另一方面，要与现代的功能和未来的发展相辅相成。

3.4 立足现有，与时俱进的原则

景观形象应以演进发展观念来看待文化的传承，将传统中最具活力的部分与景观的现实以及未来发展相结合，使之获得持续活力的价值和生命力，结合全球文明的最新成果，用适宜的技术和信息手段来诠释和再现传统文化的精神内涵，从而力求反映更深的文化实质，杜绝标签式的符号表达和概念炒作，使景观应对于不同信息而变化，而不是固定地承载某种意义。

4. 拓展小城镇景观形象特色的思路

4.1 思维方式的拓展

（1）景观生态设计思维方式。景观生态设计思维方式随着时代发展带来环境价值，它体现了地域自然生态特征和运行机制，设计中尽量避免对于地形构造和地表肌理的破坏，尤其注重保护地域传统中因自然地理特征而形成特色景观，而从重新认知和保护人类赖以生存的自然环境，架构更好的生态模式。

（2）景观多维设计思维方式。景观多元思维方式是社会进步的表现，它要求景观设计强调地方化和多元化，根据地域中社会文化的构成、文脉和特征，寻求地域历史传统的景观对话和发展机制。

（3）创新设计思维方式。"自由之思想，独立之精神"是未来

社会的呼唤。在当今社会中，各种思想、文化传播所激发的灵感也是景观创新的源泉，相应的设计思维蕴藏着变化、发展，形成多样的语汇表达个性化设计，从而改变思维方式，注重探索性的应变价值。

（4）景观艺术思维方式。美是生活。随着人们的生活品质提高和更多休闲时间投入到文化之中，人类生存环境被赋予艺术色彩，将审美生存观体现于设计之中。同时强化对美的共同追求，使景观与建筑、规划、园林、人文更多更大的融合。

4.2 设计方式的拓展

随着信息技术进一步应用，导致了设计工具的更新换代，实现了资源共享，它打破了静态空间的局限性，拓展了设计的视野，而且配合人工智能模式，建构复杂的空间和绚丽的景象，实现设计的精确化、严密化，以达到预定的环境目标，并以大量信息、材料、构筑技术、艺术的交叉融合，生成不断发展的景观形式与内涵，并且从设计构思、发展到完成建设过程，不断吸取新思路和根据环境现场作出调整。

4.3 拓展小城镇景观形象特色思路

小城镇景观包括自然景观和人文景观，以自然景观为主。小城镇绿地景观设计要体现小城镇形象要求，突出和提炼小城镇融于自然的风貌特征和形象主题，美化、塑造与强化小城镇的独特形象，根据小城镇景观特色的五要素（林奇的城市印象）——通道（path）、节点（n。de）、边缘（edge）、片区（dis—trict）、标志（1andmark）来研究，并与各类规划体系相融合。

（1）景观特色通道。小城镇自然景观轴（带）根据生态绿廊和景观通道的要求设置。相对城市而言，小城镇是以重要街道的建设来体现其历史、人文、内涵和特色的，街道的景观形象理应适应经济增长阶段性特征，引导小城镇开发的有序性、可持续性。

（2）景观特色边缘。沿小城镇过境公路、河流水系、山体林地等边缘界面的绿化处理要考虑从外部观赏小城镇的需要，对景观不佳的地段以常绿密林进行遮挡，对边缘区的开放空间和建筑景观优良的地段布置以疏林式灌木。

（3）景观特色节点。对展示小城镇景观特色的场所、路口、商业街面等重要节点、空间以及绿地布置要精致，富有品位。

（4）景观特色标志。标志性强的地理特征要通过景观轴，景观观廊的组织要突出，并且强化景观标志视觉感知。

（5）景观特色片区。小城镇公园、游园、风景区、滨水地带以及功能片区的景观设计以突出自然为主，植物配置用乔木、灌木、地被植物套植，形成相对稳定的植物群落并形成色相变化丰富的多面的立体种植体系。

5. 拓展安徽小城镇景观特色的五大层面

5.1 拓展小城镇产业景观特色

产业的发展在一定程度上影响了小城镇发展，也会对小城镇景观特色形成很大的影响，如当涂博望剪刀城、桐城新渡塑料城、庐江泥河黄酒城等，都具有明显的产业特色。小城镇建设也应与其产业规划结合起来，发挥比较优势，培育出各自的特色经济，从而提高小城镇核心竞争力，拓展产业景观。

5.2 拓展小城镇文化景观特色

各个小城镇都具有随历史推移形成的传统工艺、地方特产、民间艺术等社会文化方面的特色，如含山运漕的早茶、安庆的黄梅戏剧等都反映当地民俗民风，城镇特色和文化底蕴等无形资产应充分挖掘地方文化内涵，并加以包装宣传，进行市场化运作，将其逐步发展成为小城镇重要的景观特色。

5.3 拓展小城镇环境景观特色

在小城镇建设中，自然环境特色明显小城镇应进一步保持并强化其环境景观特色，自然环境不明显城镇应结合绿化种植、农业种植等创造出环境景观特色，如大批量栽植特色树木、花卉。植被、山川、河流等环境要素可以作为拓展小城镇景观风貌特点的突破口。此外，还可结合农业区划调整及现代特色农业的培育，创造不同地理单元的特色农业景观，如皖北平原地区温室农业、皖南山区的果树农业等。

5.4 拓展小城镇布局景观特色

小城镇中路网形式、道路、广场、功能区等布局对景观特色形成发挥着重要作用。其中构成小城镇骨架的路网是反映小城镇景观特色的重要方面，如含山运漕水路并行的古街便是其城镇风格的独特之处，另外，各类商业街、文化街、步行街、景观道等公共活动性较强场所，也是反映城镇风貌景观特色的重要视窗，可对其建筑风格、建筑形式、硬质地面、环境小品等方面通过规划加以引导与控制。

5.5 拓展小城镇建筑景观特色

在小城镇建设时，要精打细算，不可大手大脚，质朴与实惠是其目标，为人们创造方便、经济、卫生、舒适、美观的生活、学习和劳动环境。因此，建筑形式与风格，建筑密度与高度的控制与限定是提升小城镇景观特色主要的手段之一。在小城镇建设中充分借鉴欧美国家有特色的小城镇建设的经验，摒弃目前小城镇建设中过分追求标新立异，不重视城镇整体性的做法。结合小城镇规模考虑建筑高度与密度，建筑形式和风格，建筑材料和色彩等方面的要求，精益求精，拓展小城镇的建筑景观特色，如对小城镇建筑的屋顶、墙面等统一色调，对屋顶形式、坡度甚至用材做出明确的要求等。

小城镇与城市的最大区别在于小城镇的小巧、近人的规模和小城镇的山水风光与田园气息。因此，在规划和建筑上切忌"贪大求高、追新崇洋"盲目模仿城市风貌，而要体现自己的地域特色与文化传统，要将自然的田园绿意巧妙地组织进空间环境之中，架构人与自然和谐关系，建设如19世纪英国的霍华德所希望的兼有城市和乡村优点的"田园城镇"。小城镇景观特色优化与提升应立足于地域差异。安徽省地域差异明显，自然环境交通区位，经济发展水平，文化背景，民风民俗等方面差异为各地小城镇景观特色提供了广阔的素材，提升特色只可借鉴，切勿单纯的模仿、套用。要有新思维来体现地域特色和文化特色。在设计与建设中应注重整体和综合，强调小城镇景观特色的完整性，并立足于创造生活型的小城镇，小城镇足人性化的生活空间，是对自然、对文化、对生活的反映，把生活与自然的因素放在重要的位置，使小城镇变成风光秀丽、生活方便、具有浓厚人性味的生活空间，变成民众的诗意生活的环境。

本文为省教育厅人文科学基金资助项目（20033w170）和安徽建工学院科研基金资助项目（2002Yq005）部分成果。

参 考 文 献

1. 周向频．全球化与景观规划设计的拓展．[J] 城市规划汇刊，2001.3
2. 杨贵庆．城市时代的"危机"因素与应对。[J] 城市规划汇刊，2001.6
3. 王冬．云南小城镇人居环境的发展模式探析．[J] 新建筑，2000.5
4. 周松涛，贾梦宇等．小城镇城市总体设计初探．[J] 城市规划，2002.4
5. 朱中金，朱建大等．对小城镇特色及其设计的思考．[J] 城市规划，2002.4．
6. 叶小群．突变的代价．也谈城市建设的败笔．[J] 城市问题，2001.5
7. 吴效军。新时期城市绿地系统规划的基本思路和方法研究'．[J] 现代城市研究，2001.6
8. 刘映芳．大都市郊区城镇塑造特色风貌的研究．[J] 现代城市研究，2001.6
9. 江绵康，王玲慧．上海城市空间环境形象的优化研究．[J] 现代城市研究，2001.1

作者简介： 安徽建筑工业学院建筑系副教授

基于生态安全的工业小城镇规划初探

瞿雷 肖大威

摘 要：我国社会正处在高速城镇化的发展阶段，城镇化的主要力量之一即为工业化。工业化在为城镇化提供动力的同时，也带来了城市生态系统的失衡。工业小城镇的生态安全成为规划设计中必须考虑的问题。本文通过对影响工业小城镇生态安全相关指标进行筛选，构建评价体系，为其规划提供新的参考和方法。

关键词：生态安全 评价体系 工业小城镇 规划设计 城市生态系统

2003年，河北辛集郭西烟花爆竹厂发生爆炸，35人死亡，103人受伤……

2003年，重庆开县中石油川东气矿井爆发特大井喷事件，死亡243人，方圆5公里内居民被疏散……

2004年，在对湖南湘潭锰矿40年前的矿渣废弃地土壤采样调查中发现，多种重金属污染远远超过相关标准的重污染等级，其中镉（Cd）超过全国平均值135.40倍……

2005年，吉林石化双苯厂爆炸引发松花江发生重大水污染事件，导致千里之外的哈尔滨市停水4天，全市居民生活几近瘫痪……

2006年，江西钦州引用水源受到工业垃圾污染，30余万居民饱受停水之苦……

……

1. 从生态安全谈起

近半个世纪之前，美国学者卡逊所著的《寂静的春天》一书对生态环境恶化的问题作了系统的分析，第一次正式向人类无视自然生态平衡的盲目改造行为敲响了警钟。此后，各国学者、民众对生态问题的关注上升到前所未有的高度，相关的国际组织纷纷达成共识——试图通过对人们生产生活活动的调控实现整个世界的可持续发展。生态安全及其相关理论的提出也正是为实现这一目标而展开研究的成果之一。

1989年，"生态安全（Ecological Security）"一词首先出现在国际应用系统分析研究所提出的要建立优化的全球生态安全监测系统中[1]。其涵义是在人的生活健康安乐的基本权利、生活保障来源、必要的资源、社会秩序和人类适应环境变化的能力等方面不受威胁。此后召开的多次国际会议更深入地探讨了生态安全的内容，形成了基本认同的生态安全理论：环境和资源的压力和不公正的资源获得将引发经济的、社会的、政治的以及组织策略等的冲突和改变，并将危及人类的生存。2002年在深圳召开的第五届国际生态城市大会通过《生态城市建设的深圳宣言》对城市生态安全定义如下：向所有居民提供洁净的空气、安全可靠的水、食物、住房和就业机会，以及市政服务设施和减灾防灾措施的保障。其实这是一个很实在的标准——生态安全其实是对整个系统稳定性的基本要求，是相对于"不安全"或者"灾害"来定义的，包括两个层次的问题：其一，生态系统自身的结构不被破坏；其二，人类的安全不受来自生态系统的威胁。总的说来，生态安全的威胁来自于人类对自然界有意无意的改造活动，而生态系统破坏后又威胁于人类的生存，强调环境压力与安全是"共振"而非"因果"关系。今天，生态安全理论的研究已成为可持续发展理论体系中的重要组成部分。

我国学者对生态安全的研究始于20世纪90年代初期。2000年国务院颁布的《全国生态环境保护纲要》是政府层面明确提出"维护国家生态环境安全"的目标。同济大学沈清基教授更认为"生态革命"将是继"农业革命"和"工业革命"之后的第三次革命，其成败直接影响人类未来的发展方向——"在传统的工业文明导致的生态环境破坏的大背景下，城市比以往任何时候都更有必要强调其环境安全"[2]。其他很多学者也在国家、区域和城市的层面探讨了生态系统功能和过程能够持续生存和发展的条件、因素以及评价指标的确定。

然而,小城镇工业的飞速发展带来了对生态安全的威胁。众所周知,在工业革命之前的很长时期内,人类对自然的态度大多是敬畏和顺从的。但工业革命使人们改造自然能力提升,人们开始无所顾忌。人们直到近年才较全面认识到这种观念的愚昧。可以说工业发展是一把双刃剑,处理不好将对一个城市、一个地区甚至一个国家产生巨大的破坏。英国、德国的一些老工业基地走过的弯路便是前车之鉴。基于生态安全的工业小城镇规划研究将集中考虑以工业制造和矿产采集为主要职能的城镇对生态威胁的因素以及规划设计中规避的方法,避免走先污染后治理的老路,维持城市生态系统的稳定。

2. 工业向小城镇的集中

2.1 城镇化选择了工业

工业革命爆发前,英国的工业基本还停留在乡村,以"家内制"的方式组织生产,即以家庭为单位进行的手工业生产。随着生产力水平的提高必然导致这种低效、劳动密集、粗放经营的衰落和瓦解。于是,专门的工业村庄和工人定居点开始出现,接着是新兴的工商业城镇。"如果说中世纪的城市是按乡村的原则组建的,是封建农本经济的附属物,那么在前工业向工业社会的过渡阶段,城镇则是按城市化、工业化的原则被加以塑造。"[3]城市问题专家吉斯特也指出:"农业革命使城市诞生于世界,工业革命则使城市主宰了世界"。这一命题从农业革命和工业革命的角度,揭示了城镇化与工业化的关系。

今天,我国城市化水平仍然不高,农村生产生活的现状与15~16世纪的英国极为相似。"十一五"规划确定城镇化发展目标,将保持较快速度城镇化进程,使城镇化水平达到47%左右。有学者预计今后一段时间,我国城市化水平将保持在每年提高1.3个百分点左右的水平上,2020年达到62.2%。如果今后我国人口增长率以 1998~2003 年期间的速度增长，2020 年达到 14.5 亿人左右。到 2010 年我国城市人口将达到 6.7 亿人，城市人口与农村人口持平；2020 年城市人口为 8.4 亿人[4]。换而言之，届时将完全置换现在"农村人"与"城里人"的人口比例。除了少数依靠诸如旅游、物流集散等特殊优势的村镇，以工业为龙头是其他众多的乡村实现城市化的必然之选。事实上，一些小城镇已经扛起了工业的大旗，打拼出了一片天下。浙江诸暨大唐镇以"袜都"闻名于世，全镇约 6 万人口（含外来务工人员）年产袜子 48 亿双，相当于为全世界一大半的人穿上了袜子。[5]拥有类似的生产规模的城镇在沿海省份已不在少数。因此，中国的城市化走工业小城镇的城镇化道路是毋庸置疑的。

2.2 大城市第二产业比重的弱化

越来越多的学者逐渐认同"信息产业革命已成为新时期的工业革命"。众多靠工业带动发展起来的大城市正在逐渐实现城市向"信息城市"的功能转型。信息产业的大举"入侵"逐渐将工业挤出大中城市，大中城市也充分利用其地理区位、人力资源等方面的优势向"指挥中心"的角色转换，真正承担工业生产职能的重任还是落到了小城镇的身上。按照美国的统计数据，从 1947 年到 1994 年，生产行业（农业、采矿业、建筑业和制造业）就业百分比从 45% 下降到 24%，服务行业从 55% 上升至 76%。[6] 2000 年中新社欣喜地向外宣布，1999 年上海第三产业占国内生产总值的比重首次超过第二产业，这从一个侧面说明，上海已由中国最大的工业基地转变为一个具有较强服务功能和辐射功能的中心型城市。2005 年号称中国"规模最大的城市企业搬迁工程"——首钢迁出北京落户唐山方案吹响了大城市结构职能调整总攻的号角。这种调整使小城镇成为了联系大中城市和乡村的中间环节，并且通过工业化将农村变为城市、将农民变为市民，促成了农业向非农产业转换的进程。因此，工业小城镇在城镇化过程中起着非常重要的作用。

2.3 我国小城镇发展现状

2.3.1 我国现有的三类主要工业城镇

(1) 以大型国有工业企业为依托的小城镇。

建国之后，随着国民生产的复苏，依靠国有大中型企业而兴起的小城镇遍布全国各地，其中既有建国后新建的工业城，也有传统的工业基地。在20世纪60年代的新兴的工业城镇中，"三线建设"的指导思想起了至关重要的作用。出于对当时国际国内形势的判断和考虑，将绝大多数大中型国有企业迁至包括桂、粤、湘、鄂、豫、晋、青、宁、甘、陕、滇、黔、川13个省和自治区的"三线"地区[7]。随着企业的迁入，迅速在当地形成了新的工业城镇。这一类型城镇在计划经济时代取得过辉煌的成绩，推动了区域内的城市化进程，促进了当地工农业生产的发展，也带动了周边人们生活水平的提高。但是这类城镇还是有其与生俱来的缺陷。首先，这种基于完全行政手段的城市化方式脱离了城市产生的背景和基础，代价巨大。第二，这些城镇城市结构单一，抵抗外界条件变化的能力有限。第三，城镇选址多在远离中心城市的山区，信息闭塞。因此，这类城镇在市场经济条件下的今天，基本都趋于平淡甚至难于经营，对人才和资金很难有吸引力，逐渐势微。

(2) 以家庭或民营工业为主导的小城镇。

改革开放之后，经济体制改革的步伐逐渐加大，政府鼓励多种所有制形式共同发展，促使个体、私营经济迅速发展，诞生了家庭内生产、家庭间协作的新型工业模式。这些工业城镇上的工业散布在各个家庭之中，表面上没有特别突出的大型企业，但潜在的生产能力巨大。我国经济学家钟朋荣先生戏称这类经济模式为"小狗经济"——有如非洲草原的鬣狗，相比狮子、猎豹，虽个体弱小，但依靠集群势力也足以在顷刻间消灭猎物。这一经营模式方式灵活、成本低廉，充分利用了我国生产力水平不高但劳动力价格低廉的优势，使其产品迅速占领市场。

(3) 以工业园区为主导的小城镇。

工业园是我国在改革开放之后引入的工业发展模式，经历了经济技术开发区和高新技术开发区两个阶段，现在着手新建的大都是生态工业园区。从发展的阶段就可以看出这些工业正从粗放的劳动力资源密集型向集约型技术密集型转变，正竭力减少对环境的破坏和资源的依赖。第一代工业园区大多以"三来一补"的企业为主，虽然在生产中存在"高能耗、高污染"等不利于生态安全的问题，但对于初期迅速提高城镇化水平、解决人们的温饱问题还是起到了积极的作用。第二代工业园区注重生产技术的革新，对生态安全的问题有所意识，但还欠缺行之有效的具体措施。新兴的生态工业园区目标旨在通过最小的环境破坏实现最高的经济效益，从规划设计、厂址施工到原材料获取、清洁生产、污染控制、能源有效使用等各个环节均有相关的量化指标进行控制，使生态安全得以保障[8]。

2.3.2 各类城镇所面临的生态安全困境。

总体说来，工业小城镇的生态安全度（CESD）较低，发生城市灾害的可能性较高，其问题集中反映在以下几个方面。

第一，过高的人口密度。人口的过度集中或者不合理分布是很多生态问题产生的根源。

第二，工业用地的扩张对生态敏感地区的侵犯。

第三，对自然环境提供的生态系统服务的过度依赖。

第四，工业污染的预防和综合治理。

第五，生态灾难的预警和救助措施。

第六，生态安全相关的管理和监督机制。

就各类型工业小城镇而言，尽管其兴起的时代、背景各不相同，但在城市的生态安全方面都存在各自隐患和问题。

以大型国有企业为依托的城镇的主要问题有三方面。第一，生产材料来源方面。由于需要维持城镇居民的生产生活，劳动力密集型和资源开采型企业不得不将经营压力转移至对资源的过量开采，造成当地的生态危机。第二，生产过程方面。20世纪60年代至今，这些企业位置偏僻、信息闭塞，设备、设施、工艺水平更新慢，对资源使用的浪费严重。第三，企业办社会的经营模式在企业经济效益不佳的情况下难以获得来自政府社会环保资金的投入，无力完成生产废料、生活垃圾的采集处理工作，导致环境持续恶化。

从城镇规划和生态安全的角度来看，家庭、民营工业为主导而自发式的发展容易使城镇长期停留在较低的发展水平。整个城镇强调工业职能但缺乏引导，资本投资的趋利性在这类城市膨胀，使城市更像一个巨型的工厂而不是具备良好人居环境的居所。与此同时，在极度的控制生产成本的同时也在压缩各个生产过程对生态环境的尊重和保护所需的成本。

以生态工业园为主导的工业模式和由此带动的新城建设是未来工业发展的趋势。目前在西方发达资本主义国家仍有大量生态工业园正在建设和使用。目前的生态工业园的研究更多侧重于利用工业生态学对生产的全过程进行管理和控制，对于生态工业园与社会的联系基本还未涉及。换而言之，当前的研究和实践还仅停留于理想模式之内，对于因工业园的经济拉动力而形成的城镇的生态安全还没能全盘考虑。就我国现有的状况来看，虽然"十五"环境科技工作将发展生态工业学和生态工业作为重点项目，各地也纷纷上马生态工业园项目，但真正能符合生态工业学要求的生产链的园区还没有形成，更谈不上将工业园放在城市背景中来考虑整体的生态安全。这也是城市生态规划中面临的主要问题。

3. 生态安全评价体系

针对以工业为中心的小城镇生态安全的评价体系应该具有这样的基本特点：针对性——适用于工业小城镇；系统性——能涵盖城镇生态安全的各个方面；指导性——可为规划设计、经营管理提供指导方向；可操作性——以较为易得的具体数据指标进行判断。从已有的研究成果看，国际上对于生态安全评价方法较多，如部门产出法、生态足迹分析法、综合评价分析法等。基于这些研究，我们希望针对工业小城镇建立更便于操作控制的评价体系。具体来说，评价体系可初步分为三大系统、三级层次拟定评价指标，通过对指标内容的考核检验工业小城镇的生态安全性。

总的说来，对城镇的生态安全进行评价并作为决策变量纳入决策框架是涉及各个层面的复杂综合性课题。以上体系强调对工业企业的生产、经营、管理进行监督，综合其他相关方面实现对

一级指标	二级指标	三级指标	内容	相关测量指标	相关问题
环境生态系统	自然生态环境	水环境	雨水、地表水、地下水、水循环	污水排放量、III类以上水体比例	地下水超采问题
		土壤环境	土壤成分、水土流失、土地开发强度	土壤成分分析、水土流失量	不透水地面比例
		大气环境	有害气体、水蒸气、粉尘	有害气体比率、水蒸气含量	光化学烟雾
		生态结构	生物多样性、稳定性	多样性指数、生长范围	
	城市物理环境	光污染	玻璃光污染、夜间照明		
		声污染	噪声污染		工业噪声
		热污染	人为余热、建筑高密度散热、建成区环境		热岛效应
		影响的城市气候	下垫面、气流		
工业企业系统	现状	企业ISO4000认证率	ISO4000认证企业	通过比率	
		能源产出率	工业增加值万元/能耗吨标准煤		
		企业从业人员人均GDP			
		垃圾资源化率	无害率、资源率		
	动态	环境保护投资占GDP比例			
		环境保护从业人员比例			

续表

一级指标	二级指标	三级指标	内容	相关测量指标	相关问题
人类健康系统	社会支持体系	固定资产投资占GDP比例			
		国土产出率	万元/km²		
		基尼指数倒数	社会公平性指数		
		市民环保知识普及参与率			
		生态承载力分析	生态足迹计算及分析		
	健康参数	人均期望寿命	岁		
		人均住房面积	m²/人		
		人均绿地面积	m²/人		

工业城镇生态安全的判断。从体系的构架看，三级指标体系确保该评价体系的开放性和全面性。在第三级指标中，我们筛选了最具代表性的指标，在实际操作过程中，可结合所在城镇特点进行补充修改。运用典型指标构建工业小城镇生态安全评介体系，从而为规划设计和城市管理提供定量分析，进一步优化空间布局结构和管理措施，促进工业小城镇的循环经济发展和宏观生态平衡。

4. 维持生态安全可采取的规划措施

城市化将最初自然生态系统转变为城市生态系统，一切围绕趋向于人类的价值取向的方向倾斜。原有的稳定的金字塔式的营养结构被倒置，安全岌岌可危。在工业城镇中这样的情况更为明显，结构单一，对外在的依存性极大，内部也存在大量易变因素，因此，工业城镇中的生态安全问题尤其应该得到重视。

4.1 合理调整城市用地的布局结构

对于一个城市发展的控制在一定程度是通过对城市用地性质

进行规划来实现的。各种用途的土地面积、开发强度比例是对城市布局合理性进行考察的重要参数。在工业城镇中这点尤其突出。首先，工业用地面积的比重。第二，第三类工业用地之间的比重。第三，工业用地与生态敏感地区的关系。第四，工业用地与居住用地的关系。第五，工业用地布局对地理、气候的回应。第六，规划设计对未来工业发展模式和布局的引导。

4.2 对城市空间结构的控制

对城市空间结构的控制包含两个层次：物质空间层次和非物质空间层次。所谓物质空间层次是指就城市中物质实体而言，如建筑、道路、植被等综合构成的确实存在的实在空间。而非物质空间是指社会、经济、文化等非物质因素投影在物质空间上的表征，也可以说是这些非物质元素在空间上的物质表达。在规划设计中，通过对城市空间结构的两个层次施加控制，进而影响城市各部分的开发强度、规范人们的行为活动，从而实现对城市生态安全的保障作用。

4.3 与中心城市和区域经济的依托关系

工业小城镇转移了大城市和中心城市的部分第二产业职能，自身的产业结构因此倾向单一，从而决定了这些小城镇对中心城市以及整个区域的依附关系。这种依托关系的强弱会影响中小城镇空间布局的走向，也会带来城镇职能进一步变革，这些都是城市生态安全面临考验的潜在因素。

4.4 城镇、农村人口流动的规划导向

在我国现阶段，很多城镇的工业还停留在劳动力密集型为主导的阶段，而且这样的情况还可能持续比较长的一段时间。该类型工业所需的大量劳动力基本来自于城镇化过程中吸收的农业人口。农村人口向城镇的集中流动带来的工农业生产平衡、食物供给、住房等城市问题的背后是更大的生态隐患。在自然生态系统向城市生态系统转变的过程中，倒置的营养结构金字塔越来越明显。同时，一部分小城镇人口将向中心城市流动，谋求更大的发展空间。可以发现，这样的两个单向的流动，小城镇成为了其间的中转站。因此，可以通过规划设计起到的积极作用来有意识的

控制城镇、农村人口的流动，避免生态天平的迅速倾覆。

4.5 工业污染综合治理规划

对于环境污染的处理我国早在1986年制定的《建设项目环境保护管理办法》中就明文规定：建设项目中防治污染和其他公害的设施以及综合利用设施必须与主体工程同时设计、同时施工、同时投产使用。这样的规定对提高人们的环境意识、防止肆无忌惮的环境破坏起到了一定的作用，但并没有在源头上解除对城市生态安全的威胁。该办法仅就单个项目本身进行管理，而且强调对污染的治理，没有将整个城市系统作通盘考虑，也没有充分重视生产的过程和防患于未然。城市是一个复杂综合体，各个部分环环相扣，污染的产生也是在每个环节之中的，仅仅依靠一套污染处理设备、一栋垃圾处理站就解决所有的危机显然将问题简单化了。工业污染综合治理规划应当从城市甚至区域、国家的角度全盘部署，考虑从原材料采集、运输到生产、使用、回收等各个环节的矛盾和问题，提出包括灾害预防预警、防治管理措施、灾害紧急处理机制、灾后补偿处罚办法等全过程的体系规划。

4.6 城市规划对城市管理和决策的影响

对城市进行科学管理和决策离不开科学的城市规划。基于科学分析作出的城市规划，在维护城市安全方面可以起到这么几个作用。第一，保障资源和能源的合理利用。规划是各项政府政策和公众意图由理论转换为现实的直接载体，因此，通过基于生态安全评价体系得出的参数而制定的规划是资源和能源合理利用的直接保障。第二，维护稳态平衡。著名生态学家 E. p. Odum 认为生态系统是以一种自校稳态机制运作，当系统承载力超过稳态限度后，系统从一种稳态走向另一种稳态；同时稳态是渐进的一系列台阶，称为稳态台阶，在稳态台阶内，正负反馈相互平衡保证系统不至于崩溃[9]。城市化的过程也是自然生态系统向城市生态系统转变的过程，是一种稳态向另一种稳态过渡的过程。合理的规划有助于协调正负反馈使系统趋于稳态，避免迅速破坏。

通过初步分析基于生态安全的工业小城镇规划，我们对于相关问题的研究可以分三个步骤进行。

第一，研究现象，发现所存在的威胁生态安全问题。这些问题不仅存在于环境保护领域，还可能广泛存在于关系国计民生的社会经济领域。

第二，对城镇进行生态安全评价。通过对涉及三大系统多个层次指标的统计、测定，找出生态安全问题症结所在。

第三，针对问题本质改进原有政策或制定新措施，确保城镇的生态安全。

工业城镇的生态安全相对而言较为脆弱，在大力推进城市化进程的今天，将生态安全放在重要位置加以讨论是有其现实意义的。在接下来的工作中，一方面应利用评价体系指标完善评价方法，使其直观具有可比性，另一方面可加强评价结论对实际工作的能动指导，确保生态安全的措施能行之有效、落到实处。

参 考 文 献

1. 汪劲柏. 城市生态安全空间格局研究. 同济大学硕士论文，2006
2. 沈清基. 城市生态与城市环境. 上海：同济大学出版社，1998
3. 王越旺. 前工业"家内制"生产的兴衰与英国工业城镇的崛起. 锦州师范学院学报，2000，1
4. 曹东，於方，高树婷等. 未来15年中国经济与环境发展趋势分析.
5. 石忆邵. 专业镇：中国小城镇发展的特色之路. 城市规划，2003，7
6. [美] 阿瑟·奥沙利文. 城市经济学（第四版）. 北京：中信出版社，2003
7. 何鹃. 三线建设——一个大规模技术转移的案例分析. 国防科技大学硕士论文，2004
8. 邓金锋. 生态工业园区评价指标体系及评价方法研究. 西安科技大学硕士论文，2004
9. 李建龙. 城市生态绿化工程技术. 北京：化学工业出版社，2004

作者简介：
  瞿　雷，华南理工大学城市与环境研究所教授
  肖大威，华南理工大学城市与环境研究所教授

（论文在合肥市举办的中国城市规划学会小城镇规划第18届学术年会上发表）

水乡古镇
——三河更新保护规划的联想

程华昭　张　阳

摘　要：本文就水乡三河的特色风貌，城市形态，讨论城镇空间环境构成的基本要素，城镇风貌规划的原则和构想。
关键词：空间　环境　特色　风貌

　　安徽省委、省政府作出了"抓合肥、带全省"的战略部署，明确了合肥要建设"四大基地"的重任。进而对合肥市周围中心城镇建设提了出更高要求。经过近几年来真抓实干，通过抓小城镇试点，出现了一批健康发展的，充满生机的中心城镇及重点指导扶持具有特色风貌的旅游乡镇——肥西县三河镇，积累了经验，取得了成绩。三河镇花了3～5年的时间，治理和绿化小南河，建设沿河游廊景区，对西街、南街等古街巷进行更新保护改造，保持古镇水乡的特色风貌，取得初步成效。石塘镇按照规划，建了小游园和沿石塘河的绿地，形成带状公园。双墩镇狠抓路网建设，形成镇区的骨架，成为小城镇建设的样板。但在加快小城镇建设与保持其特色、风貌方面，与江浙一带特色古镇相比还存在不少差距。

　　土耳其诗人纳乔姆希克梅有句名言："人的一生中有两样东西是永远不会忘记的，这就是母亲的面孔和城市的面貌。"我们识别城市，认知城市，记忆城市，是根据生活环境、城市风貌留下美好回忆的。著名科学家杨振宁先生回到阔别60余年的三河，早年曾寄住过的外婆家，三河小南河变清，保持原状的"一人巷"，古朴的民居和室内的摆设等，都唤起杨老先生许多温馨的回忆和少年情结，挥之不去，流连忘返。科学的发展和生活方式的改变，要求我们对自然环境、历史背景和城市特色风貌给予充分的尊重和发扬，发掘城市形象资源，构成美好的空间环境和特色风貌，这是建筑艺术的历史使命。

1. 城镇空间环境构成的基本要素

著名的环境艺术理论家多伯（Richard P. DDber）提出：空间环境设计"作为一种艺术，它比建筑更巨大，比规划更广泛，比工程更富有感情。这是一种爱管闲事的艺术，无所不包的艺术，早已被传统所瞩目的艺术，环境艺术的实践与影响的能力，赋予环境视觉上秩序的能力，以及提高、装饰人存在领域的能力是紧密地联系在一起的"。

城镇空间环境设计构成有两种：一是物质构成方面——人、城市形态、建筑、绿化；二是精神文化构成方面，如水乡空间的主题与文脉及历史与文化的真实信号——传统的庭院生活方式与街巷生活方式，这些和城镇优美的空间环境应该是两者的统一。美国城市学家伊利尔·沙里宁说"让我看看你的城市，我就能说出这个城市里居民在文化上追求的是什么"。

1.1 城镇环境的核心——以人为本

城镇环境设计的中心和目的是以人为本。人是社会、自然、意识的统一体，有自然属性和社会属性。人的自然属性有衣、食、住、行的需求，这些物质需求要求不断提高人类社会的物质环境。人的社会属性有交往，沟通情感，交流信息，自我实现等需要，使社会更加文明，富有理性，更大程度上刺激物质需求，这种过程不断循环使社会进步。

三河是一座千年古镇，因水而兴，人口曾达10万人，由于水道衰败，城镇人口也曾萎缩到2万人，因而由市变成区，由区改为镇，但三河在历史的变迁中仍留存着大量历史街巷。三河应"保护古城风貌，整治基础设施，开发旅游资源，改善生活环境"。三河的古街巷是其重要的特色风貌，更新保护古街巷必须坚持历史保护的原则、时代发展的原则、因地制宜的原则。在对东街、西街、南街等古街巷在房屋普查的基础上，采取不同的措施，或整修、或按原样更新、或改建，局部改造，合理拆迁，对重点古建筑整修后，挂牌保护，力求达到保持古街巷风貌，普遍提高居住使用水平。

实践中具有前瞻性的保护工作必须把保护的层次提到保护生活方式与内涵文化的高度上来，保护的实质在于改造现状的混乱状况，恢复街巷空间体系的原有有机秩序，并使之与现代文明一起实现延续性的发展。历史性街巷中的大部分破旧房屋虽然不属于文物保护建筑，却承载着历史与文化的真实信号——传统的庭院生活方式与街巷生活方式，一旦被拆除而仅仅保留一些重要的文物建筑，供人参观，整体生活空间构架与生活动态发展模式将被彻底破坏，街区也将失去真正的特色。只要这些房屋的结构质量状况经过整修后依然可以使用，那么它们就应该作为街区中的有机构成部分被积极保护下来，并实现有序的发展。因此，生活方式的保护是历史街区保护的核心问题。一个活着的、有生机的历史街区应包含两个要素：（1）街区生活方式应承载历史信息与地方文化精神；（2）为了使文化得到传承与延续，生活方式必须是稳定的、渐进的动态发展模式，杜绝大规模的改造。

城市好的环境令人振奋、鼓舞、清新和优美。城镇建设规模越大，以人为本的核心作用就越突出，人是创造环境的主体，也是改造环境的源流。

1.2 城镇的体魄——城市形态

城镇都有一个发展规律，均有各自的自然条件和历史背景，自成体系，形成各具特色的道路骨架。合肥地区城镇已经过二轮规划，但规划水平不高，一般说来采用大城市模式化，方格加环路，千篇一律，缺乏个性。为此三河镇政府委托苏州城建环保学院做的总体规划，为三河的持续发展提供优质蓝图。秋实规划设计研究所进行了五期修建性更新保护规划设计，逐步完善水乡古镇的功能和特色风貌，使古镇三河焕发出青春活力。

城镇的形态是指城市物质形态的特色和结构框架，古镇巧妙的空间结构及对自然环境的利用和现在城镇高速发展变化，要求准确的城市形态的定位，就是建设什么样的城镇。这是对城镇的自然环境,城镇的历史演变,和未来发展趋势的深层理解,以及对城市形态资源优势的充分利用。这方面自古就有很多范例,如三河是沿小南河发展的水乡古镇,城镇形态是一只金龟,由巢湖爬行上岸,面向大别山,美好的城市形态,给人遐想,使古镇生辉。

1.3 城镇的载体——建筑

贝聿铭大师指出:"空间与形式的关系是建筑艺术和建筑科学的本质。"这里指的建筑包括建筑群体的空间组合,构成街道、广场、城市节点,成为城市空间的抑、扬、顿、挫,建筑空间多层次,构成一幅和谐美丽的城市图画。

建筑围合尺度适宜,体量恰当,造型得体,避免简单呆板,切不可杂乱无章,各自为政,忽视建筑群整体效果。如三河沿河3公里长街,古朴典雅,尺度相宜,伴随有古石桥、古城墙、古城河、古庙等景点,一般建设性破坏不太严重。个别煞风景的也有,如前几年古西街新建四层住宅楼和中街上的百货大楼等,破坏了古朴典雅的历史街区的轮廓线和古镇风貌,已被大家认识。街区建筑群要求前后退让,高低搭配,错落有致,构成丰富多彩的城市天际线;建筑造型上不可盲从"时尚",建筑的细部,门匾也要良好地搭配,应从地方特色出发,努力创造"新而中"的建筑风格。

1.4 城镇的心肺——绿化

在城市当中进行绿化,从生态学观点来说,绿化可以净化空气,调节气候,降低噪声,防风防沙,对于提高环境质量,改善自然生态平衡有着重要意义,城镇绿化已成为衡量城镇现代化水平的一个重要指标。同时,城镇绿化还可以美化城市,给人们提供优质的游览休闲场所。新鲜空气是人生命所必需的,一公顷阔叶树每天可以产生氧气750 kg,吸收1000 kgCO_2;有绿化的地方比没有绿化的地方,每立方米空气含菌量少85%以上;夏季绿地温度要比建筑街区气温低10 ℃左右;噪声可降低8~10 dB。从理论上讲,人均需氧量要有10m^2的森林,或40m^2的草坪。李光耀先生说:"绿化是新加坡吸收外资者的秘密武器。"可见城镇在普遍绿化基础上,重点搞好中心地区和城镇节点处精雕细刻的园林是十分必要的。千万不可建一个城镇,失去一片树林,三河沿河的绿化已经初具规模,还需进一步提高公共绿地。

2. 空间环境和风貌的规划设计原则

2.1 三河是素有巢湖之滨的水乡重镇,三水环抱,"外环两岸,中洲,而三水贯其间,以桥梁相沟通"。从地形特点出发,因势利导,随高就低,不可推平头,挖丘填塘,现正在着手小南河和城河的沟通,恢复水乡的水系。三河城镇的形态特色来源于因地制宜。

2.2 考虑地理位置特点——扬长避短

合肥地理位置处于季风副热带湿润气候,四季分明,夏季闷热高温,是我国十二大火炉城市之一,冬季湿冷,属典型的过渡地区气候特征。有地方特色的各种各样植被和建筑艺术,如何利用土生土长的丰富多彩的徽派建筑和树种,可谓"十里不同风,百里不同俗",形成有特色的绿色城镇风貌,一定要扬长避短,不可走进误区,盲从搞热带树种和大草坪。

2.3 挖掘城市旅游资源——稳步发展

合肥地区有着悠久的历史,具有不少文物古迹,是全国园林城市,现阶段合肥旅游资源开发整体上仍处于依靠自然资源的粗放型经营阶段,和全国其他优秀旅游城市有一定差距。合肥市城市环境综合整治在全国走在前列,基础设施和城市建设均在全省处于领先地位,为发展前景提供优质的软硬环境。只要坚持资源共享、特色互补、综合开发、整体盘活,就能提高全市旅游资源水平。如三河经过近几年的更新改建,特别是整治了小南河,整修了古西街和古城墙,开放了杨振宁客居,新建了万年台和旅游厕所。还恢复了英王府和李鸿章粮仓等景点,逐渐成为小有名气的"皖中水乡"旅游点,促进合肥的旅游事业不断丰富,稳步发展。

2.4 发扬地方文化传统——推陈出新

合肥素有"三国故地,包拯家乡"之美誉,名人荟萃,自然风光优美,又是全国重要的科教基地,可以开发古迹游,园林休闲游,科教游等。形成内涵丰富多彩,推陈出新的主题明显的特色。三河素有民间文艺活动的传统，庐剧《小辞店》就取材于三河东街的民间轶事，镇上现仍有一批京剧，庐剧，黄梅戏，民歌的业余爱好者，每逢节日民间舞蹈有闹花灯，演唱会，诗词会等。

三河土菜与点心，融南北饮食之长，风味独特，品种丰富，物美价廉，素有"玩在黄山，吃在三河"的美称。

3. 空间环境和风貌的规划设计建设中的重点层面

3.1 城镇风貌空间结构核

城镇风貌空间结构核一般是指城镇的功能布局、道路骨架、地势水系结构中心，或几何中心等。万年台文化广场一带形成三河城市中心，小南河构成古镇城市轴，城市主控制天际线，青砖粉墙黛瓦成为城市的主风格和色调，城市水系和绿化系统，并有九曲生态园和三条河交会的清水湾度假村，它在城市特色上起主导作用。从另一侧面看，城市的性质、城市的规模、环境容量、气候特征、风俗习惯、经济实力等是潜在的城市核——构成城市丰富多彩的"起居室"。

3.2 城镇风貌节点

城市汽车站、停车场、码头、步行街、广场、一条路、重点路口、各个小区、城乡结合部，它是城市的风貌的重点。

3.3 城镇风貌细胞

建筑物、绿化树种、拱桥与廊桥、各种各样小品等。小品有丰富的功能：满足人们休闲要求的花坛、喷泉、雕塑、凉亭、花架、座椅等；为交通需要的路灯、导游图、站台、候车亭等；还有生活服务的门匾、电话亭、邮筒、垃圾箱、指示牌、广告牌、时钟等。这些的魅力是在城市空间构成中起了画龙点睛的作用。给建筑和街道景观注入生机，组成难忘的意境，形成自成体系的城市特色。

4. 空间环境和风貌的主要构建措施

城市风貌需从城市规划，城市绿化，城市设计，城市建设，城市管理，政府首脑决策，宣传评议等方面全方位地不懈努力奋斗，坚定不移地实干下去。

4.1 制定城镇风貌建设战略，开展城市形象设计——科技为本

一个城镇有特色的风貌，是城镇形态的灵魂，战略上要确定特色，塑造特色，突出特色，有了城镇特色就有知名度，特色就是优势，特色就有活力，特色就是效益。不仅要有一个科学的城镇规划，还要做好详细规划和生态平衡绿化规划，良好的科学规划和设计，还要经过认真评审和批准立法，城镇风貌是要依靠几届领导，甚至几代人不断努力奋斗的成果。短期行为、急功近利、盲目主观是事倍功半，要不得的。

4.2 建立城镇风貌建设统管机构——组织保证

城镇风貌是城镇物质文明和精神文明建设，涉及规划、城建、绿化、市容、环保、工贸、文教、旅游和外事等城镇生活的各部门、各单位、各层次，要有一个权威性、协调性、联动性的机构，来有力推动城镇风貌的建设。

4.3 鼓励城镇风貌投资机制——广开财源

从资金来源上，要通过多渠道筹集资金，建立一种城镇风貌建设投资的奖惩制度，为社会良性发展做好事的，给予奖励和补贴，损害城镇环境的进行批评和罚款。

城镇风貌良性循环，就可大力发展旅游事业，还可发展苗圃，旅游服务，提高经济效益。

4.4 开展城镇风貌宣传和评议——群策群力

城镇自身成功建设和加强宣传工作是相互促进的，宣传报道城镇的特色和风貌，可以提高城镇的知名度；促进外地人、外商投资；有利于百姓提高认识，形成居民的认同感和归属感，产生自豪感，可以为城市建设做好事，对城镇建设提出批评和建议。

作者简介：

程华昭，合肥市秋实城乡规划设计研究所所长．国家注册一级建筑师

张　阳，合肥市秋实城乡规划设计研究所规划师

五、城市基础设施和住区规划

城市交通与土地利用互动关系定性研究

冯四清

摘　要：城市交通与土地利用互动关系已成为整合土地利用和城市交通规划的一个重要研究课题。文章从"轮转式"互动及"模式"互动两方面分析了城市交通与土地利用的互动关系，并从加强城市交通规划和土地利用规划的协调、注重城市土地的混合利用，推动 TOD 的土地开发模式以及注重高新技术的引入和利用等方面论述了城市交通与土地利用互动关系的整体优化策略。

关键词：可持续发展　城市交通　土地利用　互动关系　整体优化

　　城市交通是城市系统中的一个复杂而重要的子系统，是现代城市社会经济发展的动脉和联系各行各业的纽带，实现着城市人流、物流的有效移动和运转功能，是城市繁荣和有序发展的象征。城市土地是大城市社会经济活动的载体，其空间分布相对来说是静态的，各相对独立功能小区内在人流、货流等方面的交流主要是通过交通这一环节实现的。城市土地利用'轮转式'互动关系是城市交通需求的根源，它决定了城市交通流、交通量及交通方式。同时城市交通所具有的水平又会对城市空间结构、城市规模产生影响。对于一个城市来说，其所拥有的土地资源是有限的，如何使这些有限的土地资源，实现最佳的利用效益，以实现城市的持续稳定和健康发展，是城市发展中所面临的重要问题。因此，研究城市交通与土地利用的互动关系，是实现城市可持续发展的重要内容。

1. 城市交通与土地利用的互动关系

1.1 城市交通与土地利用的"轮转式"互动

城市土地利用是城市交通的根源,而城市交通又是土地利用的一个重要影响因素。城市交通与土地利用之间存在着极其复杂的互相影响、互相制约的关系,这种关系构成了土地利用、土地价值、可达性、交通设施、交通需求以及出行产生的"轮转式"互动机制。"轮转式"互动关系中任何一个环节的改变都将给其他环节带来影响。

在一个城市中,人们总是希望开发城市中交通最便利、区位最好的"黄金地带",由于"黄金地带"的地价高、拆迁成本大,从土地利用的角度出发,开发商必然要求增大土地的开发强度,以获得较大的开发利润。这样的开发必然吸引大量的人流,导致出行人数的增加,从而提出对交通设施更高的要求,促使交通设施的改善。然而,这样的循环不可能无限地进行下去。因为城市的某些交通设施发展到一定程度后,难以改建以增加通行能力,也就是说它的交通容量是有一定限度的。当土地的开发超过一定强度以后,其所吸引的大量交通量导致某些路段出现拥挤现象,带来开发区域由于可达性下降,随之土地利用的边际效益以及整个城市运转效率的下降。其结果必然是城市的发展偏离可持续发展的方向。例如,日本东京拥有发达的轨道交通,完善的巴士系统,较好的市内高速道路和一般的道路网系统,但城市交通问题依然极其严重,其根本原因就在于东京都内土地开发强度过高,该市的各种城市机能、业务机能高度集中于千代田区、中央区和港区3个区组成的市中心区,市中心人口流动强度过大,超过了路网可承受的强度。

1.2 城市交通与土地利用的"模式"互动

不同的城市土地利用模式和布局,所产生的交通需求和交通程度是不同的。反之,不同的城市交通布局和结构,也会影响城市的土地利用模式。城市土地利用模式决定着城市的结构形态,可归纳为如下3种:(1)城市边缘呈现低密度蔓延发展的放任模式。(2) 充分限制分散的趋势,保持城市中心区域吸引力的计划模式。(3) 保持集中的高密度和中心区域的吸引力,同时又有利于兼顾环境、社会、安全及能源等的综合效益和投资原则的干涉模式。每一种模式所依赖的交通体系不同。交通发展战略又影响城市结构的确定,道路向外延伸,交通条件便利使放任模式的城市像"摊大饼"一样蔓延发展,最终陷入道路占地越来越多,交通却越来越拥挤,环境越来越差的恶性循环。计划模式也面临着城市中心区过于拥挤,交通难以组织的问题。干涉模式则以适度的道路发展为约束,确立城市发展的可持续性。

从城市模式上看,单中心模式城市一般呈现圈层式的土地利用模式,城市的核心只有一个,交通线路由市中心向外呈现放射状分布,市中心交通需求量大,远离市中心的交通需求量小;而多中心模式城市一般有一个主中心和多个次中心,为整个城市服务的各项设施围绕城市核心区分布,而为各个分区服务的设施围绕城市次中心布置,整个城市的交通需求呈现网络状布置。这样城市的交通不会全部集中到城市主中心,整个城市的交通需求分布比较均匀,也容易解决城市中心区的交通拥挤问题。另外,城市交通对土地利用模式的影响还在于城市经济、文化、商业等活动对方便的交通条件的依存性。城市土地利用的模式乃至城市的生活方式都需要交通的支撑,洛杉矶的分散布局离不开它密集的高速公路网;伦敦的生活方式决定于它19世纪的铁路;纽约曼哈顿的繁华则有赖于它发达的地铁和公交系统;我国大部分的城市形态是呈同心圆式的发展模式,这也与普遍采用自行车和公共汽车作为客运工具的生活方式密切相关。

2. 城市交通与土地利用互动关系的"整体优化"策略

由于城市交通与土地利用有着密切的双向互动关系,它们的优化也应该是相辅相成的"整体优化"。就总体效益而言,区域的交通效率高,表现为土地利用价值大,因为土地的效益与该区域的便捷性直接相关。城市交通与土地利用的共同优化由土地利用的选择过程和交通项目的选择过程反复交替和反馈,直到新选择的土地利用和交通网络相对于给定的目标达到最优。优化目标的选定应立足于社会的整体效益最优，并能使各目标的长期发展策略相互协调。总之，应从城市布局方面来解决城市交通的可持续问题，寻求高可达性、低交通需求的土地利用交通系统发展模式；城市土地利用也必须从注重发展速度、用地规模和人均用地指标转向注重合理的城市空间形态和用地形态，创造以公共交通为导向的土地开发模式，谨慎对待传统的功能分区观念，创造均衡、配套的社区发展模式，保持中心区和各个地区的功能多样化。

2.1 加强城市交通规划与土地利用规划的协调

城市交通规划是城市规划的重要组成部分，它必须服从城市建设的总体目标，为城市的可持续发展创造条件。同时，发挥交通规划的引导作用，使其成为塑造城市形态、调控城市生活的有效手段。城市土地利用是城市总体规划的核心，它不仅应为城市的发展提供充足的发展空间，以促进城市与区域经济社会的发展，而且还应为合理选择城市建设用地、优化城市空间布局提供灵活性。两者都是城市规划必不可少的、相互联系和制约的重要内容。因此，在制定城市规划的过程中，不应以单项规划的方式分别完成，然后再简单地予以"相加"，更不能在土地利用规划完成后再进行"配套"交通规划。

城市交通规划和土地利用规划需要从各种不同层次上取得密切配合和协调。（1）从区域可持续发展的层次上密切协调，这对保证城市对外交通系统的合理布局和相邻城市土地利用相互衔接是至关重要的。（2）从城市本身可持续发展战略层次上，使两者规划紧密结合，使得城市路网构架、主次干道、用地功能布局等不致相互脱节。（3）分区规划和详细规划与城市交通运输、建设层次上的相互反馈、互动调整。（4）实施和管理上的及时相互沟通，发现矛盾及时解决。

2.2 注重城市土地的混合利用

《雅典宪章》所崇尚的功能分区没有考虑城市人与人之间的关系，否认人类活动要求流动的、连续的空间这一事实，导致城市相当的冷漠、单调而缺乏生气和活力，并带来越来越多的城市交通问题。

城市土地的混合利用是指在城市某一特定区域内具有多种性质的土地利用。城市土地利用的混合程度对城市交通具有很大的影响。其中比较明显的就是工作与居住分离造成的高峰时段交通拥挤，非高峰时段运量不足的问题。城市土地利用的混合利用可做到各类土地利用的平衡发展，就地吸纳本区居民出行，减少跨区出行活动，从而减少有限通道的交通压力，缓解交通拥挤。英国米尔顿·凯恩斯的新城规划就是综合考虑了城市土地利用规划与交通组织而采用土地适度混合利用布局形式的典例。

随着信息社会的发展，工业技术的进步和工厂污染的减少，大工厂迁出城市中心，小而无害的工厂完全可以安排在居住区内，非工业性产业则可分散布置在全城。这样不仅有助于交通负荷的均匀分布，减少长距离交通流和交通量，同时也有利于增加城市活力。

2.3 大力推进公共交通运输导向开发区（TOD）的土地开发模式

随着城市小汽车数量的迅速增加，城市道路不堪重负。城市生态系统不断遭到破坏。发展城市公共交通是解决城市交通问题的出路所在。国外流行的公共交通导向开发区 TO D（Transit—Ori—ented Development）正是城市公共交通与土地开发模式相结合的产物。

公共交通运输导向开发区布置显示，中高密度的住宅，搭配合适的公共使用、工作机会零售与服务性空间，重点集中于区域性公共交通运输系统上的重要地点的多用途开发。其特征和目标是将住宅、零售、办公、开放空间和公共空间等空间，合并于一个适于步行的环境中，使当地居民及上班人员可以更多地使用公共交通运输系统或骑自行车。公共交通运输导向的土地开发模式在解决城区高度疏解、扩充基础设施容量、充分利用城市空间的资源、解决城市交通问题以及保持和提高城市活力方面都是很有效的途径之一。

2.4 注重高新技术的引入和利用

计算机处理技术、信息技术、数据通信传输技术为协调城市交通与土地利用的互动关系提供了新的方法。香港有关部门采用了土地利用与交通协调优化的 LUTO 模型（Land—use l'rarTsportation Optimlization），追求土地利用与交通规划的整体优化，并在实践中取得了良好的效应。地理信息系统（GIS）的引入也必将促进交通分析与土地利用的结合，拓宽交通分析和土地利用的领域，提高交通分析与土地利用互动关系的科学性，为城市规划的整体决策提供更科学、合理的依据。

城市交通与土地利用的互动关系是复杂而多变的，它们之间是相互作用、相互影响的，这种相互作用和相互影响既可能是同时发生的，也可能是相继发生的。

任何土地利用规划方案的制定都要在交通规划的前提下进行，而交通规划也不能仅仅根据运输系统本身来制定，每一项交通规划的决策都包含着土地利用方面的要求。因此，城市交通与城市土地利用是城市发展内部的一对至关重要的矛盾体，研究两者之间互动关系的目的就是协调两者之间的关系，促进城市的可持续发展。

参 考 文 献

1. 曲大义，王炜，王殿海. 城市土地利用与交通规划系统分析［J］. 城市规划汇刊，1999，(6)：44～45
2. 林震，杨浩. 基于可持续发展的城市交通规划［J］. 综合运输，2002，(10)：32～33
3. 孙静怡. 试论城市交通的可持续发展［J］. 云南工业大学学报，1999，15(1)：71～73
4. 李晓江. 中国城市交通的发展呼唤理论与观念的更新［J］. 城市规划，1997，(6)：44～48
5. 李先. 浅析交通规划的引导作用［J］. 北京规划建设，1999，(2)：33～36
6. 王炜，徐吉谦，杨涛. 等城市规划与建筑设计子丛书第一辑（城市交通规划）［M］. 南京：东南大学出版社，1999，49～81
7. 刘灿齐. 现代交通规划学［M］。北京：人民交通出版社，2001.91～101

8. 宋启林. 我国城市交通运输系统规划建设与城市土地规划利用 [J]. 中国土地科学, 2000, 14 (1): 41~44
9. 邵德华. 土地和利用城市交通互动机制探析 [J]. 北京规划建设, 2002, (3): 32~35
10. 潘海啸, 张瑛. 上海轨道交通发展与公共交通运输导向开发区简介 [J]. 城市规划汇刊, 2002, (4): 69~73
11. 陈刚, 刘欣葵, 张瑾. 美国地方政府的规划实践（之四）[J]. 北京规划建设, 2002, (4): 67~70

作者简介：合肥工业大学建筑与艺术学院副院长、副教授

合肥市老城区交通改善策略研究

高国忠 梁碧宇

摘 要：老城区是合肥市功能集中的中心区，近年来交通压力越来越大。本文首先分析了合肥市老城区道路交通现状及其成因，对老城区交通发展趋势进行了预测。基于老城区交通发展目标，提出了老城区交通系统发展模式。最后综合多种因素，从道路网、公共交通、停车、交通管理等多个角度提出了改善老城区交通的策略与措施。

关键词：合肥市 老城区 交通规划 策略

老城区位于环城公园以内，是合肥市的中心城区，面积 5.26km²，居住人口 20 万人左右。集行政办公、商业金融、文化教育、居住、医疗卫生等多功能于一身，人口密集，社会政治、经济与文化活动频繁。随着近几年合肥城市的发展、人口的不断增加和机动车辆的迅速增长，老城区的道路交通量不断增加，交叉口交通负荷进一步增大，交通阻塞现象日益严重。要从根本上解决老城区的交通问题，必须正确把握老城区交通发展现状，科学预测老城区乃至全市未来交通的发展趋势，综合考虑各方面因素，确定可持续的老城区交通改善整体策略。

1. 老城区交通发展现状

1.1 道路交通需求强度较高，路段饱和度高

老城区高度集中的功能决定了较高的道路交通需求强度。近几年，老城道路高峰时间机动车交通量持续增长，主要道路路段平均饱和度基本保持在 1.0 左右；平均车速不断下降，已经从

2000 年的 24km/h 下降到 2005 年的 21km/h 左右。

1.2 道路交通设施发展空间受限制

主干道路网已基本形成，可扩容增量的余地十分有限。老城道路系统中现状支路网密度仅为 $3.42km/km^2$，与国标《城市道路交通规划设计规范》商业集中地区的支路网密度宜为 $10\sim12km/km^2$ 要求相差甚远。进一步拓展完善道路网络受周围既有建筑的影响，道路设施发展空间受到限制。

1.3 停车矛盾较大、设施建设困难

老城区社会停车位较少，停车供需矛盾突出。早期建筑缺乏配建停车场且可改造余地较少，因用地限制，社会停车场建设的困难将越来越大。

1.4 城市道路交通秩序较为混乱

目前，合肥老城居民出行中自行车、步行仍然是主要的交通方式，由于道路空间发展的限制和支路的缺乏，自行车交通被迫挤占人行道，自行车和步行交通与机动车交通空间的相互交叉和重叠，导致老城道路交通的秩序、环境较为混乱，道路交通秩序和环境急需改善。

2. 老城区交通问题成因分析

根据对老城区交通现状的分析，老城区的交通问题主要表现在城市道路、公共交通和停车体系等几方面：

（1）道路供需矛盾突出，路网结构不尽合理；断头路较多，大量支路被占用，丧失交通功能，导致道路资源利用率低；

（2）公交线网密集，站台设置不尽合理，严重影响道路通行能力；

（3）停车空间缺乏，车位供需矛盾突出，导致路边停车现象普遍；

（4）交叉口缺乏交通渠化，交通标志、标线不完善，不能有效引导机动车、非动车和行人安全、有序地通行；

（5）机动车、非机动车混杂，运行效率低，安全性差；

（6）步行系统建设不完善、不合理，人行道在道路断面宽度

上不一致和纵向空间上不连续的现象较多。

3. 老城区交通发展趋势分析

合肥老城区是合肥的核心所在，虽然根据"141"城市空间发展战略，在未来老城区的中心城市职能将得到一定程度的分散，但是合肥最重要的、最高档的、最完善的商业、文化、综合服务职能将会在相当长的时间内保留在老城。老城区的交通发展将继续保持增长趋势，主要表现在如下方面：

（1）机动车拥有量增长迅速，近几年一直保持15%以上的增长率；特别是私家车增长更为迅速，已经提前进入爆发式增长期。

（2）居民出行总量继续保持增长态势。随着城市人口总量和就业岗位的持续增长，城市居民出行总量将大幅度增加；老城区人口、就业岗位和高层建筑高度集中，城市社会经济活动和道路交通需求高度集聚的现象将很难避免。

（3）小汽车与公共交通的发展引起城市交通方式结构重组，进出老城的机动化出行比例将会占更高比重。依据规划，老城区的公交出行比例将达到28%，公交在城市客运体系中将占主导地位；同时，小汽车的快速发展也使得其出行比例不断增加，而慢行交通出行比例将会大幅度下降。

（4）随着机动车的快速发展，道路交通量继续增长，拥堵区域进一步扩大，老城区对外通道交通"瓶颈"现象将更为突出。

（5）停车泊位增长速度缓慢，停车难问题将更加突出。老城的停车供应不仅仅需要解决老城内部建筑车辆停放问题，还需要考虑到大量的外来车辆的停放问题，虽然老城内地块改造可以增加一定的停车泊位，但限于老城内用地条件，社会停车场建设的困难越来越大，老城停车供应不足、停车难的问题将很难从硬件设施上根本解决，停车矛盾将会更加突出。

4. 老城区交通改善策略

4.1 老城区交通发展目标

（1）建立合理的路网结构，加强老城干道和支路改造力度，改造交叉口，提高老城机动车交通和公共交通的快速疏解能力。

（2）加快建设停车场，平衡处理老城道路容量、停车供应和城市中心功能发挥之间的关系，适度满足家庭小汽车的停车需求，充分满足老城重点地区（如四牌楼、三孝口地区）的公共停车需求。

（3）优化老城公交线网，合理布设公交站台。加强交通发展政策引导和交通设施建设，形成以公共交通为主体和步行、自行车为辅助，适度使用小汽车的老城绿色交通体系。

（4）改善和建设老城步行交通设施，创造宜人的步行交通环境。

4.2 老城区交通系统发展模式选择

老城是合肥人口、中心商业功能、社会经济活动和道路交通需求最集中的地区，城市交通需求总量将随着合肥城市规模的扩大和中心城市功能地位的进一步强化而迅速提升。老城有限的道路空间资源、文化保护要求和既有建筑的改造难度，难以满足居民小汽车的广泛拥有和使用。根据合肥老城自身的功能定位、道路交通系统发展需求等情况，优先发展公共交通是合肥老城交通发展一条根本性的战略。为此，必须逐步建立起以快速公共交通为骨干、普通公交为主体、融个体交通（步行、自行车、小汽车等）为一体的、多元化和谐发展的综合交通体系。

4.3 老城区交通改善主要策略与措施

本着疏导和分流老城区交通，挖掘老城道路潜力的原则，确定老城区交通改善的主要策略与措施如下：

（1）加快完善路网结构。对老城区通行能力严重不足的主干道、次干道及一些主要支路进行适当拓宽，以增加道路容量；对老城区路网中不连续和贯通的道路进行连通处理，逐步优化路网布局。扩大老城区外围道路（如一环路）的通行能力，以进一步分流老城区的过境交通。

（2）进一步提高道路节点的通行能力。对交叉口交通渠化，次干路以上级别的道路相交，原则上均应进行交叉口拓宽渠化，对于一些贯通性的支路，条件允许也应进行渠化，以有效和正确引导车辆通行。

（3）加大力度实施公交优先策略。针对目前公交站台布置位置不合理的地方进行改造，减少公交站点对道路通行能力产生影响；鉴于老城区内还没有公交换乘枢纽中心，在老城核心地带建造换乘中心，不但可以高效率的疏导交通流，而且还可以加强老城内外的联系，保持老城区的活力和经济繁荣，方便乘客换乘。

（4）优化区域交通组织，以充分均衡使用道路资源。要逐步分流长江中路、寿春路、金寨路、美菱大道、荣事达大道和蒙城路等主干道的交通压力，进一步发挥庐江路、含山路、阜南路等次干道的交通功能。

（5）重新规划和布局路内停车设施。结合老城区改造，重新规划和整顿停车设施和布局，规范停车行为，减少随意停车造成的动态交通阻塞。鼓励有停车需求地段的新建筑提供向公众开放的地面和地下停车场设施，尽量将路边停车点安置在不阻碍交通的街巷、弄堂和断头路地段。

（6）进行慢行交通系统规划。积极改善老城区内的步行和自行车交通环境。发挥自行车短距离出行的功能，改善自行车的通行条件和与公交换乘的条件，减少自行车事故，减少机非冲突。在老城区出入口增建自行车和行人专用桥梁，改善进出老城区的慢行交通。逐步扩大安装自行车信号灯的范围和路口数量，实行自行车专用相位控制。

作者简介：
　　　　高国忠，合肥市规划局总工程师、高级工程师
　　　　梁碧宇，合肥市规划局交通规划处处长、工程师

城市基础设施规划与建设的可持续性问题思考

张永梅

摘　要：本文通过对城市基础设施建设中存在的问题分析，指出在城市基础设施建设应坚持可持续发展的思想，并提出城市基础设施建设可持续性的对策。

关键词：城市基础设施　可持续性

城市基础设施是指城市给水排水工程、供电通信工程、燃气供热工程等维持城市正常生活的基础设施系统总称，是城市规划建设的重要组成部分。在以往的城市建设中，由于受经济条件和城市自身发展水平的限制，城市基础设施往往不成系统，随着城市的发展，原有的基础设施暴露出许多问题，如各种工程管线和设施负荷容量不足，设施老化问题严重等，管线由于在不同时期建设，缺乏统筹考虑，经常出现重复开挖路面的现象，既影响了居民正常的生活，也造成了大量的资金浪费。很多城市在建设发展过程中存在许多的错误观念，如认为基础工程设施是埋在地下的东西，好坏无人看见，因而不重视基础设施建设。在全球问题大量出现的今天，各项设施的可持续发展与利用问题已引起广泛重视，在现代城市规划中，城市基础设施的可持续性规划已经成为实现城市可持续发展的一项重要内容。

1. 城市基础设施建设中存在的主要问题分析

1.1 给水与排水工程

给水与排水系统是城市规划建设的一项重要内容，在城市规划中，尤其是一些中、小城市，给排水系统存在诸多问题：由于缺乏对城市化迅速发展的的预测与分析，给水排水系统普遍存在容量不足的现象，如管径不足导致的水量和水压不够，无法保证城市高峰期用水；城市排水雨污合流，给城市污水处理带来很大的压力，城市排水系统不畅，内涝严重；雨水不能充分的利用，城市绿化用水多为自来水，造成水资源的浪费；不考虑地形地貌及排水特征，造成管网坡度过大或过小，影响排水的效果等。

1.2 供电与通信工程

随着城市的发展，城市老城区出现的供电与通信问题主要是：供电负荷不均匀，服务半径不合理，用电损耗大，供电稳定性较差，多次重复改造造成了极大的资金浪费，通信工程系统各项设施内容及标准已无法适应现代城市智能化、网络化、数据化的发展要求。

1.3 燃气、供热工程

由于资金不足，一般城市在燃气、供热等方面多采用自给自足的方式，建设成本高，能源利用效率不高，对环境有较大的污染，这与城市可持续发展的目标是不相适应的。

1.4 管网综合问题

不同时期建设的各种管线由于缺乏统一协调，一方面造成重复开挖路面的现象，另一方面也增加了管网布置近远期衔接的难度。管网综合不能满足规范要求，存在安全隐患，各种管线实施过程中的交叉矛盾时有发生。从总体上说，城市基础设施在没有统筹协调前提下盲目建设，必然造成各类设施的布局混乱、相互矛盾、重复建设和资金浪费，缺乏对城市远期持续发展的适应性分析。因此，在现代城市规划与实施过程中，对城市基础设施进行系统论证，考虑各项工程设施之间及其与外界联系，从设施持续性利用角度对其进行深入研究，是提高各类设施利用效率和体现城市可持续发展理念的本质要求。

2. 城市基础设施规划的可持续性

2.1 对可持续性的理解

基于对城市可持续发展的理解，在城市基础设施规划过程中，首先要求充分考虑城市持续发展对基础设施的持续性要求，如各项设施规划布局应充分考虑城市近远期发展的要求，近远期设施布局有机结合；其次，对各项设施的规划布局应充分考虑地形地貌的特点，节约用地，不破坏生态环境，对资源要尽可能地循环利用，通过基础设施的可持续性研究，实现可持续发展的建设目标。

2.2 给水排水工程系统规划的可持续性设计

城市用水波动性很大，高峰期用水量大。给水系统规划应充分考虑用水的周期性要求，其规划设计的可持续性应包括供水的稳定性、节约用水等方面。在管网布置时，给水干管与用水集中区域密切联系，同时采用环网供水与加压泵站的有机结合，保证用水集中时段给水压力，要考虑管网的合理管径。雨水排放应充分考虑各分区自身的排放特征，尽可能分片集中收集并适当加以利用，如将雨水汇入景观水塘是较好的利用方式之一。在雨水的可持续利用中，还可以将收集的雨水重新渗入地下，以维持良好生态环境。雨污水的循环使用已成为当今社会节约用水，保护自然生态环境，创造景观的一项重要手段，国际社会已普遍认同在资源利用上的"3R原则"，即资源的 Reduce（减量化）、Recycle（再循环）、Reuse（再利用），其中 Reduce（减量化）应放在首位，即首先要主张节约利用资源。

2.3 供电与通信工程的可持续性设计

供电系统的持续性设计内容包括系统的安全性与合理性考虑。在城市规划中，高压与低压配电系统应与各功能区的供电负荷有机结合，既要考虑开闭所、配电房服务半径的合理性，又要充分考虑供电系统近远期有机结合的可能性。既要满足近期用电负荷不大情况下的低投入，又要满足未来发展对用电负荷的要求。因此，系统的优化布置、节约投资、减少用电损耗是设计的关键。通信系统规划设计在满足系统合理布局的前提下，应充分考虑现代城市智能化建设的要求，如网络与多媒体、数字化管理等，同时要留有发展空间，因为通信工程技术发展更新速度快。在弱电系统布置时，应考虑电话、网络、有线电视等多种管线同管敷设的可能性，以降低工程造价。

2.4 燃气、供热系统的可持续性设计

在城市建设中，应尽可能避免各社区各自为政的现象，考虑使用城市集中能源，尽量节约使用能源。即使在城市边缘区暂时无条件使用城市集中能源的情况下，也应在规划设计时考虑设备衔接的可能性。燃气、供热的能源浪费已成为当今能源节约研究的重要课题，能源传输损失占能源供应的相当大的比例，因此在燃气管网、供热管网及各项设施的布局与设备选择上应作充分研究，包括对围护结构的优化设计，降低围护结构能耗，提高能源输配效率等多种措施，都应在燃气、供热系统规划设计中认真考虑。

2.5 管网综合设计

在管网综合设计中，为提高管网系统的综合效率，应充分遵循以下原则与要求：（1）总体上要做到一次设计，分期实施，近远期有机结合，同时要留有发展余地；（2）管线施工应注意综合协调，避免重复开挖；（3）尽可能采用同管同沟敷设，以减少对地表生态环境的破坏；（4）管网系统优化设计，节约用地，降低工程造价；（5）符合管网综合规范要求，确保各类设施的安全性与稳定性。

可持续发展的标志是资源的永续利用和良好的生态环境。在城市规划建设中，节约用地、生态环境的保护、资源的循环利用、减少能源消耗等可持续发展思想应得到充分的应用。基础设施的可持续发展是城市可持续发展重要内容之一，因此，设计师必须认识到可持续发展的重要性，迅速转变思想观念，在城市基础设施规划建设中充分体现可持续发展的思想。

作者简介：合肥市双凤工业区管理委员会副主任、国家注册城市规划师

北京市交通对合肥城市交通发展的启示

宋冬芳

摘　要：首先分析了北京市城市道路交通现状及其成因，接着从用地规划、公交优先、道路建设、车辆发展、交通管理等多个方面阐述了北京交通发展的政策与措施，最后结合合肥城市交通的实际，从北京交通政策与措施的经验和教训中提出了改善合肥城市交通现状的对策。

关键词：北京市　合肥市　交通　成因　启示　策略

1. 北京市城市交通问题的成因分析

近两年来，北京陷入了"拥有最广阔的马路，也拥有最宽裕的'停车场'，交通拥堵现象也最严重"的困境，严重降低了城市的运转效率，一定程度上阻碍了社会、经济的发展，影响了首都的整体形象。一时间，北京的交通拥堵问题凸显出来，成为社会关注的焦点和热点。有关方面的调查显示，多数北京人上班需花费1h以上的时间，其中，60~80min的占34.3%，超过100min的占6.5%；而在20min以内即可到达工作地点的仅占5.5%。

北京多数道路的交通饱和度达到90%以上，而且不分是不是上下班的高峰时间。早晚流量高峰期间，整个城区的道路更是基本处于拥堵状态。据北京市交管部门调查，二环路以内的城市中心区是北京交通拥堵最严重的地方，一些路段，车辆的通行时速已降到10km以下，个别路段甚至降到5km以下，比步行速度还慢，仿佛回到了马车时代。

北京交通问题的成因主要体现在如下几方面：
1.1 机动车数量增长过快
北京机动车从建国初期的2300辆发展到1997年2月的100万辆，用了48年的时间。而从100万辆发展到200万辆（其中私人机动车128万辆），只用了6年半，机动车保有量的增长速度，高于全国平均水平30个百分点。2005年末北京机动车数量达到270多万辆。

按照发达国家的一般规律，当轿车平均价格接近人均国内生产总值(GDP)的2~3倍时，轿车开始大量进入家庭。2002年，北京市人均国内生产总值达27746元，约合3355美元，达到中等收入国家的水平。据北京市交通主管部门预测，按照目前居民收入水平和汽车增长速度，到2008年，北京机动车保有量将突破350万辆。

1.2 城市交通建设与城市发展比例失调
自建国以来，北京的市区规模扩展了三倍多，城市人口达千万以上，加上近400万的流动人口，使城市的交通需求量大幅度增长。与机动车增长速度和交通需求增长速度相比，城市交通设施的建设速度迟缓，道路面积的年增长率与道路交通量的年增长率之比长期徘徊在1:2左右。目前，北京的人均道路面积为仅$4.7m^2$，少于上海的$6m^2$、广州的$9.76m^2$，更少于东京的$13.5m^2$、伦敦的$24.5m^2$。北京道路面积率仅为10.4%，而伦敦为35%，美国大中城市一般为45%。

1.3 路网结构存在缺陷
在路网结构方面，存在着东西向和南北向不平衡的状况。东西向因为有长安街、平安大街、"两广"路等干线，车辆通行情况较好；南北方向却缺少主要干道，因此，东二环和东三环、西二环和西三环还不得不承担起了南北主干道的作用，难以发挥快速路的功能，据交管部门调查，目前环路上2km以下的短程交通却占到20%~30%左右，这些车辆本来是不应该进入环路的。这种短程交通的大量存在，造成了车辆在环路上频繁进出，从而影响了环路的通畅和功能的发挥。

另外一个问题是缺少从市中心通往四面八方的放射性线路。

环路不少，但环与环、外围区和中心区联络线不够，影响了城市交通的效率。最近几年，北京市在打通环路与环路之间的联络线方面，做了努力和改进，比如学院路，把四环、三环、二环都连接起来，再如新开辟的从二环西直门到西三环之间的联络线等，但总体来说，还远远不够。这也是北京的环路修了一环又一环，交通却照样拥堵的原因之一。

1.4 公共交通分担出行比例偏低

不同的交通方式和居民出行结构，对城市交通所产生的压力是截然不同的。巴黎1000万人口，轨道交通承担70%的交通量（莫斯科和香港为55%）；伦敦700万人口，主要依靠轨道交通。道路交通只是辅助的，主要用于向轨道交通系统集散客流；东京人口1000多万人，拥有汽车600多万辆，80%的交通量由轨道交通承担，绝大多数市民通勤及购物主要还是乘坐地铁和市郊铁路，拥有小汽车的人中使用小汽车上下班的只有10%左右。

对北京市居民2001年出行情况的调查表明，在居民出行结构中地铁和公交车只占29%，自行车出行占32%，其余的近40%为私家车、公务车和出租车。而在1980年代初，公交的分担率是70%，很显然，公共交通的吸引力在下降。

1.5 交通管理力度与智能化建设滞后

目前的交通管理法规和管理制度仍有待进一步完善。占路停车、路边摆摊设点、公交车站点的名称和位置、公共交通线路的设计、过街天桥及地下通道的位置、交通标志的设立等均存在很多问题，影响了道路的通行能力。此外，交通管理智能化水平偏低也是导致交通拥挤的重要原因。

2. 北京市交通政策与措施的反思

2.1 应制定明确的交通发展政策

长期以来，北京交通政策不明朗，整体思路和配套措施较欠缺。由于交通政策不够明确，使得北京城市交通发展的指导思想显得摇摆不定，表现在实际工作中，就是政府在道路交通建设上思路不够清晰，工作推进不够坚定，措施显得不够有力，每次新举措的出台都更多的带有临时应急色彩，长远整体思路的连贯性则显不足。

2.2 私人小汽车发展与使用政策不能过于宽松

北京的机动车数量突破200万辆后，私车约占2/3，其中私人小轿车80万辆，占2/5。每百户家庭拥有小汽车已达15辆，按照国际通行的百户10辆的标准，北京已经进入了汽车化社会。

一直以来，北京对轿车发展实行的是压低使用成本的政策，低廉的使用成本造成对社会公共资源的过度消耗甚至浪费，值得反思。综合全国和世界各大城市的情况看，目前北京的机动车使用成本是最低的。买车就意味着廉价占有城市的公共资源，将污染免费排放给整个城市居民，用车成本则由全社会来承担。以停车成本为例，北京目前为2元/h，据中国社科院的测算，北京的停车费应不低于15元/h。如果继续维持极低价格水平的汽车使用政策，公共资源就难免不会被滥用，从而使车辆急增，整个城市交通陷入恶性循环，导致整个城市效率继续降低，进一步加剧不公平。

2.3 既要重视道路工程手段，也不应忽视其他措施

尽管也有一些类似于"公交优先"、"需求管理"的观点和声音在呼吁，但实际上北京的做法反映出在决策层中有一种倾向——靠多修路、建立交来解决交通问题，政府部门每每以新修了多少路，共有多少立交桥来体现政绩，却很少去思考这些硬件设施的投入使用对解决交通问题的作用到底有多大。由于相应的措施和其他手段配套不够，结果就是"路修到哪里，车堵到哪里"。事实上，北京交通基础建设的投资力度，在全世界都是罕见的。"九五"期间，北京市交通基础设施投入达400亿元，占GDP的4.3%；而"十五"期间，投入的资金是838亿元，占GDP的5.15%（根据世界银行对全世界几十个国家大城市所做的调查，在正常情况下，城市交通基础设施投入一般占城市GDP的3%左右，即使个别城市在特殊时期超过了5%，也不会维持太长时间，否则将影响其它需求的平衡发展）。

应当认识到，修路并不是解决城市交通拥堵问题的"万丹灵

药",必须从优化道路结构上寻求突破,决不能盲目地在数量上做文章。就算斥巨资把北京所有道路再高架一层,过不了几年,恐怕也不会比现在好多少。

国内外的发展历程和经验都表明,工程手段一定要在规划的指导和前期系统研究的基础上进行。20世纪70年代英国的一份专家调查报告中认为:在考虑建设新的道路之前,首先应该考虑各种提高现有道路使用效率的措施,并采用与道路供应条件相适应的交通需求管理(交通需求管理的实质就是要适度抑制不合理交通需求)。不依赖大规模新建道路,仍然有可能保证城市交通的正常运转。

2.4 要注重从用地规划布局上找原因

我国规划界的权威吴良镛院士认为,仅仅凭借交通技术来解决城市发展问题是行不通的,包括交通拥堵在内的大城市病,必须通过城市发展战略的创新予以根本解决。

从组织城市交通的角度而言,北京"摊大饼"的城市形态结构存在一定的先天不足,此外在用地布局方面也有值得探讨的地方。北京是一个最典型的单核心城市,在城市外围建设了大量住宅区:仅望京、天通苑及回龙观这三个居住区的总人口就至少相当于一个中等城市,而其中很多人要到城里去上班,这样交通源就大大增加了。正是用地规划布局上的不足,更增加了交通源和交通量。

2.5 公交优先要落到实处

公交优先发展不能只是口号,需要实实在在的政策倾斜和资金、技术、管理来保障。北京市尽管"公交优先"的目标喊了好多年,但是并没有真正将"公交优先"作为解决城市交通问题的优先战略,公共交通体系(特别是大容量快速公交)的发展明显滞后,供需不平衡,也没有形成长、中、短途合理衔接的公交换乘体系。北京市地铁和常规公交车加起来对城市交通的分担率不足30%,离80%的期望值相距甚远。

北京自20世纪60年代环线地铁建成之后,几十年时间里,轨道交通建设发展极其缓慢,应该说,有关部门在这个问题上未能未雨绸缪,的确对今天北京交通问题的产生有很大的根源性影响。北京每辆机动车的年平均行驶里程是东京机动车的4倍,所以不到

200万辆车的北京的路面交通流量远远大于有600万辆车的东京。

2.6 城市建设管理体制应有利于城市交通建设的发展

城市交通建设的顺利发展必须以城市的综合规划、统一开发与统一建设为前提。北京的城市交通设施建设，长期游离于城市改建和开发计划之外，既不能统一按比例安排投资，也不能同步协调建设。长期以来，分散投资、分散建设的体制已经成为城市交通建设正常发展的极大障碍。

3. 对合肥城市交通发展的若干建议

由北京城市交通问题的启示，鉴于合肥交通发展现状，对合肥交通发展提出如下建议。

3.1 尽快制定具有前瞻性的城市交通发展战略

面对城市化步伐加快、小汽车进入家庭和轨道网络快速发展的新形势，要求北京以一体化交通战略为导向，尽快形成综合性强、效率高、能为市民提供多种选择的一体化交通格局，为此，北京在2004年城市交通政策中提出了建设国际大都市一体化交通的战略，并构成《北京交通发展纲要》的主线。其他大城市也与北京类似，已经或正在着手制定各自的城市交通发展战略或出台相关纲领性文件，例如，2002年上海市出台了《上海市城市交通白皮书》，开创了国内城市在交通发展战略制定方面的先河；2004年，深圳市制定了《深圳市综合交通可持续发展战略》；最近，南京也已完成《南京城市交通发展白皮书》，杭州也正在酝酿出台城市交通白皮书。合肥市目前还没有制定较系统的具有前瞻性的城市交通发展战略，为城市交通长远的可持续发展，制定如上述城市交通发展的纲领性文件，对于合肥市未来发展非常必要和迫切。

3.2 逐步理顺管理体制，保障交通政策的有效实施

城市交通是城市效率的一面镜子，它折射的不仅是交通发展和管理水平，而且是一个城市的权力体制和政府管理水平。合肥和其他城市一样，城市交通建设管理中存在行业分割与部门分割以及职能交叉重叠的问题。虽经历次改革，也只是个别职能在新旧机构间进行转移，没有从根本上解决原有体制的弊端。为了确

保城市交通政策的顺利实施，城市政府首先要建立一个强有力的权威机构，由该机构来统一协调各部门的工作，统一负责城市交通政策的编制和实施。从多年来北京整治交通拥堵的实践来看，部门职能和权力分割的旧框框尚未打破，新的统筹协调的管理体制有待建立，为此北京市成立交通委员会应该说是理顺管理体制的重大举措。此外，北京、上海、深圳、广州、南京、杭州、武汉、昆明等城市还专门成立了城市交通研究所，负责本城市交通方面的研究工作，为政府决策机构提供技术服务。合肥市也同样需要进一步理顺城市交通建设与管理的体制，以进一步协调好部门之间的工作，同时应充分整合建设、规划、市政、交通、公交、交警等部门的智力资源，尽快成立合肥城市综合交通研究所，开展合肥城市交通的研究与技术咨询工作。

3.3 优先发展城市公共交通，加快规划和建设大运量快速城市公交系统

众所周知，道路扩容是缓解交通拥挤的重要措施之一，但我国土地资源紧缺，城市土地更是寸土寸金，完全依靠道路扩容显然既不现实也不长效。小汽车进入家庭已是势不可挡，拥有但不鼓励使用就必须要有相应的替代交通方式。以城市公共交通出行时人均占用道路面积、消耗的能源以及排放的污染物远低于小汽车出行，因此，优先发展城市公交，提高公交出行比例，才是缓解城市交通所面临压力的有效措施，这一点既是国际经验，也已基本成为我国许多专家学者和城市建设管理工作者的共识。近年来，合肥市为提高公交的吸引力，在增加公交线路和公交车辆数量方面采取了很多有力的措施，但城市居民以公交出行的比例还是偏低。调查显示，1992年合肥市公交出行比例14%，2002年公交出行比例15%，十年来公交出行比例几乎没有提高。对其中的原因进行调查表明，公交的准时性差与运行速度低是合肥市民不愿以公交出行的最主要原因。

随着城市规模的扩大，常规公共交通由于运力有限和运行速度的低下将难以提高吸引力，为此，需要尽快规划建设快速大运量的公共客运方式，如快速公交系统（BRT）或轨道交通系统。

快速大运量的公共客运线网、线路应该安排在人口稠密、客流量大的中心地区，近期在资金有限的情况下，在用地上要做好预留。目前客运量比较大的走廊位于主城区与西南新城之间的通道上，首期线路可以考虑安排在由新火车站、胜利路、长江中路、金寨路、南七里站至明珠广场方向，其次是长江东路、长江中路和长江西路这一东西客运走廊以及南北向的荣事达大道与美菱大道上。

3.4 优化调整用地布局，规划建设城市副中心

为减少中心区聚集效应，避免中心交通量的继续增加，一方面要尽量控制中心区用地强度的继续增加；另一方面应加快规划建设外围组团的城市副中心。副中心建设不仅仅是商业和居住的功能，还应配套建设能与中心区相媲美的医疗、学校、游乐设施等，使之具有形同市中心的延伸感，只有这样才能更多地截留人流。从合肥市用地发展趋势看，首先应结合政务文化新区的建设尽快完善西南片区城市副中心的功能，为未来新城的进一步发展奠定基础。

3.5 完善道路网络，加快建设城市快速路系统

按照未来合肥城市 300 万人口和人均每天出行 3 次计算，日出行总量将达到 900 多万人次。国内外城市发展的经验表明，如此巨大的城市交通需求与机动化交通方式的快速发展仅仅依靠传统的主次干路与支路组合的路网结构来承担将是非常困难的。按照国家《城市道路交通规划设计规范》的要求，规划人口在 200 万人左右的大城市或长度超过 30km 的带状城市应设置快速路，人口小于 200 万人的城市，快速路网的密度应达到 $0.3 \sim 0.4 km/km^2$，人口大于 200 万人的城市，快速路网的密度应达到 $0.4 \sim 0.5 km/km^2$。根据这一规范，从城市人口规模和特殊城市形态造就的巨大城市建成区半径来看，合肥市应该规划建设快速路系统。按照合肥市目前城市人口和建成区面积计算，快速路总长应达到 60km 以上，按照合肥城市未来 300 万城市人口和建成区面积 $280km^2$ 计算，则快速路总长应达到 150km 左右。上述规范是 1995 年制定的，随着近年我国汽车进入家庭，多数城市在规划道路网时，往往有提高快速路网密度的趋势。虽然在上一轮合肥城市综合交通规划中将

二环路确定为快速路，但从合肥城市现有道路设计标准来看，并与《城市道路交通规划设计规范》关于快速路设计的要求进行比较，可以说合肥市还没有一条严格意义上的城市快速路。

基于合肥城市形态的特点，其快速路的规划应注重解决以下三个方面的问题：

（1）快速路应有利于解决外围组团之间的快速交通联系。为缓解中心城区交通拥挤，确保各外围组团之间的相互快速联系，需要将外围组团之间的交通引出中心城区。环路是避免外围组团之间的交通穿越中心城区和便于外围组团之间交通便捷联系的较好方法。上一轮合肥市城市综合交通规划将二环路定位为快速路，但二环路虽已贯通多年，其建设标准还远没有达到快速路的要求，因此，应重新规划和建设连接外围各组团之间的高标准快速路。

（2）快速路应有利于解决中心区与外围组团之间、新城与旧城之间的联系，以推动新城发展。目前外围组团与中心城区联系的通道非常少，更谈不上快速通道，如城西南片区的上派组团及经济开发区与市中心区的联系通道只有金寨南路（南段为合安路），城西片区由于道路网的布局受董铺水库和大蜀山的制约，与市中心区联系的通道仅有长江西路和黄山路，城东片区及店埠组团与市中心区的联系通道只有长江东路和合裕路，城北片区与市中心区的联系通道只有荣事达大道。随着外围组团规模的扩大，这些通道已不堪重负，为此，规划外围组团与中心城区之间的多条快速通道非常必要，这也是未来新城建设发展的重要支撑。快速路往往对城市环境存在负面影响，为保护城市中心区的环境，快速路不宜穿越市中心城区，但又不能离市中心太远，否则难以疏导中心区的交通。

（3）快速路应有利于分流过境与出入境交通。合肥市周边高速公路呈环形加放射状布局，又有两条国道（G206、G312）和多条省道在市区交汇，因此过境交通量非常大，规划的快速路应与这些对外道路进行合理的衔接，既要避免过境交通穿越市区，又要便于城市对外交通快速出入境。

城市既有路网的形成是长期规划建设的结果，由于道路两侧既有建筑物的存在，要想彻底改变或调整合肥市城市现有路网等级与结构往往是不现实的。应根据快速路系统的规划理论和合肥市城市总体发展战略，结合合肥现状道路结构，提出有可能而且有必要改造为快速路的路段，并根据城市发展和道路交通需求提出一些新规划的快速路。快速路的选址和布局在注重建设必要性的同时，还要注重其可行性、继承性和系统性，设计标准要体现前瞻性、景观性和环境友好。

3.6 制定合理的汽车消费政策，适度控制小汽车的增长

这里所说的控制小汽车，不仅仅是指私人小汽车，也包括政府部门的公务车。在我国目前的发展阶段和情况下，综合考虑道路和设施的容量、多种交通方式的结构和构成以及相互之间的衔接和协调能力、城市交通和环境的可持续发展、交通管理水平等各种因素，对小汽车的增长进行适度的控制是必要的。

从我国大城市以往的实践来看，要解决好城市交通问题，汽车消费政策的改革必须同步进行，配套改革，甚至要加快步伐。要建立有效的机制，通过政策导向，引导小汽车的合理使用。在国外，购车后基本是开车才会产生费用，而在我国，一旦成为有车一族，不论用还是不用都要不停地交纳各种费税，在使用和不使用花费基本相差不大的前提下，人们自然要选择使用车辆。有这样一个内在激励机制起作用，我国城市中私人小汽车的使用率自然就要高于国外。显而易见，如果在每天大量出现的通勤交通方面发展小汽车交通的话，将要付出社会无法忍受的代价。

合肥市小汽车数量虽然远没有北京、上海等大城市多，但其每年10%以上的增长速度也是不能小视的问题，制定合理的合肥市汽车消费政策，适度提高小汽车进入家庭的门槛是非常必要的。上海采取汽车牌照拍卖的做法使得其城市汽车增长速度远低于北京市，由此对交通带来的良性影响值得合肥市借鉴。

3.7 引入经济调节手段，加强交通需求管理

对任何一个城市来说，交通发展的制约绝对不仅是建设资金的制约，还需要考虑能源、环境以及土地空间资源的制约，因此，不能无限制地满足交通需求的增长，必须对交通需求进行管理。

道路的改造建设应该只是对交通需求管理无法解决问题的情况下才有必要进行。

所谓交通需求管理，从广义上说是指通过经济、行政、等政策的导向作用，促进交通参与者的交通选择行为的变更，以减少机动车出行量；从狭义上说是指为削减小汽车通勤交通量而采取的综合性交通对策。交通需求管理主要是通过税收、价格、收费、政策等手段对汽车交通加以适当的调控，以抑制需求的无节制增长，其直接目标是对机动车使用加以合理限制。例如通过大幅度提高城市中心地区的停车费用和严格该地区的违章停车管理，控制车辆向该地区的流入量；提高与小汽车使用有关的税收，促使使用者转向公共交通；实行车辆牌照管理和控制，控制汽车数量的增长速度等。当然，交通需求管理往往涉及产业发展和社会影响等，因此不能仅从交通单方面考虑问题。

合肥市的交通需求管理应针对其城市特点，实施各种综合对策，如引入停车政策的调节手段，可通过差别化供给停车泊位与收费等政策，对不同地区、不同时段实行不同的停车政策（包括不同的停放限制和停车费率等），调控停车泊位的供给，限制采用私人小汽车上下班，进而引导小汽车的使用。严格控制路内停车位的供给和使用，增加路外公共停车设施供给，鼓励使用地下停车库或停车楼，调整费率比价。近期可以采用提高老城区机动车停车费用的办法来减少小汽车交通涌入老城区，并通过提高公共交通的服务水平促进人们对公共交通的利用，远期可以在中心城区对小汽车交通采取适当的拥挤收费政策，在市区边缘，应结合大型公交枢纽的建设，规划建设若干"停车换乘"设施，实行低价位或免费停车，鼓励换乘公交进入市区。

作者简介：合肥市规划设计研究院主任工程师、国家注册城市规划师

城市公交优先发展的政策保障措施研究

柏海舰 张卫华

摘 要：公交优先发展作为一种战略是解决城市交通问题有效的方法，但公共交通本身在营运和服务上的弱势使得公共交通的发展需要有强有力的政策保障。因此，在不同的时期，如何制定和实施有效的公交优先发展保障政策是公交优先战略得以实施的基本保证。本文分别从土地利用、经济和小汽车的发展政策上分析了适合我国国情的公交优先的政策保障措施。

关键词：公交优先 政策保障 经济扶持 土地政策 交通需求管理

1. 公交优先发展的经济扶持政策

城市公共交通尤其是轨道交通建设与其他城市基础设施一样是资金密集型产业，具有初始投资大、投资回收慢、直接经济效益低等特点，公交企业既承担公益性、福利性功能，又要实行低票价政策，所以仅仅依靠客票收入来发展公共交通是行不通的。我国普遍存在城市公共交通建设资金严重短缺、融资渠道狭窄、融资方式简单僵硬等一系列问题。如何有效地筹集资金来满足城市公共交通发展的需要，构建和发展与城市公共交通相适应的投资融资机制与政策，以及税费土地优惠政策措施已成为中国城市政府在体制改革中的一项重要议题。根据国内外相关公共交通发展比较成功的城市在公交优先发展的经济扶持政策方面的经验，公交优先发展的经济扶持政策可采用以下几种模式：

1.1 政府投融资

政府投融资，是指政府为实现调控经济的目标依据政府信用为基础筹集资金并加以运用的金融活动。政府投融资主体是以政府提供的信用为基础，以政策性融资方式为主，辅之以其他手段进行融资。资金来源渠道主要有两类：政府财政出资和政府债务融资。具体是：(1) 政府财政拨付的资本金；(2) 政府基本建设基金或国债资金；(3) 国内政策性银行的政策性贷款；(4) 境内外发行债券；(5) 政府向国外政府或国际金融组织贷款；(6) 依托于政府信用的商业贷款等[4]。

为保证上述融资方式的可行性，需要建立合理的利益返还渠道与保障机制。融资利益返还通常可采取如下政策措施：

采用资本赠与的方式，政府可将一定数量的资本赠于投资公交项目的公司；或者以资本入股，当项目达到一定的赢利后再分红；

采用购买协议的方式，政府可以与公交项目公司签订合同，当市场消费（即公交客流）低于某一水平时，由政府向企业购买不足的部分；

采用贷款担保和贴息的方式，政府可为项目公司提供贷款担保，使项目公司获得银行信贷支持，政府也可利用财政贴息的方式，使项目公司获得低息或无息贷款；

采用联合开发的方式，公交基础设施项目会带来明显的外部效益，如使周边的房地产升值，因此一些低收益项目可准许投资者将公交项目与相关的房地产项目联合开发，使外部收益内部化。

1.2 公共交通优先发展的财政补贴政策

对公共交通的财政补贴分为直接补贴和间接补贴，即政府从财政资金或征收的税金里拿出一定的比例用于弥补公交企业因公益性服务带来的亏损或用于进行公交基础设施的建设。各个国家和我国各个城市对公交的补贴比例不尽相同，最大甚至达到公交企业成本的70%以上。目前美国城市公交运营费用的70%由财政补贴供给。在1992~1996年期间，各国政府对购买公交汽车的补贴比例为38%。由于轨道交通具有速度快、运量大及污染少等特点，欧洲各国普遍重视轨道交通的建设，对轨道交通的补贴比例较大，德国、奥地利和瑞士修建轨道交通享受50%的财政补贴[2]。

在法国巴黎，除了每年由国家、巴黎市政府和巴黎周围各省给予大量财政补贴外,还有巴黎各企事业单位缴纳的"公共交通税"。公共交通税收的纳税主体是城市内各种非公交机动车的拥有者,由于各种机动车的车型不同,对道路的动态占用面积也就不同,所以不能一概而论,而应实行差别税的做法。其征收途径可以在收取年检费时一次性收取,也可以仿照养路费的征收方式收取。税收所得的财政收入作为公交补贴的资金来源之一。1992年交通税为法国国家带来了150亿法郎的收入,保证了城市公共交通三分之一的资金需要。自20世纪80年代以来,巴黎交通自治管理局每年公交总收入达200亿法郎,其中:33%由乘客支付的公共交通费;27%由国家补贴;12%由巴黎及周围各省补贴;18%为公共交通税,向各企事业单位征收;10%为其余各种收入,如经商收入、广告费收入等。为保障政府公交财政补贴的顺利实现,很多国家和地区先后制定了多种有关公共交通的法律法规及税收政策。比如,美国的《城市公共交通法》、《城市公共交通扶持法》、《综合地面交通效率法案》、《21世纪交通平衡法》,法国的《公共交通法》,德国的《改善地区交通状况的财政资助法》等[5]。

1.3 为公交企业提供税费优惠政策

公交企业税费通常包括建设附加费、营业税、城市建设税、教育附加费、能源交通建设基金、房产税、土地使用税、退休统筹费、失业保险金、养路费等等,过多的税费无疑加重了公交企业的负担,影响了其发展。税费优惠政策是许多城市逐渐采取的做法,这不仅仅能够减少公交运营企业的正常运营成本,同时能够更大的鼓励其他资金进入公共交通建设领域。可以减免的税费包括土地使用税、公交企业的燃油税、增值税、营业税、车辆购置税等,可根据各城市实际情况而定[3]。

1.4 公交票价制定政策

(1)建立科学的定价机制。首先,要科学定价。公交票价的制定要依据公益性与经济性有机结合的原则,既要体现一定比例的公交企业运营成本,与公交所提供的服务价值保持阶段性的总体平衡;又要体现居民消费结构和出行需求的变化,使城市居民平均交通费用支出占平均总支出的比例保持在一定的水平,发挥客运价格的导向和杠杆作用,以最大限度地吸引客流,提高公共交通工具的利用率。其次,要依法定价。按照国家《价格法》的规定,采取价格听证会等形式,并广泛听取社会各界的意见和建议。建立价格评估体系,有关部门要对公交企业财务管理进行有效的监督,对企业的经营成本进行科学测算,政府授权的社会中介组织要对公交线路的成本—效益进行定期的动态监控,为政府科学定价提供准确依据。改变目前票价与经营成本上涨完全脱离的政策,逐步形成依据成本变化级进式调整公共汽车票价的制度。同时,各种公共交通方式之间也要建立合理比价关系,实现优势互补,提高整个公共交通系统的运行效率及吸引力。

(2) 建立合理的价格补贴政策在当前和今后相当长的时期内,公交都将是我国大量中低收入人群出行的主要方式,因此,"公交优先"实际上是群众优先。正因为公交的群众性、公益性,政府有必要建立合理的价格补贴机制,对公交企业予以扶持。首先,可以通过财政或居民所在单位对在职职工发放交通费,按一定比例报销月票等形式,鼓励乘坐公交车。法国政府就规定企业职工只负担公交月票的一半,其余由所在单位补贴,而学生则半票,退休人员凭退休证免费乘车。其次,由于原材料和油费上涨等原因,在保证公交服务质量不下降的情况下,公交利润率没有达到一定的标准,公交企业可以向政府请求提高票价或申请政府补贴。政府应出台相应政策以保证专营公交企业年收益达年营收的一定比例(如10%),不足时专营企业可以向市政府请求提高票价或补贴。

(3) 尽快实施票价一体化政策减少因经营者不同、交通方式不同、线路和车辆不同等因素对乘客出行费用的影响,方便乘客。

2. 公交优先发展用地保障与使用政策

公交优先发展不仅需要经济上的扶持政策,同时因为公交的相关设施将占用很多城市用地,因此,要保证公交优先还必须保证有足够的公交用地,使得场站,道路,以及轨道交通有充分的发展空间。通过对国内外相关城市的公交用地保障与使用政策的研究，结合我国情况，以下一些公交土地使用政策值得深圳市借鉴。

2.1 为公共交通提供必要的土地优惠政策

对于公交场站的土地，政府应给予优先安排，尤其对于不改变土地性质和大规模搬迁用地，城市公共交通规划确定的停车场、保养场、首末站、调度中心、换乘枢纽等设施，其用地在规划范围内的，可以用划拨方式供地，即使购买也可以通过减免建设附加费等费用的办法来减少公交企业的投入；对于大型公交枢纽及场站附近的土地可以划拨或低价出让给公交企业进行商业开发，以此来弥补公交初期建设的投资和运营费用，同时吸引非政府资金进入公交系统。

2.2 在规划上推行优先考虑公交用地的政策

按照"统一规划，统一管理，政府主导，市场运作"的方式，积极推动公交场站用地的规划建设。规划部门应将公交优先发展的战略思想体现在用地规划之中，要给公交发展预留足够的土地；还要注重与公交相关管理部门做好协调工作，对预留公交用地进行合理规划与布局，使其尽可能的满足未来发展的需要。对于大型公交枢纽、综合停车场、修理场等用地，政府应协助营运企业加以落实，由公交企业建设、管理和维护，并监督公交企业不得改作它用。

2.3 推进轨道交通与土地利用互动的政策

土地政策与轨道交通结合的基本策略，可以从两方面来看，首先，通过轨道交通优化城市土地利用的空间布局；其次，在主要轨道站点周围地区实施高强度的开发，使之成为集公共交通枢纽、住宅、商业和娱乐设施为一体的繁华街区；站点及周围提供设施良好的进出站步行通道，以吸引大量步行换乘轨道交通的客流并降低这些客流搭乘轨道交通的步行时间与平均出行时间。另外轨道交通建设计划与土地开发计划协调，由轨道带动区域发展或都市更新。

国内外有很多这种土地政策的成功例子。在将军澳新镇，当2003年香港地铁公司的支线开始运营后，50万居民的80%将住在离地铁线路的 5 个车站 800m 以内的地方,这些开发都是在规划阶段就加以识别出来。作为轨道交通的运营方,香港地铁公司在轨道系统开始运营后即从地铁的高使用率和沿线地铁站附近及周围的物业发展中获利[1]。

2.4 公交场站用地的综合开发政策

公交的智能化需要有智能化、多功能化的公交场站,与此同时,还需要提高公交企业的自身盈利的能力,因此有必要对公交场站进行综合开发。在保证公交运营的前提下,建设人性化,与周围环境协调的综合性场站,全面提升公交场站功能。多渠道融资、多方式合作,以市中心区为重点,把公交枢纽站建设成集商务、餐饮、娱乐、出行等多功能的综合型枢纽站,以适应现代化都市发展的需要,促进公交企业的全方位发展。

3. 小汽车发展与交通需求管理政策研究

小汽车发展对城市经济的发展是有积极推动作用的,但小汽车的过渡发展会占用过多的道路资源,对公交发展形成抑制作用,尤其是在公交服务水平较低的现阶段。因此不应任由小汽车无序发展和使用,需要给予适度地限制拥有和使用的管理措施,以减缓小汽车增长的幅度,限制小汽车的出行,让它符合城市目前及今后的城市规模和交通承受能力。结合国内外对小汽车发展政策的经验,小汽车发展与交通需求管理政策主要有。

3.1 限制对小汽车的挂牌

限制小汽车挂牌可以通过车牌拍卖的方式,或者直接限制小汽车的月度上牌量,并提高上牌价格。当然这些方式也可能存在争议,但上海的事实证明它起到一定的减缓小汽车增长速度的作用。这种措施可能会带来部分本地车辆为逃避高牌照费用而在外地挂牌的问题,对外地车牌出入城市的小汽车根据在该城市停留的时间收取一定的费用是一种可以考虑解决此问题的方案。

3.2 征收燃油税

征收燃油税也是一种趋势,它能有效地直接增加汽车使用的费用,增加使用成本。在英国,汽油的税收是相当高的,汽油税一般包括两种，一种是燃料税，另一种是增值税，燃料税所占的比例最大。据英国一家独立的财政研究所的资料，英国的燃料税是从 1979 年开始征收的。1997 达到 81.5%，1998 年达到 85%。美国的汽油税税率是 30%，日本是 120%，德国是 260%，法国是 300%。美国的低油税政策导致了美国的轿车普遍偏大、偏重、油耗偏高，欧洲的高油税政策促进了节油技术的发展和小型车的普遍使用。

3.3 征收相对高的公共交通税

3.4 提高尾气排放标准

按计划逐步提高尾气排放标准，会减少人们对小汽车的购买需求。提高尾气排放标准，一般来说就会淘汰掉在用的一部分低档小汽车，这可以减少小汽车对空气的污染，同时，排放好的小汽车价格也会相应较高，这样可以提高人们能购买的小汽车的平均价格，相当于提高整体小汽车的价格，使一部分市民放弃购买小汽车。

3.5 交通拥堵收费

最直接的道路拥堵收费方法是根据道路拥堵的程度，对在道路上行使的车辆在不同时间和地点，采取不同的收费标准。具体的拥堵收费方式可以通过收费亭、电子收费装置或其他特殊许可证制度对进入交通拥堵区（区域收费）或拥堵道路（路段收费）的车辆增收交通费。新加坡是世界上第一个实施道路拥挤收费的国家。早在 1975 年 6 月，为限制小汽车在上下高峰时段的使用，就开始实施区域通行证系统（ALS），对造成高峰期间的私人小汽车和出租车收费。到 1989 年，ALS 的收费范围又扩大到晚上高峰期间和所有种类的汽车。2003 年，伦敦中心也开征拥挤费，规定凡是在工作日早 7 点至 6 点半进入市中心的车辆需交纳拥挤费，每车每天交费 5 英镑，2005 年又涨到了 8 英镑。有关调查显示，收取拥挤费后，伦敦市中心路面交通流量减少 30%，70% 多的伦敦市民认为拥挤收费对改善市内交通发挥了高效作用。

3.6 合理规划建设与管理停车设施

对公共停车场的建设以及市区内停车场的建设，要进行合理规划，通过对停车设施的规划与管理来调节人们使用小汽车出行的行为，这在国内外的实践中已被证明是一个有效的方法。具体做法是：

（1）控制市中心区停车场的规模与数量，可设定停车容量上限。如波特兰的 Oregon 对除宾馆和住宅区外限定整个地区停车场建设总量、西雅图和华盛顿巴利卫为商业开发区的停车容量设定了上限、旧金山在公交服务较完善的商业区，将停车场的占地面积控制在区域建设面积7%以下。

（2）在交通十分拥挤的商业中心区（CBD）、道路实在无法容纳进入的交通需求、拟采取车辆进入限制的地区，可采用少设停车泊位，高价收取停车费或甚至不设停车泊位，提高小汽车使用成本，使小汽车使用者在这些地区的周边存车换乘公交进入。

（3）在城市中心外围以及公共交通换乘点规划多功能综合停车场，在地铁车站或大型公交枢纽增加停车设施和配套现场服务设施，可设有免费或低价收费停车场，以吸引汽车出行者存车并换乘轨道交通。

（4）对共乘车辆采取优惠停车收费。

（5）向全部停车场的所有者、经营者征税，从而整体提高停车价格，所征税收可以用于补贴公交企业。

（6）交通量不十分拥挤，但停车泊位十分短缺，供不应求，相差悬殊的地区，可采用不同时间不同价格的收费方法。

（7）实施居住地私家车自备停车位制度。开展居住地私家车自备停车位制度政策研究，要求新车入户必须先有车位。

3.7 鼓励共乘方案

共乘方案是作为一种公交优先的辅助性措施，旨在满足一部分对舒适性要求较高的乘客，限制私家车低承载率出行。该方法在国外得到应用，但国内目前应用的时机还尚不成熟，但可以进行前期的宣传和教育，提高居民对共乘方法的认识，为以后的方案实施做好准备。

3.8 高占用车辆优先通行措施

建设高承载率车辆优先通行专用道（HOV）是国外许多城市

采用的一种方法，对于鼓励出行者使用大容量车辆或提高小汽车承载率的出行（如公交"定做"服务、小汽车共乘、中型客车共乘等）是一种行之有效的方法。对我国而言应加强对城市既有公交专用道、公交专用路的管理与监督，制定相关的法规，避免其他非高承载率车辆占用这些设施，提高其作为专用道路的优势。

参 考 文 献

1. 龚文平，刘卡丁．城市轨道交通建设采用 BOT 模式的分析．城市轨道交通研究．第 3 期，2004．
2. 张奎福．城市交通战略的核心问题；优先发展公共交通．城市交通．1996．5．
3. 詹运洲．公共交通优先发展的政策体系．公共交通事业．第 13 卷．第 3 期，1999．
4. 李瑞敏，杨新苗，史其信．国外城市公共交通财政补贴政策研究．城市发展研究．第 9 卷．第 3 期，2002．
5. 李涛、陈天．土地利用与城市交通协调发展——近代美国"TOD"理论与实践的研究．
6. 林艳、邓卫、葛亮．以公共交通为导向的城市用地开发模式（TOD）研究．交通运输工程与信息学报．第 2 卷第 4 期，2004．12．
7. 王媛媛、陆化普．基于可持续发展的土地利用与交通结构组合模型．清华大学学报．第 44 卷第 9 期，2004．
8. 范炳全、黄肇义．城市土地开发交通影响的理论模型．城市交通．
9. 王殿海、杨兆升．城市小区土地利用与交通关系的测算方法研究．公路交通科技．1996．9．
10. 王炜、徐吉谦、杨涛、李旭宏等．《城市交通规划》．东南大学出版社，1999．8．
11. 杨明、曲大义、王炜、邓卫．城市土地利用与交通需求相关关系模型研究．公路交通科技，2002．3．
12. 石飞、江薇、王炜、陆建．基于土地利用形态的交通生成预测理论方法研究．土木工程学报，2005．3．
13. 邵德华．土地利用与城市交通互动机制探析．城市交通．
14. 毛蒋兴、阎小培．我国城市交通系统与土地利用互动关系研究述评．城市规划汇刊，2002．4．

15. 李伯衡. 土地可持续发展的制约因素及对策. 中国工程科学, 第5卷第9期, 2003.9.
16. 陈新、杨雪、马云峰等. 城市用地形态与城市交通布局模式研究. 经济经纬, 2005年第3期.
17. 李康. 大城市交通环境的影响评价. 城市交通.
18. 陆化普、王建伟、袁虹. 基于交通效率的大城市合理土地利用形态研究. 中国公路学报, 第18卷第3期, 2005.7.
19. 曲大义、王炜、王殿海. 城市土地利用与交通规划系统分析. 城市规划汇刊 1999 [6].
20. 田继敏、赵纯均、黄京炜、蔡连侨. 城市土地利用规划的交通影响评价建模研究. 中国管理科学. 第6卷第3期, 1998.9.
21. 郭琳、贾艳杰. 天津城市土地利用与交通可持续发展对策研究. 天津师范大学学报, 第24卷第3期, 2004.9.
22. 周俊、徐建刚. 轨道交通的廊道效应与城市土地利用分析. 规划与方案, 第1期.

作者简介：
  柏海舰，合肥工业大学交通研究所副教授
  张卫华，合肥工业大学交通研究所副教授

城市停车场车辆短时到达与离去分布规律的研究

董瑞娟　杨帆

摘　要：本文以某市一个小区6个停车场的车辆短时到达率与离去率的调查数据为基础，分析研究停车场到达率与离去率的特性，特别突出了单个停车场和小区停车场的差别，在分析了停车场车辆到达率与离去率的基础上，分析选择到达率与离去率作为停车诱导系统的预测指标的可行性、科学性、合理性。

关键词：单个停车场　小区停车场　到达率与离去率　停车诱导系统　预测指标

停车诱导系统（Parking Guidance and Information System，以下简称PGIS）可以利用ITS的各种技术和手段，实现停车场的现代化管理，动态地为停车者提供指定小区附近停车场的停车空位、停车场的类型、服务水平、收费标准以及去往停车场的相关道路交通信息，对提高停车设施使用率、减少由于寻找停车场而产生的道路交通量、减少为了停车而造成的等待时间、提高整个交通系统的效率等有着极其重要的作用[1]。

目前所选取的一些交通流预测指标（剩余停车泊位、停车占有率等）在停车诱导系统联网、集成和信息共享时并不能很好地进行停车分配、提高整个小区的停车系统的效率。所以需要探寻更加有效的交通流量预测指标。由车辆的到达率和离去率可以计算得出各停车场的泊位剩余情况，并且预测整个小区内的所有停车场的车辆短时到达率与离去率的规律，进行实时动态车辆停放分配，合理诱导车辆停放，缓解交通流量较大路段的交通压力，进而更有效地提高整个小区交通系统的效率。

停车场车辆的短时到达率和离去率的研究目前还较少。因此，研究分析停车场车辆短时到达率与离去率的规律对停车场规划与管理具有很好的理论意义和使用价值。

1. 研究数据的选取

本论文的研究目的是为了对比分析单个停车场与小区停车场的车流量的特性，特别是在停车场接近饱和时的车流量特性。所以调查场所遵循以下两个规则：第一，调查场所应有多个比较集中的停车场可以作为一个整体，即为停车小区。这里的停车小区是指由于周边有明显的障碍物（如河流、铁道、道路宽度较大且过街设施相隔较远的快速路或主干道等），小区停车场的车辆停放特性相近，出行目的地为该小区的驾车者，一般选择将车辆停放到该小区内的停车场，而选择停放到该停车小区外的停车场可能性较小，即停车小区的车辆到达率相对独立；第二，调查场所的停车流量比较大，在高峰期内能接近饱和状态[2]。

根据以上的分析，本论文选取了某市中山南路、中山东路、洪武路和淮海路所围小区内的停车场，2006年4月2日(星期日)的8:00～18:00，调查间隔时间选取为15min。该小区范围内包括六个停车场，现将各停车场进行标号：1号—洪武路立体停车库；2号—万达购物广场地下停车场；3号—中央商场室内收费停车场；4号—商贸世纪停车场；5号—新百商场停车场；6号—国贸停车场。

2. 中心区停车场车辆短时到达率与离去率的特性分析

2.1 车辆的到达特性分析

采用车流量时间分布图来研究中心区域的车辆到达与离去的规律。车流量时间分布图的曲线表示的是到达或离去的车辆数随时间的变化情况，可以直观地反映停车场在一天中的到达与离去的特性。采用一个固定的短时时间间隔为一个计数点，可以得到每个计数点的到达或离去的车辆数，将各个计数点连接成线，即可得到车流量时间分布图[3]。

为作图方便起见，各个停车场采用上文的标号。时间间隔的记数方法采用表1中的标号代替。由于将6个停车场的到达特性曲线绘制在一张图中,线条太多不宜识别;现将容量相差不大的停车场组合在一起绘制在一个坐标下。根据表2各停车场容量的大小,将1号和4号组合、2号和3号组合、5号和6号组合。小区停车场的到达率为各停车场的到达率累加值,单独绘制为一张图。后文的绘制图表都采用相同的组合方式。各个停车场和小区停车场的车辆到达特性时间分布图见图1。

停车场时间统计间隔标号表　　　　　　　　　表1

时间	8:00-8:15	8:15-8:30	…	17:30-17:45	17:45-18:00
标号	1	2	…	39	40

停车场容量统计表　　　　　　　　　表2

停车场	1号	2号	3号	4号	5号	6号
总泊位数	208	150	150	260	120	100

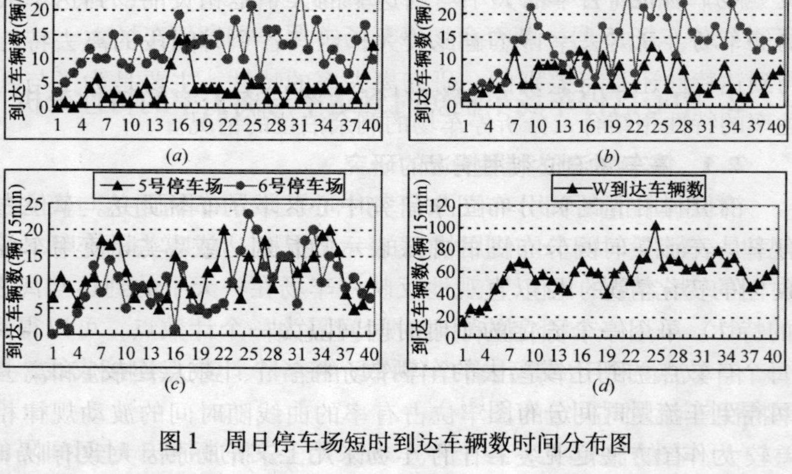

图1 周日停车场短时到达车辆数时间分布图

由图1可以看出，整个小区的6个停车场的车辆短时到达特性有其共性，但由于所处的具体位置不同，以及收费、管理措施的不同，差异也是较大的。一般而言，收费越低，容量越大，车辆的到达率也就越大，另外与停车场的周边环境对车流的吸引量越大，到达率也会越大。

通过对比分析单个停车场与小区停车场的短时到达特性曲线图，发现它们之间的差异是很大的，总结起来主要有以下两点：（1）单个停车场的短时到达特性高峰时刻各不相同，有些具有明显的高峰时段，有些没有，或集中在较长的时间段内；（2）小区停车场的短时到达率有明显的高峰时段，而且集中在较短的时间段内。单个停车场的短时到达率曲线随时间上下波动很大，每个停车场的短时车辆到达率都有各自的特点，没有明显规律可循；小区停车场的短时到达率随机性不是很大，只有个别点随时间上下波动，但波动幅度明显小于单个停车场的，且到达率有一定的规律可循，是一个比较平稳的增加或减少的过程。

小区停车场的到达特性是由各个停车场的到达率累加所决定的。小区的到达率的高峰时段并不是每个停车场的到达高峰时段，而且还有可能是某些停车场的到达低谷时段。

2.2 车辆的离去特性分析

停车场的离去率的大小与到达率的大小是相关的，到达率大的停车场，其离去率自然也比较大；但其各个时间段的离去特性与到达特性还是有差别的。研究离去率的特性，主要是为了与到达率的特性相结合，分析停车场的剩余泊位的情况。

2.3 停车场泊位利用情况的研究

泊位利用情况采用车位占有率时间累计分布图研究。车位占有率是表征停车场车位使用情况的一个指标，它是实际使用车位数与停车场容量的比值[4]。

（1）单个停车场泊位利用情况特性总结

停车泊位利用率是由各个停车场的容量、到达率特性和离去率特性三者共同决定的。车位占有率的曲线随时间的波动规律相差较大，有的比较平缓，有的波动较大。分析其原因大致有以下几类：

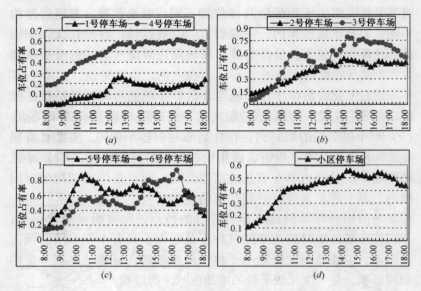

图2 周日停车场车位占有率时间累计分布图

1) 由于到达率和离去率的特性不同，车位占有率有所差异。这主要表现在，到达率最小的停车场，其车位占有率也相应最小（1号停车场）；12:00以前各个停车场的到达率大体成上升趋势，且离去率小于到达率的时段其车位占有率的曲线成上升趋势；到达率曲线与离去率曲线随时间的波动规律若相差不大，则车位占有率的曲线随时间的波动性就不大（2号和4号停车场），反之，则车位占有率的曲线随时间变化上下波动（5号和6号停车场）。

2) 由于容量的不同，导致车位占有率有所差异。表现在，4号停车场的到达率是最大的，且离去率曲线的变化趋势与到达率曲线也不同步，但由于比其他停车场容量大很多，所以该停车场的车位占有率却不是最大的。

3) 车位占有率与短时车辆到达特性的联系。研究停车场泊位的使用接近饱和时的车辆到达特性是很有必要的。由图2可知，只有5号和6号停车场的车位占有率达到了0.9以上，将这两个停车场占有率较高时间段的占有率曲线、到达率曲线和小区停车场的到达率曲线放在一张图表中,即图3,可以看出,当停车场的占有率接近1的时刻,单个停车场的到达车辆数由峰值开始急剧减小,这是因为我们在调查过程中对于那些因为泊位已满,到达该停车场而并没有停放的车辆是没有记录在内的。也就是说,在单个停车场的泊位接近饱和时,要到达该停车场停放的车辆数并没有减小,只是停放在内的车辆数减小了。有许多车辆到达该停车场因为没有剩余泊位而离去另外寻找合适的停车场停放,这就增加了驾驶员的停车时间,并在该停车场的进出口路段产生了不必要的交通流量。

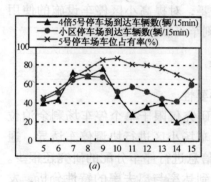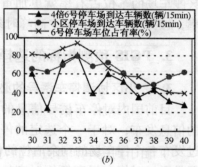

图3　单个停车场到达率、车位占有率与小区停车场到达率关系图

在单个停车场的占有率接近1时,虽然单个停车场的到达率开始减小,但整个小区的到达车辆数的变化并不是很大。这说明,单个停车场的泊位在接近饱和时,其到达率对小区内的车辆到达率影响不大。

(2) 小区停车场泊位利用情况特性总结

整个小区的车位占有率随时间的波动性不是很大,是一个比较平稳增加的过程,它的车位占有率特性是由各个停车场的实际使用车位数的累加值和小区总容量共同决定的。整个小区的车位占有率不是很高,并且没有很明显的峰值。而单个停车场的车位占有率虽然随时间的变化波动大一些,但有些时段,甚至较长时

437

间段内也是保持衡值不变的，但是对于到达率和离去率的曲线而言，这种情况就很少，也就是说，车位占有率的稳定性是由于到达率和离去率在这段时间内基本相同所致，即使选择的间隔时间更短，车位占有率可能还是没有变化。这也是本文为什么要研究停车场段时车辆到达率与离去率的重要原因。

对于单个停车场而言，有些时段的车位占有率是很高的，甚至超过了0.9，但小区停车场的车位占有率则不是很高，最大值也只有0.56。因此分别研究单个与小区停车场的车位占有率是很有必要的，本次调查所选时间并不是黄金周或旅游高峰期，没有出现泊位很紧张的情况。若在黄金周或旅游高峰期，研究单个与小区停车场的车位占有率就更加重要，对提高小区停车设施的使用率，减少绕行距离，减少高峰时刻车流量具有重要意义。

3. PGIS 预测指标的选择

3.1 小区协调停车诱导的必要性

目前国内对停车诱导信息的研究仅限于单个停车场剩余泊位的信息发布，对于一个选定的停车场小区进行协调停车诱导，通过发布各个停车场的剩余泊位的信息进行停车分配的研究还很少。但是通过对停车场车辆短时车辆到达率与离去率的特性分析，发现对整个停车场小区的进行协调停车诱导是很有必要的。以上的分析表明：

（1）对于某些停车场小区而言（比如本论文所选停车场小区），单个停车场有些时段的泊位是很紧张的，甚至达到饱和，但小区停车场车位占有率峰值在各个时段都不会很大。一般而言，在一个停车场小区内，停车高峰时段内并不时所有的停车场都在相同的时间内达到饱和，也并不是所有的停车场都能达到饱和。因此，如果进行合理的小区协调停车诱导，就可以缓解单个停车场的个别时刻泊位比较紧张的状况。

（2）在单个停车场的泊位接近饱和时，要到达该停车场停放的车辆数并没有减小，只是能停放在内的车辆数减小了。有许多车辆到达该停车场因为没有剩余泊位而离去另外寻找合适的停车场停放，这就增加了驾驶员的停车时间，并在该停车场的进出口路段产生了不必要的交通流量。如果进行小区协调停车诱导，则可减小这种不必要的交通流量产生的可能性。

以上结论说明研究小区协调停车诱导是很有必要的。对于这样一个系统而言，信息的发布无疑需要选定比较合适的预测指标才能实现协调停车诱导的目的。目前停车诱导系统通常采用的车位占有率作为预测指标，由于它只能反映各个停车场各自的泊位剩余情况，并不能反映整个小区内各路段的车辆到达的情况，在对整个停车场小区进行停车诱导系统联网、集成和信息共享时并不能很好得进行停车分配。基于车位占有率这种弊端，我们需要寻找新的预测指标改善这种不足。

3.2 车辆短时到达率与离去率作为 PGIS 的预测指标的优势

本文尝试采用车辆的短时到达率与离去率作为小区协调停车诱导的预测指标，这两个指标不但可以计算出各个停车场的泊位剩余量，而且可以反映出各个停车场进出口路段的车流量状况。另外，以上研究分析可以发现由车辆的短时到达率还可以获得更多的信息量：

（1）停车场的车位占有率随时间变化的波动远没有到达率与离去率那么大，尤其是小区停车场的车位占有率，有时在很长一段时间内几乎都没有什么变化，即使选择的间隔时间更短，车位占有率可能还是没有变化，而且车位占有率的值也不是很高，这并不是说，这段时间内整个停车场小区内停车就不存在问题，可能某些停车场的到达率与离去率都很大，造成了这些停车场的进出口路段的车流量过大，进而造成交通阻塞增加了驾驶员停车时间和离去时间，使整个小区内的停车效率降低。如果有各个停车场的短时到达率与离去率的数据就能把握各个进出口路段的流量状况，根据合理设置，进行停车分配就可以减小上述状况发生的可能性。

（2）由于车辆到达率受很多因素的影响，每个停车场的短时车辆到达率都有各自的特点，没有明显规律可循；但是小区停车场的短时到达率随机性不是很大，有一定的规律可循，是一个比较平稳的增加或减少的过程。也就是说，小区的短时到达规律比较容易把握，能够更准确地把握到到达的高峰时段，我们知道高峰时段是最容易出问题的时段，因此准确地把握高峰时段对停车诱导无疑有很大的帮助。虽然小区的车位占有率规律较单个停车场也更容易把握，但是对于某些小区而言，小区停车场的车位占有率是不可能达到一个较高的值，甚至没有太大变化，是很难把握发生停车问题的时间的。

因此选择车辆的到达率与离去率作为PGIS的预测指标，根据整个小区内各停车场的泊位剩余情况和各个停车场进出口路段流量的状况，进行合理的停车分配，对于同一停车场，在不同方向的进口路段前根据需要显示不同的诱导信息，将那些准备停放在泊位快饱的停车场的车辆尽可能诱导到泊位剩余较多的停车场；或者将要到达流量较大路段的车辆引导到流量较小的路段上去。这样就可以减少驾驶员不必要的绕行，减小路段不必要的流量产生的可能性；减小交通阻塞发生的几率，提高整个小区停车场的停车效率。

4. 结论

本论文通过研究分析单个停车场和小区停车场车辆短时到达与离去的特性，得出小区停车场的停车规律，得出停车场需进行小区协调停车诱导的必然趋势。并分析了选取车辆短时到达率与离去率作为PGIS的预测指标的优越性，这在停车诱导信息系统中有着很好的应用前景。为合理规划城市停车场，有效解决停车问题提供了依据。

参 考 文 献

1. 关宏志，刘小明．停车场规划设计与管理［M］．北京：人民交通出版社，2003．
2. 严宝杰．交通调查与分析［M］．北京：人民交通出版社，1994-6．
3. 唐忠华，陆化普，戴继锋．停车特征调查方法及问题数据处理研究［J］．

中南公路工程，第29卷，第1期2004年3月.
4. 刘红红. 先进的停车诱导和信息系统关键理论和实施技术研究［D］：［博士学位论文］. 吉林大学，2003.

作者简介：
  董瑞娟，合肥工业大学交通研究所硕士研究生
  杨 帆，合肥市规划局工程师

对中国居住文化的思考

张永梅

摘 要：通过对中国居住文化发展史的回顾与分析，针对目前房地产热引起的居住文化问题，提出中国居住文化发展之路：尊重自然生态、塑造地域特色、充实文化内涵、建设经济适用房、保护弱势群体利益、与时俱进勇于创新。

关键词：居住文化 传统居住文化 中国居住文化发展之路

改革开放以来，中国的经济正在持续稳定地发展，城市化已进入加速发展期，人民的居住条件日益改善，到2004年底，我国城镇人均住宅建筑面积达到23平方米左右，城镇住房短缺问题基本解决，居民居住"总体小康"目标基本实现。居民的住房观念和住房需求正在发生深刻变化。从生存型需求向舒适型需求转变，从物理空间需求向生活质量需求转变，逐步成为居民住宅需求的重要特征。未来居住环境开发趋势是什么？建设部刘志峰副部长在"历史文化名城保护与居住文化论坛"上的致辞中指出："居住文化是住宅的灵魂，是住宅品质的综合体现。居住文化的创新和发展，是提高住宅建设水平的重要途径，是我国住宅发展阶段的必然要求，是更好地满足居民住房需求的必然要求，是保持房地产市场持续健康发展的必然要求。"

1. 中国居住文化发展史

1.1 居住文化概念

"文化"两字最早源自"人文化成"一语。人区别于动物而成为人，其本质在于人是社会文化的存在。人的生命过程是社会文化持续发展的产物，居住自产生以来就是人类文化的载体，居住的发展自始至终无不印刻着人类的文明与智慧，同时，居住也烙下了人类社会的痕迹。居住文化是一个民族特定居住生活方式的整体。它既包括物质的硬件，又包括知识、精神的软件，是人类在居住范畴所创造的物质财富和精神财富的总和。

1.2 中国传统居住文化

中国是一个有着几千年历史的文明古国，是人类文明发祥地之一，中国之居住文化博大而精深。中国地域广阔，由于地域环境的不同，因而有着各具特色的居住文化。如北京的四合院、陕西的土窑、皖南徽派建筑，其形制各具特色，都富含着深厚的文化底蕴。

（1）传统居住文化的构成

传统居住文化是传统住宅建筑及其周围物质要素共同营造的一种生活环境，相对于规模大、密度与容积率高、居住高度集中的现代城镇住宅区环境而言，它有着自身独特的构成特征与文化内涵。

从物质要素来讲，居住环境包括自然和人工的物质实体，自然的物质实体包括气候、地理、水文、地质、土壤、地形、植物等，人工的物质实体包括路径、种植、堆山、叠石、水池等。从社会构成来讲，我国传统住宅可分为百姓住宅、文人住宅、官商住宅，直至王宫府邸。

（2）传统居住文化的价值取向

中国古典文化素以其蕴涵丰富的人文精神、审美理念、隐喻手法而独树一帜。强烈的人文意识、细腻的审美体验、曲折的隐喻手法，构成了中国传统民居的基本价值取向。

以皖南古村落解析中国传统居住文化价值取向

中国传统居住形态中，皖南古村落是最具有典型意义的类型之一。其村落布局依山临水，空间变化富有韵律，街坊小巷幽深宁静，水口园林景色如画；建筑色调朴素淡雅，山墙造型别具一格，雕刻装饰精致优美，室内陈设古朴雅致，体现了皖南古村落在人居环境营建方面的杰出创造才能和成就，有很高科学、文化、艺术价值。皖南古村落的杰出代表——西递和宏村保持了完整的古村落原型，有精良的建筑艺术和与自然和谐统一的景观设计，构成了独特的人文景观风貌，有着明显的地域文化特征。西递、宏村于2000年11月被联合国教科文组织世界遗产委员会列入世界文化遗产名录，并于2001年5月被中国政府列入国保单位。其居住文化内涵如下：

1）强烈的人文意识体现

皖南古村落是以徽文化和徽商造就的，具有典型地方文化特色。徽文化源远流长，她源于公元前600年左右，发展鼎盛于14~19世纪。皖南古村落大都以宗族、血缘关系为纽带，以家族为单位聚居。从皖南古村落的选址、布局、建设、装修，到人们的习俗、观念、思想、行为，都是在徽文化的指导、影响下逐步形成的，是物质空间形态与意识形态的完美结合。

2）细腻的审美体验

西递、宏村的水、街、巷空间和村落空间富于特色，建筑形体优美，装饰之石雕、砖雕、木雕工艺精湛。

徽州民居造型优美，其粉墙黛瓦，马头山墙，层楼、叠院、天井无不蕴藏着丰富的内涵和表象特征。星罗密布的建筑群在青山绿野的背景衬托中给人以质朴、清淡之感和环境的高度统一。

3）曲折的隐喻手法

宏村建设注重风水，规划成牛形平面，表达了农耕民族对牛的特殊情感；西递是黟县在外经商人数最多的村落，明清之际村落的形态有意识地发展成船形，意在祝愿外出之人一帆风顺。徽商多是儒商，皖南民居在建筑装饰方面颇有讲究。一般大门均用黟县青石做框，上部嵌门罩，多砖石雕刻，以花鸟虫鱼或历史场景为题，有所寓意。室内木雕、摆设也隐寓着主人的思想和生活观念。

1.3 建国后中国居住文化发展

建国后中国住房建设大体上可划分为四个阶段：

1949~1978年为第一阶段。多为分散建设的低层或多层住房，一般设施简陋，标准低，只满足居住最低需求。

1979年~1984年为第二阶段。建设标准有所提高，强调套型和必要的功能，住宅环境有所改善。

1984~1993年为第三阶段。其主要特征是，建设方式上采用了"综合开发，配套建设"，建设标准上强调"功能设施完善，提高居住区环境质量"。

1994年始进入第四阶段。1994年中国开始启动国家重大科研产业工程——2000年小康型城乡住宅科技产业工程。1996年又发表了"中华人民共和国人类住区发展报告"[2]，对住宅建设提出了新的目标和一系列新的政策和措施，同时对进一步改善和提高居住环境质量提出了更高的要求和保证措施。

以中国城市住宅小区建设试点之一，合肥市琥珀山庄小区为例，我们可以看出这一时期人们对居住文化的追求。琥珀山庄位于合肥市区西，紧靠旧城，毗邻环城公园，景色宜人，交通方便，基地地形起伏、狭长，呈不规则带状。规划因地制宜，建设顺应地势的道路系统。布局采用组团式，力求简洁、布局合理的功能结构。规划中利用地形建半地下室、下沉式广场，保留部分现状水塘作为小区活动中心的游园，利用紧靠环城公园用地布置高中档华侨公寓和独院式住宅，既实用又有良好的景观效果。不仅如此，建筑充分利用坡屋面改变当时合肥市住宅建筑千篇一律的现象；还有其叠落式住宅，妥善解决了地形高差问题，同时也丰富了室外环境，形成山庄风貌。合肥市琥珀山庄是传统居住文化与现代居住文化的良好结合。

1.4 中国居住文化发展现状

在经济全球化的今天，民族身份和文化认同是一个普遍性的问题，作为民族身分证的中国建筑文化在今天面临着多方面的危机，包括在欣欣向荣的房地产市场中地域文化的失落、全球化对地方文化的冲击、片面追求经济效益对特色的忽视等。我们的城市开始趋同，城市失去了个性，甚至一些居住区开始洋化，刮欧洲风。由于房地产开发的火爆，而房地产开发商对居住文化的修养是有限的，这就使得城市居住文化建设出现了混乱，出现了一些低品质的居住小区。我们需要对居住文化进行深入反思，探索一条适合中国的居住文化之路。

2. 对中国居住文化发展史的思考

2.1 居住文化发展的几个阶段

住宅随着经济的发展,从原始的简易防御阶段,到基本需求安置阶段,再步入健全功能普及型阶段,而今已进入舒适环境小康阶段。中国居住文化的各个发展阶段都映射着时代发展各阶段的特征,是历史的见证。中国之居住文化发展史是城市政策、经济、文化发展在住宅这一最广泛的建筑形制上的体现,居住文化的价值取向也就是人类社会的总体价值取向。

中国有着悠久的历史文化,封建时代在住宅建筑上体现的是社会严格的等级制度,体现着当时的社会风情和人们的生活追求,这些在前述的皖南古村落中都有着明显的反映。中国传统居住文化博大精深,至今仍有许多是值得我们去学习的,如古人所追求的"天人合一"思想,就是我们现在所呼吁的尊重生态环境,可持续发展思想的纯朴体现。

2.2 居住文化应适应时代的发展

中国现代居住文化经历了曲折而漫长的发展道路。大规模的真正意义上的居住区建设在中华人民共和国成立后才开始起步,但由于国家百废待兴,经济落后,很长一段时期,我们的居住文化体现的是解决基本的居住需求。直到1990年代,随着经济的发展,人民生活水平的提高,对居住的高品质需求提到日程上。为此建设部于1994年进行了首次城市住宅小区建设试点工作,原建设部部长侯捷为此题词:"小康不小康关键看住房。"从此中国居住文化进入了一个蓬勃发展的阶段。良好居住社区的建设受到社会的充分肯定,适应了时代的发展。当时一些颇具特色的居住小区,如合肥市琥珀山庄小区、北京恩济里小区等,其规划手法和设计理念对现在的居住小区设计都有着一定影响。如果说中国古代之传统居住文化体现的是儒学思想,那么建国后居住文化则是一种理性的思考与探索。住宅建设在吸收传统居住文化思想基础上,借鉴了国外,如前苏联、英国等国设计经验,并体现了当时世界上最新的理念追求。小区规划力求做到延续城市文脉、保护生态环境、组织空间序列、设置安全防卫、建立服务系统、塑造宜人景观，为居民提供舒适、方便、优美的外部生活环境。

2.3 现阶段居住文化出现的误区

由于房地产业的大发展，居住文化呈现出盲目趋同现象，房地产商所看到的是眼前经济收益的多少，他们并不关心所开发建设的居住区是否与城市相协调，是否有长久的生命力，是否促进居住文化的发展。而我们的管理者又难以对其进行严格控制。在一个楼盘里一个组团宣扬英国风格，另一个组团又宣扬巴黎风格，显得不伦不类。就连房地产开发用以宣传的楼盘名称有的也让我们哭笑不得，像"国际花都"、"世纪阳光"等等，有的竟叫"曼哈顿"，他们想要说的也许是要达到国际一流水准，而事实上他们并没有去研究世界居住文化，甚至连中国的居住文化内涵都不了解。现在的房地产开发过于为经济所牵制，居住面积越做越大，房型变化上却缺少研究；以局部的景观设计来代替人们对自然生态环境的追求，以一个个封闭的小区隔离与城市的融合，阻隔小区与小区间的交往与设施共享。不仅如此，现在居住区建设还使城市出现了居住空间分异现象，这在许多大城市都有所反映，如合肥市较为明显的是城市东区（瑶海区）居住人口相对贫困，而城市西区（蜀山区）居住人口相对富裕。

3. 中国居住文化发展之路探索

3.1 走尊重自然、保护生态环境之路

尊重自然、保护生态环境是当今中国居住文化首要解决的问题。

人是自然的产物。文明的发展、科技的进步，使人类对自然的改造有了翻天覆地的变化，而一旦我们漠视自然，盲目改造时，自然将会无情地给我们以惩罚：因为水土流失和人们不科学地用水，黄河几乎每年发生断流，长江也已变成"黄河"，并且常年成灾；因为氟利昂的广泛使用，使南极上空臭氧层遭到破坏而产生"空洞"，造成全球变暖，冰山加快融溶，海水可能在未来的百余年内上涨并淹没一些地区。此类现象已给人类敲响了警钟，人类

的生存和发展必须尊重自然，树立保护生态环境意识，走"可持续发展"之路。住宅是人类各类建筑中所占比重最大的一部分，住宅在建设时对自然的尊重，对生态的保护尤为重要。为此，我们要吸取古人尊重自然、利用自然的宝贵经验，体会传统的"天人合一"的思想精髓，以最大限度利用自然并创造良好生态环境为责任，而不去一味追求眼前的、少数人的利益。

说到尊重自然、保护生态环境，我们在居住文化建设中还必须有意识地再造自然生态环境，不只是一般意义上的植树种花，而是在追求生态景观效果的同时，注意生物多样性的选择，从生态平衡的角度去再造优良的自然生态环境，让鸟语花香充溢我们的生活环境。

3.2 走塑造地域居住文化特色之路

塑造地域居住文化特色是传承历史文脉的重要途径。中国地大物博，人口众多，南北气候差异很大，不同的地域、气候、资源条件产生了不同类型的居住文化特征。其无论是在总体布局上、建筑形式上以及内含的地方风俗、习惯上都有较大差异，也正是这些差异共同构成了中国丰富多姿的居住文化资源，也正是这种差异丰富了我们的生活空间。

地域特色居住文化一般总是与其特定的地域环境相适应的，与地方风土人情相联系。如皖南多山、水，因而其居住环境建设在因山借水方面有较深造诣，皖南山青水秀，其建筑形体轻巧，掩映于群山之中，如陶渊明所赞之"桃花源里人家"。这是皖南民居的地域文化特征。而北京，地势开阔，又为京城，其建筑布局一般较规矩，建筑体量较皖南民居大，"北京四合院"便是北方民居的典型代表。由此可见南北居住文化的差异，它们各具特色，都是我们弘扬地方传统文化的宝贵财富。

地域特色居住文化的弘扬可以使我们的居住文化永葆青春。正如鲁迅先生所说的，只有民族的，才是世界的。只有民族的，才是有个性的，也才能成为世界的。虽然现代社会信息技术已高度发达，技术手段在不断更新，而面对"千城一面"的现象，人们在呼唤传统的地域文化。在中国，我们的经济实力是有限的，绝大多数城市建设的吸引力不可能靠现代化摩天大楼来创造,我们要扬长避短,应该在建设地域特色居住文化上下功夫,把祖先留下的宝贵财富发扬光大,以特色来增强城市建设的品位,提高其竞争力。

地域特色居住文化的建设不是照搬老祖宗的东西,而是去深切领悟其真实内涵,结合运用现代技术和手段将其发扬光大。

3.3 走充实文化内涵的文化发展之路

文化发展之路是未来居住文化建设的重点。人类的文明是由物质文明和精神文明组成的,随着社会的发展,人民的物质生活水平不断提高,在物质需求基本得到满足后,人们对精神生活的要求也越来越高。在住宅区位的选择上,除了注重商业环境、交通条件以及物业管理等因素外,更多地关注起小区的文化氛围。

展望未来,文化内涵的充实将是住宅区开发的一项重要任务。人们需要在住区内得到精神的满足,感受到文化的魅力。

住宅不只是一种工业品,它还是一种文化产品。在整个居住区建设过程中包含了相当丰富和复杂的文化内容,从选址、策划、规划、建筑设计、景观设计到材料选择、文化设计、物业管理、营销过程和推广方式,文化都无时不在。人们的观念在影响居住文化,居住文化的发展也在影响和改变着人们的生活方式和生活质量。

江泽民同志在"三个代表"中强调"先进性文化的代表"为我国居住文化的发展指明了方向,我们要以发展先进文化为内容,积极引导居住环境中积极向上的文化建设,满足人们的精神需求。

3.4 走经济适用之路

经济适用的住宅是必要的,因为我们的资源是有限的,中国是个人口大国,经济实力还不强。这就要求我们本着实事求是的态度,不要过于追求奢侈的居住条件,不要搞"小区景观公园化,住宅装修宾馆化",我们可以把节省下来的钱投资到工农业生产技术的提高上,投资到教育、军事等领域,使国家进一步富强起来,而不追求一时之享受。

经济适用一方面要考虑建造成本的经济性,另一方面要考虑建成使用后维护成本的经济性。不搞奇花异草、名贵建材等华而不实的事，不搞投资过大且不易维护的住区景观设计。

经济适用房在相当长一段时期内应大力提倡，因为我国许多人经济还不富裕，尤其是随着城市化的快速发展，一些新增的城市人口，他们还有许多困难需要解决，他们的购房能力是有限的。

3.5 走保护弱势群体利益之路

建立健全社会主义保障体制是我国的一项基本国策，社会主义的目标是共同富裕。为此，居住区建设要对弱势群体采取一定保护措施，为社会尽一份责任。

这一方面，现在我们做得还较少，也还未引起足够的重视。事实上这方面的问题已出现，如社会老龄化问题。我国在1999年已全面进入老年型社会[3]，而且在家养老者占大多数。

因此，必须强化居住的"为老、助老和照料"为重点的服务功能，以满足老年人及其群体的"老有所医、所学、所为、所乐"的各项需求，向"健康老龄化"的目标迈进。居住区规划对老年人的关照主要体现在配套公建、绿地系统和道路系统等方面，主要规划手法包括补充完善医疗保健设施、建立健全医护设施、充实文化体育设施和设置老年专业服务设施；增加绿地面积，扩大老年人及其群体所需的户外活动公共绿地；强调方便、安全、便捷和舒适的步行系统等。在单体住宅设计中还要考虑一定数量的老少住宅套型和老年公寓式住宅套型。

再有我国的居住区多是封闭型的，尤其是高档小区更是戒备森严。如何在保证住户安全的前提下，让小区内环境成为城市共享空间，服务于更多的市民是居住文化应探讨的问题。

保护弱势群体利益是社会公德的体现，是时代进步的要求。居住文化建设要加强这方面的工作。

3.6 走与时俱进，勇于创新之路

居住文化是动态发展过程，因此要本着与时俱进、不断创新的思想。

与时俱进就是跟上时代发展的步伐，不断更新观念，更新理论认识。时代发展了，我们不能还用老的方式、方法来进行住宅

规划、设计，那样必然不能满足现代人的要求。例如，私人小汽车的拥有量不断增加，那么规划小区配建的机动车停车位标准就要相应地提高；信息技术的快速发展，宽带网已进入小区，我们就要完善住宅区的信息服务设施，使住宅小区不仅为居民提供既安全又开放、信息灵通、通信便捷的生活条件，同时也提供了居家经商等办公条件。

创新是指理论上、技术上的突破。理论创新要求居住小区不断在实践中总结经验教训，对理论实施效果进行检查验证，不断推陈出新，发展切合时代发展要求的新理论方法；技术创新要求住宅建设加强高新技术应用。

纵观中国历史，居住文化的发展之路是曲折的，我们有着许多成功的经验，也有着一些失败的教训。而今，面对房地产市场的蓬勃发展，住宅建设数量与规模的不断扩大，中国居住文化面临着观念的整合，怎样才能走出一条适合于中国国情的居住文化之路？我们期望看到中国居住文化风刮起来，希望如中国当代著名学者司马云杰在他的著作《文化价值论》中所写道的："中国文化一旦完成了现代化的价值体系转换，一个深厚博大的文化必将出现于东方世界。"

作者简介：合肥市规划局、国家注册城市规划师

对住宅建设和消费标准的思考

李慧秋

摘 要：住宅建设和消费标准是稳定住宅市场、引导资源合理配置、理性消费、促进住宅结构优化的重要因素之一。中国的住房保障体系应该是一个多层次的体系。住宅建设保障体系的完善，合理地引导了住房建设与消费，使城镇居民对住房消费标准认识逐步提高，改变了住房消费方式，改善了居住质量，强化住房供应的多元化。体现了政府把住宅建设和引导住房消费作为实施的房地产业宏观调控的重要措施。

关键词：引导　住房消费　住房保障　措施

住宅建设和消费标准是稳定住宅市场、引导资源合理配置、理性消费、促进住宅结构优化的重要因素之一。确立住宅建设和消费的标准应考虑两个因素：一方面住宅建设和消费标准是不断变化不断提升的，不宜确立终极目标，只能明确住宅建设和消费发展的方向；另一方面，住宅建设和消费标准与国民经济发展紧密相关，要与国民经济的总体发展目标相适应。所以，应根据国情发展住宅建设和制定住宅消费标准，使广大居民的居住条件和环境得到改善和提高，共享现代化的成果，逐步达到中等发达国家的居住水平。

1. 个人住宅消费比例快速增长

近几年，全国居民住宅消费持续增长。2005年仅个人购买商品住房消费就达1.42万亿元。将居民住房消费与社会总消费进行比较，比例达到1∶5；与全国居民可支配收入总额比较，比例达到

17.07%。个人购买商品房占商品房销售额的比重由1997年的54.5%,提高到2005年的95%以上。商品住房销售面积中,个人购买比例由2000年的87%增加到2005年的近97%。城市居民自有住房率已接近72.8%。这个比例在意料之中但也是惊人的。20世纪末,德国私人占有住宅的比例也不过40%多,美国家庭拥有产权房约占65%。加拿大房屋私有率为67%、欧洲一些国家的住房私有率维持在40%左右。我国作为一个发展中国家,仅用几年时间,城市居民住房自有率达到世界第一。相对于注重私有化的西方国家而言,中国却拥有最高的住房私有率,不禁让人惊叹。"居者有其屋"提倡的是人人有房住,而不是人人拥有房屋产权。对住宅消费与普通商品消费所不同的特点应深入研究,引导居民理性消费。

2. 合肥市房地产市场住宅建设和消费现状

合肥市住房建设自2002年以来,虽然与周边省会城市相比有很大差距,总体发展较快。住宅建设的各项指标逐年增大。但在住宅建设及消费上存在着一些问题。

2.1 住宅市场供应结构不够合理

根据合肥市2002~2005年的商品住房供应销售情况看,120~150m^2的户型一直为主流户型,80m^2以下户型占总供应量比例不足4%,中、小户型较少。合肥新建商品住房预售备案的成交价2003年比2002年涨幅11.3%,2004年比2002年涨幅18.1%,2004年比2002年房价涨幅达到33.7%,住房价格逐年升高。二手房的成交额受新建商品房价格上涨的带动,价格上升幅度明显,发展空间较大。交易总量逐年加大,但占整个市场的份额还不够大,与新建商品房比例差距越来越大。虽实现了二、三级市场的整体联动,但显现出二级市场不够活跃。市场供应结构明显不够合理。

2.2 人口增长、居民收入及房价增长幅度基本一致

2003~2004年的商品房价格和二手房价格增长幅度较大均在25%以上,城镇居民收入增长幅度仅约为9%,明显有较大差距。2005年国务院出台了"国八条"对房地产实施调控后,合肥房地产市场调整了住房结构,出台了"普通商品房"的标准、实现了房地产信

息透明化,实施网上公开预售备案制度,遏制了恶性炒房。使商品房价格涨幅由2004年的29.9%降到2005年的7.5%,与城镇居民均可支配收入增长幅度基本一致,基本实现稳定住房价格。

2.3 居民对住房需求标准茫然

我国住房消费形成明确的个性分化并非"概念"炒作,而是有着现实的依据:一是公平的住房消费环境正在形成。国家取消住房实物分配制度后,住房消费真正进入个人住房消费时代。过去住房享有"福利"的潜在消费群体被推向市场,真正的市场需求一下子被释放出来。二是消费者总体消费能力不断提高。我国住房正在从生存型向舒适型转变,人们不再满足于简单地解决"有无住房"的问题,而开始追逐居住质量和生活品位。收入差距的拉大又形成了具有不同消费能力的各阶层。然而,住房消费的最佳标准是什么?他们如何选择较适合自己居住条件的住宅?从面积、环境、配套及价格上如何决策?这些问题多数人感到茫然不知所措,只有盲目从众。居民在住宅消费心理上追求大面积、高档次的住房成了一种趋势,并在购房者中形成了一种攀比心理。收入有限的年轻人也迫不及待地买房、买大房。这种高标准的需求发达国家的年轻人也达不到。这是一种不健康、非理性的消费需求。对住房投资也是盲目、跟风,认为只要买房就能赚钱。这种偏离了中国国情的住房消费倾向越演越烈,面积买越大,价格越买越贵,促使市场出现一些住宅结构不合理、房价涨幅过大。造成住宅市场大户型中低收入者买不起,中小户型市场没供应,对住房的需求标准和国家政策认识茫然。导致供应市场和消费市场混乱。

3. 引导住宅建设和合理消费的措施

3.1 国情决定住宅建设和消费标准

中国特色的因素决定了我国住宅建设和消费标准。一位专家讲"六大国情背景"决定了住宅需求长期的求大于供的局面(人多地少、人口继续增长、城市化进程加剧、经济高速增长、城乡收入差异严重、家庭规模小型化);三大制度背景(住房制度改革、金融制度改革和社会福利制度现状）从时间和空间两个角度抬升了消费需求水平；"三大意识"（城乡阶层意识、群居意识和正在形成的负债消费意识对住宅建设和消费标准起到了推波助澜的作用。

有关专家分析认为，支撑当前住房消费的主力主要来自投资需求、被动性需求和改善性需求。

（1）社会财富投资渠道相对匮乏是造成国内住房消费高涨的一个重要原因。房地产不仅包含稀缺的土地，也凝聚着能源、原材料、劳动力等要素。在近几年股市、债市投资回报率难以让人满意的情势下，作为代表一篮子要素的组合投资品，房地产必然会成为社会投资关注的焦点。

（2）城市化加速引发的大规模被动性需求增量是引致住房消费居高不下的另外一个因素。在经历了1999年低潮后，我国城市建设从2001年开始重新提速。城市基础设施投资的年增速在2005年达到27%。与城市化进程的迅速展开相适应，中国每年的拆迁量非常惊人。而日前中国社会科学院发布的《2006年房地产蓝皮书》认为，"一些地方片面强调经营城市、盲目大拆大建"对住房消费有着重要影响。

（3）改善性需求也对住房消费形成了巨大的推动。中国人历来强调有恒产才有恒心，希望自己拥有住房的观念根深蒂固。中低收入人群通过按揭贷款等形式购买'高价房'，透支了家庭消费，严重影响了生活质量。在房地产市场普遍高涨的形势下，中国居民的改善性需求被房市追涨风气所"驱使"，在一定程度上也是扭曲的。

由于上述原因，居民住宅消费心态还不成熟。住房供应、住房消费政策不完善等多种因素，部分居民住房消费行为不够理性，单纯追求住宅面积，追求一次到位性消费，没有形成梯度消费观念。要为不断提高市民住房水平、改善居住质量服务。适应不同人群的需要，要强化住房供应的多元化。以合理引导住房建设与消费。

3.2 完善低收入阶层的住房保障

建立住房社会保障体系，是世界各国解决住房问题的一个成功经验。美国政府推行住房分类供应制度。对占住户总数20%的高收入者供应商品房;对占住户总数62%的中等收入者供应包含一定社会保障性质的"社会住宅",政府调控"社会住宅"的户型和价格;对占住户总数18%的低收入者,租用政府规定的房租标准线以下的住宅,亦称廉租屋,房租超过户收入25%的部分由政府补贴。西方国家把住宅政策分为两类:一是注意收入公平分配。主旨在于使所有城镇居民都能达到政府所规定的标准,方法是通过对低收入阶层的经济补助,促进这一阶层在住宅消费方面的有效需求,缩小他们同其他阶层在住宅条件上的差距。二是注重住宅存量的有效供给。是纠正市场经济条件下住宅市场中出现的供求不平衡现象以及由外部效应所带来的偏差,促进整个住宅存量的有效供给。前者主要体现在住宅消费政策上,而后者主要体现在住宅建设上。

20世纪50代,新加坡也积极推行了住房分类供应制度。对占住户总数3%的富人供应富人住宅;对占住户总数80%的中低收入者供应由政府控制户型和房价的组屋;对占住户总数8.5%的困难户供应经政府补贴、价格很低的面积为60~70m^2的旧组屋;对占住户总数8.5%的特困户租给42 m^2左右的旧组屋。

中国的住房保障体系应该是一个多层次的体系。第一层级是不足10%的极低收入的家庭、老人、病人等,由政府提供廉租屋或公屋,通过这种方式来保证最弱势民众的居住权。第二层级是70%的中低收入民众,在政府各种帮助下(如货币化补助、优惠利率、优惠税收等),通过市场来解决住房。要做到这一点,政府还得用法律来保证(美国有《住宅支付法》)国内房地产市场生产出民众有支付能力的住房。第三层级是20%的中高收入者,他们的住房完全由市场决定,不纳入住房保障体系。我国住房保障体系已经成为建设部"十一五"期间的工作重点之一。近几年各地经济适用房和廉租房建设情况不容乐观。据统计,在1997~2004年这7年间,全国经济适用房的投资额累计达到了3852.85亿元,只占同期房地产开发投资额的11.1%;由此造成住房结构体系的断裂,供应市场结构不合理。只有建立了住房保障体系,促进住宅消费的有效需求，较好地解决了本国国民的住房问题，特别是中低收入家庭和老年人的住房问题，对社会的稳定、进步和发展能起到了十分重要的作用。

3.3 增加房屋的有效供给

国家住房建设政策中多次强调重点发展中低价位、中小套型普通商品住房，"国六条"特别对新建住房结构提出70%比例要求，使得住房结构性的调整具备了明确的"量化"标准，这必将会有效增加中小户型在市场的供给，与消费者的主流需求实现对接。要根据实际情况，合理确定高档商品住房和普通商品住房的划分标准；要采取有效措施加快普通商品住房发展，提高其在市场供应中的比例。但由于缺乏保障普通商品住房建设的引导和制约机制，一段时期以来，房地产市场发展中，住房供应结构不合理，与广大普通家庭承受能力相适应的普通商品住房供应不足的矛盾十分突出。住房市场供应大户型、高总价的中高档住房所占的比重较大，而低收入阶层的保障性住房的供应量却远远不足。住房保障制度要重在解决特殊性问题，只能以低水平、广覆盖为目标，不应鼓励奢侈性的住房消费，也不能去保障人们买大房子。应加快普通商品住宅的建设，满足绝大多数人的住房需求。特别是要采取综合措施，增加中小型、中低价位的住房供应。

3.4 住宅引导梯度消费

在一个健全的住房保障体系下，政府通过多渠道增加住房供给，提高住房保障能力，建立起租赁并举的新住房体系。让能买房的人去买房，能租房的人去租房。在此基础上，政府和媒体通过引导消费者合理、适度地消费，鼓励消费者在购房行为上，掌握阶梯式消费的原则。相信经过一段时间，老百姓住房消费观念将会逐步改变。

基于中国地少人多的国情，应倡导合理消费。人均30 m^2 建筑面积就足以满足基本生活需求，这意味着一个3口之家，平均拥有一套90 m^2 的房子就够了，即便是家庭人口多或财力有余，150 m^2 也足以作为"安居"的上限标准。盲目贪大求洋之风与我国人多地少、人均资源少的国情不相符。发达国家经过长期实践，筛选出适度、合理、可持续发展的户型区间是：单套建筑面积在$85m^2 \sim 100m^2$。2002年，日本、瑞典和德国这三个发达国家新建住宅平均建筑面积分别是$85 m^2$、$90 m^2$、$99 m^2$，在日本，$144 m^2$已作为豪宅界限了。结合我国基本国情，对普通商品住房的户型面积应该予以合理限制，增加小户型、低价房供应。当前我国住房消费市场还没有形成梯度消费模式，急需培育二手房市场，倡导合理消费。中等、中等偏低收入家庭通过购买价位较低的存量二手房来解决住房问题；中等、中等偏高收入家庭通过转让旧房，再购买新建的价格性能比较高的中档房、中高档房，来改善住房条件。新加坡政府在40多年的时间里共建成租屋96.8万余套，全国约84%的人口居住在租屋中；美国约35%的家庭是租房住。住房租赁使人们可以依据自己的收入状况，调整住房支出，形成合理的梯级消费模式。

住宅建设保障体系的逐步完善，城镇居民对住房消费标准认识提高，体现了政府把住宅建设和引导住房消费作为实施的房地产业宏观调控的重要措施。保障了住房建设健康发展，引导居民理性住房消费，使消费者有个健康的消费理念，建立梯度住房消费体系，推动住房二级市场发展，促进一、二级市场协调发展。利于保持房地产业的平稳健康发展。

作者简介：合肥市房地产管理局总工程师、高级工程师

六、城市生态规划

试论以科学发展观引领合肥生态园林城市建设

李博平　朱来喜

摘　要：针对合肥园林城市建设现状，探讨并强调以科学发展观为指导，坚持以人为本，全面、协调、可持续发展园林绿化事业，构建总量适宜、分布合理、植物多样、景观优美的城市绿地系统，努力把合肥建成国家生态园林城市。

关键词：科学发展观　园林城市　园林绿化　生态园林城市

"十一五"时期是全面建设小康社会目标和贯彻科学发展观、构建和谐社会两大战略的关键时期。中央提出的"一个目标、两个战略"均与城市生态建设和园林绿化关系重大。为此，建设部要求在园林城市基础上，开展创建生态园林城市活动。安徽省委、省政府正在实施"生态安徽"战略，提出将安徽建成全国生态环境最佳省份之一。面对新的形势，合肥市委、市政府作出创建国家生态园林城市的决策，要求统筹人与自然和谐发展，努力创造一个宜居、宜游、宜商的良好环境。这充分说明了各级党委、政府高度重视生态建设和环保工作，更加关注人与自然和谐发展。"十一五"期间，为整体推进合肥现代化大城市建设，坚持以科学发展观为统领，统筹城乡绿化发展，争创国家生态园林城市，实现人与自然和谐共融的目标是值得探索研究的课题。

1. 合肥园林城市建设的现状

1.1　合肥园林绿化概况

合肥是一座具有2000多年历史的古城，是著名的绿色之城。建国后,全市大力开展植树造林、绿化家园活动,先后建设了逍遥津、包河等公园,绿化了大蜀山和古城墙遗址,辟建了一批街头游园、花坛和林荫道。尤其是改革开放初期总长8.7公里、面积达137.6公顷的环城公园的建成,使我市呈现"园在城中,城在园中,城园交融,浑然一体"的独特园林风貌。1992年,我市荣获全国首批"园林城市"称号。之后,始终坚持园林城市特色,加快园林绿化步伐,初步建成了合肥植物园、野生动物园、杏花公园、天鹅湖公园、翡翠湖公园、徽园、生态公园、新海公园、和平广场、市政府广场、胜利广场、黄山路园林大道、南淝河沿岸及包河大道景观绿带等一批重点绿化工程。截止2005年底,我市建成区园林绿地面积达5600多公顷,城市绿地率32%、绿化覆盖率37%、人均公共绿地8.7m^2,超过国家园林城市标准,但与国家生态园林城市要求分别相差6个百分点、8个百分点和3.3m^2。

1.2 城市绿化工作存在的问题

一是城市绿化三项指标不高,目前我市城市绿化三项指标在全国省会城市中列第14位,在中部六省省会城市中列第3位,在全国87个国家园林城市(区)中居中下游。二是城区园林绿地发展不均衡,呈现"西多东少"的格局,其中蜀山区拥有绿地面积最多、人均公共绿地面积20.21m^2,而瑶海区最少、人均仅为3.95m^2。农村森林覆盖率仅为14.8%,不足全省的一半。三是城市绿地系统急待完善,规划建绿滞后。较长时期以来,城市绿地以环城公园、西郊公园绿地为主体,南北城区及一、二环路之间公园绿地缺乏,环形加楔形绿地系统尚未真正形成。四是尚未建立市场化的养护管理机制。

1.3 加强合肥生态园林城市建设势在必行

从新世纪开始,我国将进入全面建设小康社会,加快推进社会主义现代化的新阶段。随着我国工业化和现代化进程加快,城市社会、经济快速发展的同时,也加大了城市生态环境荷载。合肥市委、市政府审时度势,提出着力打造"科教合肥"、"生态合肥"两张城市名片。因此,我们要抓住"十一五"城市园林绿化事业发展的黄金战略机遇期,围绕合肥市"十一五"发展规划、创建国家生态园林城市和"141"城市发展战略,加强城市园林绿化和生态环境建设。

众所周知,特色是一个城市的灵魂。合肥是一座内陆城市,境域内既无名山又无大川,既没有沿海城市依山傍水的自然优势,也没有历史古城厚实的文化底蕴。在省内,也不及芜湖、马鞍山大江穿越、城区有山的特色形象基础。然而,我们也有自身的优势:合肥是全国首批园林城市,具有良好的园林绿化基础;合肥市民具有光荣的绿化传统,绿色之城的美誉已深入人心;历届市委、市政府均高度重视城市绿化和生态建设。合肥在整体推进现代化城市建设进程中,如何展示城市风貌特色、塑造城市崭新形象、提高城市核心竞争力、促进社会经济发展?我们认为,通过树立和落实园林科学发展观,创建生态园林城市来实现这一目标是切实可行的。

2. 探讨园林科学发展观的基本内涵

科学发展观就是坚持以人为本,全面、协调、可持续的发展观,是与时俱进的马克思主义发展观。围绕合肥现代化大城市建设,构建和谐社会,全面实现小康社会目标,必须树立和落实园林科学发展观,按照"世界眼光,国内一流,合肥特色"的要求,致力于发展城市园林绿化事业,使城市园林绿化由园林型向生态型转变。园林科学发展观应涵盖以下四个方面:

(1)坚持以人为本。城市园林绿化具有生态、景观、文化、科普、减灾避难等功能,是一项优质公共品,与市民生产生活联系紧密。发展城市园林绿地应体现人文关怀和便民、亲民、惠民的原则,以中小为主、大中小结合,缩小园林绿地服务半径,提倡园林深入生活,把公园景色搬上街头,凸现园林城市风貌,满足合肥广大市民日益增长的物质文化生活需求,让城市园林绿化成果惠及市民百姓。

(2)坚持全面发展。城市园林绿化不仅应追求发展速度和数量的扩张,改善城市生态环境和人居环境质量,让城市坐落在绿色之中,而且要注重质的提高和景观效果,提升城市形象和园林绿化品位，充分发挥城市园林绿化的审美、游憩和环境效益。同时，全面发展还体现在园林经济的振兴，建设节约型园林，园林科研水平的提高和园林管理水平等方面的加强，既巩固好现有绿化成果，又要增强园林事业发展后劲。

（3）坚持协调发展。合肥生态园林城市建设要科学制定城市绿地系统规划，统筹城乡发展、统筹区域发展、统筹人与自然和谐发展，使园林与城市自然环境、街景和建筑相融合，与我市经济、政治、文化发展的各个环节相协调。

（4）坚持可持续发展。城市绿化和生态建设可持续发展是城市可持续发展的前提和保证。可持续发展城市园林带来的就是既要满足当代人的需要，又不损及子孙后代追求其本身需要发展的能力，促进人与自然的和谐，实现经济发展和人口、资源、环境相协调，坚持走生产发展、生活富裕、生态良好的文明发展道路，保证园林绿化成果一代一代的永续利用。

树立和落实园林科学发展观，必须坚持以人为本、全面发展、协调发展和可持续发展，它们是相辅相承、同等重要、互为因果、缺一不可的，也是合肥创建国家生态园林城市的基本方针和科学指南。

3. 以园林科学发展观引领合肥生态园林城市建设

园林绿化是合肥大建设的重要组成部分。在"十一五"合肥现代化大城市建设快速发展时期，树立和落实园林科学发展观，关键是从城市园林绿化规划、建设、保护和管理四大要素入手，按照统一规划、因地制宜、讲求实效、突出特色的原则，持续发展园林绿化事业，巩固园林城市建设成果，构建并完善总量适宜、分布合理、植物多样、景观优美的城市绿地系统，早日把合肥建成国家生态园林城市。

3.1 以人为本发展城市园林绿化事业

（1）城市园林绿地分布要相对均衡，缩小服务半径。在新的历史条件下，城市建设的根本出发点就是要突出"以人为本"的服务功能，提高市民的生存发展质量。我市在园林绿化建设上本着"以小为主,大中小结合"的方针,尽量做到绿地均匀分布,缩小服务半径,实现市民出门500m能见到一块小型公共绿地,出门2000m能见到一处大型公共绿地或绿化广场的目标。目前应结合城市总体规划修编和"141"发展战略,按照"拓建东部、完善西部、巩固南北"的总体要求,精心整合和规划城市建设用地和空间布局,规划建设各类园林绿地,尤其要解决瑶海区园林绿地偏少的问题。

(2)提倡园林深入生活。大多市民活动空间处于"居住区—街头—学习工作办公区"这种模式。城市园林绿化要以服务于市民日常工作、学习、生活为宗旨,综合发挥其环境效益、审美效益和游憩效益。去年开展的拆违建绿为我市街头和居民区、办公区新增游园绿地245块,受到社会各界的广泛赞誉。今后我市在加强城市街头小游园、小公园、小广场等"三小"绿地建设的同时,提倡园林深入生活,坚持绿化标准,抓好单位庭院、居住区和办公区的园林绿化建设,创造景色宜人的绿化空间,改善人居环境质量。

(3)公园敞开化是一个趋势。园林属社会公益事业,公园大多是通过政府财政投入,即用纳税人的钱来建设的。开放公园,方便市民游憩、休闲,提供公共服务是合乎情理的。由于财力所限,加之公园负担过重,目前我市的逍遥津、植物园等一批市级公园尚不具备免费对全体市民开放的条件。但已对晨练人员、军人、劳模、老年人、残疾人、1.3m以下儿童等免费开放。随着我市社会经济的快速发展,用财政补贴公园的维护经费成为可能后,应逐步实施公园开敞化并免费对市民开放。

3.2 全面发展城市园林绿化事业

(1)千方百计扩大城市绿化总量。结合规划至2010年城市建成区300平方公里、人口300万人进行分析测算,合肥城市绿化指标欲达到国家生态园林城市规定"城市绿地率38%、绿化覆盖率45%、人均公共绿地面积12m^2"的要求,未来5年(2006~2010年)城市需净增园林绿地5766公顷,其中新建公共绿地2230公顷。为适应合肥生态园林城市建设需要,必须坚持生态和绿量为首选目标，严格按照"老城区绿地率不低于30%，新城区绿地率不低于40%"的绿化建设标准，加强各类新、改、扩建项目的配套绿化建设，确保新账不欠。大力推进城市森林公园、科学城公园、黄山公园、少荃湖公园、红珊瑚风景区、滨湖新区公园等一批大型规划绿地建设，开展立体绿化、屋顶绿化及单位庭院、居住区绿化，尤其要高标准规划建设滨湖新城，使之成为我市创建国家生态园林城市示范区。

（2）着力提高城市园林绿化品位。实施城市园林绿化建设要坚持乔灌花草相结合，营造复层植物群落，注重植物造景和季相变化，传统与现代相结合的园林布局。一是营造园林季相景观。我市植物区系属南、北交汇地带，园林植物资源较为丰富。在植物配置上，应以乡土树种为主，适当引种外来植物，形成"四季常绿、三季有花、色彩丰富"为主的园林景观，力求做到"春有花、夏有荫、秋有果、冬有青"。二是合理辟建建筑小品及雕塑，与绿地达到最佳和谐，融文化于绿色之中。三是注重塑造一条街或一个街区的特色园林景观。四是丰富城市立体绿化景观。五是尊重自然，保持原生态环境，以营造传统园林景观为主，辅以植物造景式的现代园林景观。

（3）加快振兴园林经济。当前我国事业单位改革不断向前推进。园林系统老大难单位较多，包袱重，应积极融入事业单位改革的大潮中，早改早主动，早改早见效益。尤其在全面推进小康社会建设过程中，园林要效益、职工要富裕已是一个必然。园林部门应立足自身优势，精心整合资源，拓宽投融资渠道，加快振兴园林经济，既促进园林事业持续健康发展，又保证园林职工收入不断增加、生活更加殷实。

（4）加强城市园林绿化的保护和管理。保护和管理现有绿化成果，尽量减少损毁程度，也是一种发展。一是加强城市绿化日常养护管理；二是加大园林监察力度，坚决查处毁绿案件；三是完善园林绿化法规，规范管理，推进依法行政；四是探索市场化的养护管理机制，加强园林基础科学研究，建设节约型园林，实现低养护目标；五是大力推进城市绿化建管中心下移，形成全社会、多层级、网格化的绿化格局。

3.3 协调发展城市园林绿化事业

(1) 制定科学的城市绿地系统规划。当前，要围绕合肥市"十一五"发展规划、"141"空间发展战略和创建国家生态园林城市要求，依据城市总体规划，进一步科学修订、编制《合肥市城市绿地系统规划（2006~2010年)》，坚持和完善翠环绕城、绿地楔入、绿带分隔、点线穿插的城市绿地系统规划结构。"翠环绕城"由环城公园、高压走廊环城绿化带、二环路绿带及外环高速公路林带构成；"园林楔入"绿地由蜀山风景区、城市森林公园、水库边岸及磨店乡生态防护林、滨湖新区绿地等构成；"绿带分隔"规划在上派、店埠镇和双墩镇与城市之间布置三个带状公园和城市滨河生态廊道；"点线穿插"重点在城区均衡布局各类公园游园绿地和道路绿化。

(2) 统筹区域、统筹城乡、统筹人与自然和谐发展。针对我市城区绿化发展不平衡，农村森林覆盖率偏低，小城镇园林绿化建设缓慢，自然山体和水系绿化整体水平不高的现状，必须坚持"统筹"的原则，做到植树造林、植物造景和园林景观建设相结合，逐步实施绿化建设。要以建设社会主义新农村为统揽，大力推进三县县城和建制镇创建国家园林县城和城镇活动，改善农村生态环境质量，统筹城乡绿化建设协调发展。

(3) 与城市自然环境、街景、建筑相融合。城市园林绿化应积极融入城市街景和建筑之中。只有相互融入一体，巧于因借，才能形成和谐的城市环境，这也是中国传统园林所要求的。合肥在自然资源的开发上，要按照尊重自然、修复自然的理念，更注重中国传统自然山水园林的营造；在人文景观资源的保护和开发上，注重继承历史文脉，丰富文化内涵；在新建道路、公园、游园绿化上，加强规划设计，与周边街景和建筑风格相协调，提升城市景观风貌和形象。

(4) 与城市经济、政治、社会、文化协调发展。园林是艺术，是在一定范围内的绿化基础上的再创造，形成具有较高艺术水平和文化内涵为特色的景观形象。它对改善投资环境，促进经济发展，加强文明创建，丰富市民文化生活均发挥着不可替代的作用。创建国家园林城市必将促进我市经济、政治、社会、文化的发展，反之加强城市经济、政治、文化建设必将要求城市园林绿化具有较高的园艺水平和文化内涵。

3.4 可持续发展城市园林绿化事业

（1）坚持绿化标准。建设部明确了城市各类建设项目的配套绿化标准，《合肥市城市绿化管理条例》第十条也作了具体规定。除因城市建设等特殊需要外，一定不能降低绿化标准，否则绿化欠账日积月累后就是一个大缺口，创建生态园林城市目标也就无法实现。

（2）维护城市绿地系统规划的权威性。城市绿地系统规划与城市总体规划一样，一经编制批准后不能纸上画画、墙上挂挂，应建立规划公示制度，接受广大市民监督。规划绿地建设应坚持统筹兼顾、先易后难、重点突出的原则抓紧实施。规划绿地确定后，要加强园林绿化设计，贯穿到城市总体规划、居住区详细规划、城市设计和建筑设计的各个环节。

（3）保护生物多样性。加强植物园、动物园、苗圃的建设，进行以濒危、珍稀动植物移地保护、优势物种驯化为重点的物种层次的多样性保护。挂牌保护古树名木，加强自然生态环境系统规划，实施"生态环保"工程，建设"绿色"城市结构，改善自然生境，为提高生物物种的丰富度创造有利条件。

（4）明确年度城市绿化工作目标，认真加以完成。生态园林城市建设是一项十分艰巨的任务，不可能一蹴而就，必须在城市绿地系统规划指导下，明确年度城市绿化工作目标，建立目标管理责任制，狠抓落实，确保完成。

作者简介：
    李博平，合肥市园林局局长，高级工程师
    朱来喜，合肥市园林局办公室主任，工程师

打造巢湖国家公园
呼应合肥滨湖新城
——探索湖泊与人类和谐共存的新模式

郭 茂 王新华

摘 要：受环境污染及城镇扩张的影响，我国一些特大型湖泊正承受着巨大的环境压力。为此，本文以巢湖为例，阐述其历史演变、环境现状及趋势分析，并根据国外发达国家湖泊型风景区发展的经验，提出巢湖生态治理、建设发展的措施与途径，从而为探索湖泊与人类的和谐共存提供一种新的模式。

关键词：巢湖 生态系统 国家公园 滨湖新城

巢湖是安徽境内最大的湖泊，也是我国五大淡水湖之一，湖面面积达780km^2。巢湖水系是安徽境内长江流域的最大水系，流域面积1.3万km^2，入湖河流达34条，每年接纳四周二市七县近40亿m^{3}的来水[1]。

巢湖东临巢湖市区，背依安徽省会合肥，面向沿江城市带的南京、芜湖、马鞍山、铜陵等大中城市，使其成为整个皖中地区乃至周边区域的生态核心与生态屏障。整个皖中地区的气候、水土保持、水源、水利灌溉、生物种群状况、人类生产生活无不与巢湖和巢湖水系有着直接和密不可分的联系。

然而，由于工业化的高速发展引发的环境污染严重及城镇快速扩张等现象，使巢湖面临着前所未有的环境压力，湖泊面积萎缩、湖水污染严重、生态调节能力锐减等。借鉴淮河流域、太湖流域的破坏教训与治理经验，一旦整个水系环境遭到破坏，其对整个流域方方面面的影响将是深远的、长期的和严重的，而重新治理和恢复的代价也将是巨大的,甚至是无法挽回的。作为皖中地区生态基础的巢湖,其生态环境保护与建设开发活动的有机协调引起了我们足够的重视。

1. 巢湖生态系统面临的危机分析

长期以来,由于人类未能充分把握湖泊所固有的自然特性,从而对湖泊资源的开发不尽合理,特别是在泥沙淤积、围湖造田、废水排放等自然与人为的活动中,导致湖泊面积迅速萎缩,调蓄功能衰退,水情日益恶化,水质污染严重。

1.1 巢湖湖区的演变

据推测,巢湖成湖于公元前 1000 年前后。盛期水域相当辽阔,湖泊面积超过 2000 km^2。其后,因泥沙淤积、洲滩发育和围湖造田,使湖泊面积渐趋萎缩。《古今图书集成·山川典》云:大致在汉代末期,巢湖尚有"周回五百里,港汊大小三百六十一,占合肥、舒城、庐江、巢县四邑之境"。及至三国时期,巢湖地区已开始修筑湖堤,垦殖湖滩。《宋史·叶衡传》载:宋时"合肥濒湖,有圩田四十里,衡奏募民耕,岁可得谷数十万"。明嘉靖三十一年,庐江大旱,民众将湖滩围成新丰、新兴两圩。在清朝的 200 多年里,沿湖围垦达 400 km^2。建国后,于 1957 年建巢湖闸对巢湖进行人工控制,巢湖由此从天然湖泊演变为水库型湖泊,并继续对滨湖滩地进行围垦,使湖泊面积进一步缩小到 800 km^2 以下[2]。

1.2 湖泊污染状况及评价

淡水湖泊是陆地表层系统中淡水资源的重要储存库。但是,近 20 多年来,由于工农业生产的迅猛发展,人口急剧增加,环境保护措施不力,大量未经处理的工业废水和生活污水直接排放入湖,导致河湖普遍遭受污染。

历年的水质监测资料表明,巢湖的水质问题主要表现为水体的有机污染和富营养化。自 20 世纪 80 年代前后,巢湖就出现了因水体污染而造成的水质型缺水现象;80 年代末至 90 年代初,湖泊的平均水质仅能满足我国饮用水的Ⅲ类标准;90 年代末期,因污染负荷高、湖泊换水率等原因,湖泊水质日趋严重,特别是在濒临合肥的西半湖湖区，夏季的长期水质出现在Ⅴ类甚至Ⅴ类以上，已严重不符合饮用水源的最低标准。同时，由于受到N、P等富营养物质的污染，巢湖整个湖区已呈重富营养状态，局部地区（南淝河等入湖河汊口）达异常富营养状态。富营养化引发夏季蓝藻、硅藻等泛滥，并常被盛行的东南风吹集到北部湖湾，而积聚和繁殖形成"水华"现象。

巢湖已与太湖、滇池一起被并称为我国20世纪90年代以来受污染最为严重的3个大型淡水湖泊，严重影响到湖区城乡的经济发展和人民生活。

1.3 人类建设活动对巢湖构成的威胁及趋势分析

目前巢湖区域的形势是，在风景区范围内，特别是湖岸周边是自然地貌、未被开发的"处女地"。一方面，风景区的发展前景广阔、投资价值大，投资意向纷纷而来；另一方面，区内经济条件落后，地方开发的呼声日渐高涨。这两种由外和由内的压力使得巢湖区域的开发建设尤显迫切，"你不进行合理开发，我就来盲目开发"的现象时有出现，区域环境保护与合理利用的形势非常严峻。已有一些地方急迫地发展一些看似利于短期经济的项目，引发的代价是农业受损、气候异常、生物渐绝、饮水困难、疾病丛生、土地污染抛荒等这些长期影响。其趋势将是，作为皖中地区生态系统的核心基础——巢湖生态环境遭到损害，不只是巢湖周边地区受到影响，更大腹地的合肥市、巢湖市、滁州市、芜湖市、马鞍山市等等都会受到波及。可以说，今天的盲目开发，将会成为明天合理发展的障碍。

2. 特大型湖泊地区的发展模式研究

任何地区的发展都必须选择正确的目标与道路，进而作出相应的发展规划来指导建设行为，这就是国际上通行的"发展模式"研究。参照国内外同类地区的发展情况和经验，确定特大型湖泊地区的发展模式有如下三种：

2.1 湖泊型风景名胜区

这种模式下，风景区的建设目标是尽可能地保持皖中区域这块"净土"，以尽可能的自然化面貌和比较纯净的生态功能对合、巢两市及其周边区域发挥其环境效益和社会效益。将按照《风景名胜区条例》的规定，控制并有效治理污染，沿湖种植生态防护林，促进以水土保持、生物多样性为主要内容的生态保护措施，并以此来增强生物对环境的自净能力。所有游览设施及景点的建设，均以不影响或有助于改善自然面貌为前提，除必要的服务设施和旅游交通外，不搞任何大型的游乐设施或度假、休闲场所。整个风景区的建设和运营费用主要来源于政府拨款，低价的门票收入仅为补贴职工生活。这种发展模式的特点是"只投入，不产出"，全靠政府补贴养护一处生态景观地。这种情况在国外发达国家和经济条件优越的地区已较常见。

2.2 风景旅游特区（国家旅游度假区）

这是国际上20世纪80年代初以来产生的一种发展模式，其建设目标是综合利用某一地区的国土风景资源，在法律、法规的许可范围内，运用政府手段，给予若干优惠的、倾斜的投资政策，吸引和鼓励建设性投资，以旅游业开发为龙头，带动本地区及周边地区的产业结构转型和社会经济成长。[3]

在这种发展模式下，风景区的发展将完全按照市场规律运作。政府在统筹该地区的风景资源保护、国土开发与利用、建设规划和管理等前提下，以土地和风景资源入股，并制定一系列投资优惠政策，积极吸引外部资金合作开发，共享利润。经济上是"高投入、高产出"，在依托外部资金和管理模式创造高额经济效益的同时，滚动搞好环境投入，以业养业，实现第三产业的跳跃式发展，其连带效益是整个地区经济的迅速增长。泰国的芭堤雅、新加坡的圣陶沙等，以及我国的国家旅游度假区都是这一发展模式的产物（目前，我国已停止在国家风景名胜区内设立国家级旅游度假区。）

2.3 城市近郊公园

这是介于上述"重保护"与"重开发"之间的一种新的发展模式。它以改善人类人居环境为目标，既不是生硬地将风景资源严格地控制起来，使之成为"空中楼阁"；又不是粗放地将风景资源奉献出来，任由市场经济摆布；而是在政府的主导和综合调控下，以建设为广大市民所用的"城市公园"为目标，并促进和引导城乡建设发展与其相融，体现出"以人为本"的宗旨，并实现了城市从"园林化"到"大地景观（园林）化"的转化，也合理解决了生态城市、绿色城市、城乡一体化等一系列区域性发展问题。正如吴良镛教授所指出的那样："园林在当代已不仅仅是传统上的公园的概念，在区域城市化的今天，它应走向宏观尺度，向大地景观、郊野景观和人类学领域拓展。"[4]

在这种模式下，本着"人民风景人民建，建好风景为人民"的指导思想，由政府投资或融资解决生态环境的建设，引导城乡向这一方向发展，以经营城市的理念创造的土地差价，再行投入到生态环境的保护与建设中去，带动更大区域的良性发展。这样，既合理解决了生态保护与风景营造所需的资金问题，又体现了风景建设为人所用的宗旨。这是大城市近郊风景区发展的一种合理模式和趋势，德国博登湖地区的发展是成功的实例。

3. 巢湖的开发定位与发展模式选择

2002年4月，巢湖因其广阔的水域资源和丰富的自然、人文景观，被国务院批准为第四批国家重点风景名胜区，相当于国外的"国家公园（National Park）"。这是巢湖区域走向新发展的一个重要契机。同时，位于巢湖北岸约15km的合肥市在新一轮城市总体规划中，提出城市从"环城公园"时代迈向"环巢湖"时代。按照新的城市发展战略，未来合肥将沿环巢湖地区逐步新建一个生态型、高品位、现代化的新城区，并使巢湖成为合肥名副其实的"后花园"。在城市化快速发展的今天，随着城市社会经济的发展、城区范围的逐步扩大，作为市郊型风景区的巢湖，将一方面要接受城市功能的辐射，另一方面又要为城市服务。如何处理好风景区开发保护与城市建设发展的关系，成为我们研究的方向。

3.1 巢湖风景资源的现实评价

从旅游资源上看，巢湖拥有丰富的自然、人文景观，以巢湖辽阔的水域风光为背景，以较为原生态的湖岸环境为基础，以丰富的历史文化内涵为底蕴，融湖光、山色、岛景、湿地、奇洞等于一体，是特大城市周边难得的旅游风景地。

但从风景资源的自身价值及综合评价来看，巢湖风景资源分布较散、联系较弱、知名度不高；而且各个景源（景区）本身规模不大、发展滞后、旅游产品单一；相对其他国家重点风景名胜区而言，风景资源价值较低，严重缺乏一些典型的人文和自然景观。这也是影响和制约巢湖旅游发展的重要因素。

3.2 开发定位

由巢湖风景资源的评价得知，巢湖风景区的单一风景较为普通，而其根本风景是其良好的生态基础。没有良好健康的生态环境、丰富的生态系统和生物种群多样性，就会显著影响巢湖的自然人文风景，并使其丧失可利用价值。这种宜居环境也正是合肥城市发展所必需的水岸环境和沿湖背景。

巢湖风景区的开发应从追求景致的独特性与观赏性向倡导环境的原始生态性与景观丰富性转变；旅游方式要从单纯地为游客观光服务转向全面地为都市民众提供度假、休闲、运动、体验等活动服务。从而，风景区发展的定位应从单纯的风景名胜保护向综合的生态环境改善、景观系统营造和生活休闲体验方向转变。

3.3 发展模式选择

国家确定的各级风景名胜区是自然和人文环境相对优越的地区，其发展原则是"严格保护、统一管理、合理开发、永续利用"，可见严格保护的最终目的是永续利用。而利用的方式无外乎三种：一是保护起来以后再用；二是作为独特的旅游资源为本地和外来游客服务；三是为当地居民改善生活环境和提高生活品质服务。再从巢湖较为贫乏的风景资源、重要的生态基础和优越的地理位置等特征来看，巢湖可供严格保护的"核心景区"少之又少，周边居民对巢湖的休闲需求却非常强烈。

分析可见，"绝对性保护"和"破坏性开发"的二元对立模式均不适合巢湖的发展现状。介于其中的"合理开发与利用"是巢湖发展的最佳模式，其最适宜被建设成为特大城市——合肥的一处特大型近郊公园。按照"城市近郊公园"这一发展模式，以服从和服务于合肥的城市发展和市民生活为宗旨，努力营造良好的生态环境基础和一流的旅游休闲场所，以独具魅力的宜居空间引导城市向其发展，从而创造出人与自然和谐共处的生态人居环境。为了与国家风景名胜区的地位不产生矛盾，姑且称之为——巢湖国家公园。

4. 巢湖国家公园的实施措施与途径

由于巢湖作为风景区和宜居地的吸引力，可以预测在未来一段时间内，居住人口与休闲、度假的游客将会有大的发展，湖岸区蓬勃发展的开发建设活动、多种多样的功能利用将与脆弱的湖区生态系统及其保护行为之间产生激烈的矛盾冲突。为此，合理的实施措施与工作途径显得尤为重要。

4.1 全面恢复生态系统，打造区域环境基础

成立巢湖风景名胜区的最初出发点，不是短期的旅游效益，而是整个地区的长远经济发展需要。全面恢复生态系统的措施有如下三点：

（1）退圩还湖、发展生态湿地系统。退圩还湖工程是对历史上"围湖造田"做法进行纠正的一种有效措施，也是扩大湖水面积、增加湖区库容、强化自净能力的重要举措。20世纪90年代，我国第一大淡水湖泊——鄱阳湖区平圩退圩180座，还湖面积599.29 km^2，使鄱阳湖蓄洪面积由3900 km^2 增加到5030 km^2，基本恢复到1954年的模样，已明显改善了鄱阳湖区防洪抗灾能力和生态环境。巢湖可结合合肥城市发展战略规划提出的"引湖入城"方案，先行将南淝河、派河等入湖河流的圩畈区（东大圩等）改作"生态湿地"，种植具有生态自净功能的芦苇草荡等，放养以鱼类为主的一些原生生物。从而，在使湖面面积得以扩大的同时，恢复沿湖原始的自然生态面貌，并为保持湖区的生物多样性创造条件。

（2）入湖河流的污染治理与巢湖换水工程并举。巢湖水系流域范围一万多平方公里的人类生产、生活产生的污染是巢湖水环境恶化之源。目前，流域内的一些重要城市，如合肥市、巢湖市

已加大了自身污水的处理力度，但仍有部分污水以及一些中小城镇的全部污水未经处理就直接排放，入湖河流成为污水排放的主要载体。因此，除了对周边城镇要求进行污水的截流和处理外，建议在污染严重的入湖河流口建设"生态拦坝（闸）"，积极通过河口的自净型湿地草荡及其他处理措施来调节、阻缓、过滤入湖河流对巢湖的生态压力。同时，以引江济淮工程为契机，启动引江济巢换水工程，使巢湖"死水"变"活水"，以长江水的稀释来快速改善巢湖的重污染状态。

（3）退耕还林，减少面源污染，打造沿湖生态岸线。面源污染也是影响巢湖水环境的一个重要因素，这与巢湖地区保持的农耕文明体系有着密切的联系。为此，从保护和改善生态环境出发，在沿湖农业区范围内，结合土地利用规划的调整，将易造成水土流失的坡耕地有计划、有步骤地停止耕种，因地制宜地植树造林，发展和培育生态林带，恢复森林植被，逐步在沿湖打造一条以生态、防护、水土保持和旅游观光等功能为主的沿湖绿化景观带。

4.2 努力营造公园景观，提供居民游憩空间

公园，是供公众游览、观赏、休憩，开展户外科普、文体及健身等活动，向全社会开放，有较完善的设施及良好生态环境的城市绿地[5]。这是狭义的"公园"概念。而作为风景名胜公园的巢湖，是位于城市建设区或近郊区范围内，有一定的风景资源且价值相对较高，具有城市公园功能的生态绿化和大地景观系统。

规划应结合巢湖生态系统恢复工程，利用环巢湖周边丰富的自然与人文资源，逐步开发一些大小不一、串珠成链的子景区（点）和沿湖景观带，既为城市居民提供一处周末及节假日游览观赏、休闲度假、运动建身等活动的场所，又为城市发展营造生态良好、环境优越的宜居空间，从而体现巢湖风景区"永续利用"的最终目标。

景区（点）开发的方式，将体现旅游方式从传统"观光式"旅游向"休闲、度假式"旅游的转变，积极营造为都市民众提供

休闲、度假、运动及疗养等服务的景观,并实行低门票或无门票经营,以服务城市、吸引市民为主要目的,引导城市向其发展并带动区域社会经济的整体进步。

4.3 合理引导滨湖建设,彰显合肥生态魅力

巢湖具有得天独厚的自然景观资源和生态资源,在充分保护的基础上,发展滨湖新城是创造该区域人类和自然共生共存、和谐发展的重要途径。一方面,滨湖城市可利用巢湖适宜的人居环境,让城市居民有更多机会拥抱自然、体会自然,培养群众对自然环境的热爱;另一方面,城市环境作为人类独特的生存环境,也是生态系统不可或缺的组成部分,一个环境优良的滨湖城市,就是一个重要的生态因子,和其他动植物群落共同构成整个风景区的生态环境。

针对区域内自然村落星罗棋布、城镇建设无序混乱的现状,未来的滨湖建设应走与滨湖生态环境及湖滨风景环境相适应的生态宜居和景观和谐型道路。具体的建设方针为:"相对集中、有机疏散、生态宜居、景观和谐"。即在区域更新战略中,应依托城际交通的节点建设功能齐全的旅游度假小镇和中心生态村落,走聚居型发展之路;同时通过城市的公共轨道交通线,串联这些各具特色、生活便利的生态型沿湖城镇,实现城市人口与功能的有机疏散。在新城建设中,要充分注意其生态影响和景观影响,应注重详细的景观设计或城市设计环节,并要做好天际轮廓线的研究,将新城建设为绿化宜人、宁静安谧、特色鲜明、充满活力,并彰显生态魅力的滨湖宜居空间。

参 考 文 献

1. 合肥市志/合肥市志编纂委员会编纂. 合肥:安徽人民出版社,1999
2. 中国五大淡水湖/窦鸿身,姜加虎主编. 合肥:中国科学技术大学出版社,2003
3. 城市人居系统与人居环境规划/李敏著. 北京:中国建筑工业出版社,1999
4. 经济发达地区城市化进程中建筑环境的保护与发展/吴良镛. 城市规划. 北京:1994 (5)

5. 园林基本术语标准/中华人民共和国行业标准. 北京：中国建筑工业出版社, 2002

作者简介：
  郭 茂，合肥市巢湖风景名胜区管委会主任
  王新华，合肥市巢湖风景名胜区管委会规划处处长、国家注册规划师

浅论高压走廊景观绿化规划理念
——以合肥市为例

张 晋 陈中文

摘 要：作者通过合肥市高压走廊地带进行景观绿化规划建设，进行理念的探索。

关键词：合肥市 高压走廊 景观绿化 规划理念

1. 高压走廊概况

高压走廊是指在计算导线最大风偏和安全距离情况下，35kV及以上高压架空电力线路两边导线向外侧延伸一定距离所形成的两条平行线之间的专用通道。

合肥市高压走廊围绕建成区一周长约50多公里，沿线宽度在70~300m不等的走廊范围，共有约850公顷。按照统一规划，分步（分期）实施的原则，瑶海区部分、新站开发区、政务区、森林公园部分高压走廊分别由所属区自己完成，大房郢水库、当涂路、东流路等部分是我们本次实施的重点，面积约430公顷。

2. 工程建设的意义

2.1 高压走廊景观绿化建设的必要性

高压走廊景观绿化是实现合肥可持续发展的迫切需要。

可持续发展战略要求在城市建设实践中，特别是在城市设计及规划时，注重经济、人口、社会、资源及环境的协调发展，注重社会全面进步的同时，不以牺牲子孙后代的生存和发展为代价。其基本要求是：保持自然资源、物质资源的可持续供给能力；进行科学的合理规划；合理开发有限的土地资源；有效控制环境污染，为市民提供一个高效、舒适的城市空间环境。合肥市高压走廊的绿化建设就是面对21世纪对城市环境的更高要求，以突出环境生态优先，创造良好的绿色空间思想为核心，充分考虑未来经济社会发展的需要，将塑造城市形象与优化生态环境，保护和培育自然资源紧密结合，为子孙后代造福，使经济社会走上协调、稳定、健康和可持续发展的道路。高压走廊景观绿带作为城市生态系统中具有自净功能的重要组成部分，在保护人体健康、调节生态平衡、改善环境质量、美化城市景观等方面具有其他城市基础设施不可替代的作用。

(1) 高压走廊景观绿化是弥补城市绿化用地不足的重要手段

目前，合肥市园林绿地面积达5600公顷，城市绿地率32%，绿化覆盖率37%，人均公共绿地面积$8.7m^2$。随着社会、经济的快速发展，城市面临一系列生态和环境问题，作为国家园林城市，合肥市绿地面积有待进一步提高，高压走廊绿地建设不仅提高了水平方向的绿化面积，也提高了绿色植物的空间的占有率，高压走廊绿化带建成后，将增加500多公顷城市绿地面积，城市绿地率达到33.77%，绿化覆盖率达到39.75%，人均公共绿地将达到$8.9m^2$。高压走廊景观绿带是合肥市绿地系统的完善和补充。

合肥市已经构成了两环、五带、九射的绿地系统结构，高压走廊景观绿带建成后，再在外环以高压走廊景观绿带为载体形成三环绿带；根据绿地系统编制规范要求，按照500m"绿地服务半径"要求，即市民走出家门500m便能走进一片公共绿地，高压走廊景观绿化建设，改变各城区城市绿地发展不平衡的局面，是生态园林城市建设的目标。高压走廊沿线的许多地方尚缺少绿地，由此可得出，未来的绿地使用价值和使用率都很高，将成为市民们休闲、游玩的好去处，其对最佳人居环境的形成有重要作用。

(2) 高压走廊景观绿带为城市带来巨大的环境效益和经济效益

高压走廊景观绿带大面积的绿地和城市林带，起到防风、防火、吸收有害气体、吸滞烟尘和粉尘的作用，并消耗二氧化碳和生产氧气，净化空气、水体和土壤，据初步估计，500公顷的绿地每年可吸收有害气体500t，滞留灰尘1800~3200t，每年为城市提供10.9万t以上的氧气，并吸收16.3万t以上的二氧化碳。高压走廊景观绿带稠密的林带犹似一座屏障，对于改善城市小气候也起到不容忽视的作用，阻挡了冬天凛冽的寒风向城市的侵袭；夏季为城市输送阵阵凉风。林带散发杀菌素，为城市市民消除了疾病祸源。

高压走廊景观绿带规划了部分生产性绿地，一是可生产一些植物材料，适应了快速增长的城市绿化对苗木的需求量；二可根据市场行情，走产业化道路，为城市绿化及经济发展作出贡献。生产绿地植物选择，根据城市园林绿化建设的需求，多品种、多规格的进行苗木生产，并有计划的进行外来引进植物种类的培育工作，最大限度的满足城市绿化的苗木需求，体现环境效益与经济效益的统一。

总而言之，高压走廊景观带的形成，将大幅度的提高合肥绿量，进一步完善合肥市绿地系统结构，如果说合肥"园林城市"称号的获得得益于环城公园的建设，那么高压走廊景观绿带建设为合肥市创建生态园林城市奠定了良好的基础。

2.2 高压走廊景观绿化建设的可行性

（1）拆违建绿为高压走廊景观绿化提供了先决条件

目前，合肥市拆违建绿工作正在如火如荼的进行中，合肥市将以拆违为起点，在"十一五"期间打造出一个全新的现代化大城市，拆违建绿顺应民心民意，得到了市民的广泛支持。高压走廊下的违法建设，多处均已被拆除。领导的大力支持、市民的广泛响应，拆违工作有步骤的顺利进行，为高压走廊提供了先决条件。

（2）足够的占地面积是高压走廊景观绿化的基础条件

高压走廊景观绿地不占用城市其他建设用地，高压走廊下土地以荒地和违章建筑为主，违章建筑拆除后的空地面积达到400公顷，高压走廊景观绿地充分利用这些空间，建成城市的生态廊道。足够的占地面积使高压走廊绿化带在不占用其他用地情况下增加了城市绿地指标，弥补了城市用地不足。

3. 高压走廊景观绿化建设的理论探索

3.1 高压走廊绿化的景观生态学意义

高压走廊景观绿带不仅仅是一条绿廊或绿带的含义，而是具有一定规模、自然结构的城市森林，改善和完善了合肥市的城市生态系统，使之成为环境适合人类居住，人与自然关系和谐高效，利于经济社会可持续发展的城市景观生态系统；它将成为合肥市建设生态城市的重要组成部分。

根据景观生态学理论，城市本底（市域范围内）上各种嵌块体（建筑物）以及斑块（各种绿地），非常强调各种生态廊道的设置以及廊道的连接，廊道的生态效能、空间异质性、景观多样性，不仅要满足园林规划的中游憩、观赏的需要，而且要兼顾维持生态平衡，保护生物多样性，净化空气，减少热岛效应，提高城市景观环境质量等功能，高压走廊景观绿带就是基于建设环城生态廊道考虑的。

3.2 高压走廊建设的原则

（1）生态优先，体现以人为本

鉴于城市生态环境问题日益突出的矛盾，高压走廊应该把净化大气、保护水源、缓解城市热岛效应、维持碳氧平衡、防风防灾、调节城市小气候环境等生态功能放在首位；应从满足人体呼吸耗氧，为人类提供新鲜空气，增加负氧离子含量以及观赏休闲等需求作为建设重点；从偏重于视觉效果转向注重人体身心健康角度综合考虑，强调人居环境，体现以人为本、人与自然相互协调。

（2）师法自然，注重生物多样性

通过建立稳定和多样化的森林群落，达到传承文明，师法自然，景观多样，应接不暇的效果。充分利用树种资源和生态位资源，形成不同类型的生态系统，既满足人们不同的文化和生活需求，又为不同生物提供生存繁衍的生态环境，促进生物多样性保护。

（3）系统优化，强调整体效果

科学配置，完善高压走廊景观绿化类型和布局，最大限度提高绿地总量，发挥高压走廊景观绿化的最优生态效益，实现生态系统各子系统的相互协调，充分提高高压走廊绿带对整个城市的总体协调功能。

（4）因地制宜，突出本土特色

根据不同地段的自然条件、生态环境质量，确定适宜的绿地结构，选择应用具有主导功能特点的树种，进行绿化规划的合理布局。增加乡土植物特别是建群种和优势种的使用，突出本土植被群落模式的特点，完备优化绿地结构。

3.3 高压走廊景观绿化建设的目标

经过若干年的建设，建成具有综合生态环境效益，城乡一体、生态功能完善稳定的城市森林生态系统，使城市贴近自然、溶入自然，达到城在林中，人在绿中的森林生态效果，为实现生态城市、绿色合肥奠定基础。

（1）以培育、发挥林地生态功能为核心，植物群落设计体现自然森林生态系统的层次性、整体性、多样性和稳定性，树种选择以北亚热带落叶、常绿阔叶树种和乡土树种为主，促进森林的健康生长、群落发育和自我维持及更新；

（2）水源得到良好保护，污染得到控制，生物多样性得以合理应用，初步实现"林荫气爽，鸟语花香；清水长流，鱼跃草茂"的良好生态环境。

（3）追求一种城市与自然相融的健康环境，建立一个自然与人和谐共生的良好生态环境，形成合理布局，具有合肥特色的城市生态系统。

4. 高压走廊景观绿化规划

随着城市的快速建设，高压走廊附近的产业区、居住区开始形成，在未来几年，高压走廊绿地不仅作为城市的工业防护林带，作为生态基础设施，而且能为城市提供绿化植物材料的同时走产业化道路，为城市带来经济效益，更重要的是将为附近的居民提供可持续的生态服务，为市民提供良好的人居环境。

4.1 规划定位：城市生境走廊

所谓生境走廊是指在城市中以一定规模的绿色植物，水系和人文景观组成的具有良好生态环境的空间体系。

（1）建设具有地域特色和地方文脉相融合的绿色生境走廊，首先应充分利用城市的地形地貌构成城市绿地系统的框架，形成理想结构的、高质量的城市绿线。也就是城市中具有真正意义的生物生命线。它可以在城市中为生物保留一种一定空间的运动网络，如鸟类、鱼类、昆虫和小型哺乳类动物在城市内部或穿越城市的扩散和繁殖。

（2）生境走廊应为城市居民提供一种较为自由轻松的生态运动系统，一种休闲娱乐的场所和一种自然的景观，具有一定的生态景观价值和休闲文化功能。

（3）城市生境走廊应能够合理的将城市与郊区自然景观有机的结合，让居民通过生境走廊由城市来到更为广阔的大自然中去。

（4）理想的生境走廊还应考虑与城市建筑的有机结合。尤其是与附近的居住小区的结合。通过对已建成的住宅加强治理，形成自然过渡，真正形成人居绿中的理想境界。

4.2 规划构思

高压走廊绿带设计内容上有多种功能设施，在风格上博采众长，在手法上讲究自由流畅、简洁明快。

（1）保护和创造生物多样性

在配置植物群落过程中，注意植物多样性，选择多种有利于野生动物求食、受庇护与栖息的植物，引来动物，形成植物、动物和微生物三维结构，形成并保护城市环境中的生物多样性，使人民享受到自然之美。

（2）利用现状地形、地貌和植被条件。

结合地形造景，以充分利用为主，改造为辅，因地制宜。尽量减少土方量，尽量达到填挖土方平衡，节省劳动力和建设投资，例如平地可作为群众活动场地，利用地形做观众看台时，就要有一定大小的平地外面围以适当的坡地，坡地也可分隔空间和不同类型景观区域。

（3）结合水系造景

高压走廊沿线有部分水系，水系可自流者结合地势组织涧、瀑、溪、泉，种植一些水生植物，增加水景的动势变化，水面有波光倒影又可成为风景的透视线；水系不可自流者，我们在规划中不主张利用人工技术措施组织水景的动势变化，一方面人工痕迹过重，不易获得自然效果；另一方面增加投资和管理费用，如用废弃的混凝土碎石护坡驳岸，就是一个成功的范例。没有水源的地方也可汇集雨水，使之成池，并加以剪裁，使之成景。

（4）整体规划、合理布局

在布局上、内容上要巧妙地使用资源，尽可能循环利用。如河水、湖水用做灌溉，喷泉使用循环水，冬季落叶和修剪的枝条粉碎后用作地被覆盖，或作堆肥，以增加土壤有机物，以及绿地中垃圾的回收，建生态厕所、生态建筑等。

（5）充分考虑安全性

考虑到高压架底座的安全，在高压架下种植草坪，同时以植物来围合，减少人的进入，这样也有利于后期的维修和安全检查。

4.3 高压走廊植物景观的设计

高压走廊植物景观设计不再强调大量植物品种的堆积，也不再局限于植物个体美，如形体、姿态、花果、色彩等方面的展示，而是追求植物形成的空间尺度，以及反映本地自然条件和地域景观特征的植物群落，尤其着重展示植物群落的自然分布特点和整体景观效果。因此，现代植物景观设计应遵循以下基本原则：

自然性原则：植物景观设计首先要符合合肥的自然条件状况，并按照自然植被的分布特点进行植物配置，体现植物群落的自然演变特征。

地域性原则：植物景观设计应与地形、水系相结合，充分展现合肥的地域性自然景观和人文景观特征。所谓"适地适树"，就是要营造适宜的地域景观类型，并选择与其相适应的植物群落类型。

多样性原则：植物景观设计应充分体现本地植物品种的丰富性和植物群落的多样性特征。营造丰富多样的植物景观，首先依赖于丰富多样的环境空间的塑造，所谓"适树适地"的原则，就是强调为各种植物群落营造更加适宜的生境。

指示性原则：植物景观设计应根据场地的自然条件，如地形、土壤、水分、光照等状况，以及人文景观特征和管理水平，营造适宜场地特征、具有自然条件指示作用的植物群落类型，避免反自然、反地域、反气候、反季节的植物景观设计手法。

时间性原则：植物景观设计应充分利用植物生长和植物群落演替的规律，注重植物景观随时间、随季节、随年龄逐渐变化的效果，强调人工植物群落能够自然生长和自我演替，反对大树移栽和人工修剪等不顾时间因素的设计手法。

经济性原则：强调植物群落的自然适宜性，力求植物景观在养护管理上的经济性和简便性。应尽量避免养护管理费时费工、水分和肥力消耗过高、人工性过强的植物景观设计手法。

4.4 景区类型

高压走廊绿带根据其地理位置、周边环境以及与现有绿地的关系划分定性为防护性绿地、生产性绿地和观赏性绿地。

（1）防护性绿地：

防护性绿地以东北、东南部分为主，在高压线两侧20m安全范围以外通过种植具有地域特征的植被，形成生态防护、水源涵养为主要功能的景观区域；范围为N6～N8、N9～七里塘变～永青变，绿地面积为411.2公顷。城市防护绿地要综合考虑城市防洪、抗震、人防、消防等因素，做到日常防护和避灾相结合，风景林树种选择要注重乡土性、季相性，使生物种类多样、景观类型多样；树种选择宜选用防火、抗风、抗倒伏、抗有害气体，并能结合生产的树种。大面积的防护性绿地吸收有害气体、吸滞灰尘，吸收二氧化碳和生产氧气，将郊区的新鲜空气带入城市，是城市的天然氧吧。

（2）生产性绿地

为了满足快速增长的城市绿化对苗木的需求量，本着生态效益、经济效益并重的原则，规划几块生产性绿地，生产性绿地范围为N2～合肥电厂～永青变、N8～东北郊变，绿地面积为129.5

公顷。生产性绿地一是提供城市绿化植物材料；二是可根据市场行情，走产业化道路；为城市绿化及经济发展作出贡献。生产绿地植物选择，应根据城市园林绿化建设的需求，多品种、多规格的进行苗木生产，并有计划的进行外来引进植物种类的培育工作，最大限度的满足城市绿化的苗木需求，体现环境效益与经济效益的统一。

（3）观赏性绿地

合肥市城市用地主要向西南方向发展，西南方向高压走廊绿地规划为观赏性景观绿地，规划范围：N2～振宁～N6，绿地面积约303.2公顷，这里大部分区域仍然以植物造景为主，大乔木同样种植在20m安全距离以外，安全范围以外结合景观设置部分游步道和园林小品，为市民提供休闲和游憩的空间，景观空间更开敞，多一些疏林草地，观赏性花灌木、草本植物，植物的种植更讲究园林造景的原则。

4.5 景观段落

在高压走廊与主干道交汇处，一些居民较多，绿地较少的区域，设置一些休憩、锻炼、健身、交流的硬质景观较多的节点。各个节点的设计要有自己的特色和个性，有水流的地区可以设计以水景为主。有些以运动健身为主，有的以雕塑艺术为特色，形成不同文化氛围的节点环境。

已完成的森林公园段位于蜀山森林公园脚下，科学大道与黄山路交口高压走廊景观段，设计结合地形地貌和周围环境，充分考虑安全性原则的同时，营造了和谐的城市自然生态区，广场、廊架、悬索桥、亲水木平台、自然的驳岸和水生植物等，为附近居民提供了清新的空气，绿色的居住环境，宜人的休憩场所，健身场所，交流集会场所。该段景观节点的优秀设计所带来的生态效益和实用性，成为高压走廊绿带的成功案例。

我们本次主要对金寨路节点、当涂路节点和张洼路节点这三个重要节点做了景观规划设计：

（1）金寨路段

该节点位于金寨路与高压走廊相交处，地块西侧为合作化南路、东部为宿松路、南侧是休宁路，北侧是通向机场的铁路。金寨路南北向穿过地块，把本区分成两部分。本段高压走廊宽度为200m，长度为1300m，面积近26万m²。本区毗邻政务新区，金寨路是一条连接政务区与老城区的重要道路，同时周边在建和建成的居民区较多，所以其在整段高压走廊景观带中的地位很重要。本段高压塔有三条，偏处北侧，南部有较宽的范围可供利用。设计上强调因地制宜的原则，从南到北主要分三个层次：首先，南侧80m宽的在高压线外的绿地处理成带状公园，一条主园路将各景点连接。其次是高压线下的100m安全控制区域，本区域南侧处理成低矮的草本花卉苗圃，形成宽近30余米的花海，其余70m种植各类灌木及乔木的苗木，苗木生产的同时考虑形成壮观强烈景观效果，各类花灌木和色叶乔木宜成片种植，在开花季节也可以为人提供一个观景的场所。最后20m处理为防护林带，提供游人的视线背景，遮挡不良景观。林冠线宜高低起伏，树木可选择乡土速生树种，种植的疏密有致，可以透过背后飞驰的火车。

(2) 当涂路段

该节点位于当涂路段与合裕路交口处，绿带宽180m，长1.3km，面积约30.7万m²，人流量较大，是重要的景观节点。

本段高压走廊强调绿化的作用，以自然为背景，人工硬化铺装穿插于自然景观之间，两者相得益彰。设计突出绿地的开敞性，与周边道路形成多点联系，以游步道串联各个空间。景观遵循以人为本的原则，以近人的尺度建造园林小品，且功能上切实考虑人的使用。树种选择以乡土树种为主，植物配置按其所起的作用分为功能性和观赏性两类，以功能性为主，主要选用香樟、广玉兰等乔木，局部结合小乔木和灌木花草，产生多层次的洁、美、亮、舒、畅的景观风貌。

(3) 张洼路段

该节点位于张洼路两侧，高压架线为自然安全带，本设计中主要考虑与城市交界点以及人的安全，高压线下方以低矮小乔木和灌木来营造自然景观，以安全为第一原则，形成一条安全的防护林带，营造安全和谐的城市自然生态区，在防护带以外，以人的休闲、娱乐、观赏为主，表达自然的生趣和城市景观的和谐结合，同时整个设计将历史人文、科普、安全教育贯穿其间，让人们在休闲时候可以更好的浏览祖国的优秀文化。

设计以植物物种群呈带状出现，园路"琴键"符号来表现自然的韵律，以景墙来表现人文的主题，将古代文化以雕塑和浮雕的形式展现给群众，让文化知识得到更好的宣传；同时加强安全教育，做到以预防为主要手段，防患于未然。

高压走廊的规划和建设，功在当代，利在千秋。具有长远的战略目光，符合合肥市长远发展的需要，从合肥市总体发展角度来看，对于该工程的建设不仅完善了合肥市的绿地系统的分类，也体现了合肥市经济、文化、生态等方面的综合实力，有助于合肥在建设21世纪现代化大都市的同时，实现"天更蓝、地更绿、水更清、居更佳"的美好未来。

作者简介：

张　晋，合肥市园林局副局长、高级工程师

陈中文，合肥市园林规划设计研究院院长、高级工程师

城市滨水区的保护开发与设计创新
——关于合肥环城公园包河景区设计的思考

陈达丽

摘 要：合肥环城公园包河景区选址于古城墙遗址空间，利用自然环境作为景观设计的依据，以独特的造园手法，营造了优美怡人的城市滨水园林空间。笔者就滨水区的保护、开发、设计中创新手法的应用及与其相关的城市保护更新的意义进行了分析，并结合实例浅谈了具有特色滨水地段的保护与设计创新问题。

关键词：滨水地区　保护　开发创新　更新

随着城市建设环境意识及城市文化品位的提高，市民环境意识增强，水体、绿化等自然要素在城市中的地位日益提高；生活质量的提高需要开辟更多高质量的活动场所。滨水地段以其景观、环境、情趣上的优势为人们所向往，"水滨公有"，"亲水为公共权益"等希望滨水重新回到市民生活怀抱的呼声日益高涨。

开放空间是构成人们对城市印象的重要元素。滨水地区是城市中主要的开放空间，由于其所处特殊的位置，往往是有城市的"门户"和"窗口"作用。成功的水滨开发有助于重塑美丽的城市形象。在寻求城市特色化、个性化的今天，水滨开发成了城市形象塑造的重要一环。

随着城市人口的膨胀，滨水地区逐渐被填没或包围，由此带来的一些显性的潜在的危机反作用于城市，使城市生态环境逐渐恶化，城市的生存和发展面临着重重困难。未来的滨水区将是一个多功能平衡发展的、自然环境和人文环境得以保护的绿色空间，此空间的实现必然要接受并解决这些挑战。

1. 实例解析城市滨水

城市滨水区在现代的建设意识中已不是单纯的"水面"概念,它是一个空间的立体的特定的城市环境因素。滨水区作用于城市,是城市的一个呼吸口,这个开敞的呼吸空间不仅仅是物质空间层面的,更是城市的精神放松的依赖点。所以城市滨水区的保护开发与设计创新的成功与否直接关系到了城市的建设空间的呼吸节奏。

合肥市的环城公园正是整个城市的一个节奏控制点,它正如一条城市呼吸带,成为调节这个城市空间发展的一个重要因素。包河景区作为环城公园这条"城市项链"的一颗耀眼的"珍珠",以其独特的历史地段、浓郁的人文气息以及优美的滨水环境给现代城市滨水区赋予了新的设计内涵。在时代的冲击下,势必要解决城市滨水区的历史保护和文脉延续与开发现代滨水空间的矛盾,及设计手法的创新使其融合发展的重要性,力争创造特色的、人文的、绿色的现代城市滨水空间。

包河景区特色主要是岛屿萦回其中,树木葱郁。从造园特色上讲是以历史人文,自然环境为依据,采取仿古手法,营造了古朴、秀丽、典雅的风格,是在继承我国古典造园艺术优秀传统的基础上探索具有合肥特色的城市园林艺术的一个成功的尝试。其造园艺术特色为:效法自然的布局、诗情画意的构思、园中有园的手法、植物为主的组景和因地制宜的处理。

包河景区建筑以仿宋建筑(如包公祠、包公墓)和徽派建筑风格(如浮庄)为主。而新徽派建筑的代表则为位于景区东南的亚明艺术馆,其每个方形母体单元高差1.5m,结合地形略有起伏的自然环境特点,依山就势解决山坡地的高差,同时大、中、小庭院相结合,保留了必要的树木绿化,空间层次丰富而有秩序。亚明艺术馆从总体上设计了庭院、水、桥隐含徽派民居的意蕴,在建筑设计上对马头墙作了变异处理,吸取了徽州古建筑的营养,白墙黛瓦,淡雅清新构成亚明艺术馆的主色调。

包河公园营造了一个自我内在的整合空间,其沿水边布置柳树,周围配置水杉、棕榈、松树等,岛上配置雪松、竹子、梅花等，水中栽种荷花，这些植物象征着包公的高风亮节和出淤泥而不染的品格。

环城公园与城市的关系可以概括为："抱旧城于怀，又融新城于其中"，"城园文融，浑然一体"。其为市民营造了一个方便工作的环境，又配合优美的空间，满足市民工作与休闲两种生活方式的需求。

包河公园既保存了文物史迹，又优化了环境，给人们营建了悠闲的城市空间，不但继承了传统文化，又注入了现代新内容。从合肥为"三国故地，包拯家乡"，我们就可看出包河公园在整个环城公园中占有重要地位，环城公园的历史人文色彩主要通过其来体现。

2. 比较分析城市滨水空间的营造横向比较

园林古城苏州，有着独特的理水手法，无论是园林造水，还是城市河道，都有着古韵悠悠的历史讯息。位于城市西南的苏州工业园区坐落在"金鸡湖"畔，湖面开畅宜人，其滨水区的设计意欲现代与传统相结合，但具有结合的不彻底性，使它的滨水设计给人一种不完整的概念错觉。

其中，现代感十足的滨水步行道完全隔开水面与绿地的衔接，并与其他连续的大面积硬质铺装相接，更强化了整个水域的开敞性，但淡化了园林色彩，不料铺装中几处巨石浅水池似乎又想营造园林空间，至于其他一些构筑物，例如，木质伸水平台、"形神兼备"的假鳄鱼都无法融进园林空间，可以说其设计手法大胆地采用"块"的手法：水、铺装、绿地三块相衔接，空间开敞了，但并没有创新出特色空间。

在另一古城合肥，颇具特色的环城绿地水系为其规划版图镶嵌了一串夺目的明珠。利用古护城河而现代城市绿地系统，是霍华德的"田园城市"理论思想实践，更是滨水设计实践的成功。滨水集中景区串起了环城公园这颗城市项链，绿意浓浓的银河景区，滨水空间较开敞的环西景区，以及颇具浓郁历史文化气息的包河景区，使合肥的整个理水系统满足了城市各方面的要求。这种城市空间的建立正是在保护的基础上加以了创新。

世界闻名的城市——上海，现代气息浓厚，其中的上海浦东陆家嘴富都世界段滨江道设计，采用临水步行道与防汛堤相结合，使穿过城市中心区的河道，既满足交通需求，又美化了城市，这正是都市滨河的又一职能创新。

世界的著名城市巴黎，在塞纳河的滨水设计中，采用线形绿化系统了整修，美化了环境。既保持了地形地貌，改善了河岸建筑，又使道路得到在城市滨水的体现，这不得不说是滨水地段的一种创新。实际上，这也是一种地域文化的保护，把一种简洁素朴的城市改造手法应用到了滨水设计的创新中，既满足了城市功能的需求，又为滨水的开发开辟了新路径。

古城合肥素有"三国故地，包拯故乡"之称，历史定义了这座古城的特色文化来源，也使它的城市规划颇具特色。

古老的护城河要想让它在新时代的脉搏中继续流淌，就必须在对这种特定滨水的保护的基础上进行设计手法的创新。霍华德的"田园城市"理论中提出了圈形永久性绿地，这一理论的内涵发掘在环城公园设计上得以应用，它结合滨水保护使这条绿地系统发挥了它又一新时代的作用。

苏州城市水网的保护与创新也颇具特色。在古城水系原有的基础上创新出理水新概念，这种水系的保护与创新适应了历史的延续，更为现代理水理念注入了新的血液。从干将路上可以看出，中间河道两边车行道，并沿河布置绿化及具古城特色的构筑物；中间行水，两边行人，这两种动态的结合使滨水的保护和创新上升到了时代的前沿。苏州的同里镇一派水乡风貌，原汁原味的水系加深了这里的古城意味。比较于城市水网交通组织的创新，这里保护历史信息的意义更多。这两种不同的水系利用正是对滨水性质的潜质发掘。

3. 保护与创新

想要达到物质形态的保护与非物质形态保护的完美结合，创新意识非常重要，因为文化的主流是创新，所以这两种物质与非物质的历史性延续必须深入到保护与创新的手法中。

而有了对城市的保护与更新理念,创新手法才会有用武之地,因为一切城市设计的对象都是我们今天居住的城市,目的就是要为她不断地注入新的血液,以增加时代的活力。

3.1 保护与更新的意义

优美的景观需要在时间中成熟,随着时间的推移,历史痕迹积累起来;形体和文化紧密结合在一起。在人们习惯的观念中,保护与更新主要是指对历史古老建筑和遗迹而言。但今天的保护与重新工作已经涉及到更广义的建筑、空间场所、历史地段乃至整个城镇,无论是暂时的,还是永久的,只要它们还具有文化意义和经济活动就有保护的价值。

3.2 创新设计与历史文化延续的关系

城市是历史的化石,是人类文明的缩影,作为旧城往往具有悠久的历史文化和丰富的古迹与遗产,它们是人类赖以生存的精神依托和祖先世代劳动创造的成果。如何对其保护并加以创新,是一切时代文明的延续问题。因此,从文化的角度来研究城市设计中创新与历史文化连续的关系问题显得十分必要。

3.2.1 风格的延续

(1)模仿。这是将传统要素的一些形式特征直接运用到设计中的一种方法。这种方法在我国被普遍采用,也可视为现有设计母体的运用,如在包河景区仍使用坡屋顶、马头墙、粉墙黛瓦细部装饰等。

(2)抽象。任何意象都是对客观事物的抽象,具体的对象或普遍的对象,而储藏在记忆里。旧城传统意象也一样,具体的特征被抽象成普遍的特征,而创新就是在意象的基础上得以升华,是将其普遍特征通过设计表现出来,是设计中的抽象。

3.2.2 意象的延续

旧城在长期的历史积淀中形成了丰富的环境意象,这些意象已同居民的生活融为一体,使得生活环境更动人,更具表现力,是一种具有生命力的场所精神,在城市设计中应予以保留、延续,继续发挥其作用。

（1）环境意象的保留。例如，包河景区由于其形状、空间的变化、尺度、色彩及建筑外观的独特性成为一定地域的共享意象。旧城中的很多古井、古树、古桥、门洞及造型突出的建筑都是重要的地标——环境意象的构成要素。

（2）环境意象的延续。在旧城设计改造中，许多情况下来自对区域环境特征和设计对象本身性格的寓意，正是这种寓意能帮助我们完善、延续甚至建构起某种新的城市意象。

城市意象是由一些重要建筑物的意象和区域中心地段的意象形成的。例如，合肥是一个具有其特性的历史文化城市。人们对合肥的总体印象就是来自对包公祠、包公墓、逍遥津、五里墩立交桥等建筑物和区域中心地段的具体印象，而这些建筑物和中心地段的建筑环境意象也正是构成合肥城市意象的主要因素。因此要保护完善和更新发展合肥文化环境，就要研究合肥的城市意象，重点研究那些重要建筑物的建筑意象和各区域中心地段的环境意象，以及它们的分布状态，相互关系及其各自特征。

在设计中把握好意象点才能找到创新的着眼点，也是使旧城的结构形态及历史文化得以保护和发展的重要途径。

3.3 滨水区的保护开发与设计创新

具体到滨水区的保护，必然与滨水的特殊地段职能紧密联系。鉴于滨水地段的性质，提出对其在保护的基础上进行创新，与时代结合，保护其历史信息，创新其时代特色，使延续渗入到城市设计。如包河景区的设计：保护其历史景观特色，延续其历史文化讯息，解决设计中的矛盾，运用创新的主旨，使包河景区设计上升到整个城市的版图设计上来。

3.4 精心城市设计

处理好滨水保护与发展的关系，不仅需要从宏观上着眼，制定正确的规划战略和进行整体的保护控制，而且还需要建立整体的城市设计思想。以高超的城市设计技巧，进行精心的城市设计，提出各尽所能的方案构思，将城市设计思想和原则贯彻到更新改造的整个过程。否则，仓促从事低设计质量的建筑，对城市风貌的整体性可能会起到破坏作用。

4. 创新主旨

由于滨水地段历史信息的清晰明确性,在创新手法的应用上应将其历史文化特点贯穿整个设计,使滨水区具有鲜明的特点。例如包河景区是环城公园的一部分,虽为休闲性质,但地处城市较繁杂地段,所以在整个氛围的处理上必然会有难度,这就需要解决城市与滨水的矛盾:环境与氛围的过渡及融合。

利用大面积草地绿化、建筑风格的统一、构筑物或水面的间隔,以及利用组织(园林、交通……)等手法来解决滨水氛围空间的过渡和统一问题,是适用于滨水整体空间的创新,而内部的统一及创新的渗透则需要灵活运用具体的设计手法,但其设计意象必然是具体环境所启发,创新不是"翻新",先有保护才有创新。

城市滨水地区的保护需要建立在整体的保护与发展系统规划的基础上,进行精心的城市设计则更能保护和强化滨水区的传统风貌和特色。妥善处理好保护与发展的关系,减少城市更新改造和城市现代化建设可能对历史文化保护造成的不良影响。在城市设计中,创新手法的运用给滨水区的保护和开发增加了一层时代的色彩,滨水区生命力的活跃与延续需要创新,现代的城市需要滨水区,滨水则需要保护与创新,这是时代给予城市滨水区的特点。

参 考 文 献

1. 吴俊勤,何梅. 城市滨水空间规划模式探析. 城市规划,1998(2):46~49
2. 蒋深. 城市特色创造与历史文化保护. 城市发展研究,1997(4):40~43
3. 班琼,邓颖. 园林在城中城在园林中——就合肥而论园林城市. 建筑学报,1998(8):24~26
4. 吴翼. 试论城市园林艺术. 城市规划汇刊,1998(1)
5. 俞孔坚,叶正. 论城市景观生态过程与格局的连续性. 城市规划,1998

(4)
6. 冯向东.论城市持续发展与绿色景观规划.规划师,1997(2)
7. 沈德熙,熊国平.关于城市绿色开敞空间.城市规划汇刊,1996(6)
8. 汪德华.试论水文化与城市规划的关系.城市规划汇刊,2000(3)
9. 阳建强,吴明伟.现代城市更新.南京:东南大学出版社,1999
10. 平哲新.浅淡水滨开发的几个问题.城市规划,1998(2):42~45

作者简介:安徽省城乡规划设计研究院高级规划师

以生态恢复为基础的湿地景观设计
——以巢湖湖滨带湿地生态恢复景观设计（孙村保护区段）为例

张路红　王开明

摘　要：湖滨带是陆地和水域之间的生态交错带，是健全的湖泊湿地生态系统不可缺少的有机组成部分。本文以"巢湖湖滨带生态恢复工程湿地景观设计（孙村保护区段）"为案例，探讨生态设计理念与生态设计工艺在以湖滨带生态恢复与保护为基础的景观设计中的应用。

关键词：湖滨翠地　生态恢复　生态工艺　湿地植物群落景观设计

　　巢湖是我国重要的湖泊湿地、五大淡水湖之一，也是长江的重要水系之一。历史上的巢湖曾是一个生物多样性、结构多层次、生态环境良好的湖泊。然而，自20世纪60年代中期以来，巢湖环境污染日益严重。随着巢湖保护治理工作的进一步展开，巢湖湖滨带的生态修复和湿地建设已引起政府的高度重视，国务院将巢湖列入全国重点治理的"三河、三湖"之一。2003年、2004年先后启动了"巢湖底泥疏浚工程"和"湖滨带生态恢复工程"。孙村保护区位于巢湖龟山至炯炀河段湖滨带的东部起点区域，紧邻龟山风景区，是距离巢湖市区最近的区段。该区长1.83km，面积0.79km^2，是北湖滨带生态修复工程五个保护区中最大的一个。此次景观设计与建设是作为巢湖内湖滨带生态恢复的示范工程而进行的，希望通过该设计为湖滨带生态恢复和积极保护提供一种新的思路。

1. 设计实践中的反思

在接受设计任务之初,项目委托方的要求是湖边滩地的绿化设计,还要求在设计中适当考虑加入一些生态旅游项目,以便巢湖旅游规划和滨湖景观大道建设的衔接。

初次从巢湖市区沿湖滨大堤而行,经过龟山脚下一个急转弯处,扑面而来的拓皋河口——孙村湖滨带保护区立刻紧紧地抓住了我们的视线,我们感受到了湖滨湿地特有的天然的景色带来的心灵震撼。在与同行的环保局领导简单的交流中,初步确定了设计思路与主题:"湖岸植翠柳,湿地闻鸟声",通过设计创造出湖滨特有的芦荡、草滩、蒲翠花语和原始柳林的天然秀美景观。

随着对基础资料查阅、分析工作的深入展开及对场地特征的探究,我们改变了设计的主导思想和技术路线。由于长期以来对湖滨带湿地重要性认识不足,缺乏合理的开发利用意识,加上近年来巢湖流域人口急剧增加,湖滨带湿地破坏严重,已经基本丧失了其原有的调节气候、涵养水源、降解污染物,为动植物提供生存环境等的作用。

湖滨带是陆地和水域之间的生态交错带,是健全的湖泊湿地生态系统不可缺少的有机组成部分,也是控制湖泊污染的最后一道防线。湖滨带的缺失将使湖泊湿地的生态系统变得十分脆弱。湖滨带生态恢复工程是恢复湖滩湿地,实施生物拦截,阻断污染物入湖的有效途径。

基于对湖滨带生态意义的深刻理解,我们重新确立了生态恢复、保护和利用并举的规划设计思想,以恢复湖滨带天然湿地为目的,以生态恢复和保持为基础,以生态工艺设计为技术路线。在设计过程中充分表达对自然的尊重和理解,在此基础上寻找出整个设计的基础,在每个区域内实施最恰当的生态恢复计划和生态恢复工艺。

2. 生态设计理念的引入

"任何与生态过程相协调,尽量使其对环境的破坏影响达到最小的设计形式都称为生态设计这种协调意味着设计应尊重物种多样性,减少对资源的剥夺,保持营养和水循环,维持植物生境和动物栖息地的质量,以改善人居环境及生态系统的健康。"

生态设计的深层意义是充分利用生态系统的边缘效应,建立生物的自维持系统,进而达到促进系统之间的动态平衡和协调发展。由于湖滨带是湖泊湿地,使得毗邻的生物群落在这一交错带出现重叠,增加了交错带中物种的多样性和种群密度。

湖滨带湿地植被的自然结构具有沿水文或地形特征梯度变化分带分布的特点,从陆地到水域依次为湿生乔木——湿生灌草——挺水植物——沉水植物的演替系列。植物群落丰富多彩,包括浮游植物、浮水植物、沉水植物、挺水植物、灌木乃至森林。

湖滨带生态系统的稳定性很大程度上取决于其水源的稳定性。水文过程成为主宰生态系统运行机制的最重要的因子,其动力条件决定着其基质或沉积物类型以及其空间分布规律,水的深度和水质不仅决定着植被类型和群落结构,还能直接改变其物理化学性质,进而影响到物种组成和丰度、有机物质的积累和营养循环。

湖滨带的水陆过渡性使环境要素中的耦合和交汇作用复杂化,它对自然环境的反馈作用是多方面的。它不仅为人类的生产、生活提供多种资源,而且具有巨大的环境功能和效益,在抵御洪水、调节径流、蓄洪防旱、控制污染、调节气候、控制土壤侵蚀、促淤造陆、美化环境等方面有其他系统不可替代的作用。由于其生态结构的复杂性和生态功能的多样化,它支撑着独具特色的物种和较高的自然生产力,是自然界最富生物多样性的生态景观和人类最重要的生存环境之一。

3. 湖滨带景观规划的整体策略

引起巢湖湖滨带生态退化的主要原因是人类不当活动的强烈干扰,因此,去除人为干扰,通过调节水生、湿生生物的生境和它们之间的相互关系来改善水流和物质循环的状况是湖滨带生态恢复和景观设计的关键。

在深入分析巢湖湖区生态问题根源之后,不难发现湖滨带生态恢复是解决问题的重要途径之一，且是最经济和便捷的途径。

3.1 景观规划的目标

湖滨带的许多功能是相互依存、相互促进、相互制约的，规划的总目标是在维护湖滨带自身稳定的基础上，创造一种积极健康的资源利用途径。将生态环境功能和人类需求有机结合，创建和恢复植物多样性的生态型湖滨带绿地系统，促进湖滨带生物群落恢复繁衍，以人为干预模式使系统的结构功能达到整体优化，为动植物物种提供合适的生境条件，使巢湖水体自净能力恢复，实现湖滨带生态可持续发展的最高目标。

3.2 分级规划、分区设计

陆地与水体的交错带在提供多样性的同时也表达了其对外界影响的脆弱性，成为环境的敏感区域。根据湖滨带特有的带状结构和纵向分区，确定分级规划、分区设计的技术路线。

在保证湖滨带水位变幅区生态恢复的基础上，对陆向辐射带内保护性利用的土地利用形式进行管理和优化设计。首先根据湖滨带的生态敏感程度将湖滨带划分为水位变幅区和湖滨带的辐射区。第一级为湖滨带的水位变幅区：生态上级为敏感，景观独特，自然干扰频繁，宜恢复其自然原貌；第二级为湖滨带的辐射区：生态敏感性较高，景观较好，宜在保护和恢复的基础上作有限度的利用。

根据湖滨带及基底现状，综合考虑生态配置、景观布置、自然条件和人为影响等多方面的因素，将湖滨带分为保护区、修复区和重建区。

3.3 景观的功能定位

湖滨带生态景观设计的保护对象是自然的"水"，景观最关键的功能是使湖滨带恢复湿地生态系统，按水陆交错带动植物的生存习性，建立起良性循环的生物链，相辅相成、平衡繁衍，从根本上脱离人为侵扰及完全依赖人为的管理，逐步回归自然，达到水体自净。

生态景观功能之二是追求天然、野趣的效果，以简约手法，将人的足迹视野引入湖滨带；人工景观设施在总量上控制在不破坏被恢复保护的限度内。

3.4 物种选择与生态工艺设计

自然有其演变和更新的规律,从生态的角度看,自然群落比人工群落更健康,更有生命力。景观设计师应该多运用乡土的植物,充分利用基址上原有的自然植被,或者建立一个框架,为自然再生过程提供条件,是景观设计生态性的一种体现。

湖滨带生态恢复和景观设计工艺分为全系列及半系列工艺设计,按湖滨带保护区、修复区和重建区分区、分阶段进行。

物种选择是工艺设计中重要的内容,如何选择既能适应巢湖生态环境又满足湖滨带设计的物种是湖滨带生态恢复建设成功的关键。我们从巢湖地区原有物种,对氮、磷等营养物有较强去除能力,较好的适应巢湖流域气候水文条件的能力等方面优先考虑,并具有管理、收获方便,有一定经济利用价值等特点。

4. 湖滨带孙村保护区段生态景观设计

孙村保护区段目前湖滨带保存较完好,现有较好的地被草甸和部分柳树,具有典型的湖滨带特有的带状结构,有较完整的生态演替系列。每年汛期时(6月中旬~7月上旬)被水淹没,其余时间基本为潮湿滩地,局部低洼形成池沼和沟溪。保护区东半部靠近滨湖大道一侧因施工取土形成较大面积池塘,常年积水并与柘皋河水相通,滩涂边缘受湖水侵蚀明显。

生态景观设计以湖滨带湿地中水文条件与水流运输能力为依据,按等高线设计复杂多样的微生境,以适合不同生物种类的需求,是成功建立水生植物群落、提高表面生物量,达到恢复生态活力的关键。同时植物群落作为一个缓冲带,还能延长人湖水流在湖滨带的停留时间,提高污染物的去除率。在此我们精心选择了适宜不同水深生长的本土植物种类按生态全工艺设计群落结构。再根据不同区段的条件,植物群落由岸边到浅水带到深水区,形成不同物种系列有规律的过渡,完善由乔灌草复合带——湿生草被带——挺水植物带——浮叶、沉水植物带组成的系统结构和动植物群落的多样性。

合理的利用是对资源积极的保护。湖滨带湿地作为高品质的自然游憩地，对久居城市的人们具有极大的吸引力。在孙村保护区的景观设计中，在保证湖滨湿地生态系统安全稳定的前提下，以人为干扰最小的设施建设为原则，满足保护区日常管理、监控及科普教育和观光游览的基本要求。

具体规划设计了以下几个功能区和植物群落：

（1）入口管理区。整个保护区只设计了一个出入口，与管理建筑、停车场和湿地生态科普宣传廊综合布置形成入口空间，以便对进入保护区的人员及其活动进行管理和控制。

（2）池塘垂钓区。常年积水池塘，位于规划用地的东半区北部，常年水深为1.2~2.5m，水面与柘皋河水体相贯通，规划完整保留该处池塘，并根据水深变化补植水生植物。池塘静水区域，恢复生态群落，并增加植物浮床，形成处理污水的最后一道防线。

植物组合为：沉水植物——金鱼藻＋苦草＋黑藻＋竹叶眼子菜＋菹草、微齿眼子菜；由于巢湖水位涨幅较大，在静水湖湾或低洼水坑，根据实际情况种植浮水植物：睡莲＋野菱＋芡实＋荇菜＋槐叶萍、浮叶眼子菜等，覆盖度为40%~70%。

在地面高程6.8~6.5m内，恢复挺水植物带，进行补植和块状或带状改造。植物组合为：芦苇、蒲草＋菱草＋菰、荻等。

池塘的南侧利用塘埂设计修建一条1.2m宽草石相嵌的步行道，并在水面平静、景色优美处设置浮动式栈台用来观景，观察水中动植物和垂钓。为保护植被，小路的局部段落设计为架空栈道。

（3）湿生乔灌草复合带。高程7.1m以上的区域以恢复湿生乔木及草被为主，植物组合为：柳树＋池杉＋杨树＋湿地松＋枫杨＋乌桕＋紫穗槐＋杞柳＋木芙蓉＋湿生草本植物（中华结缕草、铁线草等）。

具体做法：原有柳树作为群落的优势种全部予以保留。在柳树稀疏地段补植杨树或湿地松；在几处高程7.7m以上的高地，增加枫杨或乌桕；在常年积水区域增补池杉，临水坡地成片、成丛栽植紫穗槐、杞柳、木芙蓉，其间穿插灯心草、野大豆、马蔺草等。另在扩滩坝体外侧东西两端湖面水深1.5m内的区域，规划成组种植池杉树阵。

（4）草植被区和天然草滩、草甸区。是面积最大的区域，其高程为6.0~7.0m，目前草滩的自然覆被率良好。规划考虑在保证植物群落稳定性的前提下，增加植物的多样性和景观的丰富度。

（5）季节性积水区。在每次降雨后，高程为6.4~7.1m的区域会形成暂时性积水洼地和溪流。设计选择水面狭窄弯曲的地段采用局部点缀大、小卵石组成浅溪（无水时为旱溪）的方法，并种植鸢尾、水蜡烛、千屈菜、茅草、美人蕉等，这种表现形式无论是天晴还是下雨，都是一道风景线。其他面积较大的积水洼地，以湿地维管植物典型群落组合为主，丰富植物种群多样性。植物组合为：节节草+中华结缕草+铁线草+普通早熟禾+水芹、水葱、水花生、水蓼；低洼地或自然池塘中种植浮叶植物和挺水植物。浮叶植物选择野菱、荇菜和槐叶萍，挺水植物选择慈菇、茭白、芦苇、芡实等。

（6）芦苇种植区。位于保护区东端，与柘皋河口相邻，规划恢复具有芦荡——湿地景观特色的景观区。

（7）滩坝体及湖面。在保护区内仅规划了一条"中"形步行道。利用线形扩滩坝体顶部作为滨水观光步道构成南半环，使人可以直接接触湖水。在护滩坝体外侧（湖面）规划一座观景塔，以浮桥与坝体相连，作为观测湖水变化和观赏风景的最佳点，同时与龟山顶的观览亭及保护区入口形成呼应。

巢湖湖滨带优良的自然生态与独特景观等资源，作为游憩、教育与观光等的可持续利用的前提必须是能够完善的维护其生态环境。特提出如下几点建议：

首先，在建设过程中严格遵循因地制宜、生态优先、整体优化的原则；其二，不做大规模的疏浚填土工程，以免过度改变原有的生态功能；其三，注意整个湖滨带乃至大巢湖的衔接和联动关系，保持整体中的景观异质性；其四，在资源利用过程中按植物生长发育周期和变化规律以及生态系统敏感度的变化合理安排利用强度和开放周期，并强调积极健康的游憩和教育功能。

充分利用外湖滨带人工鱼塘的综合开发，创造体验农耕鱼钓田园生活的环境。通过资源重新整合，形成生态环境优良、主题突出、风格各异、参与性强的复合景观系统。

所有活动的开展应严格控制在保护区环境容量之内。定期开放，并在每一个开放周期结束后立即进行封闭管理，使保护区内生物在各重要生命阶段能得到最佳的环境保证。

参 考 文 献

1. ［美］弗雷德里克·斯坦纳著．生命的景观——景观规划的生态学途径．周年兴。李小凌，俞孔坚等译．北京：中国建筑工业出版社，2004
2. ［美］J·O西蒙兹著．程里尧译．大地景观——环境规划指南．北京：中国建筑工业出版社，1990

作者简介：

张路红（女），安徽建筑工业学院副教授

王开明，安徽省巢湖市环境保护局工程师

关于合肥市建设生态城市的几点思考

张 泉

摘 要：当前随着经济的发展和城市化进程的加速，许多城市都不同程度地存在着生态破坏和环境污染。构建生态城市，不仅是可持续发展的需要，也是城市自身发展的需要，适应现代化的需要。文章针对生态城市的内涵进行了分析，并结合合肥市生态城市的建设实际进行了展望，提出了一些见解。

关键词：生态城市　合肥市　内涵　展望

生态城市是人类文明和进步的标志，是21世纪的城市发展和建设的需要。《中共中央关于制定国民经济和社会发展第十一个五年规划的建议》中明确指出："建设资源节约型、环境友好型社会，首先要做到切实保护好自然生态，加大对环境的保护力度。"这既是应用科学发展观，为实现可持续发展、构建社会主义和谐社会提出了新的任务和新的更高的境界，同时也为我国当前生态城市的建设和发展提供了重要的指导思想。本文将对合肥市拟建生态城市的理念和内涵进行探讨，并结合合肥市生态城市的建设实际，提出一些见解。

1. 生态城市的重要内涵

城市是人类聚居的主要载体之一，是人类政治、经济和文化活动的中心，随着经济发展和社会进步，城市在一个国家或地区的现代化建设中所起的主导作用将愈来愈重要。但城市化发展的同时也带来了一系列严重的生态环境问题，给社会经济的发展造成极大的障碍。因此，在进行城市发展和建设时，必须注重和加强城市的生态建设，促进城市的可持续发展。

生态城市是一个崭新的概念，它是一个经济发展、社会进步、生态保护三者保持高度和谐、技术和自然达到充分融合、城乡环境清洁、优美、舒适，从而能最大限度地发挥人类的创造力、生产力，并促使城市文明程度不断提高的稳定、协调与永续发展的自然和人工环境复合系统。

2. 合肥市建设生态城市的对策和展望

合肥市从2003年下半年起，开展了生态城市建设专题研究，并就生态工业、林业、水利、旅游等7个专项课题进行了重点调研。此后，历经两年、集众专家智慧、多次修改而成的5万字的《合肥生态市建设总体规划》，于2005年11月经合肥市政府常务会议通过。

《规划》在对合肥城市生态环境现状进行分析的基础上，按照生态管护区、生态控制区和生态协调区的政策区划，将全市划分为城市主城区复合生态区、湖滨复合生态区、西部丘陵复合生态区、江淮分水岭脊地综合复合生态区、东部山地复合生态区等5个复合生态区。

规划中的生态滨湖新区，范围包括合肥市的肥东县、肥西县的圩区、包河区沿湖乡镇等，约占全市国土面积的13%（含巢湖水面面积），该地区地势低洼，平均海拔在20m以下。规划中，该地区的生态建设将以巢湖水生态系统为基础，大力发展滨湖生态旅游；充分利用本区的自然优势，打造合肥南淝河黄金航道，集中建设现代化的内河港区，把合肥港建成全国重要的内河航运港口；同时加大对十五里河、店埠河等主要河流综合治理，新建一批主题公园，构筑环境优美的生态廊道。按照《规划》，生态节能滨湖新城的建设，将利用世界先进的能源再生技术，实现滨湖新城真正的生态化；同时突出该区域生态城市特点，与国际上其他知名的城市看齐，充分利用山水共生的环境资源，在污染治理、环境保护方面更上一个台阶。此外，滨湖新区还将是目前国家重点发展的清洁生态能源基地，将应用托克马克海水清洁能源技术，建立太阳能光伏发电研究基地，利用秸秆发电等生态能源项目在这里将得到广泛的应用。

在优先发展项目上，《规划》提出将合肥生态市建设重点示范工程分成生态工业与清洁生产工程、生态农业工程、生态林业工程、生态旅游工程等10大类，并提议建立生态城市建设项目库。近期则主要围绕本市"1346"行动计划，结合巢湖水污染综合治理、江淮分水岭综合治理和城市基础设施建设项目，初步完成第一批近期优先发展项目。

《规划》中的环境指标显示：15年后，合肥的林木覆盖率将由14.8%提高到20%以上，建成区绿化覆盖率将由37%提高到42%，城市空气质量达二级标准天数由每年300天达到330天，城市水功能区达标率将由80%提高到100%，噪声达标区覆盖率将由原来的70.4%提高到95%，城市人均公共绿地与原来相比也增加$5m^2$，达到$13m^2$。

总体上，《规划》预计经过15年时间，到2020年使合肥成为基本符合可持续发展要求的生态城市，基本成为充满活力、宜于创业发展、适宜人类居住的园、城、湖、山交融的生态城市家园。

3. 促进公众参与城市管理

在以往传统的城市管理模式中，政府通常被认为是城市管理的唯一主体。生态城市涉及社会、经济、人口、环境、资源等方方面面，从社会系统工程的角度出发，要求城市中包括政府机构在内的各类组织和社会成员都发挥管理主体作用。为此，应当建立起以政府为主导，有营利性企业、非营利性组织或非政府组织、社会公众等多元主体参加的城市管理模式。在多元主体管理中，政府依然是城市管理不可替代的组织者和指挥者。营利性企业和非政府组织的介入可以克服政府包揽管理事务的传统弊端，提高城市生态管理的效率和效益。社会公众则是生态城市管理主体中的基础细胞，他们的参与使城市生态管理机制从被动转化为主动。市民文明程度与城市文明程度有重要关系。没有广大市民对生态城市建设的关心、支持、参与和监督，生态城市建设是不可能搞好的。因此，要运用各种手段加强宣传教育，使有关生态城市的理念和知识在家庭、学校得到传播，提高社会公众参与管理的主体意识和实践能力。

4. 调整工业布局和结构，形成合理的生态工业链

工业合理布局是城市生态环境建设中很重要的环节。调整改善老城区产业布局，搞好新城区产业的合理布局，是改善城市生态结构、防治污染的重要措施。合理的城市工业布局必须既要遵循经济规律，又要遵循生态规律。产业结构的不同比例对环境质量有着很大的影响，在拓展工业经济规模的同时，更要注意环境保护。

5. 加强生态城市建设的立法工作

要建立适应生态城市建设的法律和法规体系，使生态城市建设法律化、制度化，做到依法建设、依法管理、依法监督；另一方面，要强化有关执法机构和执法队伍能力建设，提高执法人员素质，进一步加强执法力度，使生态城市管理真正纳入法制轨道。

6. 结语

生态城市的建设是人类社会文明进步的必然趋势，是走可持续发展的必由之路，也是人和自然和谐协调发展的过程。相信经过不断地探索和实践，将合肥建设成为宜居的现代化生态城市必将早日实现！

参 考 文 献

1. 荆其敏，张丽安．生态的城市与建筑［M］．北京：中国建筑工业出版社，2005
2. 陈易．生态城市的理论与探索［J］．建筑学报，1997，（4）

3. (美)理查德. 瑞吉斯特. 生态城市：建设与自然平衡的人居环境 [M]. 北京：社会科学文献出版社, 2002
4. 陈易. 自然之韵：生态居住社区设计 [M]. 上海：同济大学出版社, 2003

作者简介：合肥工业大学建筑与艺术学院讲师、硕士

七、城市景观设计

浅论合肥市道路景观建设

李向阳

摘 要：从规划设计角度，强调道路景观设计在城市建设中的重要作用，应根据道路不同的属性进行规划、建筑、园林统一设计及控制，以改善城市的景观。
关键词：道路景观 规划设计 环境质量

有人曾这样比喻：城市像一本书，一栋栋建筑是"字"，一条条道路是"句"，一个个居住小区是"章节"，而一座座公园是"插画"。每当我们阅读它们，仿佛看到城市的过去、现在和美好的未来。城市道路是城市的"血管"，是城市的框架，更是展示城市形象和环境景观的窗口。过去人们对道路的理解主要是在交通运输的基本功能和购物、餐饮、娱乐等实用方面，而对其还要承担人际交往、休闲、展示传统文化及满足人们审美等非物质性的重任往往认识不够。

1. 合肥道路景观建设的差距

自改革开放以后，特别是近十年来合肥市的城市建设突飞猛进，城市面貌日新月异，但目前合肥市道路的景观建设与国内先进城市特别是世界发达国家城市相比还有很大差距，究其主要原因，有以下几点：

（1）环境质量差。道路景观建设的重心往往只停留在绿化上，而这一点也不能得到很好的保证。道路两旁的绿化系统不健全，侧重于量，而忽视了景。为了绿化量，而牺牲了道路交通功能的基本要求，造成道路拥挤，实际上也是污染了道路的景观。同时缺损绿化修补不及时，管理不到位，围墙多为没有修饰的实墙，缺少景观通透，交通标志缺乏系统的精心设计，道路空间上杆管线"满天飞舞"，严重污染视觉。

（2）功能设施不健全。合肥市很多道路在建设时往往只考虑对路面的基本要求，而忽视对道路的条件设施建设。如街具、道路照明及其他供行人使用的多种设施，道路两旁街头游园很少见到，广告设计组织没有考虑和建筑的统一协调。

（3）道路两旁建筑缺乏个性，没有特色，规划控制滞后。道路本身也有复杂的层次性和可操作性，并要求可持续发展。而合肥市目前的道路规划常常是先规划路面再安排两旁的建筑，建筑退让距离不够，还存在千楼一面、千街一面的现象，在建筑的色彩、形式等方面有些雷同，缺乏可识别性，失去个性。道路的交叉口既不开阔也缺少特色。

2. 城市道路景观建设的原则

我们在规划设计道路景观时，会发现不同的城市道路在城市的经济生活中所起的作用各有不同。在综合考虑城市性质、规模及现状的基础上，从景观特征这一角度，考虑将城市道路划分为交通性道路、生活性道路（包括小街巷）和步行街，其规划设计既有其一般性原则亦有其不同之处。

2.1 强调以人为本的原则

在现代城市以机动车为主要交通工具的今天，特别是强调车与行人及两旁建筑设施的和谐发展，只有处处为人着想，从宏观到微观充分满足使用者的要求，才能吸引人并为人们提供舒适优美的交通空间。

2.2 遵从整体性设计原则

道路景观设计要将一条路作为一个整体来考虑，统一考虑两侧的建筑物、街道绿化、街具、色彩、文化小区建筑等。应突出道路景观的个性，在总体上求得统一，又在细部处理上求得变化。

2.3 坚持可持续发展的原则

可持续发展是指自然资源与生态环境、经济和社会的发展三方面的统一,是将道路的规划区界投向更广阔的区域性生态平衡中,我们要加强自然景观要素的作用,恢复和创造城市中的生态环境,改变现代城市中满目的沥青、钢筋混凝土、玻璃等工业化的面貌,让人们尽量融入自然并与自然共生存。

2.4 考虑道路性质,作具体的规划设计

合肥市的美丹路、包河大道、蒙城北路为交通性道路,应重点考虑其安全性、可识别性和观赏性;而宿州路、太湖路、九华山路等是生活性道路,其观赏性、方便性和可管理性就应有所侧重。

3. 对合肥市道路景观规划建设的几点想法

合肥市城市建设正在推进:"大环境、大建设、大发展",有40余条道路规划建设正全面铺开。因此,道路的景观规划设计应高度重视,落在实处。作为生活性道路的宿州路改造已全面展开,所作的道路景观规划设计效果,受到市民的好评(见下图)。

3.1 应加强规划控制和街景规划

应严格管理道路景观规划,付诸实施。按照合肥城市发展战略规划制定的"一四一"用地组团格局,城市道路骨架网规划基本确定为环形放射加方格网,城市道路景观规划设计应根据道路性质、区域的不同而强调加强整体规划设计,按照街景规划方案加强规划实施的控制。

3.2 重视道路两旁的景观要素研究

景,存之于物,反映于心。可以构成景观的要素存在于天地万物之间，无所不在，无所不全。构成城市道路景观要素主要分自然景观要素（地形地貌、绿化、水体、天气时令等）和人工景观要素（建筑、路面、交通设施和街具）及动态的车流和人流。我们应对城市的道路存在的各种要素来综合规划设计，并要求建筑师、规划师、园林设计师的联合参加城市道路景观的规划设计，以保证城市道路的景观设计质量。城市道路的艺术水平高低、建筑物、园林景观是否与道路协调是综合城市道路景观的重要因素。

3.3 重视老城区的街面改造

许多城市老城区的街道景观现状较乱、较差，应在市容面貌上加以改造。

（1）尽量把自行车道与人行道合二为一，用道路面层颜色区分，同时整顿停车秩序，将盲道按新的规范 30cm 宽来改造；

（2）沿街建筑和营业店面尽量后退，沿街街景立面应统一规划建筑色彩、造型的改造，整顿广告，统一美化设计；

（3）应将沿街居住区内部的绿化辐射到街道，拆墙透绿，小区的建筑设计应纳入到城市设计综合考虑；

（4）街边绿化应及时更替和补种，以背景树和花灌木为主，大小和尺寸统一；

（5）架空的杆管线尽量入地，并适当补充休闲坐椅，还要改善街具的造型设计，不断提高精品意识；

（6）要重视道路交叉口的设计，使街口开阔并具有自己的特色。

城市道路是城市生活的重要场所。对生活工作在城市中的市民来说，道路景观质量的提高可以增强市民的自豪感和凝聚力，促进城市物质文明和精神文明建设的良性发展，而对外地人来说则在他们心目中表现出和谐优美的城市形象。因此要强调对每一条城市道路进行专项的城市设计，这是深化城市规划、管理城市的一个重要而必须的管理手段。

作者简介：合肥市建设委员会总工程师，高级工程师

历史·文脉·传承·更新
——合肥的城市特色

冯 卫 张以俊

摘 要：如果以历史长河为纵轴，以广阔地域为横轴，合肥的城市特色就是在这一纵一横的交点下形成的。历史的积累，徽州地区的文化影响，一同作用于建筑这一物质载体形成城市特色。同时，并不局限于此的是，它又有其延伸发展，在不断建设中，在每一特定因素影响下，合肥市又向着生态化、科技化、滨湖新城大步发展迈进。这些交织前进的轴线共同绘出了合肥市的城市特色与未来蓝图。

关键词：历史特色 地域特色 新城特色 沉淀积累 传承更新 生态宜居

城市最原始的意义应该就是市民的聚居场所，从聚居地发展形成生产、生活、商业、文化、行政的多中心地带。由于地域、民族、风土人情的不同，每个城市都呈现其独有的特色，丰富着我们的物质世界，包括建筑造型的特色、规划布局的特色、地域文化的特色等等。比如北京紫禁城——皇城；上海租界——中西文化的直接碰撞；苏州园林——老建筑院落的古迹；青岛——新兴海滨工业城市……这些或历史、或地理、或人文的不同因素影响着城市的发展，给城市定下了基调，形成了特色。合肥市也同样，不断形成着自己独特的城市特色。

从先天环境来看，合肥市地处华东中部枢纽地带，地理位置、自然环境优越。城市南面是五大淡水湖之一巢湖，西面有大蜀山、紫蓬山，北面为董铺水库、大房郢水库，而东南部则是在历次规划中预留的城市引风口，保持着大片的绿化田地空间。自然山水的有机结合加上人工的梳理，合肥始终保持了一个人与自然和谐共处、生态宜居的良好生活环境。

从人文影响来看，在合肥城市史两千多年的发展中遗留了大量的文化遗产，古可以上溯至三国时期的教弩台，今至建国初期的江淮大戏院，既代表着城市的历史、为后人所了解，又在城市中与新兴建筑群体交织，形成了历史与现代对话共生的独特风景线。

从今后发展来看，合肥市是全国闻名的科教城市、园林城市，现在又在大力打造开发巢湖——合肥大生态圈。这些是我们的城市与其他城市的显著不同之处，是我们的特色。云集的高校、科研基地；树林荫翳的环城公园；建设之中多位一体的滨湖新城……彰显着我们城市的生机活力与独特魅力。

1. 历史脉络（历史特色）

合肥市——一座具有2000多年历史的文化古城，安徽省的行政中心、省会城市，历史悠久，文化底蕴丰厚。古称庐州，又称庐阳，素以"三国旧地，包拯故里"而闻名于世。作为这样一座古城，其悠久的历史必定对其建筑特色有着深远的影响，而建筑又作为一个特定的物质载体记录着这个城市的发展历史，共同形成城市独特的历史遗留特色。早在两千多年前这里就已经开始形成商业都会，"千年古邑"的积累加上新中国成立以后的发展建设，合肥市拥有了一批具有历史价值的古老建筑，在街巷间屹立千百年见证历史、诉说历史，为古见证，为今传诉。三国遗址教弩台，清朝名臣李鸿章故居以及享堂，台湾第一任巡抚刘铭传故居……直至建国以后也陆续有极具时代背景特色的建筑问世，在合肥市民心中留下了深深的印记，如解放初期建成的江淮大戏院，安徽省博物馆，城隍庙等。城市的不断发展赋予了老建筑新的生命，而这些建筑同时又延续着城市发展的历史，和城市共同生长，是城市永恒的烙印和不变的特色。它们作为我们这个城市的历史记忆，具有重要的价值，是我们的城市区别于其他城市的重要特色之一。在尊重历史的基础上最大化地树立城市特色，优化城市特色，是我们更应积极去面对的。尊重历史不意味着照搬，城市的特色在历史中形成、发展、更新，需要不断融入每一时代的特色才能使建筑这一无生命的单纯物质载体具有无限生气与活力。如江淮大戏院的改造方案,城隍庙的改造,淮河路步行街的改建、新建……这一系列老街区、老建筑的改建更新都是为了顺应历史发展,满足新时代对建筑环境的新要求,赋予了老建筑新的生命力。

2. 徽州文化的影响（地域特色）

徽派建筑作为中国传统建筑的一个重要分支流派,其深远影响是可想而知的,尤其合肥市作为安徽省的省会城市,其建筑无论造型布局形体都受到徽文化的熏陶,反映于其中。

徽派建筑以精妙布局构思而著称,强调"天地、自然、人、万物"的和谐共处,整体协调。在不断的完善发展中徽派建筑既形成了鲜明特色的外在形式——马头墙、粉墙黛瓦,也形成了以院落天井为中心围合的内向型布局特色,为徽派建筑的骨架精髓。精神与外衣的有机结合使徽派建筑逐渐发展成为中国传统建筑的一个重要分支,成为地区特色。可以说谈到安徽建筑,人们就会直接想到马头墙、天井建筑,经过时间的洗礼,它们已经成为一种符号性的特殊印象于世人的脑中。

在合肥的城市建设中,也有大量的徽派建筑实例,例如城隍庙的主体建筑即为原汁原味的徽派建筑,高起的马头墙、雪白的墙面映衬着黑色的瓦屋面与卷翘的屋脊,使人们一眼识别出这个城市的地域特色——徽州地区的代表。古色古香的城隍庙是这样,可是我们的城市正迈向现代都市行列,不可能仅仅是这样一种传统建筑的满铺。提取徽派符号,萃取徽派精华,是现代的建筑师们规划城市面貌时的重要手法。例如在琥珀山庄的设计建造中就是很好地借鉴了徽派建筑的特色。包括小区的规划,依坡就势,被坡面水,建筑与自然环境原有地势的和谐共生,建筑群落的起伏错落……但是没有使用徽派建筑的明显外衣,而是追求"神"似,使人在这个作品中能够体味到徽州人在千百年来的生活积累中得到的经验。琥珀山庄作为一个比较成功的案例解决了传统徽派建筑与现代化大都市的矛盾,塑造了同时具有鲜明地域特色和时代精神风貌的建筑。

3. 新的生命力、活力、张力（新城特色）

除了历史的沉淀积累，地域文化的影响，在合肥市自身的发展建设中也逐步走出自己的特色建设模式，走科教之路，走生态之路，走现代高效、生态宜居之路。

科教新城：合肥市高校云集，同时还有中国科学院合肥物质科学研究院、高新技术开发区等等构成了基础科学、技术研发、人才培养的中心。各个不断涌现发展的产业园、开发区、孵化基地，集中高校区域——大学城，以它们独特的科技、文化含量形成城市中具有主题特色的副中心，成为城市建设的又一特色。

生态新城：合肥市早在建国初期的城市规划中就奠定了风扇形布局，城市分片向外发展，中间留有空隙，良田绿化切入。而合肥自古以来的古护城河更被发展成为了以"一条项链，几颗明珠"为特色的城市中心特色绿化环境。形成区别于大多数城市老城区绿化率低，建筑密度过高，居住环境恶劣的情况。在现在节能环保呼吁自然的大形势下，合肥市的这种城市绿化布局更显出其前瞻性。由于环城河、环城公园的包绕，外环预留的绿地穿插，城市中人与自然可以和谐融洽地共处。市内小型绿地星罗棋布，林荫小道纵横交错，园林植物群芳荟萃。环城公园布局开放，抱旧城于其中，构成了合肥市"城中有园，园中有城，城园交融浑然一体"的独特的城市园林风貌。环城公园作为一个小生态环贯穿着老城区，延伸到董铺水库、大房郢水库、大蜀山森林公园、紫蓬山风景区，直至巢湖，这一系列的自然原生态环境包括有绿化、水体、城市东南进风口，形成了一个贯通的大生态环。净化城市环境、调节小气候、优化城市景观，一起为合肥的市民提供了一处生态宜居的城市环境。

滨湖新城：这一概念的引入源于"大合肥战略"的规划部署。在更为宏观包容的前提下进行城市开发建设，是合肥新城建设的突出代表。引巢湖风景为己用，通过行政办公和商务会展、休闲度假、居住开发等多位一体成为活力新城，成为向外展示的门户场所，令合肥的科技、生态、现代、高效多位结合的特色能最大化的得到展示发挥。

历史的、地域的、新生的……汇集成为了合肥的城市特色，城市在它们的共同作用下走出了自己的道路，使合肥市的城市形象成为独一的、有特色的屹立于世人眼前。更应看到的是，城市特色的问题不会是一个停滞不前的形象、一个定格的画面，而是不断前进的一个过程，将沿着自己的轨迹大步地向前发展。

作者简介：

冯　卫，合肥建筑设计研究院院长、高级建筑师，国家一级注册建筑师

张以俊，合肥建筑设计研究院建筑师

当代住区环境设计初探

张 泉

摘 要：随着当前国内住宅产业的日益繁荣与活跃，住区的环境建设已成为人们普遍关注的焦点。文章分析了住区环境设计的重要性和目的以及当前存在的主要问题。同时，进一步提出了解决问题的建议。

关键词：住区；环境设计；建议

在我国，随着住宅产业的日益繁荣与活跃，住区开发成为人们普遍关注的热点。1980~2000年，全国城镇建成住宅57亿m^2，相当于之前30年的9.6倍。这给我国住区规划与发展带来了活力和机遇，也带来了许多急待解决的问题。其中住区环境品质不高往往成为居民关注的焦点。今天，人们对住区环境的追求，已由关注住宅内部环境，移向外部更广阔的生活空间，从基本生理需求的满足，逐步向心理与文化领域的更高层次推进。《中国21世纪议程——中国21世纪人口、环境与发展白皮书》为我们指明了当前住区环境建设的价值取向——即"要改善人类住区的基础设施和环境状况，建设成规划布局合理、配套设施齐全、有利于工作、方便生活、住区环境清洁、优美、安静、居住条件合适的人类住区"。

1. 住区环境设计的重要性

现代文明的标志不仅仅是汽车、高楼、美食、丽衣，而应着力于人类自身及其生存环境的优化，这样才能使人类社会走上健康的可持续发展之路。而住区正是其中关键的一环。住区的可持续发展，是整个人类社会可持续发展进程的有机组成部分。住区环境作为住区整体的一个重要组成部分,其作用在于以一种特定的方式使人和社会取得联系,起着一种载体的作用。它的重要性体现在两方面:城市与居民。

一个城市的现代化体现在环境方面具有众多的构成要素,住区环境是其中的一个重要因素,它贡献于城市的是一种背景性的环境,是整个城市环境的基调,决定着整个城市的品位。良好的住区环境是养育、培养高素质居民的重要基地。正如美国著名的社会预测学家约翰·奈斯比特认为的:"你住在什么地方,你就变成什么地方的人"。因此住区环境之于居民是其家居环境的延伸,同时又是城市环境服务于居民的一种体现。居民生活的舒适性、方便性均在住区环境中得到真实的反映。

研究住区的社会学家的研究成果发现,住区良好的物质环境规划和设计使居民的居住满意度增强,通过住区公共空间的设计能促进居民的社会交往,增进住区中居民之间的联系,增强参与感,最终有利于居民形成住区归属感。归属感可以认为是住区建设的一个终极目标,居民只有对自己的住区产生较强的归属感,他们才会关心住区的事务,自觉维护住区的环境,也才会找到自己生活在其中的乐趣。从这个意义上说,住区环境应当也是居民生活的一部分。

2. 当前存在的问题

20世纪90年代以来,随着社会主义市场经济高速发展和城镇化水平的大幅攀升,我国住宅建设以跨越式速度发展。从住区建设现状来看:一方面城市不断扩张,在城市边缘大量新建大规模的居住区。另一方面是对旧城进行的大规模改造,成片的甚至是成街区的拆迁,重建新型住宅区或商业区。

在如此大规模、高速度的开发与改造下,我们应该看到,住区发展与环境建设的现状并不乐观,存在许多急待解决的问题。总的来说有如下几个方面:

(1)对历史文化遗存的破坏。在历史文化古迹保护与城市开发的冲突中,牺牲的往往是前者。历史街区里,常散布有大量的文物古迹与古树，在开发与建设前理应对其进行细致深入的调查，制定相应的保护与改造计划。然而，因为缺少专门的人力、财力等往往很难做到。甚至，有些已经确定保护的仍被当地简单迅速地拆除了。如福州老城三坊七巷的破坏，贵州遵义会议所在遗址的破坏等。许多古城与街区特色就这样随着简单的拆建与改造而失去了。"建设性的破坏"已成为令人遗憾的问题。

（2）在我国住宅建设高速发展的背后，不仅凸现了其与市政、交通、通信等基础设施衔接不上的矛盾，更为重要的是对原有城市生态环境的破坏。许多住宅开发企业为追求眼前经济效益，建筑间距越来越小，密度越来越大，绿地与活动场地越来越少。新建的一座座高楼不仅杂乱无章，而且密度太高，无法形成良好的通风、采光及消防、噪声干扰和光污染等问题，造成居住生态环境质量下降。

（3）基本生活环境尚未得到充分保证。新鲜的空气、充足的阳光、安静和安全的环境，是人们对居住区的基本生理要求。可是目前不少城市粉尘、煤尘、废气污染严重；由于用地紧张，压缩住宅间距导致无法满足基本日照要求；城市车辆穿越居住区也带来噪声及安全问题。这一切，都无形中损害着人们的健康。

（4）住区的建筑布局、形式尚欠变化。往往几套住宅通用图到处套用，中小学、幼托甚至商店也套用成图，导致住区缺乏个性和特色，同时也降低了住区环境的可识别性。

（5）住区环境面貌杂乱无章。这一方面缘于开发商对环境建设投资偏少，致使有的规划师精心设计的绿地也未能实施；另一方面即使建成了也往往由于缺乏完善的管理和维持手段，不久就面目全非了。

3. 对解决问题的建议

面对迅猛发展的住宅建设给住区发展和环境建设带来的种种问题，我们应该如何解决？《中国21世纪议程》为我们指明了目标和方向：要建立具有整体性的、人性化的新型生态住区环境。为此，我们提出以下建议：

3.1 整体性设计

在我国,目前已有众多的建筑师、规划师、市政工程师、园林艺术师及专业美术家等,他们各自分担了城市环境设计的各项工作。但是,由于长期的传统行业的限制,专业教育的分工不同,设计思想的单一,各专业者只从事"份内"的工作,其最大限度的合作也仅仅是补充本专业的明显缺陷。由于设计人员缺乏横向的相关领域的知识,缺乏宏观的技术视野,且彼此间又不能做到广泛的协调,因此,面对现代城市复杂多变的综合问题,往往顾此失彼,难于应对。更由于独家各自经营城市的整体环境,结果常常互不协调,支离破碎。因此,把各专业通过一定的纽带联系起来,对住区环境实施整体性设计,将对城市住区的实质环境水平和质量的提高起到决定性作用。通过学习国外环境建设的经验,组成专门化的城市设计和环境设计研究机构,以城市设计师为主,由规划、建筑、各市政工种、园艺、美术等相关工种组成,以其全方位的专业理论和实践能力,补充各专业间的空白,推动多领域的密切协作,对住区环境进行系列化的整体性设计。

近些年来兴起的环境革命,在世界范围内掀起了探讨人在自然中的位置,认识环境对人的密切关系的热潮。由此而发展起来的综合性环境科学,促成人们建立起新的环境意识和观念,并以人类文化、人的生理心理特征和自然的特征为根据,来创造美丽有序的城市生活环境。因此,我国住区的环境建设要赶上世界潮流,就要以生态住区为目标,塑造有利于人类自身健康发展的整体环境。

3.2 生态设计

21 世纪是生态的世纪,面向未来的住区环境理所当然应该符合生态设计原则。

住区环境的生态设计是指住区环境的设计要注重生态、面向未来、满足人的健康需求、达到绿色家园的标准,要以人与自然、人与环境、人与人之间的和谐共存为最终目标。

健康的住区环境必须有利于居住者的生理和心理的健康。生理方面,包括良好的阳光、水质、空气、温湿度、无噪声,以及人工环境中使用建材的绿色环保、无害无污染等物质的要求；心理方面，应包括主观性心理因素值，诸如空间感知、私密性、视野景观、感官体验、人际环境、回归自然等。

具体地说，住区环境的生态设计要符合以下原则：

(1) 尊重自然的原则。建立正确的人与自然的关系，尊重自然、保护自然、尽量少的对原始自然环境进行变动。

(2) 乡土化原则。延续地方文化和民俗、充分利用当地材料、结合地域气候、地形地貌。

(3) 过程性原则。住区环境生态系统是不断变化的，在环境生态设计时要考虑这种变动性，充分考虑适应环境不断变动的环境管理问题。

(4) 生态的运行和管理模式原则。规划设计良好的生态环境还应考虑便于住区的运行、管理及维护。

3.3 个性化设计

建设具有个性魅力的住区环境将具有长远的吸引力，成为人们精神与物质的源泉。住区环境的个性化建设是个全方位而复杂的过程，应在深入理解其各种影响因素的基础上，针对各住区的不同潜质、不同特性，因地制宜，灵活综合地设计、开发、建设。具体来说，包括以下几个方面：

(1) 重视历史文化与自然环境特色。独特的自然风貌与悠久的历史文化是住区环境个性魅力的源泉，是我们创建住区个性化环境最宝贵的来源依据。目前我国有些城市（特别是中、小城市）的住区环境建设却往往忽视对自身自然条件特色的深入了解与发挥，而是采取简单、快速的盲目照搬、照抄别处的建设模式。这正是导致住区与城市面貌缺乏特色、千篇一律问题的最根本原因。纵观世界及国内那些最具个性、最吸引人的城市与地区，无不把充分发挥它们自身自然景观或历史文化底蕴特色放在首位。

(2) 在公共建筑方面突出个性。住区环境中最易识别、最有活力也最具特色的部分主要集中于区内的公共活动空间。其中，区内主要的公共建筑集中反映了住区个性。它的建筑的形式与风格构成人们对住区整体环境印象的焦点。因此，要精心设计，充分发挥主要公建在住区环境个性的展示与标志方面的作用。

（3）关注住区环境内各个细部的设计处理。住区中的建筑材料、外观光色、装饰小品等所有细节都向人们传递与强化着住区风格特色的信息，是住区环境个性的呼应与补充。这一点在我国住区建设中往往被忽略。许多住区内的建筑细部与小品等设计随意，风格与形式和住区整体环境风格不协调以至混淆、削弱住区环境的个性。我们应该明确：建筑、住区乃至城市的设计都应该是以人为本，充分考虑到人们不同的物质与精神需求。而且，各地点的环境特征也不尽相同。所以，在住区开发中不能简单处理，应该努力做到因人而异、因地制宜。

参 考 文 献

1. 麦克哈格．设计结合自然［M］．中国建筑工业出版社，1992
2. 谭英．社区感情、社区发展与邻里保持［J］．国外城市规划，1999（3）
3. 阳建强，吴明伟．现代城市更新［M］．东南大学出版社，1999
4. （美）约翰·O·西蒙兹．景观设计学［M］．中国建筑工业出版社，2000
5. 方可．当代北京旧城更新 调查 研究 探索［M］．中国建筑工业出版社，2000

作者简介：合肥工业大学建筑与艺术学院讲师、硕士

对合肥城市广场建设的评析与思考

顾大治　徐　震

摘　要：文章以几个城市广场为实例来分析合肥的城市广场建设，并就此予以评论，给出了自己的思考与建议，以期有益于合肥未来的城市广场乃至整个城市的建设。

关键词：合肥　城市广场

1. 合肥城市广场建设评析

"经济规划、城市规划、城市设计和建筑设计的共同目标应当是在维护良好环境的基础上探索并满足人的各种需求。"

——国际建筑联合会第十四次会议宣言

城市广场，是城市空间环境的重要组成部分，被誉为"城市客厅"的它已成为城市中最具魅力的外部空间和活动场所之一，通过广场内的景观构成、建筑空间的围合以及公共活动场地的组织，与人在其间的活动一道，共同形成个性鲜明的城市印象，反映城市风貌，成为人们认识城市的一个窗口。同时广场往往还因某些元素的独特性和创意性，成为一个城市的景点和标志。

合肥，安徽省的省会，近些年城市建设发展迅速，城市的广场建设也得到了较为迅速的发展，在近些年全国广场建设热潮期间，合肥冷静面对，沉着思考，广场建设极具理性，相继建设了一系列的较适应市民需求的广场，取得了较好的成绩。但同时也存在一些问题，下面笔者以合肥市人民广场、和平广场、胜利广场以及黑池坝、琥珀潭广场为例，来做简略的分析说明。

1.1　人民广场

合肥市人民广场地处城市中心区，南临省政府、天徽大厦，北靠市政府、江淮大戏院，东有绿都商城、市百货大楼，西有花园街、合肥大厦，基地中还有一幢百米高的交通银行大厦，其所处地段是合肥市政治、文化、商业、金融中心区。

这一片地域因为位于合肥市政府门前，因此曾俗称"市政府广场"，这里曾经是公交车站的中转站和合肥远近闻名的大排档聚集地。环境质量较差，与周边很不协调。严重影响了合肥全国花园卫生城市的良好形象。因此，对市政府广场的改造建设是提升城市环境品质的必然要求。

新的人民广场占地 $50000m^2$，由周边的美菱大道、淮河路、花园街、安庆路四条道路围合而成，于 2001 年 5 月 1 日正式对外开放。

人民广场的布局突出"一点三轴"，即以市政府大楼为基点，引出能体现合肥特色的"文化轴"、"科技轴"，并以曲线的"自然轴"为联系，同时自然分隔出两个广场，即人文广场与休闲广场。人文广场是以硬质铺地为主的城市活动广场，休闲广场是布置有水池、音乐喷泉、小品等休闲设施的广场。在"文化轴"与"科技轴"的交会点上布置了直径 35m，喷水高度最高可达 26.5m 左右的大型音乐旱喷泉。S 形的"自然轴"是广场的休闲走廊，规划布局以完整开阔的草坪为主，同时乔木、灌木、草坪层层过渡，高低错落。广场地下为两层停车库，可停车 360 辆，满足了社会和相关部门的停车要求。

人民广场在设计时充分考虑到了它所处的城市交通枢纽地位。周边均为单向行车道，交通组织较为有序，在一定程度上缓解了此处原有的城市交通压力，改善了此处原有的交通状况。

人民广场的建设，体现出反映城市特色和城市风貌，强调文化性和地域性的设计原则，获得了广大市民的认可，成为最受合肥市民喜爱的城市广场之一。但同时，交通问题的存在也是很明显的。由于作为全市南北纵向交通主动脉的"美菱大道"和"荣事达大道"在此交汇，以及作为传统的城市商业中心，此处车流量和人流量都很大，交通复杂，加之广场对人流的疏散路径缺乏较为有效的控制与引导，使得此处常有交通堵塞现象，交通质量不是很好。

1.2 胜利广场

合肥市胜利广场地处新火车站南部,广场所处的地理位置也就是当年解放合肥时解放军进城的位置。它也是一座休闲广场,于 2001 年 5 月 1 日正式竣工开放。胜利广场的主创意正是纪念合肥城市解放,胜利广场造型颇具特色,整个广场以椭圆为母题,占地面积约 45000m^2,中心为大型雕塑"中国结",雕塑的四周为荷叶形花岛,广场四周被水池围绕,正前方为跌落式绿化及阶梯水景、大型音乐喷泉及舞台等。该广场有很强的艺术氛围,26m 高的中心雕塑"中国结"之高大雄伟乃全国之最,50 多米长的"时代之旅"浮雕墙,天然巨石构成的立体水景,精制的花坛等,处处透出美感,为市民提供了一个休闲、活动、演出的场所。广场的建设风格现代,景观典雅,细部精美,空间层次丰富,给人美的享受,体现了科学与环境、环境与艺术的良好结合。

胜利广场的精彩的夜景照明是其一大特点。广场通过照明的亮度变化,加上使用礼花灯、光纤等多种灯具的多元立体照明表现的手法,使胜利广场在变幻灯光的映衬下,景观特点十分鲜明,给人们留下十分深刻的印象。

胜利广场的建设为周边市民提供了宝贵的大型户外活动场所,对促进市民交流、改善人居环境和提高城市品质均起到了积极的作用。建成后,受到了专家和市民的好评。

但同时我们也能看到,由于广场所处位置,其周边较缺乏吸引市民驻留的活动场所,同时广场采用开敞式设计,以大型硬质铺地和水池为主,宜于人们驻足休憩的小空间较为缺乏,这在一定程度上影响了它吸引市民长时间逗留的能力。与之相比较而言,和平广场做的要更好一些。

1.3 和平广场

和平广场位于合肥市东区,明光路、大通路、和平路、全椒路之间,用地面积 55000m^2,四周主要分布着许多大型厂矿和住宅。1999 年 9 月 10 日竣工开放。

和平广场的定位是城市文化休闲活动广场,广场利用原有地形，根据广场定位和特点展开布局，整体布置为下沉式，沿四周高程变换处，设置花池或踏步。整个广场由主体雕塑所在的中心区，浮雕墙、小品雕塑"书"和音乐喷泉组成的次中心区，草坪区，休息区以及停车场组成。设计既富有浓郁的合肥地方特色，又充溢着时代感。

广场的控制元素是雕塑"天地间"和一组旱喷泉。"天地间"雕塑位于主中心广场，高21m，成为聚拢整个广场空间的焦点。雕塑以全钢制作，外表喷涂深红色，造型流畅，动感强烈。在雕塑的周围，设计隐藏于地面下的旱喷泉，当各种水流从厚实稳定的花岗石地面喷出时，形成的活泼氛围与现代雕塑相互衬托呼应。次中心广场位于广场东北面，设置一组长100m、高38m的浮雕墙，内容以反映合肥城市的历史与人文为主，同时，遮挡广场外部的不良环境。在浮雕墙南面安装了一组大型音乐喷泉，长72m，水流随音乐节奏控制，变化万千，是广场一道亮丽的水景。草坪区主要栽植草皮和矮灌木，草坪区均采用高出地面30cm、厚20cm弧面青条石护砌，既能保护绿化，又能供游人临时坐憩。休息区布置在广场东西两侧，花坛道路之间，考虑到合肥地区夏季长、高温炎热等特点，在休息区主要栽植高大乔木，树下设置坐椅，便于使用。停车区位于广场西北角，约有50个停车位。广场内道路围绕主中心广场布置环形和放射形系统，颇为生动活泼。

和平广场绿化覆盖率达60%，绿化覆盖率高，环境优美整洁；景点元素和谐统一，表现出一定的城市特色；有一定面积的硬地，便于开展参与性、趣味性的群众文化活动和休闲娱乐；对市民的休憩给予了充分的考虑，便于人们休息、停留。

和平广场力求全面体现合肥市科技之城、绿色之城的特点，以点线面的现代化构成手法，组成一个现代城市广场，营造出了一个市民认可、喜爱的"城市客厅"。广场建成后，一直是市民非常喜爱的一个广场，人流络绎不绝，阳春三月，满天的风筝与满广场放风筝的人共同成为和平广场又一亮丽的风景线。但草坪区大面积的草坪略显单调，空间层次不够丰富，利用率也不是很高，则是美中不足之处了。

1.4 黑池坝、琥珀潭广场

黑池坝、琥珀潭广场南与长江西路和环城公园的西山景区相连，北至亳州路桥，依琥珀小区蜿蜒伸展，形态丰富，也是合肥市很吸引市民的城市广场之一。

黑池坝广场采用自由曲线、螺线和圆相结合，辅以直线组织的平面构图形式，形成三个不同高差的主题广场：文化广场、绿化休闲广场和水广场，将人工环境与自然环境有机地融为一体。

文化广场是市民举行文化活动、小型表演及晨练的主要场所，广场呈圆形布局，直径达78m，以120m长的半圆形挡土浮雕墙为背景，以小型露天剧场为中心硬地空间，同时配以扇形绿化、点状花池和树状灯饰。与休闲广场间以台阶和弧形坡道组织交通，联系便捷，错落有致。

绿化休闲广场结合棚架、花池及坡道等，形成多组同构曲线组织的以绿化为主题的空间。自然流畅的曲线分割既成为平衡和联系水广场与文化广场的纽带，又增加了富有自然情趣的活动路径。

水广场以圆为母体，形成以桥亭为中心的水环境，它以多组非同心圆组合，形式活泼。广场架空水道将黑池坝水引入，形成弧形水道，别具一格。水广场折线状台地吸取中国园林"小折大曲"的手法，台地渐次跌落入水中，将广场与自然的水环境有机地融为一体。

琥珀潭广场由喷泉广场和水上广场组成。喷泉广场直径60m。旱式喷泉呈圆形布置，内含直径25m的灯光喷泉；广场地面均用防滑地面砖和冰片石铺装，游人可以尽情地在这里嬉戏和玩耍。沿喷泉广场以北是直径24m的水上广场，就像一片巨大的荷叶漂浮在碧波荡漾的水面上。在这里，不仅可以观赏到精彩绝伦的文艺表演、聆听舒缓优美的中外音乐，还可东观形态各异、野趣天成的假山石林，西望风景如画，清新雅致的琥珀秀色。与水上广场由一弯曲桥相连的琥珀潭也成为绝佳的借景。

游览之余，您还可驾一叶扁舟，荡起双桨，乘兴在黑池坝的水面上畅游一番，一切烦恼、疲惫将随之而逝，带给你无尽的放松与惬意。黑池坝、琥珀潭广场将城市公园与城市广场成功地结合在一起，这是前面介绍的几个城市广场所不具备的。在实际使用过程中，也很受周围市民的喜爱。

2. 对合肥城市广场建设的几点思考与建议

合肥城市的广场建设总体上来说是比较理性的，在前些年的城市广场热中，没有盲目追求面积大、造价高，而是将市民的需求与改善城市的环境品质结合在一起，这是合肥城市广场建设总体上较为成功的关键因素。笔者就此提出几点思考后的建议。

2.1 广场设计园林化

对合肥市广场建设进行贯穿式的对比、分析、思考，可以看出，广场设计的园林化将是未来广场设计发展的价值取向。首先，园林化设计能带给使用者丰富而不是单一的审美感受与审美体验。如合肥市政务文化新区围绕天鹅湖建设了一系列的开放式的园林化小广场，深受市民喜爱。其次，园林化设计为使用者提供了更加舒适宜人的休闲空间。随着人们对生活质量品质要求的日益提高，园林化设计可谓是应时所需。如元一时代广场在较为狭小的用地内适当运用了园林化的设计手法，创造出了较为宜人的休闲空间。再次，园林化设计能够进一步提高城市广场适应不同人群需求的能力，"城市客厅"是属于所有人的。所以，广场设计园林化应该是一举多得。广场公园化、公园广场化，这与合肥绿环绕城、绿心镶入的总体规划思想也是不谋而合的。

2.2 广场使用市民化

合肥城市广场建设结合城市市民使用的特点，多为居民服务的中小型休闲广场。有较为明确的功能分区，形成动静、开敞和封闭相结合的城市广场，满足了居民多种活动方式的需要。广场的绿化乔、灌、草相结合，硬质地面和软质地面比例也较为适当。可以说，取得了很好的城市效应。

不过，目前城市广场中需要的配套服务设施还明显不足。因此，可以适当的在城市广场内或边缘增设电话亭、公厕、垃圾箱、服务点、小卖部等配套服务设施。

2.3 广场配置均匀化、系统化

合肥目前建成的广场，配置多为贴近市民生活的中小型广场，投资较小，建设较快，适应了广大市民的需求，在城市里的整体分布也比较均匀合理，在城市中形成均衡的分布状态，是合肥城市广场建设的一大特点，应该继续保持。

同时从系统化来考虑，也可适当地设置一些城市交通广场，以缓解越来越重的城市交通压力。当然应该统一规划，合理布局。

2.4 广场形式多样化

合肥城市广场建设形式多样。平面形式多样化，景观构成多样化，位置设置多样化，既有为城市道路所环绕的岛式广场如人民广场，也有完全与车行道分开的广场如黑池坝、琥珀潭广场，也有一或两边与道路相邻的广场如胜利广场等。

2.5 广场设计前瞻化

目前，合肥城市建设迅速发展，旧城改造的速度也很快。在城市扩展和旧城改造过程中，我们应该为城市广场建设预留足够的用地，不能只顾房地产开发的眼前利益，而应着眼于提升城市整体品质的长远利益。合理配置城市广场，将合肥市建设成为真正的山水园林城市。

2.6 广场建设地域化

一个城市是否有吸引力，本质的因素在于其城市的内涵。合肥有着自己悠久而独特的地域特点和历史文化传统，城市的地域特点、文化传统与城市中的居民有着长期联系，并且沉淀在人们的集体无意识之中。因此，广场规划与建设也应该反映这种集体无意识，应该充分挖掘地域特色，因地制宜，建设出有城市自身特点的广场文化。

城市广场就如沙漠中的一片绿洲、一弯清泉，对城市而言，虽然咫尺之地，但却为城市注入了可贵的活力与生机，城市因此而更加活跃。我们有理由相信合肥会出现越来越多文化味浓、格调高雅、景致怡人的城市广场，从而为广大市民营造出一个和谐、优美，可持续发展的现代城市生存空间。

参 考 文 献

1. 李杰、张力. 文化·科技·自然——合肥市人民广场的设计构思［j］. 安徽建筑，1999.6，p46
2. 黄海燕、何斌. 火树银花不夜天——合肥胜利广场夜景照明综述［j］. 当代建设，2001.6，p57
3. 李早. 曲线构成与情理结合的建筑创作观［j］. 安徽建筑，2000.6，p12

作者简介：
  顾大治，合肥工业大学建筑与艺术学院，助教、硕士
  徐　震，合肥工业大学建筑与艺术学院，讲师、硕士

试论我国传统街区的空间形态

张 泉

摘 要：当前传统街区的更新改造成为许多地方面临的热点问题。然而，大规模的更新改造方式往往会带来城市传统街区原有的社会文化结构和空间形态格局的严重破坏。本文从分析我国传统空间形态的规划特征入手，并对我国传统街区的空间形态特征和空间构成要素进行了进一步的论述。

关键词：传统街区 空间形态 空间构成

传统街区从大的方面而言，是指具有城市发展历史文化载体的城市区域，它一般是由有历史文化特征的建筑群、传统街道以及广场空间组成，具有历史文化文脉和反映了城市的历史特色。传统街区应当具有城市历史风貌的相对完整性而且应是具有真实生活性的街区。我国传统街区的空间形态明显受到了传统文化的影响，特别是古代哲学、政治、社会伦理等因素。传统街区的空间形态按照其表现和感知形式，我们可以将其分为显性的物质空间环境要素和隐性的社会文化要素两部分。以下将通过对我国传统空间形态规划特征的研究，来对我国传统街区的空间形态特征和空间构成要素进行深入的分析。

1. 传统空间形态规划的特征

对于传统街区的空间形态研究，首先是要对我国传统空间形态的特征有比较全面的了解，因为传统空间形态在很大程度上是受到了我国传统文化的影响，加深对我国传统空间形态特征的认识，能够进一步帮助我们了解传统街区空间形态的形成原因。

我国古代哲学、政治、社会伦理、文化思想等方面对我国城市空间形态规划思想有着深远的影响。古代城市空间形态有如下的几个特征：

1.1 理性主义的追求

我国古代的哲学思想主要体现在"真、善、美"的传统的命题，"真、善、美"的观点表现出中华民族在理论思维方面的独创性。在中国的传统文化中，"真、善、美"的观点集中体现在"天人合一"、"知行合一"和"情景合一"之中。

在我国的古代城市空间形式之中，宫殿建筑群的空间最能体现古代理性主义。明清北京城按照严格的轴线布局，气势恢宏，体现出王者气概。虽然在某些方面的功能并不实用，但是这种严格的强调理性的空间是最能体现"天道"的场所。从古至今，古代城市中的祭祀建筑、陵墓建筑的选址都讲求天地方位、山川风水、布局庄严，充分表现了古代崇敬天地祖宗的理念。

1.2 强烈的整体意识

古代城市规划，大至全国、区域的城市布局，小至建筑的厅堂、庭院，都是有一个整体考虑的。全国城市采用统一的分封制或是郡县制，在规模和形制上都有严格的标准，城市本身的布局主次分明，对称排列，左右呼应，中轴明显，街道的脉理清晰，城市的整体性在世界上同时期的城市中较为突出。这种整体性意识是经过历史长期发展积累的产物。"凡立国都，非于大山之下，必于广川之上。"即概括了城市与山川之间的关系，指导了城市如何依山傍水，使山、城、水结合在一起，出现了南京、杭州、济南、苏州等一批著名的整体规划突出的山水城市。秦代开创的以修建直道、驰道，连接长城以组成整体的防御系统都曾为我国城市的整体规划积累了丰富的经验。

1.3 特有的空间组合观念

从我国古代的城市和建筑的布局中，可以看出都非常重视建筑之间的空间院落的组合变化。建筑组合一般表现为多层次、多院落和多变化，形成一个院落接着一个院落，不断地发展下去的空间组合形式。从我国不同地区的同性质的民居的比较来看，如北京的四合院、山西晋中一带的窄形多进深住宅以及安徽徽州地区的民宅等,多是在建筑空间的组合上追求叠屏封闭,曲折幽静,小中见大的空间环境。从这里我们可以看出,我国传统城市中普遍采用的院落组织的空间形式是传统生活个性观念的强烈反映。

2. 传统街区空间构成要素

传统街区空间的组成形式是多种多样的,在不同的地域,不同的文化习俗下有着自己的地域文化特色,就其传统街区空间构成要素依其表现形式和感知的空间形态可以划分为显性的物质空间环境要素和隐性的社会文化要素两种表现形式。物质空间要素是街区空间构成的基础,但是社会文化对传统街区空间的影响也是不容忽略的。

2.1 显性的物质环境要素

(1) 街巷空间

在传统街区空间中,街巷空间占有极其重要的地位,可以说街巷是传统街区的骨架,决定着街区形态的大致结构。传统街巷是随着街区的发展过程中逐渐形成的,是建筑的衍生,是由两侧的建筑所围合而成的。街巷空间的变化正是由于建筑的自发建造而形成如此丰富多变的形式。

1) 街道的走向和布局

传统街区的街道多是曲折多变的,总的而言,街道的方向性并不是很明显,但是正是由于街道空间忽宽忽窄的变化给人感观和心理上留下深刻的印象,从而加强了街道的可识别性。

2) 街巷的连续性

传统街区的街巷的立面形象在多样变化中体现出统一连续性。在传统街区中房屋的材料、色彩和体量上都保持大致的相同,整个街道的建筑形象完整统一。建筑与建筑之间的紧密连接使街巷的连续性显得更加深入。

3) 街巷的空间层次

我国传统建筑是采用木构架结构体系,这为处理街道空间两侧的建筑立面的开敞与封闭提供了灵活性,这种特点常常表现在商业街和江南地区的街道格局中，形成一个空间层次丰富多彩的公共庭院。

4）街巷的节点

街巷的节点通常是处于网络状街道结构的交叉点，街道的节点是街道空间的高潮部分，往往建有牌楼、茶馆、戏楼等，在较大的街道节点还能扩展为街区中心和小广场。节点有着其特有的意义，成为独具特色的整体性人为环境。

（2）街坊空间

传统街坊是指由街巷所分隔的地块，由民居或是其他的建筑物所填，建筑的密度很高。街坊不是组织居民生活的单元，它不同于城市之中的居住小区的划分，而是一种地域划分的单位。街坊没有一定的尺度，它与街巷的间距和院落的大小及组织结构有关。

我国传统街区是以街坊为基础建立起来的，在我国古代的城市布局中，就是以街坊作为城市的主要结构。现在旧城的街坊和古代城市中的街坊有很大的不同。街坊内大多是由建筑院落组成，在街坊内部是属于私密空间，满足居民的私密性的要求，而居民的大多数活动则转移到街坊的连接区域——街道上进行。

（3）广场空间

广场是街区中主要用来进行公共交往活动的场所，在街区中居民的交往之间起着重要的作用。但是我国传统城镇中由于长期处于以自给自足的小农经济的影响之下，加之封建礼教、宗教、血缘等关系的束缚，因此，对完全为居民提供交往的广场空间并不是十分重视。有相当多的城镇没有建造可以提供人们进行公共活动的广场，广场的功能往往是依附于其他的功能，如为了进行商品交易而形成的集市以及戏台前提供给人们看戏的空旷地。

2.2 隐性的社会文化因素

物质空间环境是人们改变自然的结果，也为人们改变自然提供了条件。人的社会属性决定了人们相互之间有着紧密的联系。在街区空间的显性的物质要素背后，包含着人与物、传统文化与现代生活、民族宗教信仰与建筑空间布局等各种社会关系和社会网络。从某种意义上说，隐性的社会文化要素更能表现传统街区

空间的特殊的文化价值。它主要包含以下的几个方面:

(1) 传统文化

传统文化对街区空间形式的影响是显而易见的,我国是具有几千年历史传统的文明古国,在漫长的历史发展时期所形成的传统文化也相应的体现在传统街区的空间构成中。传统街区是传统文化的物质载体,传统文化在传统街区得到了充分的体现。

在传统街区内,传统建筑构造和空间布局都体现了一定的传统文化的影响,通过传统建筑的形态表达中国传统文化的"仁"、"礼"等传统道德准则。同时在传统街区中保存的一些传统文化活动,比如祭祖、社戏等,都是传统文化行为的表现。

(2) 社会网络

社会网络是一个人和其他人形成的所有正式与非正式的社会联系,也包含了人与人直接的社会关系和通过对物质环境和文化的共同享有而结成的非直接联系。人际交往所形成的社会网络是城市生活中最重要的部分。

在城市传统街区里,社会网络结构的形成依赖于"正式"和"非正式"的人际交往。研究表明:公共服务设施的服务范围对社区的"非正式"联系形成,具有很重要的作用。传统街区由于历史的沉淀,其城市空间结构在相当长的历史时期是相对稳定的,人与人之间结成了丰富的社会网络,人们之间的社会关系相对稳定,人与环境之间也相对稳定。这种人们与城市空间的联系使得特定的城市空间具有某种内在的力量。诺伯特·舒尔茨将这种力量称之为"场所精神"。场所精神的成熟是一个长期的过程,传统街区中丰富的社会活动不仅仅是物质场所的问题,而且是在长期过程中居民之间的社会交往互动形成的。社会网络的形成虽然需要相当长的时间,但是一旦成熟就相当稳定,对社会的安定具有强有力的支持。

(3) 邻里交往

是什么使聚集在一处的房屋聚落成为内部紧密联系的社区呢?有一种原因是很明显的,就是社区中的居民必须有一定程度的社会交往。生活在同一个居住社区的人,除了共享地域空间外,还共享着共同的生活观念,有着共同的兴趣和价值观,而社会交往正是他们交流这种思想意识的一种手段。

我国的传统思想十分强调邻里关系,在古代的启蒙读本《三字经》里就有训导:"礼之用,和为贵。""德不孤,必有邻。"形成了"远亲不如近邻"的传统观念。邻里交往是城市传统街区居民不可缺少的生活方式。无论是南方地区的街巷、里弄空间还是北方地区的胡同,都有不少家庭合用的大院,人们在这里聊天、交谈、晒太阳等,人们之间加深了了解形成稳定的邻里关系。这种邻里关系产生了强大的凝聚力,使生活在传统街区的居民不仅有社区的归属感、认同感,而且具有较强的安全性。上海里弄是典型的传统街区空间,有着明确的空间界定,一般设有里弄名称,里弄居民的社会关系相当密切,同一里弄的居民熟识程度高达70%~90%。这种稳定的邻里交往空间使居民产生强烈的地缘感和家庭味及其浓郁的集体感。

(4) 认同感与归属感

把空间环境与人的自我认同放在一起加以探讨,意味着人们已经将目光投射与人自身存在的本体性。"认同"与识别性、特殊性有着密切的关系,这是传统街区有着自己独特的社会网络使得其具有较强的"认同"。

所谓传统街区的认同感就是我们通过空间环境的种种识别,意识到自己和所在的社区之间的一种精神和心理上的相互依存关系。这个就是舒尔茨认为的场所精神。他还认为这种认同感和方向感都是环境所具有的精神功能,"要想获得一个存在的立足点,人们必须有辨别方向的能力,他必须知道他和这个场所之间是怎样的关系。"

传统街区的归属感与认同感是社区居民不可缺少的生活组成部分。现在,许多人希望从更新的邻里单位中找到这种精神,或是形成一个有稳定的社区交往网络的邻里社区。一个充满生机和吸引力的邻里社区是需要有连续和内聚形式,以及有全体居民都能够加入的公共空间领域,赋予公共空间一个易于识别的形式,可以使社区居民有"社区认同",从而产生强烈的认同感和归属感。

参考文献

1. 张承安. 城市设计美学 [M]. 武汉工业大学出版社，1990
2. 王建国. 现代城市设计理论和方法 [M]. 东南大学出版社，1991
3. 彭一刚. 传统村镇聚落景观分析 [M]. 中国建筑工业出版社，1992
4. 夏祖华，黄伟康. 城市空间设计 [M]. 东南大学出版社，1997
5. 阳建强，吴明伟. 现代城市更新 [M]. 东南大学出版社，1999

作者简介：合肥工业大学建筑与艺术学院讲师、硕士

探析合肥市边缘区景园环境空间的网络构建

张华如

摘　要：城市化的进程给城市边缘区空间环境带来了很大的变化。本文以合肥市为例，分别从宏观、中观和微观三个层次探讨城市边缘区景园环境空间的创造，构建合肥市城市边缘区景园环境空间的网络体系，从而有利于城市的可持续发展。

关键词：城市边缘区　景园环境空间　网络构建

1. 合肥市边缘区空间的限定

城市边缘区的概念源于城市形态学。滑铁卢大学地理系教授C·B·Bryant将区域城市从城市中心向外依次分为核心建成区、内边缘、外边缘、城市影响区、农村腹地（图1）。内边缘和外边缘合称城市边缘。

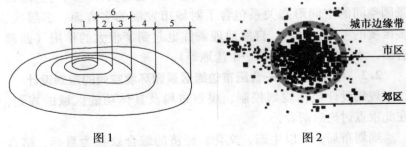

图1
1—集中城市或核心集中区；
2—内边缘；3—外边缘；
4—城市影响区；5—农村腹地；
6—城乡边缘或城市边缘

图2
城市边缘带
市区
郊区

本文所研究的城市边缘区主要是指紧邻内城（城市建成区）的边缘地带，位于市区与郊区之间，也可称为城郊结合部。大致相当于 C·B·Bryant 所指地域结构中的内边缘（图2）。城市边缘区空间随着城市的扩展而呈动态减少的趋势。

根据城市发展的历史和现状特点，合肥市在地域上，大体可以划分为核心区、边缘区和影响区，其中边缘区又可细分为内边缘、外边缘。核心区，包括原东市区、西市区和中心市区；各区全部或大部分位于二环线以内；内缘区，包括常青镇、大兴镇、杏花村镇、大杨镇、井岗镇和桃花园镇，各镇全部或大部分位于二环线与外围公路、铁路之间，是城乡结合区域；外缘区，包括内缘区到影响区之间的全部区域；影响区包括肥东县、肥西县和长丰县。本文研究的对象区域为以上划分的内缘区。

2. 合肥市边缘区景园的网络构建

现代城市边缘区景园环境空间体系的网络构建是以城市边缘区整体环境为研究基础，结合城市已存在的景园环境空间、建筑群体等对涉及体型环境的内容作出综合安排和组织。

2.1 宏观层次——合肥市边缘区景园环境空间形态布局

合肥市城市总体的布局形态为"风扇型"，这也就形成了嵌合的边缘区景园的空间形态与方式。这种建成区实体空间与边缘区景园空间的空间形态关系包含了对城市发展的多方面、多层次、多维度的考虑，当然，自然地理条件也起到了很大的作用（西部有山、水库，东南方向是一个洼地等）。

2.2 中观层次——合肥市边缘区景园环境空间的规划设计

规划设计包括规划控制、规划布局及具体功能区域的规划，在此重点讨论后两者。

规划布局——以生态、文化、经济的综合效益为目标，结合建成区景园，从城市边缘区景园的多种功能（生态、游憩、环保、教育）出发，进行合理的布局。

英国的特纳（T. Turner）在长期进行伦敦公共空间系统的规划

研究工作后，对公共空间在城市中的布局形态做过总结，归纳了六种布局模式，用抽象的图解方式描绘了在公共空间规划布局中曾出现过的规划理念（图3）。

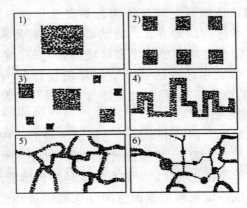

图3

（1）单一的中央公园；
（2）分散的居住区广场；
（3）不同规模等级的公园；
（4）建成区的典型的绿道；
（5）相互连接的公园体系；
（6）可提供城市步行空间的绿化网络。

这些理念归纳总结了近一个世纪以来伦敦市公共空间系统规划布局指导思想的进化，基本涵盖了目前城市中各种公共空间系统布局模式。城市边缘区景园环境空间是城市公共空间的一部分，与其他部分一起形成城市公共空间的具体形态。因此，其规划布局应综合考虑。合肥市建成区内已形成能够提供城市步行的绿化网络（环城公园），但其边缘区由于居住区的大量开发，形成了许多居住区广场，同时其中又有少量的不同规模的公园（如大蜀山森林公园、植物园等），因此，其景园空间的布局还处在（2）与（3）之间，还有待于进一步优化，从而在近期形成更多不同规模等级的景园空间，远期达到（5）与（6）的布局形态。

3. 微观层次——合肥市边缘区景园实体空间设计

这是城市边缘区景园创造宏观构想得以实现的基础。设计中必须结合对城市边缘区空间各种物态要素及非物态要素的研究；必须结合对人本体的认知方式、活动需求、精神需求等方面的研究；同时必须结合对城市整体生态环境的研究等。在具体的实体空间设计中，合肥市边缘区景园空间环境设计的内容大体包括"楔形田园"的设计、"绿径"的设计与"广场"的设计。

3.1 "楔形田园"

合肥"风扇形"的城市布局形态形成了城市"楔形"的自然开敞空间（扇与扇之间），这些自然空间除了少数的山体、水库以外，大多是农田等农业用地。少数有着优越的自然资源（如山体、林地）的已形成一定规模的景园空间（大蜀山森林公园、植物园等），而正在规划的城市森林公园（南淝河上游）将是一个大型的景园空间（约6平方公里），另外，完全可结合一定的农业用地（农田、果园、苗圃、特色村庄）、工业废弃地、工业园区与文化古迹来创造具有一定田园风光（半乡村田园）或具有历史文化气息的景园空间。

3.2 "绿径"

（1）绿色河流空间：河流水系是合肥市自然环境的最重要的组成部分，主要河流——南淝河从合肥市区穿越而过，已形成了有特色的"绿径"空间——中心市区美丽的"绿色项链"；在将来的发展中另外还有一些支流水系以及南淝河的延伸部分将成为增建城市自然特色环境不可或缺的部分。因此，南淝河"绿径"空间在城市边缘区，特别是下游地段（上游已规划有森林公园）应得到拓展，从而完善其景园的空间序列；另外，对于支流河，除了对其流域线形空间的适当营造，还应结合公路景观形成面状景园。

（2）绿色道路空间：合肥市的主要道路系统骨架是由两个环路和几条放射形干道形成的，在建成区内，放射形绿色道路空间主要形式是道路两旁绿化，而与机动车分离的林荫道形式较少；

在城市边缘区（二环路及放射形干道部分），由于目前的开发状态和优越的土地资源，而且从长远发展的角度，"绿径"空间的林荫道形式有着较大的可能性与必要性，而且这里的主要道路节点空间经过规划设计，将成为积极的、丰富的、具有生态美的景园。

3.3 "广场"

城市边缘区中现有和将要建成的大量的居住区、工业区、科技文化区、商业行政新区等，在这些区域中应设计有大量的、多样的与分散的广场空间，这些同样也是城市边缘区景园网络的一部分。

合肥市边缘区中现已建有或正在兴建许多居住区（梦园、东海花园、上海城、金色池塘等）、开发区（经济技术开发区、新站综合开发区、高新技术开发区、政务文化新区）、产业园区（包括包河、庐阳、瑶海、蜀山产业园）等。在这些区域中已经形成一些广场空间，如明珠广场、胜利广场、梦园小区中心广场等，已成为这些区域中的亮点。

在合肥市边缘区，通过"楔形田园"、"绿径"、"广场"的创造；通过点、线、面的结合，将会形成具有丰富层次的景园环境空间网络系统。这不仅为市民提供了就近游憩的多层次环境空间，一定程度上满足市民的亲近自然的需求；而且将对城市环境保护具有很大的意义，有利于城市的可持续发展。

在合肥市边缘区的建设中，应以宏观层次构建为依据，完善中观层次的景园环境空间网络，并有意识地将微观层次的各种空间创造融合一起，点、线、面结合，形成一个整体的生态网络。

参 考 文 献

1. 王鹏．城市公共空间的系统化建设．南京：东南大学出版社，2002
2. 赵若焱．城市边缘带村镇规划建设的实践与思考，规划师，2002
3. 李敏．城市绿地系统与人居环境规划，北京：中国建筑工业出版社，1999

作者简介：合肥工业大学建筑与艺术学院副教授

图书在版编目（CIP）数据

城乡规划新思维/王爱华，夏有才主编.—北京：中国建筑工业出版社，2007
 ISBN 978-7-112-09376-2

Ⅰ.城… Ⅱ.①王…②夏… Ⅲ.城乡规划—研究—中国
Ⅳ.TU984.2

中国版本图书馆 CIP 数据核字（2007）第 077616 号

责任编辑：姚荣华　胡明安
责任设计：张政纲
责任校对：汤小平

城 乡 规 划 新 思 维
王爱华　夏有才　主编
*
中国建筑工业出版社出版、发行（北京西郊百万庄）
各地新华书店、建筑书店经销
北京云浩印刷有限责任公司印刷
*

开本：880×1230 毫米　1/32　印张：17½　字数：483 千字
2007 年 6 月第一版　2007 年 11 月第二次印刷
印数：1501—3000 册　定价：**45.00 元**
ISBN 978-7-112-09376-2
（16040）

版权所有　翻印必究
如有印装质量问题，可寄本社退换
（邮政编码 100037）